Zoë Schlanger

Die Lichtwandler

Wie Pflanzen uns das Leben schenken

Aus dem Englischen
von Laura Su Bischoff und Michael Bischoff

S. FISCHER

MIX
Papier | Fördert gute Waldnutzung
FSC® C083411

Erschienen bei S. FISCHER

Die Originalausgabe erschien 2024 unter dem Titel
»The Light Eaters. How the Unseen World of Plant Intelligence Offers a New Understanding of Life on Earth«
im Verlag Harper, HarperCollins Publishers, New York.

Hedderichstraße 114, 60596 Frankfurt am Main

Satz: Dörlemann Satz, Lemförde
Druck und Bindung: CPI books GmbH, Leck
ISBN 978-3-10-397660-1

Für Anne und Jeff,
die in kleinen Dingen
das große Bedeutsame erkennen.

Sie können Licht essen.
Ist das nicht genug?

TIMOTHY PLOWMAN, ETHNOBOTANIKER

Inhalt

Prolog

Ich gehe einen schummrigen Pfad entlang. Rund um mich herum wellen sich dicht mit Moos bewachsene Hügel. Ich blicke in den Himmel und fühle mich winzig klein angesichts der Säulen aus schleimig feuchten Stämmen. Der Boden unter mir ist nass und gibt nach. Ein Schild am Weg warnt vor einem aggressiven Elch. Ich sehe keinen Elch und gehe weiter. Farnwedel tauchen auf, Schwertfarne mit ihren eingerollten Triebspitzen von der Größe einer Babyfaust, bedeckt mit samtbraunen Härchen, unerwartete Vorboten der geschwungenen Wedel, die wie Pfauenfedern dort heraussprießen werden. Von den Zweigen über mir hängt in langen Fingern Moos herab. Auf einem umgestürzten Baumstamm drängen Pilze himmelwärts. Alles scheint zugleich nach oben, nach unten und zur Seite zu streben.

Ich dringe in all das ein, aber niemand scheint davon Notiz zu nehmen. Alle Dinge hier sind derart in ihr eigenes Leben vertieft, dass ich mir wie eine Ameise vorkomme, die unbemerkt über einen Baumschwamm läuft. Die an den Baumstämmen hinaufkletternden Flechten kräuseln die Ränder ihrer scheibenförmigen Körper nach oben und fangen Wassertropfen ein, während sie einen neuen Tag und eine weitere Chance zu wachsen begrüßen.

Ich befinde mich im Hoh-Regenwald im Pacific Northwest der USA, und alles hat etwas Geheimnisvolles an sich. Aus gutem Grund. Denn trotz allem, was die Wissenschaft über das biologische Geschehen hier weiß, bleibt doch noch so viel, was sie nicht zu erklären vermag. Ich befinde mich inmitten unzähliger komplexer adaptiver Systeme. Jedes Geschöpf ist in Schichten wechselseitiger Beziehungen mit anderen Geschöpfen in der Umgebung verbunden, die von den kleinsten bis zu den höchsten Größenordnungen reichen. Die Pflanzen mit dem Boden, der Boden mit den Mikroben, die Mikroben mit den Pflanzen, die Pflanzen mit den Pilzen, die Pilze mit dem Boden. Die Pflanzen mit den Tieren, die sich von ihnen ernähren und sie bestäuben. Die Pflanzen mit anderen Pflanzen. Das ganze wunderschöne Wirrwarr entzieht sich jeglicher Kategorisierung.

Beim Nachdenken darüber kommt mir das Konzept des Yang und Yin, die Philosophie der gegensätzlichen Kräfte, in den Sinn. Wir wissen, dass die Kräfte, die das Leben formen, sich in beständigem Fluss befinden. Die Motte, die jetzt die Blüte einer Pflanze bestäubt, gehört zur selben Spezies wie das Lebewesen, das in seinem Raupenstadium die Blätter dieser Pflanze frisst. Es liegt also nicht im Interesse der Pflanze, die fressenden Raupen vollkommen zu vernichten, denn sie werden sich in jene Geschöpfe verwandeln, auf die sie zur Verbreitung ihrer Pollen angewiesen ist. Andererseits kann die Pflanze keine vollständige Vernichtung ihrer Blätter dulden. Ohne Blätter vermag sie kein Licht zu essen und stirbt. Deshalb beginnt die Pflanze, nachdem sie einige Gliedmaßen verloren hat und Zeichen einer beträchtlichen Schädigung zeigt, ihre Blätter voll Bedacht mit unappetitlichen chemischen Stoffen zu füllen. Die meisten Raupen dürften inzwischen genug gefressen haben, um überleben, ihre Metamorphose durchmachen und ihren Beitrag zur Bestäubung leisten zu können. Alle Beteiligten geraten um Haaresbreite an den Rand des Todes, um dann letztlich doch zu gedeihen.

Das ist der Zug und Druck der wechselseitigen Abhängigkeit und des Wettbewerbs. In großem Rahmen betrachtet, scheint niemand den Sieg davongetragen zu haben. Alle sind noch da: Tiere, Pflanzen, Pilze, Bakterien. Am Ende stellt sich ein in ständigem Fluss befindliches Gleichgewicht ein. Mir wird klar, dass dieses ganze Drücken und Ziehen und Zusammenfließen von einer gewaltigen biologischen Kreativität zeugt.

Wie wir diese ganze Komplexität geistig zu erfassen vermögen, ist das gemeinsame berufliche Problem der Wissenschaft und der Philosophie, aber auch jedes Menschen, der staunend innehält. All dieses wuchernde Leben, das nicht lange genug stillhält, damit wir es in Ruhe anschauen können. Den Fokus auf die Pflanzen zu verengen, mag daher zunächst sinnvoll erscheinen. Das wäre einfacher, da wir es nur mit *einer* Sache zu tun hätten. Doch das erweist sich rasch als naiv, denn diese Komplexität herrscht in allen Größenordnungen.

Journalistinnen und Journalisten meiner Sparte neigen dazu, sich auf den Tod zu konzentrieren. Oder auf dessen Vorboten: Krankheit, Katastrophen, Niedergang. So spricht der Klimajournalismus über die ablaufende Zeit, während die Erde auf ihrem Weg in die absehbare Krise unerbittlich einen Orientierungswert nach dem anderen überschreitet. Davon kann ein Mensch nur ein gewisses Maß ertragen. Vielleicht war meine Toleranz nach Jahren der Beschäftigung mit Dürren und Überschwemmungen auch irgendwann erschöpft und aufgebraucht. In den letzten Jahren hatte ich begonnen, mich taub und leer zu fühlen. Ich brauchte etwas, das einen Ausgleich bieten konnte. Ich fragte mich, was das Gegenteil von Tod ist. Vielleicht Schöpfung? Das Gefühl, dass etwas beginnt, statt zu enden. Pflanzen sind genau das, wenn man bedenkt, dass sie ständig wachsen. Sie hatten mir auch in meinem bisherigen Leben immer schon Ruhe geschenkt, lange bevor Studien bestätigten, was wir längst wussten: dass mit Pflanzen verbrachte Zeit uns stärker zur Ruhe kommen lässt als ein langer Schlaf. Als ich in einer dichtbesiedelten Stadt lebte, ging ich gerne in den Park und machte einen Spaziergang unter dem Blätterdach der Ulmen und Eiben, wenn ich meinen Kopf freibekommen wollte. Minutenlang betrachtete ich die neuen Blätter, die sich an meinen Topfphilodendren bildeten, wenn ich mit meinen Nerven am Ende war. Pflanzen sind das Urbild schöpferischen Werdens. Sie sind in ständiger, wenngleich langsamer Bewegung und suchen Luft und Boden unablässig nach einer lebensfähigen Zukunft ab.

In der Stadt schienen sie die denkbar ungeeignetsten Orte zu ihrem Lebensraum zu machen. Sie brachen durch Spalten in zerfallendem Pflaster. Sie überwucherten die Maschendrahtzäune an den Rändern vermüllter Grundstücke. Ich freute mich heimlich über einen Götterbaum – im Nordosten der USA als invasive Art verschrien –, der aus einem Riss in meinem Treppenaufgang hervorwuchs und in einer einzigen Wachstumsperiode fast die Höhe eines zweistöckigen Gebäudes erreichte. Heimlich, weil ich wusste, dass er in New York als teuflische Spezies galt – und das zum Teil deshalb, weil er den Boden im Umkreis seiner Wurzeln mit Giften verseucht, so dass andere Pflanzen dort nicht gedeihen können und er sich sein Stückchen Sonne zu sichern vermag. Ich freute mich, weil mir das teuflisch brillant erschien. Als mein Nachbar den Baum im Herbst mit einer Machete zerhackte, hatte ich durchaus Verständnis dafür. Dennoch betrachtete ich den Stumpf jeden Morgen, wenn ich das Haus verließ, mit Bewunderung. Ich konnte bereits neue grüne Triebspitzen erkennen. Solcher Einsatz verdient Respekt.

So schienen denn die Pflanzen der rechte Ort zu sein, um meine erschöpfte apokalyptische Aufmerksamkeit zu wecken. Sicher konnten sie mich erfrischen. Bald erfuhr ich jedoch, dass sie noch viel mehr taten. Im Laufe einer jahrelangen obsessiven Beschäftigung veränderten die Pflanzen mein Verständnis dessen, was Leben bedeutet und welche Möglichkeiten es bietet. Wenn ich mich nun im Hoh-Regenwald umschaue, sehe ich mehr als nur beruhigendes Grün. Ich erlebe eine Lehrstunde in der Kunst, das eigene Potenzial in der vollsten, absonderlichsten und einfallsreichsten Weise zu entfalten.

Zunächst einmal stellt ein Leben, das in ständigem Wachstum an einer einzigen Stelle verbracht wird, eine gewaltige Herausforderung dar. Um diese Herausforderung zu bewältigen, haben Pflanzen einige der kreativsten Überlebensfähigkeiten aller Lebewesen entwickelt – einschließlich des Menschen. Viele sind derart genial, dass sie fast unmöglich erscheinen für eine biologische Ordnung, die wir weitgehend an die Grenzen unseres Lebens verdrängt haben und für eine bloße dekorative Rahmung des Schauspiels der Tierwelt halten. Aber das ändert nichts an den unglaublichen Fähigkeiten der Pflanzen, die unseren blutleeren Erwartungen Hohn sprechen. Wie ich bald erfahren sollte, ist ihre Lebensweise so erstaunlich, dass bis jetzt noch niemand die Grenzen dessen kennt, was Pflanzen in der Lage sind zu tun. Tatsächlich weiß offenbar noch niemand genau, was eine Pflanze überhaupt ist.

Natürlich ist das ein Problem für die Botanik. Oder das Aufregendste, was diesem Fachgebiet in einer einzigen Generation passiert ist – je nachdem, wie wohl Sie sich damit fühlen, wenn sich das Wissen, das Sie einmal für wahr hielten, grundlegend verändert. Nun war ich hoffnungslos fasziniert. Kontroversen in einem wissenschaftlichen Fachgebiet sind oft Vorboten gänzlich neuer Entwicklungen, eines neuen Verständnisses seines Gegenstandes. In diesem Fall war der Gegenstand das gesamte grüne Leben schlechthin. Ich begann, mein wachsendes Interesse ganz auf das aufkommende neue Denken in der Wissenschaft der Pflanzen zu richten. Je mehr die Botanikerinnen und Botaniker die Komplexität der Formen und Verhaltensweisen der Pflanzen entdeckten, desto weniger schienen die überkommenen Annahmen zum Pflanzenleben zuzutreffen. Mit diesen Widersprüchen fraß das Fachgebiet sich selbst auf. Die strittigen Punkte vervielfachten sich ebenso rasch wie die Mysterien. Irgendetwas an diesem Fehlen klarer Antworten zog mich an, und ich denke, dass es vielen von uns so ergeht. Wer fände das Unbekannte auch nicht zugleich anziehend und abstoßend?

Dieses Buch greift diese neuen Epiphanien in der Pflanzenwissenschaft auf und befasst sich mit dem Kampf um die Frage, wie neue wissenschaftliche Erkenntnisse gewonnen werden. Nur selten erhalten wir Einblick in ein Fachgebiet, das sich tatsächlich im Umbruch befindet und darüber debattiert, was es denn nun wirklich weiß – ein Fachgebiet, das dabei ist, ein neues Verständnis seines Gegenstandes zu entwickeln. Wir werden dabei auch einer Frage nachgehen, die gegenwärtig in Laboren und Fachzeitschriften heiß diskutiert wird: Sind Pflanzen intelligent? Soweit wir wissen, besitzen Pflanzen kein Gehirn. Manche behaupten jedoch, sie sollten wegen der bemerkenswerten Dinge, die sie zu tun vermögen, dennoch als intelligent gelten. Wir bestimmen Intelligenz – unsere eigene und die einiger anderer Spezies – auf indirektem Wege: indem wir Verhalten beobachten und nicht indem wir nach irgendeinem physiologischen Anzeichen suchen. Wenn Pflanzen Dinge tun können, die wir bei Tieren für Hinweise auf Intelligenz halten, dann wäre es nach Ansicht dieser Gruppe unlogisch und ein Beweis für eine unvernünftige zoozentrische Verzerrung, diese Sprache nicht auch für die entsprechenden Pflanzen zu benutzen. Andere gehen noch weiter und meinen, Pflanzen hätten möglicherweise auch ein Bewusstsein. Das Bewusstsein ist das vielleicht am wenigsten verstandene Phänomen der menschlichen Existenz und erst recht bei anderen Lebewesen. Das Gehirn, so glaubt man in diesem Lager, ist vielleicht nur einer der Wege zur Entwicklung von Geist und Bewusstsein.

Andere in der Botanik sind vorsichtiger und nicht bereit, Vorstellungen auf die Pflanzenwelt zu übertragen, die in ihren Augen eindeutig auf die Tierwelt gemünzt sind. Schließlich bilden die Pflanzen eine eigene Klade, eine geschlossene Abstammungsgemeinschaft mit einer Evolutionsgeschichte, die schon vor langer Zeit von unserer eigenen abzweigte. Wenn wir sie mit unseren Konzepten der Intelligenz und des Bewusstseins beschreiben, erweisen wir ihrem Wesen als Pflanzen keinen guten Dienst. Auch diesem wissenschaftlichen Lager werden wir später noch begegnen. Doch ich bin noch keiner Botanikerin und keinem Botaniker begegnet, die nicht voller Staunen betrachtet hätten, wozu die Pflanzen nach unserem neuesten Wissen in der Lage sind. Dank neuer Technologien hat die Botanik in den letzten zwei Jahrzehnten unglaubliche neue Beobachtungsmethoden gewonnen. Aufgrund ihrer Befunde verändert sich die Bedeutung des Begriffs »Pflanze« unmittelbar vor unser aller Augen.

Wie auch immer wir über Pflanzen denken mögen: Sie wachsen stetig weiter in die Höhe, der Sonne entgegen. In unserer weltweit so desaströsen Zeit eröffnen Pflanzen einen

Blick auf eine grüne Art des Denkens. Wenn wir wirklich Teil dieser Welt und ihrer quirligen Lebendigkeit sein wollen, müssen wir die Pflanzen verstehen. Sie erfüllen unsere Atmosphäre mit dem Sauerstoff, den wir atmen, und bauen ganz buchstäblich unseren Körper aus den Zuckern auf, die sie mit Hilfe des Sonnenlichts gewinnen. Sie produzierten die Zutaten, die es einst möglich machten, dass überhaupt Leben entstand. Dennoch sind sie nicht bloß nützliche Zulieferer. Sie führen selbst ein komplexes, dynamisches Leben – ein soziales Leben, ein Geschlechtsleben und besitzen eine ganze Reihe subtiler Sinne, die wir eigentlich nur den Tieren zubilligen. Sie nehmen Dinge wahr, die wir uns nicht einmal vorstellen können, und besetzen eine Welt aus Informationen, die wir nicht zu sehen vermögen. Wenn wir die Welt der Pflanzen verstehen, eröffnet das neue Horizonte für unser Verständnis des Menschen: dass wir nämlich unseren Planeten mit einer Lebensform ganz eigenen Rechts teilen, der wir unser eigenes Leben verdanken und die uns zugleich fremd und vertraut erscheint.

Im Hoh-Regenwald entfaltet ein Oregon-Ahorn sein Blätterdach über meinem Kopf. Der Stamm ist vollständig von Süßholzfarnen, Lungenkräutern und Moosfarnen überzogen, so dass er aussieht, als trüge er ein Grinch-Kostüm. Nur an wenigen Stellen ist noch die Borke erkennbar – überall dort, wo sie aus dem grünen Bewuchs herausragt, wie ein Bergkamm sich über einer Matte aus dichten Wäldern erhebt, ähnlich den Gipfeln der Olympic Mountains gleich östlich des Hoh-Regenwaldes. Ich beuge mich vor, um genauer hinzusehen. Der grüne Bewuchs ist eine Welt in einer Welt. Die kleinen Büschel und Wedel wiederholen in einem winzigen Maßstab die Struktur des Waldes. Dreiblättriger Sauerklee und Etagenmoos überziehen den Boden. Ich werde in diese

Welt hineingezogen und verirre mich darin. Doch letztlich geht es uns allen so: Wir alle wussten lange Zeit nicht, was in dieser Welt vor sich geht. Das scheint mir unklug zu sein. Ich wollte mehr wissen, und so ging ich hinaus und sah nach.

KAPITEL 1

Die Frage des Pflanzenbewusstseins

Was ist eine Pflanze? Wahrscheinlich haben Sie eine bestimmte Vorstellung davon. Vielleicht kommt Ihnen eine große Sonnenblume mit ihrem an eine Radkappe erinnernden Gesicht und ihrem dicken, mit Härchen besetzten Stiel in den Sinn oder die Bohnenranke, die sich im Garten Ihrer Großmutter um ein Rankgerüst schlingt. Möglicherweise denken Sie wie ich an eine Goldene Efeutute, die an Ihrem Küchenfenster hängt und wahrscheinlich mal wieder gegossen werden müsste. Sie stellen sich also etwas Bekanntes vor: das Grün unseres alltäglichen Lebens.

Natürlich haben Sie damit recht. Die Menschen haben schließlich auch seit jeher auf einen Oktopus gezeigt und ihn einen Oktopus genannt. Wir wussten jedoch bis vor kurzem nicht, dass solch ein Oktopus mit seinen Armen schmecken kann.[1] Dass er Werkzeuge benutzt.[2] Dass er menschliche Gesichter im Gedächtnis zu behalten vermag.[3] Dass er seine Umgebung viel sensibler wahrnehmen kann als wir die unsere. Und dass er über Neuronen verfügt, die wie eine Vielzahl getrennter Miniaturgehirne in seinem ganzen Körper verteilt sind. Was also ist ein Oktopus? Jedenfalls weit mehr, als wir es uns jemals vorgestellt hatten.

Die Antwort beginnt uns gerade erst zu dämmern und hat unser Verständnis nichtmenschlicher Intelligenz bereits in einem entscheidenden Punkt revolutioniert: Der Oktopus-Zweig am Stammbaum des Lebens trennte sich von unserem schon sehr früh in der Geschichte des tierischen Lebens. Unser letzter gemeinsamer Vorfahr dürfte ein Plattwurm gewesen sein, der vor mehr als 500 Millionen Jahren am Meeresgrund lebte.* Bisher hatten wir Intelligenz nur Tieren zugeschrieben, die uns evolutionär weitaus näher stehen, etwa Delphinen, Hunden und Primaten, unseren viel jüngeren Verwandten also. Heute wissen wir jedoch, dass ein überaus hohes Denkvermögen sich auch vollkommen unabhängig von unserem eigenen entwickeln kann. Eine ähnliche tektonische Verschiebung ereignet sich derzeit bei den Pflanzen, nur – bislang jedenfalls – stiller, in den Laboren und auf den Versuchsfeldern eines der am wenigsten strahlenden Fachgebiete innerhalb der Biowissenschaften. Doch das Gewicht dieses neuen Wissens droht die Wände des Behälters zu sprengen, in den wir die Pflanzen in unserem Denken setzen. Am Ende könnte es sogar unsere gesamte Vorstellung vom Leben selbst verändern.

Also: Was ist eine Pflanze? Ich war mir sicher, dass ich das wusste. Und dann begann ich, mit Botanikerinnen und Botanikern zu sprechen.

Vor einigen Jahren war ich eine Umweltreporterin, die ein Problem hatte. Der größte Teil meiner Arbeit konzentrierte sich auf zwei Dinge: das ständige Voranschreiten des Klimawandels sowie die gesundheitlichen Auswirkungen der Luft- und Wasserverschmutzung. Anders gesagt, schrieb ich über den unerbittlichen Weg der Menschheit in den Tod. Nach fünf oder sechs Jahren in diesem Feld beschlich mich eine

* Zum Vergleich: Der letzte gemeinsame Vorfahr der Menschen und der Delphine war ein landbewohnendes Säugetier, das vor etwa 50 Millionen Jahren lebte. Unser letzter gemeinsamer Vorfahr mit den Schimpansen lebte vor etwa sechs Millionen Jahren.

gewisse Angst, die meine Stimmung verfinsterte. Als Reaktion darauf begann ich mich sonderbar zu benehmen. So erklärte ich meinen Kolleginnen und Kollegen den neuesten IPCC-Report – in dem wir erfahren, dass wir nur noch wenige Jahre haben, um die Katastrophe abzuwenden – mit einer gespenstisch anmutenden Fröhlichkeit und erwartete, dass sie erbleichten. Oft verbrachte ich den ganzen Morgen damit, Nachrichten über rekordbrechende Waldbrände und Wirbelstürme zu verschlingen, um mittags nahtlos zu Bürotratsch überzugehen. Die Abspaltung reichte schließlich so weit, dass ich zu keinerlei emotionaler Reaktion auf Umweltkatastrophen mehr fähig war. Das Abschmelzen der Eisschilde in Grönland schien mir nur eine weitere gute Story zu sein.

Um diese Zeit begann ich, ohne dass mir das bewusst gewesen wäre, in den Naturwissenschaften nach etwas zu suchen, das sich wunderbar und lebendig anfühlte. Ich mochte Pflanzen. Ich sah gerne zu, wie mein Nachtjasmin an meinem Fensterrahmen hinaufkletterte und wie sich an meiner Geigenfeige nach Monaten ohne jede Veränderung in einem plötzlichen Wachstumsschub drei neue Blätter entfalteten. Meine Wohnung war ein Zufluchtsort, in dem die Pflanzen mir ein Zufriedenheit schaffendes Schauspiel boten – weitaus besser als das Drama, das sich auf meinem Computerbildschirm abspielte. Warum sollte ich mein Reportergehirn also nicht den Pflanzen zuwenden, dachte ich plötzlich. Ich begann in meiner Mittagspause nach botanischen Zeitschriften zu suchen. Dazu nutzte ich dieselben Internetportale, auf denen ich nach Veröffentlichungen zum Klima Ausschau hielt – ein System, das Journalistinnen und Journalisten die Möglichkeit bietet, die neuesten Forschungsergebnisse einzusehen, bevor sie der Öffentlichkeit zugänglich gemacht werden, vorausgesetzt, sie verpflichten sich, nicht vor dem festgesetzten Freigabedatum darüber zu berichten. Die Artikel in den Zeitschriften waren voller fundamentaler Entdeckungen über Pflanzen. Sie enthüllten zum Beispiel die evolutionären Ursprünge der Banane oder erklärten, warum manche Blüten klebrig sind (um nektarraubende Ameisen fernzuhalten). Ich hatte das Gefühl, eine Wissenschaft aus einer früheren Zeit zu bespitzeln. Gab es tatsächlich derart viel Grundlegendes zu entdecken? Zwei Wochen nach Beginn meiner neuen Faszination erfuhr ich, dass erstmals ein vollständiges Farngenom sequenziert worden war und schon bald ein Aufsatz darüber erscheinen sollte.[4] Ich wusste damals noch nicht, wie bemerkenswert das war – die entwicklungsgeschichtlich sehr alten Farne können bis zu 720 Chromosomenpaare besitzen (der Mensch hat nur 23), was erklärte, warum es so lange gedauert hatte, bis die Genomrevolution sie erreichte.[5] Ich war wie gebannt von dem Bild eines Farns, das den noch gesperrten wissenschaftlichen Text begleitete. Es handelte sich um die Fotografie eines winzigen schuppenartigen Pflänzchens auf dem Fingernagel eines Forschers: ein Algenfarn. Er war so grün, dass er von innen her zu leuchten schien. Ich war sofort verliebt.

Azolla filiculoides (Großer Algenfarn) oder kurz *Azolla* ist einer der kleinsten Farne der Welt und wächst seit Jahrtausenden an feuchten Orten. Wie bei allen Pflanzen wäre es nicht klug, Größe mit Komplexität zu verwechseln. Vor gut 50 Millionen Jahren, als die Erde weitaus wärmer war als heute, begann *Azolla* in riesigen Algenteppichen auf dem Nördlichen Eismeer zu wachsen. In den folgenden eine Million Jahren nahmen diese Farne so viel CO_2 auf, dass sie nach Ansicht von Paläobotanikern eine wichtige Rolle bei der Abkühlung des Planeten spielten. Heute prüfen einige Forscherinnen, ob sie dies nicht erneut tun könnten.

Azolla hat noch einen weiteren Zaubertrick auf Lager. Vor etwa hundert Millionen Jahren entwickelte er eine spezielle Tasche in seinem Pflanzenkörper, um Cyanobakterien zu beherbergen, die Stickstoff umwandeln können. Die Luft um uns herum besteht zu fast 80 Prozent aus Stickstoff. Jede Lebensform einschließlich unserer eigenen braucht ihn für die Herstellung von Nukleinsäuren, den Bausteinen jeglichen Lebens. Doch in seiner atmosphärischen Form ist der Stickstoff für uns gänzlich unerreichbar. Überall Stickstoff und kein einziges Molekül, das wir nutzen könnten. In einer demütigenden Wendung sind Pflanzen vollkommen abhängig von Bakterien, die wissen, wie man Stickstoff in Formen umwandelt, die Pflanzen – und wir alle, die Stickstoff von den Pflanzen erhalten – aufnehmen können. So verwandelte sich *Azolla* denn in ein Hotel für solche Bakterien. Der winzige Farn füttert die Cyanobakterien mit dem Zucker, den sie benötigen, und die Cyanobakterien wandeln für sie den Stickstoff um. Die Bauern in China und Vietnam wissen das seit Jahrhunderten und arbeiten *Azolla* in ihre Reisfelder ein.[6]

Ich besorgte mir Bestimmungsbücher für Farne und Texte über Farnkunde. Ich war begeistert von meinem Wissensdurst, den ich in dieser Form nur wenige Male in meinem Leben verspürt hatte. Ich war derart fasziniert, dass ich mir eine winzige *Azolla* auf meinen linken Arm tätowieren ließ. Journalistinnen und Journalisten sind notorische Generalisten, die sich kurz und intensiv für zahlreiche Dinge interessieren, um sie bald wieder fallen zu lassen. Doch diesmal dachte ich, so müsse es sein, wenn man sich vollständig von einer Sache einnehmen lässt. Plötzlich hatte ich unzählige

Fragen zu dieser äußerst gewöhnlichen Pflanzengruppe, die scheinbar ganz unspektakulär gewachsen war und doch die Welt verändert hatte. Was sonst wusste ich nicht?

Im Rahmen meiner Nachforschungen las ich *Die feine New Yorker Farngesellschaft*, ein dünnes Bändchen von Oliver Sacks über eine dem Farn gewidmete Exkursion, die er per Bus im Südwesten Mexikos unternommen hatte, zusammen mit lauter leidenschaftlichen Amateur-Pteridologen, alles Mitglieder der New Yorker Ortsgruppe der American Fern Society. Der Mitorganisator der Exkursion Robin C. Moran, ein vierundvierzigjähriger Kurator im New York Botanical Garden, der dort für Farne zuständig ist, hatte sie überall im mexikanischen Bundesstaat Oaxaca umhergeführt. Nachdem sie tagelang Dörfer und Landschaften besichtigt und die Erzeugnisse auf den Märkten, Färberbottiche mit roter Cochenille und natürlich Lebermoose und Farne aller erdenklichen Arten, bewundert haben, erlebt Sacks einen Augenblick, den man nur als Verzückung beschreiben kann. Die kräftige Nachmittagssonne fällt schräg auf ein hohes Maisfeld. Ein älterer Herr, Botaniker und Spezialist für die Landwirtschaft dieser Region, steht vor dem Mais. Sacks erwähnt den transzendenten Moment – ein ganz kurzes Aufflackern – nur mit wenigen Worten, doch die erschienen mir auf Anhieb als wahr.

> Der hohe Mais, die warme Sonne, der alte Mann – das alles verschmilzt zu einem einzigen Ganzen. Dies ist einer jener unbeschreiblichen Augenblicke, die von einer intensiven, beinahe übernatürlichen Wahrnehmung der Realität gekennzeichnet sind. Dann gehen wir den Weg hinunter zum Tor und steigen in den Bus. Alle sind benommen, wie in Trance, als wäre uns unvermittelt eine göttliche Vision

zuteilgeworden – doch nun sind wir zurückgekehrt in die gewohnte, alltägliche Welt.

Die Erfahrung solch eines kurzen Aufflackerns des Ewigen, des Wirklichen, der Gestalt zieht sich wie ein roter Faden durch die gesamte naturkundliche Literatur. Ich war nicht die Einzige, die sich in dieser Weise hingerissen fühlte. In *Pilger am Tinker Creek* erlebt die Autorin Annie Dillard einen ähnlichen Augenblick, als sie vor einem Baum steht und das Licht durch die Zweige fallen sieht. Ein Aufflackern von Wirklichkeit. Kaum hat sie dieses Aufblitzen bemerkt, ist der Moment auch schon vorbei, doch sie behält davon das Wissen um eine Art offener Aufmerksamkeit zurück, die nur in Bruchstücken zugänglich ist, aber möglicherweise eine unmittelbarere Beobachtung der Welt als die übliche Alltagsversion darstellt.

Ich las nach der Arbeit und oft bis in den frühen Morgen hinein weitere Bücher über Pflanzen und deren hingerissene Beobachter und stellte fest, dass immer wieder von solchen Augenblicken berichtet wurde. In *Alexander von Humboldt und die Erfindung der Natur*, Andrea Wulfs Biographie des berühmten Naturforschers des 19. Jahrhunderts, erfuhr ich, dass auch er solche Augenblicke erlebt hatte. Humboldt fragte sich, warum der Aufenthalt in der freien Natur solch ein existenzielles und wahrhaftiges Erleben auslöste. Überall lasse »die Natur den Menschen [...] eine Stimme hören, die in vertrauten Lauten zu ihm spricht«, schrieb er, und sie vermittele ihm den Eindruck, dass sie »ein lebendiges Ganzes« sei. Humboldt führte in die geistige Welt Europas den Gedanken ein, dass die Erde ein lebendiges Ganzes darstelle, in dem die Klimasysteme wie auch die ineinandergreifenden biologischen und geologischen Muster zu einem »netzartig verschlungene[n] Gewebe« verbunden seien. In der westlichen Naturwissenschaft ist dies das erste Aufschimmern eines ökologischen Denkens, in dem die natürliche Welt als eine Gesamtheit aus wechselseitig aufeinander einwirkenden biotischen Gemeinschaften verstanden wird.[7]

Etwas in dieser Lektüre botanischer Schriften vermittelte mir Bruchstücke dieses Gefühls, erste Eindrücke eines Ganzen, die ich noch nicht recht zum Ausdruck zu bringen vermochte. Ich hatte das Gefühl, dass ich große Lücken in meinem Wissen entdeckte. Wie lange hatte ich mich in der Nähe von Pflanzen aufgehalten, ohne das Geringste über sie zu wissen? Nach und nach zog es mich in ein Paralleluniversum, von dem ich wusste, dass es da war, nicht jedoch, was es enthielt.

Ich belegte im New York Botanical Garden einen Kurs über Farne, der von niemand anderem als jenem Moran aus Sacks' Exkursion abgehalten wurde, nun nicht mehr 44 Jahre alt, aber immer noch jugendlich wirkend. (Ich sollte erfahren, dass es in der Botanik eine Reihe von immer wieder auftretenden Figuren mit einer gemeinsamen, zuweilen freundschaftlichen, zuweilen aber auch weniger freundschaftlichen Geschichte gibt.) Wir lernten Farne zu bestimmen, erfuhren etwas über ihren grundlegenden Aufbau wie auch über idiosynkratischere Arten. Der Wiederauferstehungsfarn wächst an den Ästen von Eichen und kann in Dürrezeiten nahezu vollständig austrocknen, so dass er verdorrt und tot erscheint. In diesem Zustand vermag er mehr als ein Jahrhundert zu überdauern und danach wieder vollauf zu rehydrieren. Baumfarne können bis zu 20 Metern hoch werden, während andere wie die winzige *Azolla* miniaturisierte Düngemittelfabriken darstellen. Und dann ist da der Adlerfarn, an dem Kühe innerlich verbluten, falls sie es wagen, ihn zu fressen. »Ein absolut grausamer Farn«, meinte Moran.

Ich erfuhr, dass Farne evolutionär sehr viel älter sind als Blütenpflanzen. Sie erschienen bereits auf der Bildfläche, als die Evolution vom Konzept des Samens noch nicht einmal träumte. Sie pflanzen sich ohne Samen fort. Einige Tage später las ich in der Mittagspause, die ich inzwischen wie eine wahrhaft Besessene mit der Lektüre von allerlei Schriften über Farne verbrachte, dass man sich in Europa jahrhundertelang über dieses Fehlen von Samen den Kopf zerbrochen hatte. Alle Pflanzen besaßen Samen. Sie waren für ihre Fortpflanzung unerlässlich, so dachte man im Mittelalter. Wenn sich bei den Farnen keine Samen finden ließen, konnten sie nach der damals gültigen Logik nur unsichtbar sein. Und da die physischen Merkmale der Pflanzen nach einer anderen damals gängigen Vorstellung Hinweise auf deren mögliche Verwendungsweise durch den Menschen waren, meinten manche, wenn man diese unsichtbaren Samen fände, könne man sich mit ihrer Hilfe selbst unsichtbar machen.

Tatsächlich erwies sich die Fortpflanzung der Farne als weitaus absonderlicher. Zunächst einmal benutzen sie dazu keine Samen, sondern Sporen. Aber hier kommt der Clou: Farne besitzen schwimmende Spermien. Bevor sie zu den Wedeln heranwachsen, die wir alle kennen, führen sie ein vollkommen anderes Leben als gametophyter Farn – eine winzige, nur eine Zellschicht dicke, gelappte Pflanze, die nicht einmal entfernt als Farn erkennbar ist. Auf dem Waldboden würden Sie vergeblich danach suchen. Der männliche Gametophyt setzt Spermien frei, die in dem Wasser schwimmen, das sich nach einem Regenschauer auf dem Boden angesammelt hat, und nach weiblichen Gametophyten oder Eizellen suchen, die sie befruchten können. Die Farnspermien haben die Form winziger Korkenzieher und sind ausdauernde Sportler – sie sind in der Lage, bis zu 60 Minuten lang zu schwimmen. Unter einem Mikroskop können Sie sehen, wie sie sich durch die Flüssigkeit schlängeln.

Das Spermium ist indessen nicht der erstaunlichste Aspekt in der Fortpflanzung der Farne. Als meine Schwärmerei 2018 begann, kam in der Forschung gerade der Gedanke auf, dass Farne mit anderen Farnen in der Umgebung um Ressourcen konkurrieren und dabei ein Hormon ausschütten, das die Spermien benachbarter Farnarten zu einer Verlangsamung ihrer Bewegung zwingt. Langsamere Spermien bedeuten, dass weniger Vertreter dieser Arten sich fortpflanzen. So kann sich der Verursacher dieser Sabotage mehr von dem sichern, was gerade knapp ist, ob nun Wasser, Sonnenlicht oder Boden.

Wissenschaftlerinnen und Wissenschaftler begannen damals gerade erst, sich über diese Tatsache den Kopf zu zerbrechen. »Das ist vollkommen neu«, sagte mir Eric Schuettpelz, Forschungsbotaniker am Smithsonian National Museum of Natural History in Washington, D.C., in einem Telefongespräch. Mit der Sabotage fremder Spermien war ich offenbar auf die vorderste Front in der Erforschung der Farne gestoßen. »Wir wissen, dass es das Pflanzenhormon ist, haben aber keine Ahnung, wie das funktioniert«, sagte er. Woher wusste eine Farnpflanze, dass sich in ihrer Nähe Konkurrenten befanden? Wie bestimmte sie den Zeitpunkt der heimtückischen Ausschüttung der Hormone? Ein Farnforscher an der Colgate University hatte im selben Monat auf einer botanischen Tagung ein Paper zu genau diesem Phänomen vorgelegt.

Ich ließ das ein paar Minuten sacken. Farne können aus der Ferne mit fremden Farnspermien interagieren. Das war eine unglaublich bissige pflanzliche Aktivität. Ich begann zu verstehen, worauf Moran hinauswollte. Es schien aber auch bemerkenswert brillant zu sein. Wozu waren Pflanzen noch in der Lage?

Mit dieser Frage im Hinterkopf begann ich mein neugewonnenes Interesse auf ein relativ junges Gebiet innerhalb der Pflanzenwissenschaft zu fokussieren: das Verhalten von Pflanzen. Wie ich herausfand, wimmelte es in den Ankündigungen neuer Forschungsvorhaben nur so von Publikationen zu diesem Thema. Für mich öffnete sich damit ein neues geistiges Tor, das ich durchschreiten konnte. Dass Pflanzen sich überhaupt verhalten konnten, war ein verführerischer Gedanke. Einige Publikationen trieben diesen Gedanken sogar noch weiter und gingen der These nach, dass Pflanzen möglicherweise sogar eine Form von Intelligenz besitzen. Ich war fasziniert, aber auch skeptisch. Damit war ich nicht allein. Wie sich zeigte, hatte die These einer pflanzlichen Intelligenz erst kürzlich einen regelrechten Krieg ausgelöst.

Ich war zu einem bemerkenswert aufregenden Zeitpunkt auf diese Ecke in der Welt der Wissenschaft gestoßen. In den letzten anderthalb Jahrzehnten hatte ein Revival der Erforschung des Pflanzenverhaltens in der Botanik zu zahlreichen neuen Erkenntnissen geführt – mehr als 40 Jahre nachdem ein verantwortungsloser Bestseller diesem Forschungsgebiet beinahe für immer den Garaus gemacht hatte. *Das geheime Leben der Pflanzen*, ein 1973 erschienenes Buch von Peter Tompkins und Christopher Bird, erregte weltweit großes Aufsehen. Es war eine Mischung aus realer Wissenschaft, unsoliden Experimenten und unwissenschaftlicher Vorausschau. In einem Kapitel behaupteten Tompkins und Bird, Pflanzen könnten fühlen und hören – und sie bevorzugten Beethoven gegenüber Rock and Roll. In einem anderen unterzog ein ehemaliger CIA-Agent namens Cleve Backster seine Zimmerpflanze einem Test mit einem Lügendetektor und stellte sich im Geiste vor, dass er sie anzündete. Die Nadel des Detektors schlug angeblich wie wild aus, das heißt, es kam in der Pflanze zu einem plötzlichen Anstieg der elektrischen Aktivität. Beim Menschen galt solch ein Ergebnis als Indikator für steigenden Stress. Die Pflanze reagierte nach Ansicht Backsters auf seine böswilligen Gedanken. Daraus folgerte er, dass Pflanzen nicht nur ein Bewusstsein hätten, sondern auch Gedanken lesen könnten.

Das Buch feierte auf dem populärwissenschaftlichen Buchmarkt sogleich gewaltige Erfolge – erstaunlich für eine Veröffentlichung über Pflanzenwissenschaft. Paramount Pictures brachte einen Kinofilm darüber heraus. Die Musik zum Film schrieb Stevie Wonder. Die ersten Pressungen der Schallplatte mit dem Soundtrack wurden vor ihrer Auslieferung mit einem Blumenduft versehen. Vielen erstaunten Leserinnen und Lesern bot das Buch einen neuartigen Blick auf die Pflanzen in ihrer Umgebung, die bis dahin lediglich als ein passiver Zierrat erschienen waren, eher mit der Welt der Gesteine verwandt als mit den Tieren. Das Buch stand zugleich auch im Einklang mit dem Aufstieg der New-Age-Kultur, die nur allzu begierig Geschichten aufnahm, in denen behauptet wurde, dass die Pflanzen ebenso lebendig seien wie wir. Die Menschen begannen, mit ihren Zimmerpflanzen zu sprechen, und ließen für ihren Ficus klassische Musik abspielen, wenn sie aus dem Haus gingen.

Das alles war jedoch nur eine Sammlung schöner Mythen. Viele Wissenschaftler versuchten, die Ergebnisse der in dem Buch dargestellten und äußerst verlockenden »Forschung« zu reproduzieren – aber vergebens. Der Zell- und Molekularphysiologe Clifford Slayman und der Pflanzenphysiologe

Arthur Galston bezeichneten das Buch 1979 in einem Artikel im *American Scientist* als eine »Ansammlung irriger oder unbeweisbarer Behauptungen«.[8] Da half es auch nicht, dass der ehemalige CIA-Agent Backster wie auch der IBM-Forscher Marcel Vogel, der behauptete, den »Backster-Effekt« reproduzieren zu können, die Ansicht äußerten, man müsse eine emotionale Beziehung zu der Pflanze aufbauen, bevor irgendein Effekt einträte. Auf diese Weise versuchten sie zu erklären, warum andere Labore die Ergebnisse nicht zu reproduzieren vermochten. »Entscheidend ist die Empathie zwischen Pflanze und Mensch«, behauptete Vogel. »Eine spirituelle Entwicklung ist unerlässlich«.

Nach Ansicht der damals tätigen Botaniker lässt sich der Schaden, den das Buch anrichtete, gar nicht überschätzen. Die beiden Torwächter der Naturwissenschaften, die Institutionen der Forschungsförderung und die Peer-Review-Ausschüsse, schlossen ihre Tore. Wie mehrere Forscherinnen und Forscher mir berichteten, sank in den folgenden Jahren die Bereitschaft der National Science Foundation, Forschungsprojekte zu fördern, in denen es um die Reaktion von Pflanzen auf ihre Umwelt ging. Anträge, die auch nur entfernt an eine Erforschung des Pflanzenverhaltens denken ließen, wurden abgelehnt. Die Geldströme, so schmal sie gewesen sein mochten, versiegten vollends. Wissenschaftler, die Pionierarbeit auf diesem Forschungsgebiet geleistet hatten, schlugen andere Wege ein oder ließen die Naturwissenschaften gänzlich hinter sich.

Einige wenige hielten jedoch an ihrem Vorhaben fest, verwandten ihre Zeit unterdessen auf andere Fragen und warteten auf einen Wechsel der Gezeiten.

In den letzten anderthalb Jahrzehnten ist solch ein Gezeitenwechsel eingetreten. Für einige Forschungsprojekte zum

Pflanzenverhalten begannen wieder Fördergelder zu fließen, auch wenn es anfangs sehr schwer war, an diese Gelder zu gelangen. Fachzeitschriften für Botanik begannen, einige wenige Artikel aus diesem Forschungsfeld zu publizieren, auch wenn viele der Zeitschriften immer noch von Gegnern des Fachgebiets der pflanzlichen Intelligenz herausgegeben wurden. Diese Veränderung war möglicherweise die Folge neuer Technologien wie der genetischen Sequenzierung und verbesserter Mikroskope, die es möglich machten, bislang befremdliche Behauptungen mit echter wissenschaftlicher Strenge zu belegen. Vielleicht lag auch das politische Gespött im Gefolge des Buchs von Tompkins und Bird lange genug zurück. Viele Autorinnen und Autoren verwendeten bei der Beschreibung ihrer Befunde keine Ausdrücke wie »Intelligenz«, doch die Ergebnisse legten dennoch den Gedanken nahe, dass die Pflanzen weitaus komplexer waren, als irgendjemand bis dahin zu denken gewagt hatte.

Wie ich bei meiner Lektüre erfuhr, waren Forscher kürzlich auf vielversprechende Indikatoren gestoßen, die nahelegten, dass Pflanzen ein Gedächtnis besitzen. Andere hatten herausgefunden, dass zahlreiche Pflanzen fähig sind, zwischen ihnen selbst und anderen zu unterscheiden, und dabei erkennen können, ob diese anderen Pflanzen genetisch mit ihnen verwandt sind oder nicht. Wenn solche Pflanzen bemerken, dass sie in unmittelbarer Nachbarschaft zu ihren Geschwistern wachsen, sind sie in der Lage, ihre Blätter innerhalb von zwei Tagen neu zu arrangieren, so dass die Nachbarpflanzen nicht in ihrem Schatten stehen.[9] Die Wurzeltriebe von Erbsenpflanzen vermögen offenbar Wasser zu hören, das durch abgedichtete Rohre fließt, und sind in der Lage, in die Richtung dieser Rohre zu wachsen.[10] Und diverse Pflanzen, darunter Limabohnen[11] und Tabak[12], können auf einen Angriff blattfressender Insekten reagieren, indem sie spezifische Fressfeinde anlocken, die wiederum die Insekten dezimieren. (Andere Pflanzen – darunter eine bestimmte Tomatenpflanze – scheiden einen chemischen Stoff aus, der dafür sorgt, dass hungrige Raupen die Blätter in Frieden lassen und stattdessen ihre Artgenossen fressen.[13]) Artikel über weitere bemerkenswerte Verhaltensweisen von Pflanzen entwickelten sich von einem kleinen Rinnsal zu einem recht kräftigen Strom. Es schien, als stünde die Botanik vor etwas ganz Neuem. Ich wollte dabei sein und zuschauen.

Wenn ich dann wieder an meinem Schreibtisch in der klimatisierten Nachrichtenredaktion saß, genoss ich diese kleinen Risse im schweren Gewebe meines Alltags. Etwas an dieser Renaissance in der Erforschung des Pflanzenverhaltens sprach in mir zu einem früheren Ich. Bis mein Bruder geboren wurde, war ich neun Jahre lang das einzige Kind in der Familie gewesen. Doch auch ein neunjähriges Mädchen konnte nicht viel mit einem Säugling anfangen, vor allem nicht, wenn es glaubte, eine Erwachsene zu sein, die im Körper eines Kindes gefangen war. Solche Mädchen neigen dazu, komplexe innere Welten zu konstruieren, die sie dann wie eine Decke über der Welt um sie herum ausbreiten. Erwachsene, die anders gestrickt sind, sprechen dann gerne von einem Hang zum Melodramatischen. Ich mochte diesen Ausdruck nicht, weil er unterstellte, dass man meiner Version von Realität nicht vertrauen durfte. Ich war mir sicher, dass ich einfach nur Dinge in meiner Umgebung sah, die tatsächlich da waren. Meist handelte es sich um Bäume oder Eichhörnchen oder auch Steine, und sie waren äußerst lebendig und aufmerksam gegenüber der Welt. Kinder sind bekanntlich geborene Animisten.

Dinge wahrzunehmen, die andere Leute, vor allem Erwachsene, offenbar nicht sahen, schien mein Gefühl der Absonderung nur zu verstärken. Im Frühling sah ich, wie die purpurfarbenen Krokusse mit ihren Schnäbeln durch die harte Erde brachen wie Küken durch ihre Eierschale. Ein Carolinaspecht bohrte an der riesigen Weißeiche vor dem Fenster meines Schlafzimmers. Immer wenn ich ein Geschöpf in einem Akt uneingeschränkter Kreatürlichkeit beobachtete, hatte ich das Gefühl, einen heimlichen Blick hinter den Vorhang und in ihre Welt zu werfen: in die reale Welt.

Der schönste Teil unseres Zuhauses war eine mittelgroße Bodensenke, ein paar hundert Meter entfernt im Wald hinter unserem Haus. Jeden Frühling sammelte sich darin zwischen einem halben und einem ganzen Meter Wasser und blieb dort fast das ganze Jahr stehen, so dass es im Dezember gefror. Im Sommer sah ich nach, ob keine Spinnen sich in meine Gummistiefel verirrt hatten, und watete dann durchs knöcheltiefe Wasser, streichelte die schwammartigen Moose, die auf den halb im Wasser liegenden Steinen gewachsen waren, und begrüßte die Stinkkohlköpfe, als wären sie meine Freunde. Und in gewisser Weise waren sie es tatsächlich. Auch ein Stockentenpaar lebte dort, doch mit ihnen redete ich nicht. Sie schienen in puncto Geselligkeit bereits hinreichend beschäftigt zu sein, denn sie hatten einander. Die Pflanzen dagegen hatten offenbar sonst nichts zu tun.

Nicht dass ich mir wirklich vorgestellt hätte, die Pflanzen wären kleine Menschen, nur in anderer Gestalt. Ich erinnere mich nicht, jemals gedacht zu haben, dass sie mit mir sprächen. Ich hatte aber auch nicht das Gefühl, dass sie stumm wären. Sie machten ihr eigenes Ding. Wie ich. Sie waren wie Kinder: unterschätzt.

In *The Ecology of Imagination in Childhood* blickt die

Schriftstellerin und Forscherin Edith Cobb auf zwei Jahrzehnte der Erforschung der Rolle der Natur im frühen Denken von Kindern zurück. Sie stellt fest, dass Kinder eine »offenen Systemen ähnelnde Einstellung« besitzen, die ihnen eine gewisse emotionale Nähe zur natürlichen Welt ermöglicht. Sie schreibt: »Für das junge Kind ist die ewige Frage nach dem Wesen des Realen weitgehend eine wortlose Dialektik zwischen Ich und Welt.« Sie verweist auf zahlreiche Künstler und Denker, die behaupten, ihr schöpferischer Prozess bestehe hauptsächlich in einer Kanalisierung der Sichtweise, die sie als Kind hatten. Bernard Berenson, ein Gigant der Kunstkritik im 20. Jahrhundert, schreibt in seiner Autobiographie, seinen vielleicht glücklichsten Augenblick habe er als Junge erlebt, als er auf einem Baumstumpf stand.

> Es war ein früher Sommermorgen, und über den Lindenbäumen glänzte und flimmerte silbriger Dunst. Die Luft war getränkt mit Lindenduft und voll von zärtlicher Wärme. Ich erinnere mich gut – ohne es mir erst zurückzurufen –, wie ich auf einen Baumstumpf kletterte und plötzlich im »EINEN« aufging und unterging. Ich nannte es nicht so, denn ich bedurfte keiner Worte. Das »Eine« und das Ich waren eins.[14]

Wer hätte keine Erinnerungen dieser Art? Das »Eine« hat hier große Ähnlichkeit mit dem Gefühl des »Wirklichen«, das seinen Widerhall bei Sacks und Dillard und Humboldt fand. Und mit dem, was ich als Kind fühlte, als ich auf den Boden gekauert die Krokusse betrachtete. Ich frage mich, was Augenblicke dieser Art *sind* und was sie zu bewirken vermögen.

Jahrzehnte nachdem ich das Haus im Wald verlassen hatte,

war ich nun eine Stadtbewohnerin, die in einem hermetisch abgeschlossenen Bürogebäude hockte. Das wissende Gespür der Neunjährigen für eine Welt jenseits der üblichen Wahrnehmung war vollkommen abgestumpft. Doch dann überkam mich die Farnsucht, gefolgt von der Debatte über die Intelligenz der Pflanzen. Etwas Vertrautes begann still in mir zu ticken.

Die mittägliche Botanik-Lektüre wurde für mich zum Antrieb meines ganzen Tages. Was ich da in den wissenschaftlichen Zeitschriften fand, war die erbittertste Debatte, die mir in meinen Jahren als Journalistin jemals begegnet war. Ebenso groß wie die Zahl der Artikel, in denen es um die Erkundung pflanzlicher Intelligenz ging, war die Zahl derjenigen, die dieses aufstrebende Forschungsfeld kritisierten, meist wegen der Wortwahl. Den meisten Pflanzenwissenschaftlern gefiel es nicht, dass man den Ausdruck »Intelligenz« auf Pflanzen anwendete. Das galt erst recht für die noch kühnere Vermutung, dass Pflanzen über ein »Bewusstsein« verfügten. Dagegen gab es gute Argumente. Pflanzen besitzen kein Gehirn und nicht einmal Neuronen. Ihre Evolution war darauf angelegt, ganze andere Herausforderungen zu bestehen als wir. Wozu sollten sie ein Gehirn oder eine Bewusstsein brauchen? In einem Artikel in der Zeitschrift *Trends in Plant Science* mit dem Titel »Plants Neither Possess nor Require Consciousness« (»Pflanzen besitzen und brauchen kein Bewusstsein«) schienen die Autoren, acht hochangesehene Pflanzenwissenschaftler, umfassend das Für und Wider abzuwägen. Sie schrieben, es sei »extrem unwahrscheinlich, dass Pflanzen, denen sämtliche auch nur entfernt mit der Komplexität eines Gehirns vergleichbare anatomische Strukturen fehlen, Bewusstsein besitzen«. Vielmehr könne man alles, was Pflanzen tun, einer

»angeborenen Programmierung« durch eine »genetische Information« zuschreiben, »die durch natürliche Selektion erworben wurde und sich grundlegend von Wahrnehmung oder Wissen unterscheidet, zumindest im üblichen Sinne dieser Worte«.[15]

Die Autoren räumten ein, Vertreterinnen und Vertreter des Pflanzenbewusstseins hätten »ausgezeichnete Artikel veröffentlicht«, in denen keine wirklich provokativen Thesen vertreten würden – selbst jene über die Rolle der elektrischen Signale im Körper von Pflanzen, die ihres Erachtens als Analogie (wenngleich nicht als Homologie, wie sie selbst betonten) zu tierischen Nervensystemen verstanden werden könnten. Der Streit gehe auf Forscher zurück, die ihre Schlüsse allzu weit getrieben und Ausdrücke wie »Lernen« oder »Fühlen« zu stark vereinfacht hätten, um ihre Behauptung plausibel erscheinen zu lassen. Sie klagten: »Warum lebt der Anthropomorphismus in der Biologe heute wieder auf?«

Die Wissenschaft ist aus guten Gründen eine konservative Institution. Der Konservatismus ist eine wichtige Versicherung gegen falsches Wissen. Doch irgendetwas an diesem Artikel schien sich selbst zu widerlegen. Tatsächlich gibt es in der Wissenschaft keine allgemein anerkannten Definitionen für Leben, Tod, Intelligenz oder Bewusstsein. Worte sind zweifellos sehr wichtig, doch die Definitionen dieser Worte sind nicht klar bestimmt und deshalb erweiterungsfähig. Könnte es nicht sein, dass Pflanzen eine Intelligenz besitzen, die ganz anderer Art ist als unsere eigene? Und tatsächlich klang das, was die genannten Forscher über elektrische Signale in einem Pseudonervensystem sagten, extrem überzeugend.

Trotz all ihrer Stärken beschränkt Wissenschaft sich auf Fragen, die mit Hilfe wissenschaftlicher Methoden beantwortet werden können. Die Bedeutung oder Definition des Lebens gehört möglicherweise nicht zu diesen Fragen. Überlässt man die Sache den Wissenschaften, die nicht dazu geschaffen wurden, um ethische Fragen des Seins und Nichtseins aufzugreifen, bleiben die Pflanzen begrifflich draußen in der Kälte des Unbelebten. Doch da gab es all diese Wissenschaftlerinnen und Wissenschaftler, die sich mutig der härtesten aller Fragen stellten, dem eigentlichen Wesen der Aufmerksamkeit für die Welt, dem schwierigen Problem des Bewusstseins. Und sie waren schließlich die Hüter der wissenschaftlichen Information, die man nutzen konnte, um zu irgendeinem ethischen Schluss über die Frage zu gelangen, wo die Pflanzen einzuordnen sind und in welche Beziehung wir zu ihnen treten können. Es lag ganz in ihren Händen, ob bestimmte Experimente zugelassen oder nicht zugelassen, veröffentlicht oder nicht veröffentlicht wurden. Ich wollte mir das genauer anhören.

Das Lager der Gegner des Gedankens, dass Pflanzen Intelligenz besitzen könnten, wollte eindeutig klarstellen, dass Pflanzen nicht wie Tiere sind. Aber sie verwendeten eine homozentrische Definition von Intelligenz und Bewusstsein, um ihre These zu vertreten, dass Pflanzen unmöglich eines von beidem besitzen konnten. Diese Argumentation schien mir fehlerhaft, weil sie einen inneren Widerspruch enthielt. Das Argument fiel auf sie selbst zurück. Paco Calvo, ein Philosoph für Kognitionswissenschaft an der Universität Murcia, und Anthony Trewavas, ein bekannter Veteran der Pflanzenphysiologie an der University of Edinburgh, sind derselben Ansicht: »Es handelt sich eindeutig um einen Zirkelschluss.«[16]

Ich fragte mich auch, ob es da möglicherweise Ängste gab. Ich sah durchaus, warum Gegner des Gedankens einer pflanzlichen Intelligenz sich wünschen mochten, dass dieses Narrativ ihnen nicht entglitt und vorzeitig Eingang in die Mainstreamkultur fand, wo es vielleicht seiner Komplexität beraubt und in einer verdünnten, phantastischen Form aufgenommen würde. Unter Umständen benutzte man es dort zur Stützung jener New-Age-Vorstellungen, die den Pflanzenwissenschaftlern beim letzten Mal mit *Das geheime Leben der Pflanzen* solchen Ärger eingebracht hatten. Bis zu einem gewissen Punkt verstand ich das. In der Populärkultur gibt es von jeher einen extremen Hang, anderen Spezies einfache menschliche Narrative überzustülpen, wie man es in Märchen oder Zeichentrickfilmen so häufig sieht. Dennoch hatte ich das Gefühl, dass ebendiese Fähigkeit auch deutlich unterschätzt wird. Die Phantasie des Publikums ist durchaus ausbaufähig, dachte ich mir. Wenn man ihr die Chance dazu gibt, kann sie in einer Weise erweitert werden, die auch nichtmenschliche Formen von Intelligenz umfasst. Das war eine schwierige Aufgabe. Die Vorstellungkraft so weit zu öffnen, dass sie auch gänzlich andere Intelligenzen einschließen kann, ist in der Tat schwierig. Von den meisten unter uns hat man so etwas bislang noch nicht verlangt. Die Auseinandersetzung mit Komplexität ist jedoch eine Übung, die den Geist erweitert. Die Ergebnisse wissenschaftlicher Forschung zurückzuhalten, weil man befürchtete, wie sie aufgenommen werden könnten, schien unfair gegenüber uns anderen zu sein. Die Welt, in der wir leben könnten, wenn wir Komplexität nicht in den Hintergrund drängten, war die Welt, in der ich leben wollte.

Es schien, als wäre ich auf die Debatte über pflanzliche Intelligenz zwar recht früh, aber doch zur rechten Zeit gestoßen. Es gab noch so viele Fäden, die aufgenommen werden mussten. Doch dahinter stand echte Wissenschaft, und die neuen Ergebnisse waren allzu faszinierend, als dass man sie unbeachtet lassen konnte. Worum ging es? Immer wieder sah ich, dass die Debatte als Streit über syntaktische Fragen dargestellt wurde. Auf mich wirkte sie eher wie ein Streit über Weltbilder. Über das Wesen der Realität. Über die Frage, was Pflanzen sind – vor allem im Unterschied zu uns selbst.

Man sagt, wenn man versuche, eine Kultur zu verstehen, sei das so, als schaute man auf einen Eisberg. Da gebe es ausgedehnte Tiefenbereiche, die wir nicht sehen. Ich stellte mir die Welt der Botaniker und ihre Kultur – die Ideen, mit denen sie arbeiteten und auf denen sie aufbauten – eher wie eine Rhizompflanze vor. Von meinem Schreibtisch aus, wo ich Artikel ausdruckte und durchforstete, konnte ich nur die Triebe sehen. Die Namen, die Begriffe. Aber schon bald bat mich eine Botanikerin, mit einer anderen zu sprechen, die mich wiederum an eine andere verwies. So begannen Wissensnetzwerke aufzutauchen – die zahllosen unsichtbaren und im Untergrund verlaufenden Verbindungen zwischen Laboren und Fachzeitschriften. Wer vertraute wem – und wer nicht? Triebe und Sprossausläufer, Triebe und Sprossausläufer.

Immer wenn ich eine Wissenschaftlerin oder einen Wissenschaftler anrief, wurde ich daran erinnert, dass die meisten von ihnen keinerlei Interesse hatten, Pflanzen in den Dienst der Menschen zu stellen. Meine besten Gespräche waren solche mit Forscherinnen und Forschern, die ganz in der Liebe zu ihrem Forschungsgegenstand aufgingen – in jener Art Liebe, von der man allen erzählen möchte. Sobald sie davon überzeugt waren, dass ich wirklich etwas wissen wollte, erlaubten sie es sich, ihrer ungehemmten Begeisterung freien Lauf zu lassen. Sie erzählten mir von dem Winkel der Welt, den sie selbst enträtselt hatten, von ihrem eigenen persönlichen Puzzleteilchen dieses riesigen und chaotischen Puzzles Biologie, das sie gefunden hatten, indem sie das Sediment der Welt mit den feinsten Sieben durchsuchten, bis sie das Teil in ihren Händen hielten und dank einer Mischung aus Jahren fleißigen Lesens, unermüdlicher Laborarbeit und obsessiven Interesses schließlich erkannten, welche Bedeutung es hatte und an welchen Platz sie es setzen mussten.

Wer die Natur in dieser Weise betrachtet, erhält natürlich nur eine Teilansicht. Die Natur ist kein Puzzle, das darauf wartet, zusammengesetzt zu werden, kein Kodex, den es zu entziffern gilt. Natur ist Chaos in Bewegung. Biologisches Leben ist eine spiralförmige Diffusion von Möglichkeiten, fraktal in ihrer Fülle. Jeder Organismus, und ganz gewiss jede Pflanze, stammt aus einem anderen Bruchstück des Evolutionsnetzwerks grünblättriger Dinge, um dann weitere Variationen hervorzubringen. Sie alle verändern natürlich weiterhin ihre Form, da all das niemals endet – außer wenn Pflanzen aussterben. Die Vielfalt wirkte endlos und unmöglich zu erfassen. Die Wissenschaftlerinnen und Wissenschaftler, mit denen ich sprach, wussten das und gaben dennoch nicht auf. Dafür liebte ich sie noch mehr.

Ich lernte mit der Zeit, was ich sagen musste, um diese Wissenschaftler am Telefon zu halten – oder genauer: was ich nicht sagen durfte. Von den »Sinnen der Pflanzen« zu sprechen, war in aller Regel in Ordnung – neutrales Gebiet. Mit »Planzenverhalten« geriet ich schon auf gefährlicheres Terrain, und »Pflanzenintelligenz« war äußerst gefährlich. Auf Bewusstsein durfte ich, wie ich lernte, erst dann zu sprechen kommen, wenn ich bei den drei oben genannten Begriffen die Feuerprobe bestanden hatte, ohne das Gefühl zu haben, ich würde gleich abgehängt oder gescholten. Falls ich auf ein Triggerwort traf, merkte ich das sogleich. Die Wissenschaftler wurden nun vorsichtig und weniger offen, vor allem wenn wir uns noch im Stadium argwöhnischen Abtastens befanden und sie noch nicht recht wussten, ob sie überhaupt mit mir sprechen wollten.

Aber ebenso oft erspürte ich auch den weichen Punkt, an dem sie nachgiebig wurden und offenbar selbst neugierig darauf waren, was es heißen mochte, dass Pflanzen ein Verhalten zeigten oder dass man ihnen Intelligenz zubilligte. Dann dachten sie über meine Fragen nach und gaben nach einigem Zögern nachdenkliche Antworten. Darin kamen häufig innere Konflikte zum Ausdruck. Vielen Menschen, mit denen ich sprach, erschien der Ausdruck »Intelligenz« gefährlich, allerdings nur, weil ihn die meisten direkt mit menschlicher Intelligenz in Verbindung brachten. Pflanzen an der menschlichen Kognition zu messen, hat keinen Sinn. Dadurch werden die Pflanzen allenfalls zu geringeren Menschen oder zu geringeren Tieren. Anthropomorphismus ist gefährlich, weil er den Stellenwert dieser grünen Körper reduziert und keinen Raum für die Erkenntnis lässt, dass Pflanzen mehrere Sinne – oder sollte man sagen: Intelligenzen? – nutzen, die weit über die Fähigkeiten des Menschen auf diesen Gebieten hinausgehen. Unsere Version dieser Sinne, sofern wir sie denn überhaupt besitzen, sind im Vergleich dazu nur dürftig entwickelt. Für diese Forscherinnen und Forscher war es schwer, über Pflanzenintelligenz zu sprechen. Sie hatten Angst, es könnte sich um eine Falle handeln und letztlich zu Schlussfolgerungen führen, die nicht dem wirklichen Wunder entsprachen, das sie kennengelernt hatten.

Unterdessen war mehr als ein Jahr vergangen, seit ich auf diese Fragen gestoßen war. Es war August 2019 in New York City, und in der Luft hing der Gestank erhitzten Mülls und heißen Asphalts. Jeden Tag verließ ich mein drückend heißes Apartment im New Yorker Stadtteil Flatbush und ging sechs Blocks weit zum Prospect Park. Manchmal blieb ich stehen, um mir bei einem Straßenhändler kaltes Kokosnusswasser (eine Steinfrucht) oder ein Stück Zuckerrohr (ein Gras) zu kaufen. Wenn ich die steinernen Kolonaden im Park erreichte, verlangsamte ich meinen Schritt. Das Licht wirkte nun gedämpft, und dank der Exhalationen von Millionen Pflanzen sanken die Temperaturen. Ich erinnerte mich, dass manche Naturforscher vor der Entdeckung der Fotosynthese als chemischer Reaktion zur Produktion von Zucker geglaubt hatten, es handelte sich hier gleichsam um eine Klimaanlage der Natur.[17] Die kühle Luft strich über meine Haut, und ich atmete tief ein. Es duftete nach nassen Blättern, und mein Kopf wurde frei. Ich betrachtete Breitwegerich und Apfelbeere unterdessen mit einer Mischung aus Ehrfurcht und Misstrauen. Ich wusste inzwischen, dass im Leben all der Pflanzen, an denen ich vorbeikam, sehr viel mehr passierte, als ich mir jemals vorgestellt hatte, und zwar sowohl über als auch unter der Erde. Vielleicht bemerkten sie sogar, dass ich an ihnen vorbeiging. Inmitten des Grüns, teils hell, teils dunkel, begann ich viele verschiedene Pflanzenarten zu erkennen und noch beträchtlich mehr einzelne Pflanzen. Ich wusste, dass überall, wohin ich blickte, unendlich viele Dinge geschahen, auch wenn ich sie weder sehen konnte noch vollständig verstand.

Durch die Beobachtung der Pflanzen gewann ich eine materielle Vertrautheit mit der natürlichen Welt zurück. Dabei ging es nicht darum, die Umweltkatastrophe zu ignorieren. Vielmehr war es eine Möglichkeit, sich klarzumachen, was hier auf dem Spiel stand. Jede Pflanze verkörperte eine Welt, die zu verlieren wir im Begriff waren, jedes Ökosystem eine ganze Galaxie. Die Lektüre der Aufsätze zur Pflanzenintelligenz glich indessen dem Versuch, einen Berg zu verstehen, indem man ihn mit einer Lupe untersucht. Die Flut der Entdeckungen aus jüngster Zeit unterstrich diesen Eindruck nur noch. Die Forschung hatte gerade herausgefunden, dass Pflanzen sich erinnern können, nicht aber, wo sie diese Erinnerungen speichern. Sie hatte entdeckt, dass Pflanzen Verwandte zu erkennen vermögen, nicht jedoch, wie sie das bewerkstelligen. Diese Funde waren allenfalls Hinweise, Bruchstücke, die auf etwas Größeres, auf ein Ganzes hindeuteten.

Was ist eine Pflanze? Das schien noch niemand zu wissen. Auf diesem Spaziergang beschloss ich, meinen Job zu kündigen und nur noch über Pflanzen nachzudenken. Die Nachrichtenredaktion, in der ich arbeitete, machte gerade schwere Zeiten durch. Leute wurden entlassen, da die Einnahmen aus Anzeigen zurückgingen und Investoren dadurch kopfscheu gemacht wurden. Die Arbeitsmoral sank auf einen Tiefpunkt. Ich sah nicht mehr, welchen Sinn es hatte, dort zu bleiben, und hatte das Gefühl, jeden Tag könnte die Kündigung auf meinen Schreibtisch flattern, so dass selbst die Sicherheit einer Vollzeitbeschäftigung wie eine Lüge erschien. Ich hatte ein paar Ersparnisse und würde mich einschränken müssen. Ein Freund aus Kindertagen hatte Platz im alten Farmhaus der Farm, auf der er aufgewachsen war. Als Kinder waren wir dort durch die Kornfelder gelaufen. Ich konnte dort wohnen und dann umherreisen, um mir weitere Pflanzen anzuschauen, in ihren angestammten Lebensräumen, an deren Bedingungen sie sich im Laufe der Evolution angepasst hatten.

Es würde die Sache wert sein, denn in der Botanik geschah gerade eindeutig etwas Bedeutsames. Diese Wissenschaft stand vor einem Umbruch, aus dem sie vollkommen verändert hervorgehen musste. Unsere Vorstellung, nach der Pflanzen stumme, fühllose Wesen seien, war offenbar vollkommen falsch. Die Zeit schien reif. Es war eine gute Story, zu gut, als dass sie im dunklen Reich der akademischen Welt eingeschlossen bleiben durfte. Ich hatte langsam das Gefühl, sie könnte die Welt verändern. Und ganz sicher veränderte sie bereits mein Leben. Es ging offenbar um weit mehr als um meine persönliche Faszination. Oder vielleicht war beides doch dasselbe, dachte ich. Je mehr Zeit ich mit dem Nachdenken über Pflanzen verbrachte, desto größer wurde der Wunsch, noch mehr Zeit damit zu verbringen. Es tat mir jedenfalls sehr gut. Ich hatte das Gefühl, alles klarer sehen zu können.

Ich ging zurück nach Hause und betrachtete die Goldene Efeutute an meinem Küchenfenster. All ihre Blätter standen aufrecht. Sie alle hatten sich zur Fensterscheibe hin gedreht, seit ich die Wohnung verlassen hatte, und drängten sich geradezu an das Glas. Ich sah nach meinen übrigen Pflanzen. Der Philodendron war dabei, eine seiner gertenschlanken Luftwurzeln im Boden des neben ihm stehenden Geldbaums zu versenken. Ich sah nach meinem Gummibaum, den ich aus einem Kopfsteckling des Gummibaums meines Vaters gezogen hatte, der seinerseits aus einem Steckling des Gummibaums seiner Eltern gezogen worden war, die ihn zu ihrer Hochzeit vor 60 Jahren geschenkt bekommen hatten. Diese ursprüngliche Pflanze, inzwischen ein stattlicher Baum, stand immer noch neben dem Klavier in ihrem Wohnzimmer und beherrschte die Szenerie. Einmal wäre er beinahe eingegangen. Die Mutter meiner Großmutter schnitt einen noch lebenden Zweig ab und stellte ihn in Wasser, bis am unteren Ende weiße Wurzeln hervorkamen. So entstand aus diesem einzelnen gesunden Trieb wieder ein ganzer Baum. Vier Generationen meiner Familie hatten diese Pflanze gepflegt. Da stand sie nun und bildete stumm neue Körperteile aus. War nicht allein das schon ein Gedächtnis?

Es war unerträglich geworden, diese Dinge nicht zu verstehen. Ich musste hinausgehen und selbst nachschauen.

KAPITEL 2

Wie Wissenschaften ihre Meinung ändern

Tatsachen sind theoriebeladen; Theorien sind wertebeladen; Werte sind geschichtsbeladen.

DONNA HARAWAY, In the Beginning Was the Word: The Genesis of Biological Theory, 1981[1]

Wer den Menschen fragt, was das In-der-Welt-Sein bedeutet [...], reproduziert damit ein extrem lückenhaftes Bild des Kosmos.

EMANUELE COCCIA, Die Wurzeln der Welt, 2018[2]

Die aufgewühlte Plasmaoberfläche der Sonne schleudert eine Handvoll Licht hinaus. Die Teilchen – Milliarden von Photonen – rasen 150 Millionen Kilometer durch den dunklen Weltraum und regnen schließlich wie Milch und Honig auf die ausgebreitete Haut der am reichlichsten vorhandenen Biomasse auf der Erde herab. Pflanzen essen Licht. Die für Pflanzen so fundamentale Fotosynthese bildet die unverzichtbare Grundlage für die meisten anderen Lebensformen auf der Erde. Durch Fotosynthese reichern die Pflanzen die Luft, die wir atmen, mit Sauerstoff an.

Wie kam es dazu? Vor anderthalb Milliarden Jahren verschluckte eine algenähnliche Zelle ein Cyanobakterium. Diese algenähnliche Zelle war der frühe Organismus, aus dem sich später sowohl die Tiere als auch die Pilze entwickeln sollten. Das Cyanobakterium ist ein Vorfahr der unvorstellbar vielfältigen Bakterien, die unsere Welt heute überfluten. Gemeinsam bildeten sie den Anfang eines gänzlich neuen Zweigs des Lebens.* In den trüben Gewässern des Präkambriums treibend, begann dieser einzige Wächter eines neuen Reiches mit der Fotosynthese. Er nahm Sonnenlicht und verwandelte damit in einem alchemistisch anmutenden Vorgang überschüssige Stoffe in seiner Umwelt – Wasser, Kohlendioxid, vielleicht ein paar mineralische Spurenelemente – in Zucker.

Die erste Pflanze wurde als Schimäre geboren, als ein Organismus, der aus genetisch verschiedenartigen Zellen zusammengesetzt ist. Die Blätter jeder grünen Pflanze auf der Erde enthalten den genetischen Abdruck dieser ersten Vereinigung. Die Pflanzenzellen, die heute aus dem Weltall kommende Photonen einfangen, sind selbst Miniaturschimären. Dieses erste Cyanobakterium ist immer noch in ihnen und verwandelt zuverlässig Licht in Nahrung.[3]

Anderthalb Milliarden Jahre später haben die Pflanzen sich zu einer halben Million unterschiedlicher Arten entwickelt, die in allen Ökosystemen der Erde gedeihen. Ihre Vormachtstellung ist absolut. Das Gewicht aller Pflanzen macht etwa 80 Prozent der gesamten lebenden Materie auf der Erde aus.[4]

Als einige Pflanzen vor etwa 500 Millionen Jahren an Land gingen, kamen sie in ein terrestrisches Ödland, das in einen unwirtlichen Nebel aus Kohlendioxid und Wasserstoff gehüllt war. Unwirtlich für alles, was keine Pflanze war. Sie hatten bereits gelernt, Sauerstoff aus dem in den Meeren gelösten Kohlendioxid herauszutrennen. Diese Technologie

---

* Noch ein dritter Organismus war beteiligt, ein bakterieller Parasit, der als Zwischenträger fungierte und die Nahrung von dem domestizierten Cyanobakterium zu der algenähnlichen Wirtszelle transportierte.

passten sie an ihre neue Umwelt an. In gewisser Weise nahmen sie den Ozean mit an Land. Durch ihr unermüdliches Ausatmen veränderten diese Legionen früher Landpflanzen die Zusammensetzung der Luft zugunsten des Sauerstoffs.[5] Sie schufen die Atmosphäre, in der wir heute leben. Es ist nicht übertrieben, wenn man sagt, diese Pflanzen schufen die bewohnbare Welt. Wie der italienische Philosoph Emanuele Coccia es ausdrückt, erbauten sie unseren Kosmos: »Die Welt ist vor allem das, was die Pflanzen daraus zu machen wussten.«[6]

Durch denselben Prozess erzeugten Pflanzen jedes Quäntchen Zucker, das wir jemals gegessen haben. In unserer bekannten Welt sind es einzig die Blätter, die Zucker aus Stoffen herzustellen vermögen, die niemals lebendig waren: aus Licht und Luft. Alle anderen von uns sind sekundäre Nutzer, die das von den Pflanzen gebildete Material recyceln. Die Verbindungen, die wir dann daraus herstellen, mögen genial sein, doch der Originalstoff stammt nicht von uns. Er wird so hergestellt: Wenn von der Sonne ausgehende Photonen auf die grünen Teile einer Pflanze treffen, verwandeln Chloroplaste in den Blattzellen die Lichtteilchen in chemische Energie. Diese Solarkraft wird in spezialisierten Molekülen gespeichert – gewissermaßen den wiederaufladbaren Batterien der Pflanzenwelt.

Dabei saugt das Blatt über winzige porenähnliche Öffnungen an seiner Unterseite, Stomata oder Spaltöffnungen genannt, Kohlendioxid aus der Atmosphäre. Unter dem Mikroskop sehen die Stomata wie kleine Münder aus, wie Fischmünder, die sich öffnen und schließen. Auf ihre Weise atmen sie. Die Stomata saugen Kohlendioxid ein, und dieses Kohlendioxid wird nun sowohl mit der in den Chloroplasten gespeicherten Sonnenenergie als auch mit dem Wasser zusammengebracht, das ständig durch die Adern des Blatts strömt. Bei diesem Zusammentreffen mit reiner Lichtenergie werden die Wasser- und die Kohlendioxidmoleküle auseinandergerissen. Die Hälfte der Sauerstoffmoleküle aus beiden Verbindungen strömt durch die Stomata zurück in die Atmosphäre – und wird zu der Luft, die wir atmen. Der restliche Kohlenstoff, Wasserstoff und Sauerstoff verbindet sich zu Glukose. Genauer gesagt müssen sechs Moleküle Kohlendioxid und sechs Wassermoleküle unter Mitwirkung von Sonnenlicht zerlegt werden, damit sechs Sauerstoffmoleküle und – das eigentliche Ziel des ganzen Prozesses – ein kostbares Glukosemolekül entstehen. Die Pflanze benutzt die Glukose zum Aufbau neuer Blätter, mit denen noch mehr Glukose produziert werden kann. Außerdem schickt sie Glukose durch ihren Körper bis hinab in ihre unterirdischen Teile, wo sie zur Bildung weiterer Wurzeln genutzt wird, aus denen noch mehr Wasser durch den Körper in die Blätter gelangt, damit dort weitere Glukose entstehen kann. In dieser Weise entfaltet sich das Leben.

Auch wir sind aus Glukose gemacht. Ohne einen ständigen Nachschub an pflanzlichem Zucker würden unsere Vitalfunktionen rasch zum Erliegen kommen. Sämtliche tierischen Organe wurden ursprünglich aus pflanzlichem Zucker gebildet. Das Fleisch um unsere Knochen und auch diese Knochen selbst tragen die Signatur dieser Moleküle. Unser Körper ist aus Stoffsträngen aufgebaut, die ursprünglich von Pflanzen gesponnen wurden. Jeder Gedanke, der Ihnen durch den Kopf geht, wurde von Pflanzen ermöglicht.

Das alles ist erschreckend buchstäblich gemeint. Vor allem das Gehirn ist eine Maschine, die hauptsächlich von Glukose angetrieben wird. Ohne eine ständige Glukosezufuhr verlangsamt sich die Kommunikation zwischen den Neuronen und kommt schließlich vollends zum Stillstand. Gedächtnis, Lernen und Denken, alles findet sein Ende. Ohne Glukose verkümmert Ihr Gehirn, kurz bevor dieses Schicksal Sie selbst ereilt. Alle Glukose in der Welt, ob Ihr Körper sie nun in Gestalt einer Banane oder einer Scheibe Weißbrot aufnimmt, wurde von einer Pflanze aus Luft und Wasser erzeugt, und zwar in dem Augenblick, da sie von Photonen getroffen wurde.

So befinden wir uns denn ständig in einem Gespräch mit Pflanzen und sie mit uns. Hinter unserem Denken und dem, was es hervorbringt – dem Gewebe unserer Kulturen, der Ausrichtung unserer Erfindungsgabe –, stehen Billionen von Pflanzenkörpern, die diese Welt wie durch Alchemie hervorbringen.

Doch trotz all ihrer Fähigkeiten können Pflanzen eines nicht: Sie können nicht umherlaufen. Es gehört vielleicht zu den erstaunlichsten Errungenschaften des Lebens, dass Pflanzen sich trotz ihrer eingeschränkten Mobilität so weit verbreiten konnten. Zur Kolonisierung aller sieben Kontinente der Erde bedurfte es der Innovation, der Anpassung und des Glücks. Dort anzukommen, war indessen nur der erste Schritt. Etwas ganz anderes war es, dort zu überleben, sich fortzupflanzen und komplexe Gemeinschaften auszubilden – und all das trotz Pflanzenfressern, Jahreszeiten, Knappheit und Krankheiten.

Niemand weiß das besser als ein Spezialist für seltene Pflanzen, der auf einer entlegenen Insel arbeitet. Steve Perlman ist der leitende Botaniker des Plant Extinction Prevention Program in Hawaii. Als ich ihn treffe, ist er 69 Jahre alt, ein kräftiger Mann mit weißem Haar. Bevor ich mich in die dornige Welt der Forschungen auf dem Gebiet der Pflanzenintelligenz wagte, wollte ich mir ein Bild von der geradlinigen botanischen Arbeit alter Schule machen. Ich bin eigentlich gekommen, um mir seine Arbeit anzusehen, doch als wir in einem alten Minivan eine holprige Lehmpiste am nordwestlichen Rand der Insel Kauai hinauffahren, sprechen wir über Gefühle. Er nimmt keine Antidepressiva wie einige andere Botaniker, die sich mit seltenen Pflanzen beschäftigen. Er schreibt Gedichte. Ob nun so oder so, sagt Perlman mir, man müsse etwas tun, wenn eine Pflanze, mit der man seit langem vertraut ist, ausstirbt. Jede Pflanze, die diesen ganz und gar einsamen Tod stirbt, markiert das Ende eines Evolutionsprojektes, das Millionen von Jahren gewährt hat. Das große genetische Experiment dieser Spezies ist vorbei. Diese Pflanze ist die letzte ihrer Art.

Jede einheimische Pflanze auf Kauai, der viertgrößten Insel Hawaiis und Perlmans Heimatstandort, ist das Ergebnis eines unglaublich zufälligen Glücksfalls. Sämtliche Spezies erreichten die Insel in Gestalt eines einzelnen Samenkorns, das auf dem Meer treibend oder im Bauch eines Vogels dorthin gelangte, über eine Entfernung von mehr als 3500 Kilometern offenen Meeres, die zwischen der Inselgruppe und dem nächsten Festland liegen. Nach Einschätzung von Botanikerinnen und Botanikern gelang das allenfalls einem oder zwei Samen pro Jahrtausend.

Kauai wurde vor fünf Millionen Jahren durch einen Vulkan geschaffen und entfernte sich dann aufgrund der Plattentektonik von dem vulkanischen Hotspot. Die Insel driftet Jahr für Jahr immer noch ein Stückchen weiter Richtung Nordwesten. In der Folgezeit entstanden noch weitere Inseln an dieser geologischen Geburtsstätte und drifteten ebenfalls weg von dem Hotspot. Da Kauai die erste Insel Hawaiis war und deshalb die älteste ist, hatte sie auch am längsten Zeit, um umherirrende Samenkörner zu sammeln. Wenn ein neuer Samen in diesem jungen Boden Wurzeln schlug, entwickelte er sich zu einer vollkommen neuen Art oder häufiger noch zu mehreren neuen Arten, die unter den perfekten klimatischen Bedingungen, mit denen die Insel sie empfing, jeweils eine andere Lebensweise erprobten. Dieser Prozess wird als adaptive Radiation oder Auffächerung bezeichnet. Auf diese Weise entstehen Tausende von Variationen einiger weniger Spezies. Jede dieser Variationen auf Kauai war endemisch (das heißt, sie existierte nur auf dieser Insel).

Ich versuche, mir die Großartigkeit dieser Tatsache vor Augen zu führen, während ich aus dem Fenster des holpernden Minivans schaue. Perlman sitzt am Steuer. Buschige Farnwedel streichen wie behandschuhte Hände an unserem Wagen vorbei.

Neben der Straße fällt der Fels gut 1000 Meter steil ab und gibt den Blick auf eine Schlucht frei, die in blasses Grün getaucht ist. Je höher wir kommen, desto dichter wird der Nebel, der unseren Wagen einhüllt. Bald wirkt die dichte Vegetation da draußen wie ein nasser grüner Schmierfleck. Als die Straße ihren höchsten Punkt erreicht hat, hält Perlman an, und wir steigen aus. Wir sind nun sehr weit oben. Er tritt vor, bis die Spitzen seiner Arbeitsstiefel über die Kante des Steilabfalls ragen, und blickt hinunter. Der mit Farnen bedeckte Abhang sieht aus, als wäre er von einem struppigen Fell überzogen. An einigen Stellen ragen kleine Palmen in seltsamen Winkeln aus dem Grün und dem Nebel hervor. An ihrem Fuß bilden diese Klippen ein halbmondförmiges Tal, das am Pazifischen Ozean endet. Die steilen Wände sind von oben bis unten in ein Grün getaucht, dessen Schattierungen ständig wechseln. An allem haftet eine perlmuttartige Nässe, wie Tropfen an einem Spinnennetz.

In mancherlei Hinsicht ist Kauai das beste Beispiel dafür, wie eine Welt aussähe, in der Pflanzen das Sagen hätten. Die ganze Insel ist von surrealen Produkten vollkommener floraler Freiheit bedeckt. Wenn Pflanzen sich frei von jeglicher Angst entwickeln dürfen, entsteht eine üppige und hochspezifische Artenvielfalt. Ein Beispiel ist die Pflanzengattung *Hibiscadelphus*. Diese nur auf Hawaii zu findenden Pflanzen besitzen lange röhrenförmige Blüten, die geradezu für die gebogenen Schnäbel der auf Hawaii endemischen Kleidervögel gemacht zu sein scheinen, ebenjener Vögel, die diese Blüten bestäuben. Ein anderes Beispiel ist die Vulkan- oder Hawaiipalme *Brighamia insignis*, hawaiisch *'Olulu*, ein niedriger Baum, dessen Spitzname »Kohlkopf auf einem Stock« sinnbildlich für sein Aussehen ist. Über Jahrzehntausende entwickelte er sich so, dass seine Blüten nur von der extrem seltenen Fabelhaften Grünen Sphinx-Motte bestäubt werden können (der Falter heißt wirklich so).

Die Vulkanpalme, die wildwachsend immer noch stark bedroht ist, wurde durch Perlmans Arbeit in der Frühzeit des Extincion Prevention Program vor dem vollständigen Aussterben bewahrt. Er fertigte aus Seilen einen Gurt für sich an und stieg damit an den Steilwänden der Na-Pali-Küste hinab. Dort, 1200 Meter über dem Talgrund, verwendete er einen Kosmetikpinsel seiner Frau, um die Sphinx-Motte nachzuahmen, indem er die Pollen sorgfältig von den (männlichen) Staubfäden auf die (weibliche) Narbe übertrug. »Ich wusste schnell, ob ich alles richtig gemacht hatte«, meinte Perlman. »Als ich zurückkam, hingen dort Früchte, die von Samen barsten.« (Die Vulkanpalme wird inzwischen in den Niederlanden als Zimmerpflanze gezüchtet. Dort gibt es ganze Gewächshäuser, die voll von ihnen sind. Ich frage mich, ob Leute, die in Amsterdam solch ein Bäumchen als Topfpflanze auf ihrer Fensterbank stehen haben, irgendetwas von den dramatischen Bemühungen wissen, die nötig waren, damit sie überhaupt dort stehen kann.) Andere Pflanzen passten sich an das Leben in einer ganz bestimmten Höhe an, wo das Wasser, das von den über ihnen an den Steilhängen wachsenden Farnen herabtropft, perfekte Feuchtigkeitsbedingungen für sie schafft.

Jenseits von Kauai, an den meisten anderen Orten der Erde, nahm die Evolution der Pflanzen einen ganz anderen Verlauf. Die ersten Samen- und Blütenpflanzen erschienen vor gut 200 Millionen Jahren. Seither haben sie sich zu Hunderttausenden verschiedenen Arten differenziert, die sich an Bedrohungen jeglicher Art anpassen müssen, sobald sie zu sprießen beginnen.

Wenn ein Samen beschließt, Wurzeltriebe auszubilden, geht er ein gewaltiges Wagnis ein. Samen sind Embryonen in einer Hülle aus Nährstoffen. Ein Samenwissenschaftler beschrieb sie mir einmal als »Pflanzen in einer Dose mit Essen«. Der Bauplan für die gesamte Pflanze befindet sich im Samen, inaktiv zwar, aber die ganze Zeit lebendig. Samen mögen ein Jahrzehnt lang umhergeweht werden und geduldig auf die richtigen Bedingungen warten, um eine erste Wurzel auszutreiben. Wenn diese erste Wurzel jedoch ausgeschickt ist, haben sie keine Chance mehr, sich fortzubewegen. Sie haben ihre Mobilität verloren und müssen an diesem Ort nun jeglicher Gefahr trotzen – dem Wind, dem Schnee, der Dürre oder den gefräßigen Mäulern von Tieren.

Das junge Pflänzchen hat danach 48 Stunden Zeit, um nach Wasser und Nährstoffen zu suchen, ein oder zwei Blätter auszutreiben und mit der Fotosynthese zu beginnen, bevor ihm die Ressourcen ausgehen und es abstirbt. Die ersten grünen Teile einer Pflanze warten vorgefertigt und zusammengefaltet innerhalb des Samens. Das vorgefertigte Pflänzchen hat nur wenig Ähnlichkeit mit der späteren Pflanze. Es besteht aus einem oder zwei extrem vereinfachten Blättchen auf einem kurzen grünen Stiel – fast so wie das Pflanzen-Emoji – und ist vollkommen vorläufigen Charakters. Es entfaltet sich und schwillt an, füllt sich mit dem ersten Schub Saft aus seiner Pionierwurzel und beginnt mit der Fotosynthese. Diese Protopflanze, dieses Space Shuttle in die Welt der Luft und des Lichts, wird im Erfolgsfall später wie ein Raketenbooster abgeworfen und durch echte Blätter ersetzt, die es in unzähligen Variationen gibt. Erst nach dieser Versuchsphase, die klären soll, ob alle Bedingungen erfüllt sind, wird das Pflänzchen langsam zu der Pflanze, die es werden soll, entwickelt die Merkmale seiner Abstammungslinie und passt sich an die neue Umgebung an.

Doch auch damit hat die Pflanze nur die erste von vielen Gefahren für ihr junges Leben überstanden. Jeder einzelne Samen hat nur eine verschwindend geringe Chance, es bis zur vollen Pflanzenform zu schaffen. Viele dieser Gefahren gehen von weidenden Tieren aus – Kreaturen, die laufen und große Flächen abgrasen können und ein Zentralnervensystem besitzen. Pflanzen haben keinen dieser Vorteile. Sie können nicht weglaufen. Stattdessen haben sie geniale und komplexe Mittel zur Verteidigung gegen solche Plagegeister entwickelt und sind in der Lage, ein Leben lang mit den Nährstoffen an dem Ort auszukommen, an dem sie als Samen einst landeten.

Gerade die Gefahren, die aus der Unbeweglichkeit erwachsen, haben die Pflanzen dazu getrieben, einige der eindrucksvollsten Anpassungsleistungen in der Natur zu vollbringen. Die größte Errungenschaft der Pflanzen dürfte im dezentralen Charakter ihrer Anatomie liegen. Pflanzen sind modular aufgebaut. Wird ihnen ein Blatt abgerissen, können sie ein neues treiben. Da sie nicht über ein Zentralnervensystem verfügen, das sie schützen könnte, sind die lebenswichtigen Organe der Pflanze verteilt und mehrfach vorhanden. Das bedeutet auch, dass Pflanzen beachtliche Möglichkeiten entwickelt haben, ihren Körper zu koordinieren und sich zu schützen. So besitzen sie vielleicht Stacheln oder Dornen oder Brennhaare, die mit beeindruckender Präzision entwickelt wurden, um die Haut oder das Exoskelett jener Säugetiere oder Käfer zu durchdringen, von denen die größte Bedrohung ausgeht. Sie sondern möglicherweise ein klebriges Zuckersekret ab, das ihre Gegner anlocken und dann bewegungsunfähig machen kann, weil sie mit ihren hungrigen Mäulern daran hängenbleiben. Vielleicht sind ihre Blüten besonders rutschig, um nektarraubende Ameisen abzuschrecken. Jede dieser Anpassungen ist in ihrer Spezifität ökonomisch. Jede noch so geringfügige Variation hat ihren Zweck. Das gilt für alle Bereiche der Pflanzenphysiologie. Jeder Teil des Pflanzenbaus ist aus einem bestimmten Grund so ausgelegt und für eine spezielle Aufgabe bestimmt. Nicht mehr und nicht weniger.

Jeder Gedanke, dass Immobilität gleichbedeutend mit Passivität sei, verfliegt, sobald man einen Blick auf die vielfältigen Fähigkeiten von Pflanzen wirft, chemische Waffen herzustellen. Pflanzen sind gut bewandert auf dem Gebiet der synthetischen Chemie und übertreffen die besten menschlichen Technologien, wenn es um die subtile Komplexität der chemischen Stoffe geht, die sie zu synthetisieren vermögen. Wenn ein Blatt spürt, dass es angefressen wird, kann es flüchtige chemische Stoffe in die Luft entlassen, die weiter entfernten Zweigen signalisieren, dass sie ihr Immunsystem aktivieren und weitere Abwehrstoffe produzieren sollen, die

Blattläuse und andere blattfressende Käfer abschrecken. Man hat mehrere Pflanzenarten entdeckt, die in der Lage sind, bestimmte Raupenarten zu identifizieren, indem sie chemische Verbindungen in deren Speichel aufspüren und dann genau dieselben Verbindungen synthetisieren, um die Fressfeinde dieser Raupen anzulocken. Dann kommen parasitäre Wespen herbei und kümmern sich bereitwillig um die Raupen.

Die Pflanzen auf Kauai verfügen jedoch nicht über solche Schutzmöglichkeiten oder zumindest nur über wenige davon. Jegliche Schutzmittel, die ihre Vorfahren einst besessen haben mögen – Dornen, Gift oder vergrämende Duftstoffe –, haben sie nach der Landung auf der Insel vollständig aufgegeben. Keine großen Landsäugetiere, Reptilien oder andere potenzielle Räuber schafften die Reise vom Festland auf diese entlegene Inselkette. Tatsächlich ist das einzige auf Hawaii einheimische Landsäugetier eine kleine flauschige Fledermaus. (Es ist fast unvorstellbar, wie ihre Vorfahren einst die Reise von Nordamerika hierher überstanden; wahrscheinlich wurde sie durch einen Sturm herübergeweht.) Aus der Sicht der Evolution gibt es keinen Grund, Energie auf die Abwehr von Fressfeinden zu verschwenden, wenn es gar keine Fressfeinde gibt, weshalb denn die Minze ihr Minzöl verlor und Stacheln nicht mehr stechen. In der Wissenschaft sagt man zu diesem Vorgang, die Arten würden »naiv«.

Treten dann doch Gefahren auf, erweist sich diese selige Naivität oft als fatal. Kauai wird heute wie ganz Hawaii von invasiven Arten heimgesucht, die sich anderswo in der Welt unter weniger komfortablen Bedingungen entwickelt haben. Diese Arten sind aggressiver – oder findiger, um einen emotional weniger aufgeladenen Ausdruck zu verwenden –, weil sie es sein müssen. Auf Kauai besetzen sie mit Leichtigkeit ökologische Nischen. Einheimische Pflanzen haben gegen sie keine Chance. In der Folge verliert Hawaii Pflanzenarten mit einer Rate von einer Spezies pro Jahr – verglichen mit der natürlichen Aussterberate von einer Spezies pro 10000 Jahre. Und genau hier kommt Perlman ins Spiel. Er und sein Kollege Ken Wood kümmern sich ausschließlich um Pflanzenarten, von denen nur 50 oder weniger Exemplare übrig geblieben sind – in vielen Fällen sogar noch viel weniger, nämlich zwei oder drei. Von den 238 Arten, die zur Zeit meines Besuchs auf dieser Liste standen, waren 82 auf Kauai zu finden.

Ohne Perlman würden seltene hawaiische Pflanzenarten für immer aussterben. Mit ihm haben sie immerhin eine Chance.

Um diese Pflanzen zu erreichen, seilt Perlman sich an Steilhängen und gelegentlich sogar aus einem Hubschrauber ab, um zu einer Gruppe von zuweilen lediglich fünf Pflanzen zu gelangen, die an der Wand einer entlegenen Klippe auf einer Pazifikinsel wachsen. Wenn die verbliebenen männlichen Pflanzen zu weit von den letzten weiblichen entfernt sind, als dass Befruchtung und Fortpflanzung auf natürlichem Wege erfolgen könnten, sammelt Perlmann die Pollen bei den männlichen Exemplaren ein, bringt sie mit großer Sorgfalt zu den weiblichen Pflanzen und trägt sie mit einem Pinsel auf die Narbe auf. Um diese Pflanzen zu finden, muss er oft mehrtägige Touren unternehmen, auf denen er sich von Schokoriegeln und Dosenfisch ernährt, um den kostbaren Platz in seinem Rucksack sperrigen botanischen Instrumenten vorzubehalten. Manchmal trifft er zu früh bei einer Pflanze ein, weil sie noch nicht geschlechtsreif ist oder die Blüten sich noch nicht geöffnet haben. Dann muss er das gesamte Vorhaben verschieben.

Aufgrund des zeitaufwendigen Charakters seiner Arbeit hat Perlman ein enges Verhältnis zu den Pflanzen entwickelt, die er retten möchte. Er ist nicht immer erfolgreich, das wäre unmöglich. »Ich habe schon 20 Mal erlebt, dass die wildwachsende Form einer Pflanze ausstarb«, erzählte er mir. Er hat bei Pflanzen gesessen und ihnen Gesellschaft geleistet, während sie starben. Der Tod von Pflanzen ist wie der von Menschen eine Frage der Biologie, aber auch der Philosophie. Ist ein Mensch tot, wenn sein Herz aufhört zu schlagen? Oder wenn sein Gehirn versagt? Pflanzen lassen sich technisch im Labor aus wenigen lebenden Zellen reproduzieren. Doch eine aus wenigen lebenden Zellen bestehende Pflanze lebt und gedeiht nicht wirklich. In Perlmans Augen ist eine Pflanze tot, wenn so viel von ihrem Gewebe abgestorben ist, dass sie als wildlebendes Exemplar keinerlei Chance mehr hätte, zu überleben. Sie vertrocknet, welkt, wird braun, bricht zusammen.

Für Perlman ist die Tatsache, dass die evolutionäre Erfindung einer Pflanzenart verloren ginge, Grund genug für einen Rettungsversuch. Man gibt eine Spezies doch nicht einfach auf, jedenfalls nicht wenn man noch an sie herankommt, und sei es an einer entlegenen und zerklüfteten Klippe. Oder wie Wood es ausdrückt: »Wir versuchen es, weil wir nichts unversucht lassen wollen.« Leider gehört es auch zu ihrem Job, zu scheitern. Einmal, als das letzte bekannte Exemplar einer einheimischen Blume verwelkt und gestorben war, grub Perlman die Pflanze aus und nahm sie mit in eine Bar. Von seinen Gefühlen überwältigt, brachte er dort einen Toast auf das Leben dieser Pflanze aus.

Ohne jemandem unrecht zu tun, werden wir wohl sagen können, dass die meisten Menschen kaum Gefühle gegenüber seltenen Pflanzen haben und noch weniger eine Vorstellung von den Kämpfen, die gegenwärtig geführt werden, um sie vor dem Aussterben zu retten. Während die meisten wahrscheinlich in der Lage sind, mehrere Hunderassen voneinander zu unterscheiden, dürfte das weit weniger zutreffen, wenn es darum geht, eine Buche von einer Birke oder eine Weizen- von einer Roggenähre zu unterscheiden. Das ist verständlich. Pflanzen stehen uns evolutionär weitaus ferner, da sie sich in einem Kontext entwickelt haben, der so verschieden von dem unsrigen ist. Sie erzeugen Nahrung aus Sonnenlicht, sind fest an ihrem Standort verwurzelt und suchen jahrzehnte- oder jahrhundertelang in ihrer unmittelbaren Umgebung nach allem, was sie zum Leben benötigen. Ihre Lebensweise ist so weit von unserer entfernt, dass wir uns oft nicht einmal recht vorzustellen vermögen, dass sie überhaupt so etwas wie eine Lebensweise besitzen.

Dieses Phänomen hat inzwischen einen Namen erhalten: Botaniker klagen über eine »Pflanzenblindheit«, den Hang, Pflanzen nur als eine ununterscheidbare Masse wahrzunehmen, als ein einziges Grün statt als eine Vielzahl genetisch verschiedener und zerbrechlicher Individuen – ganz anders als etwa bei einem Löwen oder einer Forelle. Der Ausdruck findet sich in Forschungsberichten und auf Tagungen, auf denen besorgte Wissenschaftlerinnen und Wissenschaftler verzweifelt herauszufinden versuchen, wie sie die Öffentlichkeit dazu bewegen können, den Gegenstand ihrer lebenslangen Arbeit überhaupt wahrzunehmen. Für Botaniker bedeutet diese Pflanzenblindheit, einen ewigen Kampf um die Finanzierung botanischer Grundlagenforschung zu führen und andere ständig davon überzeugen zu müssen, dass eine bestimmte Pflanze gerettet werden sollte – soweit sie nicht zu den wenigen ökonomisch wichtigen Pflanzen gehört wie etwa die Maissorte mit dem höchsten Stärkegehalt, die an Rinder verfüttert wird, oder die beiden Kaffeepflanzenspezies, die wir für das gleichnamige Getränk verwenden.

Ganz generell wissen die Menschen nur sehr wenig über die zarte grüne Haut, die all unsere Landschaften überzieht und fast jeden Quadratzentimeter ungepflasterten Bodens bedeckt. Das Pflanzenreich hält seine Geheimnisse vor einer Spezies verborgen, der nichts daran liegt, hinzusehen. Dennoch verfügen Pflanzen über die denkbar größte Macht, unsere Biologie und Kultur zu beeinflussen – ein Einfluss, den sie mit Bakterien und Pilzen teilen, die ebenfalls oft ignoriert werden. Offenbar besitzen wir in dieser Hinsicht ein schlechtes Urteilsvermögen und schenken unsere Aufmerksamkeit allzu leicht den falschen Dingen.

Eine beliebte Erklärung für unseren generellen Mangel an Interesse lautet, dass Pflanzen langsam seien. Ihre Welt bewege sich auf einer anderen Zeitskala als unsere. Gewiss neigen wir dazu, ihre täglichen Bewegungen zu übersehen, etwa wie eine junge Gurkenpflanze ihre Ranken mehrmals am Tag ein- und ausrollt und sie zur einen und zur anderen Seite schwenkt. Das geschieht so langsam, dass nur die Geduldigsten unter uns dies zu erkennen vermögen. Dennoch ist Langsamkeit relativ. Ein 40 Jahre alter Baum ist meist sehr viel höher als ein 40 Jahre alter Mann. Eine Bohnenpflanze kann innerhalb weniger Monate zur Höhe eines zehnjährigen Kindes heranwachsen. Die japanische Hülsenfrucht Kudzu vermag ein Auto innerhalb von zwei Wochen vollständig zu überwuchern.

Mir scheint, die »Pflanzenblindheit« hat tiefer gehende Gründe und hängt eher mit Wertesystemen zusammen, die natürlich ein Produkt kultureller Sichtweisen sind. Denn nicht alle Kulturen haben dieses Problem. Fast alle indigenen Gruppen in der ganzen Welt stehen in einem engeren Verhältnis zum Pflanzenleben, das von größerer Wertschätzung geprägt ist. Viele Kulturen schreiben Pflanzen eine Persönlichkeit zu. Auch Menschen sind in dieser Vorstellung lediglich eine spezielle Art von Personen. Oft werden menschliche und pflanzliche Personen ganz buchstäblich miteinander verbunden. Bei den Canela, einer indigenen Gruppe in Brasilien, sind Pflanzen Teil der Familienstrukturen.[7] Gärtnerinnen und Gärtner sind Eltern; Bohnen- und Kürbispflanzen ihre Töchter und Söhne. In *Plants Have So Much to Give Us, All We Have to Do Is Ask*, einer Sammlung tradierter Lehren der Anishinaabe über Pflanzen, schreibt Mary Siisip Geniusz, der Primat der Pflanzen sei für das Verständnis der im Gebiet der Great Lakes lebenden Anishinaabe von zentraler Bedeutung. Die Pflanzen seien die »jüngeren Brüder« der Welt, geschaffen gleich nach den »älteren Brüdern«, den Kräften des Windes, des Gesteins, des Regens, des Schnees und des Donners. Die Pflanzen seien für ihr Leben auf diese älteren Brüder angewiesen und stützten ihrerseits das gesamte nach ihnen geschaffene Leben. Die Menschheit sei der »jüngste Bruder«, das zuletzt geschaffene Wesen. Nur die Menschen bräuchten alle drei Gruppen von Brüdern, um überhaupt zu überleben. »Die Menschen sind nicht die Herren dieser Erde«, schreibt Geniusz. »Wir sind die Säuglinge in dieser unserer Familie. Wir sind die Schwächsten, da wir im höchsten Maße abhängig sind.«[8]

Während Geniusz über Verbindungen, Abhängigkeit und Verwandtschaft spricht, ist das europäische Denken meist auf Distanz und Ablösung fixiert. Das zeigt sich nirgendwo deutlicher als in der herabsetzenden Verwendung des Wortes »Gemüse« (englisch: *vegetable*) als geschmacklose Bezeichnung für einen hirntoten Menschen. Der Ausdruck *vegetabilis* stammt aus dem mittelalterlichen Latein und bezeichnete etwas, das wächst und gedeiht.[9] Das Verb *vegetāre* bedeutete »beleben« oder »kräftigen«. *Vegēre* bezeichnete den Zustand, lebendig und aktiv zu sein. Offensichtlich war das nicht immer so.

Ich denke an die Theoretikerin Jane Bennett, die sich für die Sprache interessiert, mit der wir über die Lebendigkeit nichtmenschlicher Dinge sprechen. Sie sagt, wir seien allzu sehr mit der absonderlichen Bemühung beschäftigt, zwischen Subjekten und Objekten Linien in den Sand zu zeichnen. »Das philosophische Vorhaben, die Anfangs- und Endpunkte der Subjektivität zu bestimmen, ist allzu häufig mit der Fantasie verstrickt, der Mensch sei in den Augen Gottes einzigartig«, schreibt sie in ihrem Buch *Lebhafte Materie*.[10] Oder es stützt sich auf den Glauben an unsere angebliche Herrschaft über die Natur, unsere überlegene Stellung in den Augen Gottes und auf andere dünne Behauptungen, die das Ganze recht blauäugig und materiell nutzlos erscheinen lassen. Das können wir besser, sagte ich mir.

Wie war es möglich, dass die europäische Sicht der Stellung des Menschen in der Welt derart weit von der offenkundigen Realität unserer Abhängigkeit von den Pflanzen abweichen konnte?

Die Antwort wurzelt tief in der Vergangenheit. Als man in der antiken griechischen Philosophie zwischen belebten und unbelebten Dingen zu unterscheiden begann, rechnete man die Pflanzen den belebten oder beseelten Dingen zu. Empedokles billigte den Pflanzen in seiner Darstellung der Welt eine Seele zu und bezeichnete sie als Tiere, weil sie beseelt – lebendig – seien. Er sah keinen Grund, diese Kategorie aufzuspalten. Platon beschrieb die Pflanzen später als Wesen mit einer »begehrenden« und »empfindenden« Seele, die zwar die niedrigste Form von Seele darstelle, aber dennoch mit Verstand begabt sei, und zwar einfach deshalb, weil es für Platon keine Empfindung ohne Verstand und kein Begehren ohne Intention geben konnte.[11] Auch die Menschen besäßen diese begehrenden und empfindenden Seelen, allerdings beträchtlich verbessert durch Vernunft und Moral, welche den Menschen – vor allem den freien Menschen – zu einem Sonderfall machten. Die Vernunft wurde zum Kennzeichen eines überlegenen Sinnes, den in Platons Augen nur die Männer zu erfassen vermochten, Frauen, Kinder und Sklaven jedoch in aller Regel nicht. Deshalb erschien es vernünftig, dass die Männer über die geringeren Menschen wie auch über die gesamte Natur herrschten.[12]

Aristoteles, der einige Jahre später schrieb, verschärfte diese Hierarchie noch. Er beschrieb eine Stufenleiter des Lebens, eine *scala naturae*, auf deren unterster Sprosse die Pflanzen standen und deren Spitze die Menschheit bildete. Ganz unten gebe es weder Verstand noch Empfindung, behauptete er. Die Tiere, eine Stufe höher, besäßen dagegen Empfindung, aber keinen Verstand. Zu dieser Zeit wandte sich die griechische Philosophie offen einem entschiedenen Glauben an rationale Ursachen und Wirkungen zu und kehrte der alten griechischen Überzeugung den Rücken, wonach es galt, zu anderen lebendigen Dingen respektvolle Beziehungen zu pflegen. Zur Sicherung des Friedens bedurfte es nun keiner rituellen Akte der Ehrerbietung gegenüber den Elementen und außermenschlichen Kreaturen mehr, sondern nur noch eines rationalen Verständnisses der Ursachen der Naturphänomene.[13] Aristoteles nahm den Pflanzen sogar die ihnen früher zugebilligte Fähigkeit des Begehrens oder Empfindens. Sie waren nur noch Werkzeuge für den Menschen.

Hier gelangen wir an eine Wegscheide, die mich erstaunte,

als ich erstmals von ihr erfuhr. Diese Wegscheide trug den Namen Theophrast und hätte zu einem anderen Ende dieser Geschichte führen können – ein alternativer Weg, den das westliche Denken letztlich nicht beschritt. Als Aristoteles starb, überließ er seine Schule Theophrast, seinem herausragendsten Schüler. Theophrast interessierte sich besonders für Pflanzen. Er veröffentlichte die erste bekannte Schrift, die sich mit den Pflanzen selbst und nicht nur mit deren möglichem Nutzen für den Menschen befasste.[14] Er beschrieb ihr Verhalten: Wie sie wuchsen, wonach sie strebten, sowie ihre scheinbaren Vorlieben und Abneigungen. Die Pflanzen seien keineswegs passiv, sondern in ständiger Bewegung und gingen ihren Begierden nach. Die Landwirtschaft beschrieb er sogar als eine von Zusammenarbeit geprägte Beziehung. Er bemerkte, dass Kulturpflanzen eine kürzere Lebenszeit zu haben schienen als ihre wildwachsenden Entsprechungen, glaubte jedoch, dass diese kürzere Lebenszeit durch zahlreiche Vorteile aufgewogen würde.[15] Etwa durch die Tatsache, dass sie vor Fressfeinden geschützt wurden und all das Wasser und die Nahrung erhielten, die sie benötigten.* Theophrast schien uneingeschränkt bereit zu sein, die Pflanze als ein autonomes Wesen mit eigenen Wünschen und dem Willen, sie zu verwirklichen, ernst zu nehmen.

Ebenso fesselnd beschrieb Theophrast, worin die Pflanzen sich grundlegend von Tieren und Menschen unterschieden, ohne dabei ein Urteil über ihre Stellung in einer imaginierten Hierarchie zu fällen, wie Aristoteles es getan hatte. Er zog gewisse Parallelen zwischen Menschen und Pflanzen –

---

* Die Pflanze mag »diese inneren Modifikationen als ihr angemessen akzeptieren; und es ist vernünftig, dass sie diese verlanget und danach strebt«, schrieb Theophrast in *De Causis Plantarum* 1.16.12.

insbesondere setzte er das Strömen der Säfte in den Pflanzen mit dem des Blutes in den Tieren gleich, bemerkte, dass beide durch Adern flossen, und bezeichnete das Innere von Baumstämmen als deren »Herz« oder »Mark«.[16] Er beeilte sich indessen klarzustellen, dass er die Pflanzen nicht einfach für niedere menschenähnliche Formen hielt. Sie stellten eine ganz eigene Gruppe von Wesen dar, die man nicht mit den Tieren vergleichen könne. Die Vergleiche zu Herz oder Mark seien lediglich Brücken für ein besseres Verständnis. »Daher unterscheiden wir hier durch Entziehung (des Begriffs)«, also durch deren Übernahme. Außerdem gebe es »noch andere Arten innerer Theile, die zwar an sich namenlos sind, aber wegen ihrer Aehnlichkeit mit den Theilen der Thiere verglichen werden.«[17] Das scheint mir zutiefst menschlich zu sein. Er holte die Leser dort ab, wo sie standen, und verwendete Bilder, die sie trotz der Blendung durch ihre menschliche Sichtweise verstehen konnten. Kurz gesagt, wenn er über die Komplexität der Pflanzen schrieb, nahm er Rücksicht auf die Beschränktheit der Menschen. Wie sähe unsere moderne Geschichte aus, wenn Theophrasts Perspektive sich durchgesetzt hätte?

Doch durch mancherlei Zufälle und vorherrschende Moden blieb nicht die ausgeglichene Sicht des Theophrast, sondern die Hierarchie des Aristoteles an den Naturwissenschaften und den westlichen Moralvorstellungen haften. Mit welchen Folgen? Mit zahlreichen. Doch vielleicht war keine davon derart symbolisch für dieses Erbe wie die Vivisektionen, die fast bis zum Beginn des 20. Jahrhunderts in vollbesetzten Hörsälen und ohne Betäubung an Hunden vorgenommen wurden.

Aristoteles glaubte, die Menschen hätten »rationale Seelen«, während alle anderen Tiere nur »Bewegungsseelen«

besäßen, die sie – ohne jegliches Nachdenken – in Richtung Fortpflanzung und Überleben trieben. Diese allgemeine Vorstellung hielt sich in der westlichen Welt zwei Jahrtausende lang und wurde im 17. Jahrhundert von dem französischen Philosophen und Naturwissenschaftler René Descartes erneuert, der meinte, bei den Tieren handele es sich lediglich um lösbare Rätsel der Physik und der Chemie. Er machte das Bild des Tiers als Maschine populär.[18]

Dahinter steckte der Gedanke, dass »Phänomene des Lebens wie alle anderen Phänomene der physikalischen Welt einer mechanischen Erklärung zugänglich« sind, wie der Biologe Thomas Huxley zwei Jahrhunderte später, 1874, schrieb.[19] In diesen zwei Jahrhunderten war Descartes' Bedeutung für die Naturwissenschaften nur gewachsen, weil jeder neue Fortschritt auf diesem Gebiet seine Annahmen zu bestätigen schien. Physiologie und Anatomie hatten bahnbrechende Entdeckungen zur Funktionsweise des Körpers gemacht – wie wir unsere Nahrung verdauen, wie wir atmen und wie wir uns bewegen. All das erwies sich als recht mechanisch. Europäische Wissenschaftler hatten das Gefühl, kurz vor der Entdeckung der Lebenskraft als solcher zu stehen, die gewiss nur ein weiterer mechanischer Bestandteil wie Blut oder Knochen sein würde. Es war die Zeit von Frankensteins Monster. Setzte man die Teile nur richtig zusammen, konnte man eine rohe Form von Leben erschaffen.

Die Menschen jedoch besaßen trotz des mechanischen Charakters ihres Körpers unbestreitbar einen Sinn für Vernunft und eine Seele, die sie von anderen Tieren unterschieden. Für die Hunde galt das nicht, wie man damals glaubte. Ihre Wahrnehmung der Umgebung und ihre Empfindungen waren kein wirklich bewusstes Erleben, sondern nur Reflexe eines Automaten. Jeder Ausdruck von Schmerz, zum Beispiel Bellen, war gleichfalls nur ein Reflex. Das alles galt als wissenschaftliche Tatsache. Und der mechanische Grundcharakter der Tiere enthob die Menschen jeglicher Schuld, wenn sie Tiere zu wissenschaftlichen Zwecken lebendig sezierten.

Im frühen 19. Jahrhundert kam die sogenannte Vivisektion wieder in Mode und führte zu neuen wissenschaftlichen Erkenntnissen. Der englische Physiologe William Harvey war zu Beginn des 17. Jahrhunderts der erste Europäer gewesen, der – aufgrund solcher Vivisektionen – genau beschrieb, wie das Blut im Körper zirkuliert. (Der arabische Arzt Ibn al-Nafis aus Damaskus schlägt ihn allerdings um Längen, denn er hatte schon dreieinhalb Jahrhunderte früher präzise den Lungenkreislauf beschrieben.[20]) Der namhafte französische Physiologe Claude Bernard sezierte in den 1860er Jahren angeblich den Hund seiner Familie bei lebendigem Leibe. Es wird erzählt, seine Frau und seine Töchter seien eines Tages nach Hause gekommen und hätten erfahren, was Bernard getan hatte, woraufhin sie ihn angeblich verließen und in einen frühen Verein zum Verbot von Vivisektionen eintraten. Die Vivisektion kam nicht deshalb aus der Mode, weil die Wissenschaft ihre Meinung geändert hätte, sondern weil die ersten Tierschutzvereine, die damals aufkamen – und meist von Frauen geleitet wurden –, sich dagegen wandten.

Der Blick auf das bis vor ganz kurzer Zeit herrschende Verständnis der Tiere ist nützlich für unsere Betrachtung der Pflanzen, weil diese Entwicklung als überzeugendes Beispiel für den Wandel wissenschaftlicher Auffassungen dienen kann. Außerdem zeigt sich darin, dass Philosophie und Ethik unsere Sicht nichtmenschlicher Geschöpfe zu verändern vermögen. Wäre es allein nach der Naturwissenschaft gegangen, hätte es wahrscheinlich sehr viel länger gedauert, bis der Gedanke sich durchgesetzt hätte, dass Tiere auch nur eines Anflugs humaner Behandlung wert seien (sofern das denn überhaupt geschehen wäre). Heute denken wir nicht mehr viel darüber nach, dass wir zumindest manchen Tieren Persönlichkeit und Intelligenz zubilligen. Wir haben auch beschlossen, dass es grausam ist, ihnen Schaden zuzufügen. Natürlich sind die Moralvorstellungen in der Frage, was man den Tieren antun darf und was nicht, immer noch sehr großzügig, und wir geben manchen Tierarten den Vorzug. Entscheidend ist hier jedoch, dass es heute eine Ethik des Umgangs mit Tieren gibt, die es früher nicht gab, und dass wir sie inzwischen für selbstverständlich halten.

Dass man den Tieren in den Wissenschaften Bewusstsein zuschreibt, ist in der Tat so jungen Datums, dass selbst das Internet älter ist. 1976 veröffentlichte ein Zoologe namens Donald Griffin ein Buch mit dem Titel *The Question of Animal Awareness*, in dem er darlegte, dass man das Bewusstsein von Tieren ernst nehmen sollte. Er und ein Kollege hatten 1944 herausgefunden, dass Fledermäuse sich mit Hilfe von Ultraschall orientieren.[21] Nachdem er sein Leben mit der Beobachtung dieser Geschöpfe verbracht hatte, gelangte er zu der Überzeugung, dass sie über innere Welten verfügten. Ihr Verhalten sei flexibel, das heißt, sie besaßen die Fähigkeit, es anzupassen, wenn die äußeren Umstände sich veränderten – ein wichtiges Merkmal echter Intelligenz. Er hatte beobachtet, dass Fledermäuse geniale Techniken zum Aufspüren von Nahrung entwickelt hatten. Sie waren ganz offensichtlich in der Lage, im Flug Entscheidungen zu treffen, und zeigten viele der Problemlösungsfähigkeiten, die wir vom Menschen kennen. Er hielt es darum für legitim, das Denken und das Bewusstsein von Tieren zu erforschen. Schließlich hatte trotz aller Fortschritte der Neurowissenschaften noch niemand irgendein nur dem Menschen vorbehaltenes Hirnareal gefunden, das als Träger seines vielgepriesenen »Bewusstseins« gelten konnte. War es nicht an der Zeit, dieses Gespenst aufzugeben?

Griffin wurde damals weithin der Sünde des Anthropozentrismus bezichtigt. Es sollte noch Jahre dauern, bis zumindest einige seiner Ideen ernst genommen wurden. Dank seines Buchs war der Gedanke des tierischen Bewusstseins jedoch immerhin in die Wahrnehmung der Forschung gelangt.

Erst nach der neurowissenschaftlichen Revolution der 1960er Jahre begannen Forscherinnen und Forscher, »Geist« oder »Verstand« als etwas zu begreifen, das man wissenschaftlich untersuchen konnte, indem man nicht das Gehirn, sondern das Verhalten der Menschen beobachtete. In den 1990er und 2000er Jahren setzten ehrgeizige Zookoginnen und Zoologen solche Techniken bei der Beobachtung von Delphinen, Papageien und Hunden ein. Sie fanden heraus, dass Elefanten sich selbst im Spiegel erkennen können, dass Krähen Werkzeuge herstellen und Katzen dasselbe Bindungsverhalten zeigen wie menschliche Säuglinge.[22]

Heute, nicht einmal fünf Jahrzehnte nach Griffins Aufforderung an sein Fachgebiet, ist es keine Ketzerei mehr, von tierischer Kognition zu sprechen, das Verhalten einzelner Tiere zu studieren und ihnen eine Persönlichkeit zuzubilligen. Tatsächlich gehört das heute schon fast zum Mainstream. Eine Gruppe von Wissenschaftlerinnen und Wissenschaftlern, die 2012 an der Cornell University zusammenkamen, billigte förmlich allen Säugetieren, Vögeln und »vielen anderen Geschöpfen, darunter Kraken«, ein Bewusstsein zu. Nichtmenschliche Tiere zeigten alle physischen Merkmale eines Bewusstseins und handelten eindeutig zielgerichtet.

Die Forschenden erklärten: »Folglich weist das Gewicht der Befunde darauf hin, dass die Menschen nicht als Einzige jene neurologischen Substrate besitzen, die Bewusstsein hervorbringen.«[23]

Es war nur eine kurze Liste: Säugetiere, Vögel, Kraken. Doch wohin die Forschung auch blickt, überall scheint es bei Tieren mehr inneres Leben zu geben, als wir jemals für möglich gehalten hätten. Was kommt in unserem Verständnis einer Ordnung der Arten nach den Säugetieren und den Vögeln? Vielleicht Reptilien? Vielleicht Insekten? Man hat Eidechsen beibringen können, sich in einem Labyrinth zurechtzufinden, was auf eine Flexibilität im Verhalten hinweist, die oft als Kennzeichen von Intelligenz gilt.[24] Kürzlich hat man herausgefunden, dass Honigbienen zwischen Kunststilen unterscheiden können.[25] Einzelne Bienen sind in der Lage, einen komplizierten, symbolisch ausdrucksstarken »Schwänzeltanz« aufzuführen, der anderen Bienen aus ihrem Stock genau mitzuteilen vermag, wie weit und in welchem Winkel zur Sonne sie fliegen müssen, um eine Nahrungsquelle zu finden.[26] Neuere Forschungen besagen, dass Bienen möglicherweise eine Form von Subjektivität besitzen – gleichfalls ein Merkmal, das manchen als Hinweis auf Bewusstsein gilt.[27] Wie weit hinunter sollten wir auf dieser Suche noch blicken, vorbei an den Insekten? Wie wäre es mit den Pflanzen?

Aktuell ist ein Lager innerhalb der Botanik der Ansicht, es sei höchste Zeit, unsere Vorstellung von Bewusstsein und Intelligenz so zu erweitern, dass sie auch die Pflanzen umfasst, während ein anderes Lager diesen Weg für unsinnig hält. Weitaus mehr Botanikerinnen und Botaniker stehen hier in der Mitte, leisten still bemerkenswerte Arbeit und warten ab, was aus dieser Debatte wird. Ich teile ihre Einschätzung. Ich weiß nicht, zu welchem Ergebnis die Debatte führen wird. Aber ich glaube, dass wir an der Schwelle zu einem neuen Verständnis pflanzlichen Lebens stehen. Wissenschaft kann sich wie ein Monolith anfühlen. Was sie sagt, ist jetzt und für alle Zeiten wahr. Aber die Dinge können sich auch schnell ändern.

Im ländlichen Virginia kam ich in einer Bibliothek voller seltener botanischer Werke einmal in Berührung mit den Resultaten einer anderen Epoche des botanischen Denkens. Botanische Schriften, von Hand auf handgeschöpftes Papier geschrieben und gemalt, waren einst die Krönung der botanischen Technologie. Sie erklärten den Leserinnen und Lesern, wie sie sich mit pflanzlichen Packungen oder Wickeln selbst kurieren konnten, oder vermittelten ihnen einen ersten Eindruck von der Pflanzenwelt eines fernen Erdteils. Sehr oft signalisierten sie lediglich gesellschaftlichen Status. Es handelte sich bei diesen Schriften um Luxusgegenstände, Ergebnis Hunderter Stunden mühsamer Arbeit mit launischen Pigmenten auf empfindlichem Papier, und das oft im Schein von Kerzen oder Öllampen. Die Bibliothek in Virginia war die Privatsammlung eines reichen, inzwischen verstorbenen Philanthropen. Man konnte sie nur nach Absprache besuchen, und außerhalb der Welt der Antiquare schienen nur wenige von ihr zu wissen. So herrschte dort denn eine ruhige Stimmung wie in einem geheimen Garten, mit deckenhohen Bücherregalen aus hellem Holz und Tausenden von Bänden aus der Zeit vom 15. bis zum 19. Jahrhundert. Tony, der kenntnisreiche Bibliothekar, verhielt sich wie ein Buch-Sommelier. Er prüfte zunächst die Interessen seiner Besucher und zog dann Bücher heraus, die ihnen seines Erachten gefallen mochten.

Sich alte botanische Schriften anzusehen, ist ein reines Vergnügen – die Farben, das Gewicht des alten, handgeschöpften Papiers, der sorgfältige Umgang mit winzigen Details, die dafür sorgen, dass die Pflanzen so lebendig wirken wie ein Panther, der bereit ist, gleich von der Buchseite zu springen. Die meiste Freude bereiten mir allerdings Bücher, die nicht als Auftragsarbeiten, sondern eindeutig aus einer Leidenschaft heraus entstanden sind. Sie signalisieren keinen Status und beschäftigen sich oft mit ganz gewöhnlichen Pflanzen aus der Region und einigen wenigen ausgefallenen Importen. Die eine oder andere Illustration mag ein wenig juvenil wirken, die Narzisse etwas grobschlächtig erscheinen, und ein Krokus hat vielleicht eine zu kräftige Linie als Stängel, so dass die zweidimensionale Darstellung in die dritte Dimension vorzustoßen scheint. Es sind persönliche Bücher, zuweilen vom Maler von der Malerin ein Leben lang im Besitz behalten und erweitert. Tony meinte, er könne sich vorstellen, dass mich eines dieser Bücher besonders interessieren könnte. Er zog einen dicken, in Leder gebundenen Band aus dem Regal. Es war eine persönliche Chronik ohne geschriebenen Text. Charles Germain de Saint-Aubin hatte 1721 als Jugendlicher mit der Arbeit daran begonnen, immer wieder jeweils eine Seite gemalt und weitere hinzugefügt, bis er 1786 starb. Stil und Finesse veränderten sich mit der Zeit, seine Technik wurde besser, doch das schien mir hier kaum der entscheidende Punkt zu sein. Alle Bilder besaßen dieselbe emotionale Qualität – die Hingabe, das zärtliche Bedürfnis, die Pflanzen auf dem Höhepunkt ihrer Blüte festzuhalten und in kleinen Arrangements anzuordnen. Es war offenkundig ein großes Vergnügen, ihren Formen durch Malen Dauerhaftigkeit zu verleihen. Das waren Porträts von Blumen und Gewächsen, mit denen Saint-Aubin sein Leben teilte. Diese Pflanzen waren offensichtlich mehr als bloße Dekoration. Sie wirkten fast wie Gefährten.

Die Botanik, das Studium der Pflanzen, ist so alt wie das menschliche Denken. Es dauerte indessen sehr viel länger, bis Fragen nach dem Leben der Pflanzen, also nach ihrer tatsächlichen Lebensweise, in der Literatur auftauchten. Die den Pflanzen innewohnenden Geheimnisse waren immer schon von lebenswichtiger Bedeutung. Informationen über Pflanzen als Nahrungs- oder Heilmittel finden sich schon in den frühesten Schriftquellen – zweifellos ein Wissen, das zuvor über Jahrtausende mündlich weitergegeben worden war. Bevor man zur pharmazeutischen Produktion überging, waren Pflanzen und Pilze – in der Klassifikation ein eigenes Reich und häufig in Gesellschaft mit Pflanzen zu finden – die Heilmittel für alles, was uns plagte.

Die erste schriftliche Information über die Pflanzen selbst statt nur über deren Verwendung durch den Menschen erschien um 350 v. Chr. in Theophrasts *Historia Plantarum*. Darin wurden die Pflanzen nach ihrem Bau, ihrer Fortpflanzung und ihrem Wachstum klassifiziert. Das Buch gilt vielfach als die erste Schrift der Pflanzenwissenschaft. Es dauerte jedoch noch mehr als zwei Jahrtausende, bis das Verhalten der Pflanzen endlich Eingang in die westliche Literatur fand. In der frühviktorianischen Zeit war das Botanisieren zu einer beliebten Beschäftigung der wohlhabenden Bildungsschichten geworden. Dabei ging man wie bislang davon aus, dass Pflanzen ihrem Wesen nach inaktiv seien, gleichsam Steine, die zufällig auch wuchsen. Der Schwerpunkt lag fast immer auf Klassifizierung und botanischer Illustration.

Dann, in den 1860er Jahren, begann Charles Darwin sich für die Welt der Pflanzen zu begeistern. Damals war er bereits ein berühmter Mann. Schon einige Jahre zuvor hatte er sein

Werk *Über die Entstehung der Arten* veröffentlicht – und Reisen zu entlegenen Inseln, exotische Tiere oder die Geologie der Vulkane schienen eher zu seinen jüngeren Jahren zu passen. Als älterer Mann verlagerte er sein Augenmerk auf nähere, gleich zu seinen Füßen gelegene Dinge. Nach der *Entstehung der Arten* befassten sich fast alle seine Bücher mit Pflanzen. Deshalb wird in diesem Buch immer wieder von ihm die Rede sein.

Im Verlaufe Dutzender von Experimenten, aus denen mehrere Werke hervorgingen, beobachtete Darwin, dass Pflanzen sich bemerkenswert athletisch, wenngleich sehr langsam bewegten (*The Power of Movement in Plants*, 1865; dt.: *Das Bewegungsvermögen der Pflanzen*); dass sie zuweilen merkwürdige irreguläre Varianten ihrer selbst hervorbrachten (*The Variation of Animals and Plants Under Domestication*, 1868; dt.: *Das Variieren der Thiere und Pflanzen im Zustande der Domestication*; sowie *The Different Forms of Flowers on Plants of the Same Species*, 1877; dt.: *Die verschiedenen Blüthenformen an Pflanzen der nämlichen Art*); und dass fleischfressende Pflanzen gewisse Tricks anwendeten, um Insekten anzulocken und zu fressen (*Insectivorous Plants*, 1875; dt.: *Insectenfressende Pflanzen*). Er behandelte Pflanzen als Subjekte, die Aktivität entfalten und zielgerichtet vorgehen.

In *Das Bewegungsvermögen der Pflanzen*, seiner vorletzten Publikation, ging er der Frage nach, warum Pflanzen sich so bewegten, wie sie es taten. Das Buch ist voller Experimente mit Wurzeln, die er gemeinsam mit seinem Sohn Francis durchführte. Der Schluss, zu dem sie gelangten, war überraschend. Die Spitze der Pflanzenwurzel, so schrieb er, ist von einem unauffälligen Häutchen überzogen, das eine Steuerungszentrale zu sein scheint. Stößt man daran oder versengt es, wächst die Wurzel weg von dem verletzenden Objekt. Gibt man auf der einen Seite feuchte, auf der anderen trockene Erde an die Wurzelspitze, biegt die Wurzel in Richtung der Feuchtigkeit ab. Legt man sie zwischen einen Stein und eine leichtere Tonerde, entfernt sie sich stets von dem Stein, noch bevor sie daran gestoßen ist, und wächst in die andere Richtung, direkt durch die Tonerde hindurch.

Feuchtigkeit, Nährstoffe, Hindernisse, Gefahren: die Wurzelhaube spürt all das und verhält sich entsprechend. Darwin vergleicht sie mit dem »Gehirn« niederer Tiere. Schneidet man die kleine Haube ab, wächst die Wurzel dennoch weiter, allerdings blind – sie wächst weiter in die Richtung, die sie eingeschlagen hatte, bevor die Haube entfernt wurde. Dann jedoch geschieht ein Wunder: Die Haube beginnt sich zu regenerieren und ist nach ein paar Tagen genauso wie zuvor. Eine der größten Stärken der Pflanzen ist, dass fast jeder amputierte Teil nachwachsen kann, doch wenn Blätter nachwachsen, tun sie dies stets in anderer Form. Die Wurzelhaube ist der einzige Teil, der exakt in der alten Form nachwächst.

»Wir glauben, dasz es bei Pflanzen keine wunderbarere Bildung gibt, soweit die Functionen derselben in Betracht kommen, als die Spitze des Würzelchens«, schrieben Charles und Francis im letzten Absatz des Buchs voller Entzücken. Was auch immer sie ausprobierten, die Wurzelspitze reagierte entsprechend darauf. »Es ist kaum eine Übertreibung, wenn man sagt, dasz die in dieser Weise ausgerüstete Spitze des Würzelchens, welche das Vermögen die Bewegungen der benachbarten Teile zu leiten hat, gleich dem Gehirn eines der niederen Thiere wirkt; das Gehirn sitzt innerhalb des vorderen Endes des Kopfes, erhält Eindrücke von den Sinnesorganen und leitet die verschiedenen Bewegungen.«[28]

Wir neigen dazu, Wissenschaft als ein stetiges Fortschreiten in Richtung Wahrheit zu begreifen. Wenn diese Hypothese über die Wurzelspitzen als Gehirne wahr wäre, möchte man doch meinen, dass dieses radikal neue Verständnis der Pflanzen Fuß gefasst und die Wissenschaft unverzüglich auf einen Weg geführt hätte, der die Pflanzen in der Fähigkeit, ihr Leben ganz direkt zu lenken, den Tieren gleichgestellt hätte. Doch die größte Schwäche und zugleich die größte Tugend der Wissenschaft liegt darin, dass Wahrheit fast immer mit einer Übereinstimmung der Ansichten verwechselt wird. Und niemand war derselben Ansicht wie Darwin. Die Botaniker seiner Zeit lehnten seine Vorstellungen rundheraus ab. Prompt geriet denn auch die Hypothese eines »Wurzelgehirns« für die nächsten 125 Jahre in Vergessenheit, und bis heute wissen wir nicht, ob sie wahr ist.

In *Die Struktur wissenschaftlicher Revolutionen* zeichnet Thomas Kuhn die Wissenschaftsgeschichte nicht als einen Prozess linearen Fortschritts, bei dem neue Entdeckungen auf alten aufbauen, sondern als eine Folge abrupter Paradigmenwechsel innerhalb eines Fachgebiets, in dem eine Reihe von Bedingungen zu einer wissenschaftlichen Krise und schließlich zum Wechsel von einem Denksystem zu einem vollkommen anderen führt. Die entscheidende Rolle spielt hier die Krise. Vor der Krise ist »normale« Wissenschaft die übliche Form, in der Wissenschaft betrieben wird. Normale Wissenschaft ist ihrer Natur nach allem abgeneigt, was weit jenseits ihrer üblichen Vorstellungen liegt. Man bedenke nur, wie es Kopernikus und Galilei mit ihrer Überzeugung erging, dass die Erde sich um die Sonne drehe, oder Darwin mit seiner Vorstellung einer Evolution zu einer Zeit, als man das Geschehen in der Natur einem göttlichen Willen zuschrieb. Louis Pasteur stieß auf erbitterten Widerstand innerhalb der

Medizin, weil er die Theorie vertrat, dass manche Krankheiten von Keimen verursacht werden. Lang ist die Liste großer Wissenschaftlerinnen und Wissenschaftler, die zunächst abgestraft wurden, bevor man ihre Theorien akzeptierte. Kuhn schrieb dazu: »In keiner Weise ist es das Ziel der normalen Wissenschaft, neue Phänomene zu finden; und tatsächlich werden die nicht in die Schublade hineinpassenden oft überhaupt nicht gesehen.«[29]

Ein Paradigma vermag keine Fragen zu Dingen zu stellen, die es für gar nicht existent hält. Der Widerstand von Wissenschaftlern gegen wissenschaftliche Entdeckungen ist eine bekannte Tatsache.[30] Er dient als Schutz vor Pseudowissenschaften. Zuweilen verhindert oder verzögert er jedoch auch wirkliche Entdeckungen. Die Anerkennung eines Befundes als eine bedeutsame wissenschaftliche Anomalie ist ein »komplexes historisches Geschehen«, wie Ian Hacking in seiner Einleitung zu Kuhns Buch schreibt. Und selbst das reicht nicht aus, um eine wissenschaftliche Revolution auszulösen. Es muss ein anderes Paradigma geben, das akzeptiert wird, damit das erste überhaupt zurückgewiesen und ersetzt werden kann. »Ein Paradigma ablehnen, ohne gleichzeitig ein anderes an seine Stelle zu setzen, heißt die Wissenschaft selbst ablehnen.«[31]

Die Vorstellung zu akzeptieren, dass Pflanzen intelligente – und in gewisser Weise sogar bewusste – Lebewesen sind, liefe tatsächlich auf einen Paradigmenwechsel hinaus. Falls man damit falschläge, bestünde allerdings die Gefahr, dass man die gesamte Wissenschaft zurückwiese und ins Nichts stürzte. Zuerst müssen empirische Beweise angesammelt und dann im Rahmen der betreffenden Wissenschaft weithin akzeptiert werden. Die aktuelle Situation in der Botanik könnte eine Fallstudie über eine wissenschaftliche Revolution sein, die noch nicht zu einer Lösung gelangt ist. Dabei ist nicht einmal sicher, dass es überhaupt zu einer Lösung kommen wird.* Die wissenschaftliche Gemeinschaft befindet sich mitten in einer Umorganisation, das grundlegende Paradigma der Botanik in einer Phase des Übergangs. Wir haben hier die Chance, zu beobachten, wie wissenschaftliches Wissen entsteht.

Was geschieht nach einem Paradigmenwechsel? Kuhn sagt, es kehrten alle zur Normalität zurück. Schon bald könne man kaum noch glauben, dass jemals eine andere Vorstellung geherrscht hätte. Einige wenige ins Rollen geratene Steine haben eine Lawine ausgelöst, und nun bleibt nichts anderes übrig, als sich von ihrem Strom mitreißen zu lassen. Tatsächlich gibt es nur noch diesen Strom. Fast alle, die anfangs vielleicht gezögert haben, heißen das neue Paradigma willkommen, als wäre es immer schon offenkundig, natürlich oder unabweisbar gewesen. Ich frage mich, ob das auch bei den Pflanzen geschehen wird. Werden wir in 40 Jahren zurückblicken und unser früheres Verständnis der Pflanzen für absurd oder falsch halten, wie das heute für die Vivisektion gilt?

Am Ende, so schreibt Kuhn, bleiben nur ein paar alte Starrköpfe bei den früheren Auffassungen. »Und nicht einmal von diesen läßt sich sagen, daß sie im Unrecht seien.«

---

* Eine Wissenschaft, die sich in der Krise befindet, so schreibt Kuhn, unternimmt eher »außerordentliche« als »normale« Forschung. »Das Wuchern konkurrierender Artikulationen, die Bereitschaft, alles zu versuchen, der Ausdruck einer offenen Unzufriedenheit, das Zufluchtsuchen bei der Philosophie und die Grundlagendiskussion, all das sind Symptome für einen Übergang von normaler zu außerordentlicher Forschung.« Als ich diesen Satz zum ersten Mal las, war ich überrascht, wie gut er die aktuelle Situation in der Botanik beschreibt.

Schließlich hatten sie in jener Phase der Wissenschaftsgeschichte, an der sie weiterhin festhalten, durchaus recht. Doch die Welt hat sich verändert. Man möge »sich höchstens versucht fühlen zu sagen, daß derjenige, der auch dann noch Widerstand leistet, wenn die ganze Fachwissenschaft schon konvertiert ist, *ipso facto* aufgehört habe, ein Wissenschaftler zu sein«.[32]

Im Jahr 2006 versuchte eine Gruppe von Pflanzenwissenschaftlern ganz bewusst, eine kleine, aber unübersehbare Lawine auszulösen, in der Hoffnung, sie werde zu einem Paradigmenwechsel führen. In einem umstrittenen Artikel warf sie den Vertretern ihres Fachgebiets vor, wissentlich oder unwissentlich »Selbstzensur« zu üben, weil *Das geheime Leben der Pflanzen* sie wie ein altes Gespenst verfolge.[33] In ihren Augen verhindert das Stigma, gute Fragen über mögliche Parallelen zwischen Neurobiologie und Phytobiologie zu stellen, und »perpetuiert die Unwissenheit« hinsichtlich großer wissenschaftlicher Leistungen – insbesondere Darwins Hypothese einer den Wurzeln innewohnenden Intelligenz, die sie gerne wieder aufnehmen würde.* Die neue Gruppe, die weitgehend aus Wissenschaftlerinnen und Wissenschaftlern mit langjähriger beruflicher Erfahrung bestand, erhob die Forderung, dem Gedanken nachzugehen, dass Pflanzen intelligente Lebewesen seien, und zwar in dem Sinne, dass sie Informationen unterschiedlicher Art verarbeiten, um wohlinformierte Entscheidungen zu treffen. Alle in dieser Gruppe hatten schon lange beobachtet, dass Pflanzen genau dies taten, und waren offenbar der ständigen sprachlichen

---

* Hier denke ich wieder an Kuhn: »Oft taucht ein neues Paradigma, zumindest keimhaft, auf, noch bevor sich eine Krise entwickelt hat oder deutlich erkannt worden ist.«

Bemühungen überdrüssig, um den heißen Brei herumzureden, dass nämlich Pflanzen tatsächlich intelligent handeln. Sie gaben ihrer Gruppe den Namen Society for Plant Neurobiology. František Baluška, Zellbiologe an der Universität in Bonn, Elizabeth Van Volkenburgh, Pflanzenbiologin an der University of Washington, Eric D. Brenner, Molekularbiologe am New York Botanical Garden, und Stefano Mancuso, Pflanzenphysiologe an der Universität in Florenz, gehörten zu den Gründungsmitgliedern. Sie waren der Meinung, dass unser Verständnis von Pflanzen noch sehr grob und rudimentär sei. »Wir brauchen neue Konzepte, und wir müssen neue Fragen stellen.«[34]

Die Berufung auf die Neurowissenschaft war ein kühner Zug – und viele der Botanikerinnen und Botaniker, mit denen ich ein Jahrzehnt später sprach, meinen immer noch, er sei zu kühn gewesen. Es ging jedoch darum, ein Zeichen zu setzen. Natürlich besitzen Pflanzen keine Neuronen und kein Gehirn. Die Forschung zeigte jedoch, dass sie möglicherweise analoge Strukturen oder zumindest eine Physiologie aufweisen, mit der sie ähnliche Leistungen erbringen können, sowie kognitive Fähigkeiten, die es verdienen, ernst genommen zu werden. Pflanzen erzeugen elektrische Impulse und scheinen an ihren Wurzelspitzen Knotenpunkte zu besitzen, die als lokale Steuerungszentralen dienen. Glutamat und Glyzin, zwei der im tierischen Gehirn am weitesten verbreiteten Neurotransmitter, lassen sich ebenfalls in Pflanzen nachweisen und scheinen von entscheidender Bedeutung für die Weiterleitung von Informationen in ihren Stielen und Blättern zu sein. Man hat herausgefunden, dass Pflanzen Erinnerungen bilden, speichern und darauf zugreifen, unglaublich feine Veränderungen in ihrer Umgebung spüren und als Reaktion darauf hochkomplexe chemische Stoffe in die Luft entlassen. Sie schicken Signale an andere Teile ihres Körpers, um Abwehrreaktionen zu koordinieren. Die Pflanzenneurobiologie, so schrieben die Mitglieder der Society for Plant Neurobiology, »zielt darauf ab, Pflanzen in ihrer ganzen sensorischen und kommunikativen Komplexität zu erforschen«.

Und was ist ein Gehirn schließlich anderes als ein Gebilde aus spezialisierten erregbaren Zellen, zwischen denen elektrische Impulse ausgetauscht werden? Der Ausdruck »Neurobiologie der Pflanzen« sei natürlich nicht ganz wörtlich zu nehmen, sagten ihre Anhänger, aber er greife auch nicht zu weit. Wir brauchen keine neuen Bezeichnungen für Dinge, die funktional ähnlich sind – nur neue Präfixe. Pflanzengehirn, Pflanzensynapsen, pflanzliches Denken. Und sehen Sie nur, sagten sie: Darwin hat genau das schon vor einem Jahrhundert getan.

Nicht lange nach dem Zeitalter der Naturphilosophen und Naturforscher, eines Humboldt und eines Darwin, begann in der Wissenschaft der Drang nach Spezialisierung. Trotz einiger neuerer Bemühungen um interdisziplinäre Zusammenarbeit leben wir immer noch in einer Zeit der Spezialisten, die jeweils nur einen schmalen Bereich innerhalb des größeren Problems sehen, wie Leben funktioniert. Das hat zu gewaltigen Wissenssprüngen geführt – Spezialisierung sorgt für Tiefe. Doch meist ist jeder Spezialist sich des größeren Bildes nicht bewusst. Wenn es um Pflanzen geht, ist das möglicherweise ein Rezept für Ignoranz: Pflanzen sind vieldimensionale Organismen, die in einem beständigen biologischen Gespräch mit ihrer Umgebung stehen, mit Bakterien, Pilzen, Insekten, Mineralstoffen sowie anderen Pflanzen, die ihre Welt ausmachen. Kein Wunder, dass einige der besonders bahnbrechenden Entdeckungen in der

Pflanzenwelt von Zoologen oder Entomologinnen gemacht wurden, häufig indem sie die Welt durch eine von Tieren oder Insekten geprägte Brille betrachteten. Die Botaniker lassen sich dadurch zwar nicht entmutigen, doch in einer Zeit, in der die Genetik die erste Geige spielt, sehen viele die Pflanze nicht mehr als ein pulsierendes Ganzes, sondern als ein Amalgam aus genetischen Schaltern und Protein-Pforten. Natürlich könnte man auch den Menschen mit solchen Begriffen betrachten. Aber was geht bei dieser Betrachtungsweise verloren?

Die Society for Plant Neurobiology trennte sich schließlich von ihrem provokanten Namen und wurde zur Society of Plant Signaling and Behavior. Doch selbst der Ausdruck *behavior* (Verhalten) ging manchen Botanikern zu weit. Die Büchse der Pandora war geöffnet. Als Nächstes folgten die Zurückweisungen. Extrem bissige Zurückweisungen.

Mit hoher Belesenheit bewaffnete Akademiker können sehr gemein werden, wenn sie anderer Meinung sind. In der Zeitschrift *Trends in Plant Science* (TiPS) las ich, wie skeptische Forscher kaum verholen akademisches Gift verspritzten. Ein Forscher sprach in diesem Kontext vom »TiPS-Krawall« und erzählte mir von Briefen einiger Kollegen, die in dieser Fassung niemals veröffentlicht wurden, oder von solchen, die man erst veröffentlichte, als die Autoren ihnen etwas von ihrer Schärfe genommen hatten. Ein Abschnitt aus einem Brief, der aus dem Lager der Gegner einer Pflanzenintelligenz stammt, schien mir indessen besonders aufschlussreich zu sein. »Obwohl Darwin vieles richtig sah, vermag sein Gehirnvergleich doch einer genaueren Betrachtung nicht standzuhalten«, schrieb Lincoln Taiz, Autor des Lehrbuchs *Plant Physiology*, in einem gemeinsam mit Kollegen verfassten Brief. »Wenn die Wurzelspitze ein gehirnähnliches Steuerungszentrum darstellt, dann gilt das auch für die Triebspitze, die Koleoptilspitze, das Blatt, den Stiel und die Frucht. Da in der gesamten Pflanze regulatorische Interaktionen stattfinden, könnten wir auch die Gesamtpflanze als ein gehirnähnliches Steuerungszentrum begreifen, doch dann verlöre die Gehirnmetapher jeden heuristischen Wert, den sie ursprünglich besessen haben soll.«[35]

Der Kommentar war eigentlich abschätzig gemeint. In meinen Augen zeugte er jedoch eher von mangelnder Phantasie. Vielleicht war es sehr wohl möglich, die gesamte Pflanze als ein gehirnähnliches Steuerungszentrum zu begreifen. Und dann? Ich dachte an den Oktopus mit seinen gehirnähnlichen Armen und den im ganzen Körper verteilten Neuronen. Wir beginnen gerade erst zu ahnen, wie die Welt für ihn aussehen mag. Ohne jeden Zweifel ganz anders als für uns. Es kann auch kein Zweifel bestehen, dass die verteilten neuronalen Substrate zu den Dingen gehören, die ihnen die Fähigkeit zu solch intelligentem Verhalten verleihen und zugleich auch die Auszeichnung als Träger eines Bewusstseins rechtfertigen, die wir ihnen kürzlich gewährt haben. Wenn wir die Pflanzen in dieser Weise sehen, könnte das auch einen Beitrag zu den gerade aufkommenden Diskursen über verschiedene Formen verteilter Intelligenz leisten; zu der Vorstellung, dass dezentrale Netzwerke aus Pilzen oder Schleimpilzen intelligent und vielleicht sogar gerade wegen ihres diffusen Charakters agiler in ihrer Fähigkeit sein könnten, auf neue Herausforderungen zu reagieren.

Selbst das menschliche Gehirn, das als Verarbeitungszentrum für unseren Körper so zentralisiert wirkt, scheint in seinem Inneren weniger eindeutig zentralisiert zu sein. Wenn Neurowissenschaftler in das Gehirn hineinschauen, finden sie dort ein verteiltes Netzwerk und kein erkennbares Steuerungszentrum. Unsere eigene Intelligenz scheint aus einem Netzwerk spezialisierter Hirnzellen hervorzugehen, die Informationen austauschen, aber offenbar keiner beherrschenden Kraft folgen. Unsere intelligenten Entscheidungen haben ihren Ursprung nicht an einem bestimmten Ort, sondern in einer Art Netzwerk, gleichsam einer Stadt aus miteinander verbundenen kommunikativen Teilen in unserem Schädel.* Wie der Journalist Michael Pollan es einmal ausdrückte, gibt es da keinen Zauberer hinter dem Vorhang.[36]

---

* Die Fragen, die sich daraus für unser Bewusstsein ergeben, stellen sich damit umso lauter. Gibt es dort auch keinen Geist in der Maschine? Die Frage des menschlichen Bewusstseins wird heute im Wesentlichen zwischen zwei Lagern debattiert. Das erste sind jene, die glauben, wir verdankten unser Bewusstsein einer jenseits der materiellen Prozesse in unserem Gehirn wirkenden Kraft – so etwas wie einer Seele oder einer noch nicht entdeckten Eigenschaft jenseits oder abseits der physischen Materie des Gehirns. Zu diesem Lager gehören die Anhänger des Panpsychismus. Zum zweiten großen Lager gehören jene, die glauben, das Bewusstsein sei ein rein biologisches Phänomen, das wie alles andere in der Natur aus der Evolution hervorgegangen ist und seine Ursache höchstwahrscheinlich irgendwo in der unermesslichen Komplexität des Organs da oben in unserem Schädel hat, auch wenn wir diesen Mechanismus bislang noch nicht entdeckt haben. Dieses Lager wird gelegentlich als das der Materialisten bezeichnet. Für keine dieser noch allgemeinen Theorien bedarf es eines Gehirns. Tatsächlich böten beide Raum für die Möglichkeit eines in Graden vorhandenen Bewusstseins, statt dass ein Lebewesen es entweder besäße oder nicht besäße. Wenn das Bewusstsein die Folge einer transzendenten, freifließenden Eigenschaft des Universums ist, könnte ein Geschöpf dann nicht mehr oder weniger davon besitzen als sein Nachbar? Und wenn das Bewusstsein lediglich eine emergente Eigenschaft der biologischen Evolution darstellt, könnte dieser Zug auf dem evolutionären Entwicklungspfad der einzelnen Arten nicht einfach mehr oder weniger stark betont worden sein? Mit Blick auf Pflanzen stellt sich die Frage, ob Bewusstsein überhaupt auch in anderen Lebewesen entstehen konnte als bei uns selbst und ein paar ausgewählten Tieren.

In der Wissenschaft führen neue Ideen zu neuen Methoden und neuen Theorien. Ohne Revolutionen würde die Wissenschaft degenerieren. Das müssen wir unbedingt im Blick behalten. Wie Kuhn sagt, kann ein Paradigmenwechsel in der Wissenschaft unsere Sicht der Welt verändern. Die Welt selbst bleibe jedoch dieselbe. Pflanzen werden weiterhin Pflanzen sein, ganz gleich, wie wir uns entscheiden, sie zu sehen. Doch die Entscheidung, wie wir sie sehen wollen, könnte alles für uns verändern.

KAPITEL 3

Die kommunizierende Pflanze

Ich wachte morgens in der Dämmerung auf, denn ich hatte kürzlich festgestellt, dass die Welt um diese Zeit am lebendigsten ist. Wie war es nur möglich, dass ich das vorher nicht bemerkt hatte? In der Morgendämmerung flirrte alles nur so vor Aktivität. Im Vergleich dazu war der restliche Tag eine tote Zeit. Die Vögel in der Salzwiese vor dem Haus sangen und zwitscherten wie wild, als hätten sie einen starken Kaffee getrunken. Auch wenn mein erster Kaffee des Tages noch ausstand, liebte ich die trägen Minuten, bevor sich meine Gedanken menschlicheren Angelegenheiten zuwandten. Im Rahmen einer Autorenresidenz befand ich mich im kalifornischen Point Reyes, um weiter über Pflanzen nachzudenken und zu schreiben. Unsere kleine Gruppe wohnte gleich an der Kante der San-Andreas-Verwerfung. Dort hockten wir am Rand der einen großen tektonischen Platte und schauten über die Salzwiese hinweg zu der anderen Platte hinüber. Vor dem Haus wuchsen diverse Salbeiarten, Vertreterinnen der Pflanzengattung *Salvia*, in meinen Augen die Königinnen der Duftpflanzen. Sie alle verströmten den Duft von Kampfer und Gewürzölen. Es gab große Exemplare des Wüstensalbeis, des silbrigen Präriesalbeis und einer Copper-Canyon-Ringelblume mit ihren Tausenden goldfarbenen Blüten. Dichte Rosmarinbüsche waren gespickt mit eisblauen Blüten, die ihre zweiflügeligen Blütenblätter nachts schließen.

Ich trat auf die Veranda hinaus. Die Bartflechte an der Graubirke neben mir sah so aus, als wäre sie sehr zielstrebig an dem jungen Baum hinaufgewachsen, dessen Stamm sie nun wie ein enger Strumpf umgab. Auch an den unteren Ästen breitete sie sich stellenweise aus. Es fühlte sich fast so an, als ob sie listig gerade rechtzeitig für meinen Blick in ihrer Bewegung dort eingefroren war. Die Zeit der Flechten ist langsamer als die der Menschen, und so stellte ich mir vor, dass es tatsächlich so war – dass sie und all ihre Geschwister sich bewegten, aber diese Bewegungen einfroren, sobald wir hinsahen. Ich stakste vorsichtig wie ein Reh über den struppigen Rasen und atmete die Luft ein, als könnte jede plötzliche Bewegung den Duftschleier in Unordnung bringen. Das geschah natürlich nicht, denn diese Düfte waren nicht für mich bestimmt. Am Abend zuvor hatte ich etwas über neue Theorien zur Sprache der Pflanzen gelesen, das zweifellos in meinem vor der Dämmerung noch nicht ganz wachen Kopfe arbeitete. Die Sprache der Gerüche, hieß es dort, schickt Botschaften in die Luft hinaus. Ich begann zu verstehen, dass sich um mich herum ein vielschichtiges Schauspiel entfaltete, mit mehr Figuren und Erzählsträngen als ein russisches Epos. Einige davon konnte ich riechen, aber es gab viele weitere, die zu bemerken meine Nase allzu ahnungslos war.

Ich beschloss, genau damit zu beginnen: Kommunizieren Pflanzen untereinander? Und was ändert es, wenn sie es tun? Kommunikation setzt voraus, dass eine Unterscheidung getroffen wird zwischen einem Selbst und dem, was jenseits davon liegt – einem anderen Selbst. Kommunikation ist die Herstellung von Fäden oder Verbindungen zwischen Individuen. Dadurch wird ein Leben nützlich für ein anderes, wird ein Selbst bedeutsam für ein fremdes. Dadurch wird aus Individuen eine Gemeinschaft. Wenn es stimmt, dass ein ganzer Wald oder ein ganzes Feld sich in wechselseitiger Kommunikation befinden, dann verändert das die Natur dieses Waldes oder Feldes. Es verändert die Vorstellung davon, was eine Pflanze *ist*. Was ist eine Pflanze ohne Wege der Kommunikation? Eine Hülse. Und ohne Gespräch ist ein Wald kein Wald.

Am Abend zuvor hatte ich den Artikel gelesen, der die Botanik für immer veränderte.[1] Er war inzwischen weitgehend in Vergessenheit geraten und offenbar aus den digitalen Beständen verschwunden. Richard (»Rick«) Karban, Pflanzen- und Insektenökologe an der University of California in Davis musste mir erst eine Fotokopie davon zuschicken. Ich hatte erfahren, dass dieser Artikel zu Kämpfen geführt hatte, die der beruflichen Karriere mindestens eines Wissenschaftlers ein Ende bereitet hatten und die Frage nach der Kommunikation zwischen Pflanzen für alle zukünftigen Botaniker auf die Tagesordnung setzten. Doch trotz aller Veränderungen, die der Artikel auslösen sollte, war sein Ton geradezu unterwürfig milde, seine Sprache äußerst zurückhaltend. Das hatte durchaus seinen Sinn. Der Artikel wandelte am Rande eines Abgrunds entlang. Die Schlüsse, zu denen er gelangte, waren derart neu, dass es leichter fiel, sie abzulehnen als zu akzeptieren. Und Ablehnung war in der Zeit, als der Artikel geschrieben wurde, die Norm. In der Pflanzenbiologie herrschte eine angespannte Lage. David Rhoades musste also sehr zurückhaltend auftreten.

Es war das Jahr 1983, und die Erschütterungen, die *Das heimliche Leben der Pflanzen* ausgelöst hatte, waren immer noch spürbar. David Rhoades – für die meisten »Davey« – war ein Zoologe und Chemiker an der University of Washington, der sich hauptsächlich mit Insekten befasste. Er war Brite, gesellig, korpulent und Kettenraucher. Beim Reden gestikulierte er mit Hingabe. Sein dichter Schnurbart fiel beiderseits der Mundwinkel hinab, und wenn er lachte, schlossen sich seine Augen. Er nahm seine Daten todernst und versuchte, seine Experimente so zu konstruieren, dass sie mit einem absoluten Minimum an Kosten auskamen, wobei er Köder für Insekten gern aus Dingen zusammenbastelte, die er in Lebensmittelgeschäften kaufte. Sein Artikel sollte alles verändern, und in einer grausamen Wendung beendete er auch seine Karriere. Denn damals glaubte ihm niemand.

Der Artikel erschien in *Plant Resistance to Insects*, einer (wenn man das glauben darf) relativ obskuren Publikation der American Chemical Society, die ihr aufrührerisches Angebot in mehrere Schichten aus Wissenschaftssprache hüllte. Auf zwölf Seiten breitete Rhoades brav Daten über das Gewicht von Raupenpuppen und das Ausmaß von Blattverlusten an Bäumen aus. Er hatte beobachtet, so schrieb er, dass der Versuchswald der Universität über mehrere Jahre durch die Invasion von Zeltraupen dezimiert worden war. Doch plötzlich habe sich etwas verändert. Die Raupen begannen zu sterben. Warum, so fragte er, hörten die gefräßigen Raupen plötzlich auf zu fressen und ließen die Blätter der Bäume in Ruhe? Warum schienen sie so abrupt abzusterben?

Die Antwort, die Rhoades auf diese Frage fand, war unwahrscheinlich, bemerkenswert und gefährlich: Die Bäume kommunizierten untereinander. Bäume, die diese Raupen noch nicht erreicht hatten, waren auf den Angriff vorbereitet und hatten ihre Blätter in Waffen verwandelt. Die Raupen, die sie fraßen, wurden krank und starben.

Dass Bäume über ihre Wurzeln miteinander kommunizieren, war schon vor Rhoades' Entdeckung bekannt, doch in diesem Fall war es anders. Die Bäume standen zu weit auseinander, als dass sie über ihre Wurzeln Informationen hätten weitergeben können. Die Botschaft – dass die Raupen angriffen – kam dennoch durch. Rhoades vermochte seine Begeisterung über die Konsequenzen dieser Entdeckung nicht zurückzuhalten. Als aller Raum für die trockene Beschreibung genutzt und eigentlich nichts weiter mehr zu sagen war, konnte Rhoades nicht an sich halten und platzte mit der eigentlichen Kernaussage des Artikels heraus: »Das legt den Gedanken nahe, dass die Ergebnisse auf in die Luft abgegebene Pheromone zurückzuführen sind!« Die Bäume, so sagte er, schickten einander über große Entfernung durch die Luft Signale zu.[2]

Kommunikation ist einer jener grundlegenden Lebensprozesse, für die es keine anerkannte wissenschaftliche Definition gibt. Für die meisten von uns geht es bei der Kommunikation darum, dass wir etwas zum Ausdruck bringen, um anderen etwas mitzuteilen, das sie wissen sollten. Das erweckt den Eindruck einer komplizierten Form von Intentionalität, Voraussicht und Wissen um Ursache und Wirkung. Das mag so sein, doch das Leben begann schon vor der Entstehung komplexer Organismen zu kommunizieren – je nachdem, wie wir Kommunikation definieren. Sie begann mit den ersten mehrzelligen Organismen vor mindesten 600 Millionen Jahren. Damit die Existenz mehrzelliger Lebewesen überhaupt möglich war, mussten einzelne Zellen miteinander kommunizieren. Bis dahin war alles Leben einzellig gewesen. Jeder dieser Einzeller war ein autonomes Selbst und schwamm für sich allein im Urmeer umher. Damit komplexere Formen entstehen konnten, mussten Einzelzellen Information miteinander austauschen.

Bis heute gilt, wenn einzelne Zellen zu einem Körper verschmelzen sollen, muss jede Zelle innerhalb eines Organismus wissen, wer sie ist und was sie tut. Zellen verstehen einander über andere Zellen. In einer aus drei Zellen bestehenden Kette etwa weiß die dritte Zelle, dass sie die dritte ist – und deshalb eine besondere, den dritten Zellen jeweils zugewiesene Aufgabe zu erfüllen hat, weil sie um die Anwesenheit der Zellen eins und zwei weiß. Das ist die Natur eines selbstorganisierenden Systems, eines zusammenhängenden Körpers. Doch *woher* die Zelle weiß, dass sie die dritte ist, bleibt ein Geheimnis. Wir wissen, dass es einen Informationsfluss an die mit ihr zusammenarbeitenden Zellen geben muss.[3] Diese Kommunikation, was immer sie auch sein mag, beginnt mit der allerersten Zellteilung, bei der aus einer Zelle zunächst zwei und dann vier werden – das Verfahren, auf das alle mehrzelligen Organismen für ihr Wachstum zurückgreifen. Das Medium dieser Information – ob elektrisch, ob chemisch oder etwas anderes – ist unbekannt. Eine große Frage bleibt bis heute auch die Kommunikation im tierischen Embryo. Wir wüssten gerne, wie eine Samen- und eine Eizelle sich selbst organisieren, so dass am Ende wir entstehen.[4]

Pflanzenzellen tun dies ebenfalls. In denkbar freier Verwendung des Wortes könnte man sagen, sie »sprechen« miteinander. Auf diese Weise versteht jede Zelle, wozu sie da ist – oder anders gesagt, wer sie ist. Barbara McClintock, die Genetikerin, die herausfand, dass Gene innerhalb des Maisgenoms ihre Stellung wechseln können, und dafür den Nobelpreis erhielt, bezeichnete dieses Zellbewusstsein als »Wissen der Zelle um sich selbst«.[5]

Wenn Zellen sprechen, geschieht Großes. Alles pflanzliche Leben nimmt seinen Ausgang bei diesen fundamentalen Interaktionen. Forscher an der University of Birmingham identifizierten 2017 in einem ruhenden Samenkorn ein »Entscheidungszentrum«, das für eine Integration der Informationen sorgt und entscheidet, wann es keimen soll.[6] Dieses

Zentrum besteht aus einem Zellcluster, das sich an der Spitze der embryonalen Wurzel befindet. Diese Zellen kommunizieren miteinander hinsichtlich der Konzentration zweier Hormone innerhalb des Samenkorns: eines, das den Ruhezustand, und eines, das die Keimung fördert. Die Zellen integrieren Informationen über die wechselnden Temperaturen im umgebenden Erdreich und regulieren dadurch die Hormone. Auf diese Weise entscheiden die Zellcluster, wann sie den Schalter umlegen und in die Welt hinaustreten. Dem Timing kommt bei diesem Vorgang eine entscheidende Bedeutung zu. Die riskante Entscheidung wird präziser, wenn sie sich auf die kumulierten Reaktionen mehrerer Zellen stützt. Wenn die Pflanze ihre Entscheidung von zwei gegensätzlichen Variablen abhängig macht – die jeweilige Menge der zwei Hormone, die beide für Temperaturveränderungen empfindlich sind –, hat sie eine größere Chance, in einer fluktuierenden Welt eine gute Wahl zu treffen. Hier handelt es sich nach Ansicht der Forscher um eine Kommunikation zwischen Zellen, die Ähnlichkeit mit gewissen Strukturen des menschlichen Gehirns hat. Auch unser Gehirn schickt antagonistische Hormone zwischen Zellen hin und her, um unsere Entscheidungen in einer fluktuierenden Welt zu verbessern. Statt die Entscheidung, ein bestimmtes Muskelband zu bewegen, auf einen einzigen Input zu stützen, trifft es diese Entscheidung, indem es hormonale Informationen aus verschiedenen getrennten Zellen sammelt und dabei irrelevante Informationen aussondert. Hier handelt es sich letztlich um eine Kommunikation zwischen Zellen.

Aufgrund des Geschnatters ihrer Zellen sind Pflanzen selbstorganisierende Systeme. Dass die ganze Pflanze intentional mit einer anderen – oder vielleicht sogar mit mehreren anderen – kommuniziert, ist in der Botanik dagegen ein relativ neues und immer noch umstrittenes Konzept. Umstritten ist es vor allem deshalb, weil es noch keine anerkannte Definition dessen gibt, was als Kommunikation gilt, nicht einmal für Tiere.[7] Muss das Signal mit Absicht ausgesendet werden? Muss es im Empfänger eine Reaktion auslösen? Wie die Begriffe des Bewusstseins und der Intelligenz changiert auch der Begriff der Kommunikation ständig zwischen Philosophie und Naturwissenschaft und findet weder hier noch dort einen festen Halt. Der Klarheit halber sei Kommunikation deshalb zunächst einmal als ein Vorgang definiert, bei dem ein Signal ausgesendet und empfangen wird und der eine Reaktion auslöst. Ich habe bewusst nicht davon gesprochen, dass das Signal *mit Absicht* ausgesendet wird. Intentionalität lässt sich zum Teil deshalb schwerer erkennen, weil wir nicht wissen, wie sie bei einer Pflanze aussehen könnte. Intentionen sind ein besonders schwieriges Problem, da sie nicht direkt festgestellt werden können. Wir können allenfalls Wissen im Umkreis des Problems der Intentionalität ansammeln, diesen Kreis immer enger ziehen und hoffen, dass dabei ihre Umrisse eine für uns verständliche Form anzunehmen beginnen.

Anfangs war allerdings noch nicht einmal die bloße Idee, dass Pflanzen einander irgendwelche Informationen übermitteln könnten, auf der wissenschaftlichen Bildfläche erschienen. Rhoades wusste lediglich, dass ein seuchenartiger Befall begann und dann endete. Im Frühjahr 1977 wurde der Versuchswald der University of Washington zum dritten Mal in Folge von einem anhaltenden und vernichtenden Raupenbefall heimgesucht. Roterlen und Sitka-Weiden, die dem Angriff solcher blattfressenden Zeltraupen gewöhnlich einige Monate lang standhalten können, gingen zu Hunderten ein. Die Raupen fraßen die Bäume fast vollständig kahl und setzten sie so einer Hungersnot aus. Ein Baum, der in der Vegetationsperiode keine Blätter besitzt, kann keine Fotosynthese betreiben, um Zucker herzustellen, und verhungert ganz buchstäblich.

Doch im folgenden Frühjahr, 1978, schien sich das Machtverhältnis umzukehren. Nun starben die Zeltraupen. Ihre Populationen brachen zusammen. Auf den verbliebenen Blättern fanden sich nur noch wenige Raupeneier, während sie im vorangegangenen Frühjahr überall gewesen waren. Und aus den meisten dieser wenigen Eier schlüpften keine Raupen. Im Frühjahr 1979 waren die Raupen vollständig verschwunden. Nun gingen keine weiteren Bäume ein. Ihr Blattwerk war voll und produktiv. Das Los der beiden Seiten hatte sich jeweils in sein Gegenteil verkehrt.

Wie Ökologinnen und Ökologen wissen, verändert sich in Ökosystemen nichts ohne Grund. Irgendetwas war für diese Umkehrung verantwortlich gewesen. Rhoades, der sowohl in organischer Chemie als auch in Zoologie promoviert hatte, begann nach einer Erklärung zu suchen. Seit Jahren beschäftigte ihn ein provokanter Gedanke, für den er von seinen Kollegen nur wenig Unterstützung erhielt: Möglicherweise entwickelten Pflanzen eine Resistenz gegen bestimmte Bedrohungen, wenn sie dieser Bedrohung ausgesetzt waren, ganz ähnlich wie das Immunsystem von Tieren Antikörper gegen eine Krankheit bildet, der es ausgesetzt war. Er hatte bemerkt, dass Insekten oft eine Pflanze zu fressen begannen, dann aber irgendwann aufhörten, obwohl es noch genug gute Blätter gab, die sie hätten fressen können. Wieder gilt, dass in der Natur nichts ohne Grund geschieht. Irgendetwas veranlasste die Insekten, mit dem Fressen aufzuhören.

Konnte es sein, dass die Pflanze die Invasion aufzeichnete und schließlich mit einer Art Immunabwehr reagierte? So ließe sich die zeitliche Verzögerung erklären. Pflanzen operieren auf einer langsameren Zeitskala als Insekten, daher wäre es logisch, dass sie auch langsamer reagieren. Rhoades' Laborergebnisse bestätigten diese Vermutung. Er stellte fest, dass sich die Chemie in den Blättern veränderte, wenn sie eine Weile unter beträchtlichem Raupenfraß gelitten hatten. Die Pflanze variierte die Inhaltsstoffe ihrer Blätter, so dass sie weniger nahrhaft wurden. Der Gedanke, dass Pflanzen sich aktiv verteidigen könnten, widersprach allerdings allem, was die Wissenschaft bisher über die Funktionsweise der Pflanzen angenommen hatte. Es galt als ausgemacht, dass Pflanzen nicht derart aktiv oder zu derart dramatischen und strategischen Reaktionen fähig seien. Rhoades fand für seine Hypothese nur wenige Unterstützer.

Die Invasion der Zeltraupen auf dem Gelände der Universität bot jedoch das perfekte Szenario für eine Untersuchung dieser Theorie in der realen Welt. Die belagerten Bäume veränderten irgendwann tatsächlich die chemische Zusammensetzung ihrer Blätter, so dass die Raupen krank wurden und schließlich aufgrund von Durchfall verhungerten. Rhoades war erfreut. Seine Theorie hatte sich als zutreffend erwiesen. Er bemerkte jedoch noch etwas anderes: Selbst in den Blättern weit entfernter Bäume, die noch gar nicht von Raupen befallen waren, änderte sich die chemische Zusammensetzung. Sie waren gewarnt worden, und irgendwie war diese Warnung über große Entfernung zu ihnen gelangt. Er wusste, dass Pflanzen gewaltige Leistungen in der chemische Synthese vollbringen. Und manche von Pflanzen erzeugte chemische Stoffe breiten sich in der Luft aus. Es war zum Beispiel schon allseits bekannt, dass reifende Früchte ein Ethylengas abgeben, das andere in der Nähe befindliche Früchte veranlasst, gleichfalls zu reifen. Im Obsthandel nutzte man dieses

Gas, um ganze Lagerhäuser voller unreifer Bananen genau zur rechten Zeit reifen zu lassen – eine Technik, die den weltweiten Handel mit einer eigentlich schnell faulenden Frucht erst möglich machte. Da war es durchaus vorstellbar, dass auch von Pflanzen produzierte chemische Stoffe mit anderen Informationen – zum Beispiel dass eine Attacke auf den Wald im Gange sei – durch die Luft übertragen wurden.

Rhoades stellte seine Hypothese auf einer Tagung vor. Die Geschichte von den sprechenden Bäumen verbreitete sich wie ein Lauffeuer und wurde unter Botanikern wie Baum-Tratsch im Flüsterton weitergegeben. Konnte das etwa stimmen? Doch keiner seiner Kollegen war bereit, das Risiko einer Veröffentlichung derart befremdlicher Thesen auf sich zu nehmen. Am Ende wurde die Entdeckung in einem obskuren Band begraben. Rhoades ging in den folgenden Jahren weiter seinen gewohnten akademischen Pflichten nach. Er lehrte und hielt Gastvorlesungen, während Kollegen in Zeitschriften und bei Tagungen auf ihn eindroschen.[8] Er wandte sich mehr und mehr seiner Rolle als Mentor zu und stieß bei Studierenden und jungen Professorinnen und Professoren auf eine weit größere Offenheit, vielleicht weil sie noch nicht die Scheuklappen des institutionellen Konservatismus angelegt hatten.

Rhoades begann sich mit Rick Karban auszutauschen, einem frischgebackenen Professor für Entomologie, der sich für seine Idee einer »induzierten Resistenz« interessierte, also das Phänomen, dass eine von Insektenfraß betroffene Pflanze ihre Chemie änderte und danach weniger in Gefahr stand, gefressen zu werden. Karban glaubte, dass die übliche Sicht, wonach Pflanzen den Launen ihrer Umwelt schutzlos ausgeliefert seien, nicht stimmen konnte. Er hatte Zikaden untersucht, die ihre Eier auf Bäumen ablegen. Wenn die

Larven schlüpfen, lassen sie sich auf den Boden fallen, dringen in die Wurzeln des Baumes ein und bleiben dort 17 Jahre lang. Während dieser Zeit ernähren sie sich von dem Saft des Baumes. Für den Baum ist es eine starke Belastung, dass all diese Nährstoffe in seinem unteren Teil abgezapft werden und nicht nach oben gelangen. Als junger Wissenschaftler las Karban einen Artikel der führenden Zikadenforscherin JoAnn White, die herausgefunden hatte, dass manche Bäume in der Lage waren, die Orte zu lokalisieren, an denen Zikadeneier auf ihren Zweigen abgelegt worden waren; dann bildeten sie einen Kallus um die Eier herum und erstickten sie, bevor sie schlüpfen konnten.[9]

Karban glaubte wie Rhoades, dass Pflanzen keineswegs passiv sind. Er lud Rhoades zu einem Vortrag in seinem Seminar ein. Danach blieben sie in Kontakt. Rhoades las Karbans Manuskripte und schrieb Kommentare zu dessen Förderungsanträgen. Doch sein Leben brach um ihn herum zusammen. Die Kritik hielt an. Er hatte Schwierigkeiten, seine eigenen Forschungsergebnisse zu replizieren. Er versuchte es zwei Jahre lang, manchmal erfolgreich, manchmal nicht. Nach mehreren Ablehnungen gab Rhoades es auf, Fördergelder zu beantragen – für einen Forscher dasselbe, als würde man aufhören zu essen. Schließlich kehrte er der Welt der wissenschaftlichen Forschung den Rücken. Er übernahm eine Stelle als Lehrer für organische Chemie an einem städtischen College und eröffnete ein Motel an der Pazifikküste. In den 1990er Jahren erhielt er die Diagnose einer Krebserkrankung im letzten Stadium. 2002 starb er. Mit seiner Arbeit war er zwar am rechten Ort gewesen, aber der Zeitpunkt war falsch.

Unterdessen wechselten zumindest für andere langsam die Gezeiten. Sechs Monate nach dem Erscheinen des Artikels von Rhoades veröffentlichten Ian Baldwin und Jack Schultz, damals zwei junge Forscher am Dartmouth College, ganz ähnliche Forschungsergebnisse. Es ist nicht immer klar, warum das Schicksal im großen Bogen der Wissenschaftsgeschichte die einen begünstigt und andere nicht. In diesem Fall war es wahrscheinlich eine Kombination aus Glück und Forschungsdesign. Sie gingen ihrer Arbeit in der sicheren Umgebung eines Labors nach. Das Freiland ist ein recht unordentlicher Ort für Forschung. Die Arbeit im Labor ist dagegen sauber, kontrolliert und spezifisch. Baldwin und Schultz stellten jeweils zwei Zuckerahornsetzlinge in eine sterile Wuchskammer. Die Setzlinge waren von derselben Luft umgeben, berührten einander jedoch nicht. Dann rissen die Forscher bei einem der Setzlinge Blätter ab und maßen die Reaktion des anderen. Innerhalb von 36 Stunden pumpte der unverletzte Setzling seine Blätter mit Tannin voll. Anders gesagt, obwohl der Setzling selbst keinerlei Schaden erlitten hatte, bemühte er sich, seine Blätter extrem ungenießbar zu machen.[10]

Baldwin und Schultz merkten an, dass sie die Zweiten seien, die dieses Phänomen beobachtet hatten, und verwiesen in ihrem Artikel auf Rhoades. Sie gingen sogar so weit, in ihrer Arbeit den Ausdruck »Kommunikation« zu verwenden (was Rhoades stets vermieden hatte). Die Mainstreampresse sprang natürlich sofort auf den Ausdruck, und große Tageszeitungen brachten Schlagzeilen, in denen von »sprechenden Bäumen« die Rede war. Von ihren Kollegen wurden die beiden Wissenschaftler meist gescholten, weil sie auf den Menschen gemünzte Ausdrücke auch auf Pflanzen anwendeten, doch anders als bei Rhoades wäre es eine Untertreibung, wenn man sagte, dass ihre berufliche Karriere sich davon erholte. Heute ist Baldwin einer der erfolgreichsten und produktivsten Forscher auf dem Gebiet des Pflanzenverhaltens. Er leitet ein großes Team aus Doktoranden und promovierten Forscherinnen und Forschern, das herauszuarbeiten versucht, wie Tabakpflanzen miteinander kommunizieren, sich verteidigen und andere Tabakpflanzen für ihre Fortpflanzung auswählen. Jack Schultz erbrachte über Jahrzehnte wichtige Beiträge auf dem Gebiet der Kommunikation zwischen Pflanzen und Insekten und ist bekannt für seinen Ausspruch, dass der Geruch von frisch gemähtem Gras das chemische Äquivalent für einen Schrei der Pflanze sei.

Jahre nach Rhoades' Tod meinte Jack Schultz, ihm sei nun klar, warum Rhoades seine Ergebnisse nicht replizieren konnte.[11] Man wisse inzwischen, dass, abgesehen von den zahlreichen dramatischen saisonalen Veränderungen, alles, was die Bäume über das Jahr durchmachen, auch die chemischen Stoffe, die sie in die Luft abgeben, von der Jahreszeit abhängen. Die ursprüngliche Studie hatte Rhoades im Frühjahr durchgeführt, hatte jedoch versucht, sie im Herbst zu wiederholen. Kein Wunder, dass er zu anderen Ergebnissen gelangte. Die Bäume befanden sich in einer anderen Phase ihres jährlichen Zyklus. Er war nicht auf der falschen Spur. Es gab lediglich weitere Variablen, die ihm noch verborgen blieben.

Rhoades erinnerte mich an Gregor Mendel, den Augustinermönch und Vater der Genetik, der vergeblich versuchte, seine wunderschönen Kreuzungsversuche mit Erbsenpflanzen auch an Habichtskraut zu wiederholen.[12] Es schien nie zu funktionieren. Er starb frustriert und in dem Glauben, sein Lebenswerk sei nicht reproduzierbar und daher bedeutungslos. Natürlich war es alles andere als das. Er wusste lediglich nicht, dass Habichtskraut eine seltsame Neigung besitzt. Es kann wahllos ganz ohne Bestäubung Samen produzieren. Das bedeutet, dass sich das Kraut in gewissen Abständen selbst klont, statt den Weg der geschlechtlichen Fortpflanzung zu gehen. Das brachte den ganzen auf Kreuzung ausgerichteten Forschungsprozess durcheinander. Die Natur ist nie eine glatte Fläche, sondern birgt allenthalben Falten und Gesichter, die dem menschlichen Blick verborgen bleiben. Die Welt ist ein Prisma, kein Fenster. Wohin wir auch blicken, stoßen wir auf neue Brechungen.

Etwa um dieselbe Zeit, als Rhoades wie auch Baldwin und Schultz ihre Artikel verteidigten, machte außerhalb der Hallen der Botanik ein Wildschützer in Südafrika eine, wie man sagen muss, anekdotische Beobachtung. Es handelte sich nicht um eine von Kollegen begutachtete Studie, aber ich hörte mehrfach davon – auch von dem südafrikanischen Wildschützer selbst – und halte es für sinnvoll, hier mit aller nötigen Vorsicht darüber zu berichten. Ich nehme es als das, was es ist: eine Geschichte.

Wouter van Hoven saß 1985 in seinem Büro in der zoologischen Fakultät der Pretoria University, als er einen ungewöhnlichen Anruf von einem Wildwart erhielt. Er berichtete, dass im vergangenen Monat auf mehreren Wildranches in der nahegelegenen Transvaal-Region mehr als 1000 Kudus, eine besonders majestätische Antilopenart mit eleganten Streifen und einem langen Schraubengehörn, tot umgefallen waren. Dasselbe war schon im vorigen Winter geschehen. Insgesamt waren etwa 3000 Kudus gestorben. Dabei schien ihnen nichts zu fehlen, keine offenen Wunden, keine Krankheit, auch wenn einige von ihnen etwas abgemagert wirkten. Ob er wohl einmal kommen könne? Die Besitzer der Ranches waren äußerst besorgt. Van Hoven war Zoologe und Fachmann für Tierernährung, insbesondere für afrikanische

Huftiere. Er dachte, er werde die Ursachen wohl finden können, und versprach, sofort zu kommen.

Als van Hoven auf die erste Wildranch kam, sah er dort überall tote Kudus herumliegen, als hätte ein Krieg stattgefunden. Doch das Erste, was ihm nach dem Gestank auffiel, war die Tatsache, dass es zu viele Tiere für eine Ranch dieser Größe waren. Im Normalfall sollte die Dichte nur drei Tiere pro 100 Hektar betragen, doch hier lag sie bei 15 pro 100 Hektar. Ebenso war es auf den nächsten Ranches, die er besuchte. Die Beliebtheit des Jagens auf solchen Wildranches war in den letzten Jahren explosionsartig gestiegen, und um mehr Geld zu verdienen, hatten die Ranchbesitzer die Bestandsdichte auf ihrem Land immer weiter in die Höhe getrieben.

Van Hoven öffnete mehrere Kudus und stellte fest, dass ihr Magen voll von zerkauten, aber unverdauten Akazienblättern war. Er schaute nach den Giraffen, die sich über ein großes Savannengebiet verteilten. Sie fraßen weiterhin Akazienblätter und starben offensichtlich nicht.

Nach einer Woche begann sich ein Bild abzuzeichnen. Wenn Akazien Blattfraß bemerken, erhöhen sie den Gehalt des bitteren Tannins in ihren Blättern. Das wusste van Hoven bereits. Es handelt sich um einen milden Abwehrmechanismus. Anfangs steigt der Tanningehalt nur ein wenig. Das ist nicht gefährlich, aber die Blätter schmecken nicht mehr gut. In aller Regel reicht das aus, um die Kudus abzuschrecken. Allerdings waren die beiden letzten Winter extrem trocken gewesen. Das gesamte Gras war abgestorben. Auf den von Wildzäunen eingehegten Flächen der Ranches fanden die Kudus nichts anderes mehr zu essen. Es gab keinen anderen Ort, an den sie hätten gehen können. So hatten sie trotz des bitteren Geschmacks weiterhin Akazienblätter gefressen, weil ihnen nichts anderes übrigblieb. Er entnahm dem Verdauungstrakt eines Kudus einige Klumpen unverdauter Akazienblätter und brachte sie in ein Labor.

Van Hoven wusste, dass Kudus Akazienblätter bis zu einem Tanningehalt von 4 Prozent vertragen können. Darüber wird es kritisch. Offenbar hatten die Akazien den Tanningehalt in ihren Blättern immer weiter erhöht. Aber die Kudus fraßen weiter. Bis der Tanningehalt der Blätter eine tödliche Dosis erreichte. Die unverdauten Blätter, die van Hoven hatte untersuchen lassen, wiesen einen Tanningehalt von 12 Prozent auf.

In seinen Augen hatte die Natur sich gesagt: »Ich werde diese Tierpopulation verringern müssen«, erzählte er mir. »Und genau das tat sie dann auch.«

Van Hoven erinnerte sich, dass er ein paar Jahre zuvor etwas über chemische Signale bei Bäumen gelesen hatte, wahrscheinlich den Artikel von Rhoades oder den von Baldwin und Schultz. Deshalb brach er ein paar Akazienzweige ab und nahm einige Luftproben. Ohne Zweifel verströmten die von Fraß betroffenen Bäume große Mengen Ethylen. Ein Teil davon gelangte mit dem Wind auch zu anderen Bäumen in der näheren Umgebung. Dadurch wurden diese Bäume gewarnt und veränderten ihr Verhalten entsprechend – so van Hovens Gedankengang. Es handelte sich um eine koordinierte Vergiftung.

Er wandte sich erneut den Giraffen zu. Wie schafften sie es, schadlos Akazienblätter zu fressen? »Sie fressen und fressen und plötzlich hören sie auf und wandern weiter. Obwohl es noch genügend Blätter gibt.« Aus der Sicht eines sparsamen Umgangs mit Energieressourcen machte das keinen Sinn. Bald wurde ihm jedoch klar, dass sie nur einen von zehn Bäumen abfraßen, und niemals in Windrichtung liegende. Er nahm an, die Giraffen hätten gelernt, nur von solchen Bäumen zu fressen, die keine Warnung erhalten hatten, den Tanningehalt zu erhöhen.

Rick Karban mag diese Geschichte oder jedenfalls die Art, wie sie erzählt wird, nicht. Er hat sich in seiner gesamten beruflichen Laufbahn entschieden dafür eingesetzt, dass auch unkonventionelle Arbeiten publiziert werden. Das Vertrauen in den Prozess der Begutachtung durch Kollegen als wichtige Absicherung gegen falsche Wege hat er trotzdem noch nicht aufgegeben. Ohne diesen Prozess verliere die Wissenschaft an Glaubwürdigkeit. Jeder brauche den Rat von Kollegen, um die Gefahr menschlicher Irrtümer in Grenzen zu halten. Die Geschichte von den Kudus ist einer derartigen Prüfung nie unterzogen worden. Andere Botaniker und Botanikerinnen aller Glaubensrichtungen haben großen Respekt vor Karban, auch wenn sie selbst nicht viel von der Idee halten, dass Pflanzen irgendwelche Intentionen haben könnten. Wenn sie von ihm sprechen, benutzen sie Ausdrücke wie »streng« und sagen mir, ich sollte zu ihm gehen und ihm bei der Arbeit zuschauen.

Karban ist eine biegsame Bohnenstange von einem Mann, mit pfeilgerader Haltung und weißgrauem Haar. An dem Tag, als ich ihn in seinem Büro im dritten Stock des Biologiegebäudes der University of California in Davis besuche, trägt er leuchtend orangefarbene Tennisschuhe und benutzt einen Gymnastikball als Bürostuhl. Es ist 12 Uhr mittags, und die Kuckucksuhr an der Wand hinter ihm krächzt. »Sie ist alt, und die Vögel sind nicht ganz richtig«, sagt er zur Erklärung dafür, dass dort ein Fink gerade den Schrei eines Blauhähers hören lässt.

Karbans kleines rechteckiges Büro ist von einem großen

insektenkundlichen Labor abgeteilt. An der Wand lehnen zwei an langen Stangen angebrachte Insektennetze, beide größer als ich. Ich frage ihn, was ein Botaniker in einem Käferlabor macht. Er zuckt mit den Achseln. »Ich habe mit Zikaden begonnen«, erinnert er mich, und der größte Teil seiner Arbeit bewege sich immer noch in dem Bereich, in dem Pflanzen und Insekten einander begegnen. Seine Feldforschung hat er in den letzten zwei Jahrzehnten an einem Berghang bei Mammoth Lakes in Kalifornien unternommen, einer hinreißenden Mondlandschaft mit subalpinem Wald und Wüstenbeifuß hoch oben in den Bergen. Wir machen uns auf den Weg dorthin.

Die Valentine-Area für ökologische Forschung in Mammoth Lakes, die der University of California in Santa Barbara gehört, ist ein etwa 60 Hektar großes Reservat, das im Einsturzkrater eines alten Vulkans in mehr als 2500 Metern Höhe liegt. Es gibt keine Zäune, die Touristen fernhalten könnten, nur ein Schild mit dem Hinweis, dass der Zugang verboten ist. Die meisten wüssten nicht einmal, wo sie nach diesem Zugang suchen sollten. Er erfolgt über ein struppiges Kiefernwäldchen, durch das kein Pfad führt und das im Vergleich zu dem ganz in der Nähe liegenden Skigebiet unattraktiv erscheint.

Doch gleich hinter dieser aus Bäumen bestehenden Hecke öffnet sich die Landschaft zu einem Hang, der zur Zeit meines Besuchs im Juli mit eisgrünem Wüstenbeifuß und Manzanita-Büschen bedeckt ist. Über den niedrigen Pflanzen erheben sich riesige Jeffrey-Kiefern, die Stämme eingehüllt in den Panzer ihrer zerfurchten, nach Vanille duftenden, rostroten Borke. Germer, blassrosa Phlox, weiße Waldhyazinthen, Wyethia, Apfelbeersträucher und orangefarbene Büschel eines halbparasitären Habichtskrauts wachsen auf dem knochentrockenen kiesartigen Boden. Zwei junge Rehböcke, deren Gehörn nur aus kleinen Knubbeln besteht, springen weg, als ich über den Hang gehe. Auch Heuschrecken hüpfen erschrocken davon. Im Hintergrund erheben sich die gezackten Gipfel der Sierra Nevada, die trotz der Julisonne immer noch teilweise von Schnee bedeckt sind.

Und dann ist da noch Karban, der sich über einen Wüstenbeifußstrauch beugt und mit einer Pinzette winzige schwarze Käfer abliest. Er reicht mir eine Pinzette und einen Halbliterpappbehälter – wie man ihn für Eiscreme benutzt, allerdings mit Luftlöchern versehen. Er sagt mir, ich solle es ihm gleichtun und Käfer einsammeln, die später in Experimenten zum Einsatz kommen werden. Als Wissenschaftsjournalistin stelle ich immer wieder fest, wie handwerklich Feldforschung sein kann. Er hatte die Käfer am Vorabend selbst auf dem Busch ausgesetzt. Aus der Zahl der dort verbliebenen Käfer konnte er ersehen, wie kräftig die Pflanze sich bemüht hatte, diese Fressfeinde loszuwerden.

Aber Käfer haben ebenfalls Fressfeinde.

»Da wird einer von einem Marienkäfer gefressen!«, sagte Karban und schien für einen Augenblick enttäuscht über den Datenverlust. »Aber ja, so ist das wirkliche Leben nun einmal.«

Karbans Forschung hat gezeigt, dass die flüchtigen chemischen Stoffe, die der Wüstenbeifuß verströmt, sogar von in der Nähe stehenden wilden Tabakpflanzen interpretiert werden können. Derselbe wilde Tabak vermag als Reaktion auf Fraßschäden durch einen Raupenbefall deren Fressfeinde anzulocken. Karban fand auch heraus, dass Wüstenbeifuß stärker auf Hinweise genetisch verwandter Nachbarn reagiert. Wenn ein Wüstenbeifußstrauch über die Luft ein chemisches Signal empfängt, das etwa auf gefährliche Fressfeinde in der Nähe hinweist, reagiert er auf diese Warnung mit größerer Wahrscheinlichkeit, wenn sie von einem nahen Verwandten stammt.

Zur Zeit meines Besuchs hatten der finnische Evolutionsökologe Aino Kalske, die japanische Chemieökologin Kaori Shiojiri und der an der Cornell University arbeitende Chemieökologe André Kessler gerade herausgefunden, dass Goldruten, die in einem friedlichen Gebiet ohne eine größere Bedrohung durch Fressfeinde wachsen, bei den seltenen Angriffen solcher Feinde unglaublich spezifische chemische Alarmsignale aussenden – das heißt solche, die nur ihre nahen Verwandten entziffern können.[13] Goldruten, die in feindseligeren Gebieten wachsen, senden dagegen chemische Signale aus, die von allen Goldruten in diesem Gebiet gut verstanden werden und nicht nur von ihren biologischen Verwandten. Statt über verschlüsselte Flüsternetzwerke verbreiten sie die Nachricht von der Bedrohung gleichsam über Lautsprecher. Es ist das erste Mal, dass Forschung bestätigt hat, dass diese Art chemischer Kommunikation nicht nur der Pflanze nützt, die das Signal empfängt, sondern auch dem Sender.* Falls es wirklich hart auf hart kommt, möchte man als Pflanze nicht allein auf einem Feld stehen, wenn die

* Vor diesen Befunden an Goldruten lautete eine Interpretation pflanzlicher Kommunikation, dass es sich gar nicht um Kommunikation handelte. Die Pflanzen hätten lediglich gelernt, die Signale abzuhören, die ihre Nachbarpflanze an ihre diversen Zweige schickten, um die übrigen Teile ihres Körpers aufzufordern, die Abwehr zu verstärken. Aber wie ein Forscher meinte, ist das flüchtige Aussenden von Signalen noch keine Kommunikation, sondern lediglich ein »Selbstgespräch«. Doch der Artikel über die Goldrute erschütterte diese Vorstellung. Denn alle am Gespräch Beteiligten profitierten von diesem Austausch. Siehe Martin Heil und Rosa M. Adame-Álvarez, »Short Signalling Distances Make Plant Communication a Soliloque«, Biology Letters 6, Nr. 6 (2010), S. 843–845.

Gefahr vorüber ist. Dann gibt es keinen Geschlechtspartner mehr und niemanden, der mithilft, Bestäuber anzulocken. Nirgendwo sonst sind Wissenschaftler so nahe an den Beweis herangekommen, dass Intentionalität in der pflanzlichen Kommunikation eine Rolle spielt. Diese Signale *sollen* gehört werden. Und wie wir wissen, ist Intention in gewissem Maße ein Indikator für intelligentes Verhalten.

Immer wieder hat Karban Wege gefunden, Methoden aus der Tierverhaltensforschung auch in der Pflanzenforschung einzusetzen – und immer wieder scheinen sie auch zu funktionieren. Karban erinnert sich, dass er einmal glaubte, ein an Singvögeln gewonnener Befund lasse sich vielleicht auch auf das Geschehen beim Wüstenbeifuß übertragen. Um das herauszufinden, replizierte er den finnischen Forschungsvorgang. Es funktionierte. Auch der Wüstenbeifuß benutzt »private« Kommunikationsmittel, um nur Mitglieder der eigenen Familie zu warnen, sofern die Bedrohung durch Insekten allgemein nur gering ist.[14] Dabei verwendet er gleichsam »innoffizielle« Kanäle – die eingesetzten chemischen Verbindungen sind komplex und spezifisch im Blick auf die engsten Verbündeten. Wenn jedoch die gesamte Gemeinschaft einem schweren Angriff ausgesetzt ist, wechselt der Wüstenbeifuß zu »öffentlichen« Kanälen und sendet allgemeiner verständliche Alarmrufe aus. Das passt bestens zu einer schon lange bekannten Erscheinung bei Singvögeln. An friedlichen Orten, an denen relativ wenige gefährliche Beutegreifer lauern, verwenden die Vögel extrem spezifische Liedphrasen, um ihre eigene Familiengruppe zu warnen, dass da etwas nicht stimmt.[15] Sind die Vögel dagegen einer weitverbreiteten Gefahr ausgesetzt, wechseln sie zu einem anderen Register und produzieren Alarmtöne, die alle Vögel im betreffenden Gebiet und selbst Angehörige anderer

Vogelarten verstehen können. Auch das ist sinnvoll im Sinne des Überlebens der gesamten Gemeinschaft. Wenn alle in der Umgebung bedroht sind, ist es besser, möglichst viele aus der eigenen Art zu retten, ganz unabhängig davon, ob sie der eigenen Familie angehören.

Ich überlegte, was das für die Pflanzen bedeutete. Nachdem man dieses Phänomen nun bei mehr als einer Art entdeckt hat, darf man annehmen, dass man es noch bei weiteren Arten finden wird und vielleicht sogar im gesamten Pflanzenreich. Das heißt, wir könnten sagen, dass Pflanzen Dialekte besitzen und hinreichend aufmerksam für den Kontext sind, um zu wissen, wann sie sie verwenden. Und mehr noch, sie haben ein klares Gespür dafür, wer in ihrer Umgebung wer ist, wer zur Familie gehört und wer nicht. Sie stehen mit ihrer Umgebung und dem wechselnden Status ihrer Feinde in Verbindung. Ihre Kommunikation ist nicht rudimentär, sondern komplex und vielschichtig; sie ist lebendig und arbeitet mit mehreren Bedeutungen.

Dieses Variationsvermögen bringt uns die Pflanzen in entscheidender, aber immer noch kruder Weise näher. Unterschiedliche Veränderungen in unserem Leben lösen bei uns natürlich unterschiedliche Reaktionen aus. Wir schätzen Gefahren ein und passen unsere Reaktionen entsprechend an. Das veranlasste mich, nach den Variationen zwischen Individuen zu fragen. Die Menschen sind nicht alle gleich, weshalb auch unsere Reaktionen auf Gefahren ganz persönlich geprägt sind. Kühnheit oder Angst, Wagemut oder Vorsicht variieren bei uns allen ganz beträchtlich. Ich nahm nicht an, dass man Konzepte wie »Angst« direkt auf die Pflanzen anwenden könnte, doch eine etwas konservativere Frage zu stellen, schien mir dennoch sinnvoll: Besitzen auch einzelne Pflanzen solch ein Spektrum an Reaktionen?

Ich war sehr erfreut, als ich hörte, dass Karban mit seinen jüngsten Experimenten genau dieser Frage nachging. Er wollte wissen, ob Pflanzen eine Persönlichkeit haben. Die Persönlichkeitsforschung hat erst vor relativ kurzer Zeit Eingang in die Zoologie gefunden. In den letzten 20 Jahren begann die Tierwissenschaft, sich ernsthaft mit dem Gedanken zu beschäftigen, dass Tiere eine Persönlichkeit besitzen – also in jeweils konsistenter und einzigartiger Weise auf die Welt reagieren – und ob es sich lohnt, diese Frage zu untersuchen.[16]

Karban spricht oft mit Kolleginnen und Kollegen, die Persönlichkeitsmerkmale bei Tieren erforschen. Dabei gelangte er hinsichtlich seines Forschungsansatzes zu einem einfachen, aber bahnbrechenden Schluss: Tiere und Pflanzen sind eindeutig verschieden, leben jedoch in einer gemeinsamen Welt. Ihre alltäglichen Mühen sind sehr ähnlich. Sie müssen Nahrung finden, und sie müssen Geschlechtspartner finden. Und das alles müssen sie tun, während andere Wesen in ihrer Umwelt versuchen, sie zu fressen. »Wenn Tiere ein Problem in bestimmter Weise gelöst haben, ist es keine unsinnige Frage, ob Pflanzen etwas Ähnliches tun.«

Wenn Wissenschaftler Merkmale tierischer oder pflanzlicher Organismen messen, suchen sie nach den durchschnittlichen Werten oder Ausprägungen innerhalb der gesamten Gruppe. Seit mindestens einem Jahrhundert galten die einzelnen Pflanzen in der Pflanzenbiologie als Replikanten. Individuelle Merkmalsausprägungen besaßen keine Bedeutung für eine Wissenschaft, die sich mit der durchschnittlichen Ausprägung innerhalb der gesamten Population beschäftigte. Weicht ein Individuum allzu weit vom Durchschnitt ab, wird es meist als »Ausreißer« aus der Studie ausgeschlossen. »Was Individuen tun, gilt als Rauschen«, erläutert

Karban. In seiner Studie über den Wüstenbeifuß achtet er dagegen nicht auf Durchschnitte. Für die Persönlichkeitsforschung sind individuelle Unterschiede wertvolle Daten. Jede Ausprägung ist hier ein Punkt im Spektrum des Verhaltens. Das Rauschen wird zum Signal. »Das ist genau der entgegengesetzte Ansatz: Er achtet auf die Variation zwischen den Individuen.«

Nachdem er jahrzehntelang untersucht hat, wie Wüstenbeifußsträucher Signale untereinander austauschen, verfügt Karban auch über ein gutes Auge für die Variationen innerhalb dieses Prozesses. Er sieht, dass der Austausch nicht immer in derselben Weise erfolgt. Manchmal signalisiert eine Pflanze Gefahr, doch ihre Nachbarn produzieren keine oder nur wenige Abwehrstoffe. Karban glaubt, das liege daran, dass die einzelnen Pflanzen möglicherweise über eine unterschiedliche Risikotoleranz verfügen, beim Menschen eines der Maße zur Kennzeichnung der Persönlichkeit. Manche Pflanzen zeigen vielleicht eine Persönlichkeit ähnlich der eines geborenen Angsthasen. Sie senden bei der kleinsten Störung wie wild Signale aus. In diesem Fall behandeln andere Pflanzen aus derselben Familie sie wie jemanden, der gern falschen Alarm schlägt. Sie ignorieren ihre Warnungen und produzieren keine eigenen Abwehrstoffe.

Während wir über den mit Wüstenbeifuß bewachsenen Hang laufen, sprechen wir über unser Leben. Ich erfahre, dass Karban eigentlich aus New York stammt. Wie sich herausstellt, wuchs er in demselben Apartmentkomplex in der Lower East Side auf, in dem heute meine Mutter wohnt. Die Lower East Side war in den 1960er Jahren für ein Kind ein hartes Pflaster. Für einen Jungen hieß das, er musste bereit sein, sich auf Faustkämpfe einzulassen, um das Geld für sein Mittagessen zu verteidigen. Das war nicht Karbans Art.

Er bezeichnete sich selbst als »risikoscheu«. Er passte dort nicht hin oder hatte zumindest stets das Gefühl, in gewisser Weise von der Welt losgelöst zu sein. Er war skeptisch, welche Absichten die Welt ihm gegenüber hatte. Ein schwarzes Schaf. So verbrachte er viel Zeit drinnen, wünschte sich, anderswo zu sein, an einem freundlicheren Ort jenseits dieser ausschließlich von Menschen geprägten Umgebung. Sobald er konnte, zog er auf die andere Seite des Landes, um die Komplexität nichtmenschlicher Geschöpfe zu erforschen. Er legt auch heute noch Wert darauf, den größten Teil seiner Forschung in der freien Natur zu unternehmen, in der chaotischen Realität unvorhersehbarer Ökosysteme.

Mit seinen Arbeiten zur Persönlichkeit von Pflanzen bewegt Karban sich natürlich am äußersten Rand der Erforschung pflanzlichen Verhaltens. Als respektierter Wissenschaftler mit 40 Jahren Forschungserfahrung auf dem Buckel kann er sich das leisten. Sein leidenschaftliches Interesse an der Möglichkeit, dass Pflanzen eine Persönlichkeit besitzen, signalisiert jedem, der dieser Frage Aufmerksamkeit schenkt, dass es sich hier um ein Gedankenexperiment handelt, dessen Zeit gekommen ist. Falls seine Ergebnisse überzeugend und wiederholbar sind, könnte das gewaltige Implikationen haben, die weit über die winzige Welt der Pflanzenforschung hinausreichen. Eine große Bandbreite menschlicher Reaktionen auf die Umwelt, so könnte man sagen, macht uns insgesamt resilienter. Dasselbe könnte auch für die Pflanzen gelten.

Charline Couchoux, Pflanzenökologin an der Université du Québec in Montreal, schickte Karban 2017 eine Mail mit einem Vorschlag. Sie sollte für ihre Doktorarbeit mit jemandem außerhalb ihres Forschungsfelds zusammenarbeiten. Sie hatte eine Methode zur Identifizierung individueller Verhaltensunterschiede bei Tieren entwickelt, die Karban auf die Pflanzen übertragen könnte. Couchoux hatte in den Sommermonaten Tausende von Stunden mit der Beobachtung von Streifenhörnchen in den Wäldern an der Grenze zwischen Vermont und Québec verbracht. Sie hatte Dutzende von Streifenhörnchen mit Ohrmarken unterschiedlicher Farben gekennzeichnet, doch nach einer Weile konnte sie die einzelnen Tiere allein schon an ihrem Aussehen und Verhalten erkennen.

Streifenhörnchen stoßen bei Gefahr verschiedene Warnlaute aus; einen für Bedrohungen aus der Luft, zum Beispiel durch einen Falken, und einen für Landraubtiere. Manche Tiere, so sagte sie, quiekten ständig. »Manche fressen Samen, und ein Blatt fällt herunter, dann geraten sie in Panik und stoßen ihre Warnrufe aus.« Sie schreien sich die Seele aus dem Leib wegen eines bloß vorgestellten Raubvogels. Das seien die Scheuen. »Manche fressen einfach weiter.« Nachdem sie diese Fälle nach Geschlecht, sozialem Status und Alter sortiert hatte, blieben immer noch deutliche Unterschiede in der Persönlichkeit der Streifenhörnchen, die über die Zeit stabil blieben. Manche Streifenhörnchen waren risikobereit, andere nicht.

Natürlich werden diese Warnrufe von anderen Streifenhörnchen gehört. Wie diese anderen Streifenhörnchen auf diese Informationen reagierten, schien davon abzuhängen, wie zuverlässig der Warner war. »Der Hauptgedanke lautet: Wenn jemand ständig Alarm schlägt, sollte man ihm nicht vertrauen.« Sie zeichnete Warnrufe unterschiedlicher Streifenhörnchen auf, die auf einer Skala von »scheu« bis »wagemutig« an unterschiedlichen Stellen zu verorten waren, und spielte sie anderen Streifenhörnchen vor. Die Hörer merkten auf und reagierten wachsam, wenn sie das Warnsignal eines wagemutigen Streifenhörnchens hörten, und schienen sich nicht weiter zu kümmern, wenn die Warnung von einem Tier stammte, das oft in Panik geriet.

Aus einer evolutionären Sicht des *survival of the fittest* möchte man annehmen, die scheueren Streifenhörnchen wären zum Untergang verurteilt. Couchoux fand jedoch heraus, dass dies nicht zutraf. Die weniger aggressiven Individuen gingen geringere Risiken ein, sie fraßen weniger und hatten jedes Jahr weniger Nachwuchs. Aber in der Regel lebten sie länger. Geringere Risikobereitschaft bedeutete eine geringere Gefahr, von einem Adler gefressen zu werden. Am anderen Ende des Spektrums standen die wirklich wagemutigen Streifenhörnchen. »Sie pflanzen sich früher fort, sie essen mehr, gehen größere Risiken ein. Sie haben mehr Nachwuchs, sagen wir drei Jungtiere pro Jahr. Aber dann sterben sie früher, weil sie von einem Beutegreifer gefressen werden.«

Couchoux meint: »Ihre Strategien sind verschieden, aber beide können funktionieren. Das hat man inzwischen bei vielen Arten festgestellt, vom Dickhornschaf bis hin zu Fischen.« Was die Persönlichkeit betrifft, ist Platz für jeden.

Auf einer anderen Feldforschungsstation 300 Kilometer nördlich von Mammoth Lakes unterhält Karban ein Feld mit 91 Wüstenbeifußsträuchern, die er alle persönlich kennt. Er und seine Studierenden haben von ihnen allen ein genetisches Profil erstellt und kennen ihre Verwandtschaftsverhältnisse. Schon jetzt haben sie beweisen können, dass Wüstenbeifuß empfänglicher für die Signale genetisch verwandter Pflanzen ist. Inzwischen haben sie ihre Technik für das Sammeln chemischer Stoffe so angepasst, dass sie sich für die Erforschung von Pflanzenpersönlichkeiten einsetzen lässt.

Zu diesem Zweck fügen er und seine Studierenden einem

Wüstenbeifußstrauch eine Verletzung zu, in der Regel, indem sie einige Blätter abschneiden. Dann stülpen sie einen Plastiksack über die Pflanze, um die flüchtigen chemischen Stoffe einzufangen, die nach solch einer Verletzung in die Luft abgegeben werden. Mit einer überdimensionalen Spritze entnehmen sie dem Sack etwas von der Luft samt den darin enthaltenen chemischen Stoffen und setzen sie in der Nähe einer anderen Pflanzen frei. Dann prüfen sie die Reaktion der betreffenden Pflanze. Im nächsten Schritt wollen sie für jede Pflanze ein Persönlichkeitsprofil erstellen. Danach werden sie in der Lage sein, die Reaktionen der Pflanze über die Zeit zu verfolgen und festzustellen, ob diese Persönlichkeit über die gesamte Lebenszeit stabil bleibt. Falls eine ängstliche Pflanze eine ängstliche Pflanze bleibt, wie Karban es für möglich hält, wird das die Geburt des Forschungsgebiets der Pflanzenpersönlichkeit sein – samt einer klaren Methode zu deren Erforschung.

Mit der weiteren Entwicklung der Erforschung pflanzlicher Kommunikation werden praktisch überall dort, wo die Forschung ansetzt, neue Erkenntnisse ans Licht kommen. Colleen Nell von der University of California in Irvine fand kürzlich heraus, dass bei den volkstümlich als »Maultierfett« bezeichneten blühenden Wüstensträuchern die weiblichen Pflanzen sowohl auf Warnungen männlicher als auch weiblicher Pflanzen reagieren, die männlichen jedoch nur auf Warnungen, die von männlichen Pflanzen abgegeben wurden.[17] In anderen Fällen scheinen Pflanzen den Informationen von Mitgliedern der eigenen Familie den Vorzug zu geben. In einer seiner Studien fand Karban heraus, dass Wüstenbeifußpflanzen auf genetisch Verwandte, nicht jedoch auf genetisch Fremde hören.

Dieser neue Ansatz wirft existenzielle Fragen nach unserem Verständnis einer gesunden Pflanzengemeinschaft auf. Auch ist zu fragen, was es heißt, sie in angemessener Weise zu schützen. Angesichts solcher Forschungsergebnisse reicht es nicht aus, Pflanzen einfach anzubauen. Wenn Kommunikation eine vitale Funktion der Pflanzen darstellt, muss sich unsere Pflege auch auf den Schutz ihrer Fähigkeit erstrecken, miteinander zu »sprechen«.

Als ich später wieder zu Hause war und über Karbans Forschung nachdachte, wurde mir ein wenig unheimlich zumute. Hatte ich meine Zimmerpflanzen zum Verstummen gebracht? Beraubte ich diese Gefährten, die meine Wohnung ein wenig lebendiger machten, eines wichtigen Elements ihres Pflanzenseins? Das schien mir nun durchaus wahrscheinlich zu sein. Zunächst einmal wuchsen sie in einem Topf. Wenn es also um die Kommunikation von Wurzel zu Wurzel ging, waren sie unbestreitbar von jeder Verbindung zu anderen Pflanzen abgeschnitten – ganz zu schweigen von dem Netzwerk aus Pilzen und Bakterien, mit denen sie normalerweise zusammenleben. Waren sie jedoch auch von der pflanzlichen Kommunikation über flüchtige chemische Stoffe abgeschnitten? Atmeten sie über chemische Verbindungen bedeutungstragende Signale aus, wie ihre in freier Wildbahn lebenden Entsprechungen dies mit größter Sicherheit tun? Fast alle Pflanzen in meiner Wohnung waren tropische Gewächse, die in der Regel in Gärtnereien aufgezogen worden waren. Weit entfernt von ihren wilden Vorfahren. Waren diese Pflanzen eine reduzierte, domestizierte Version ihrer wilden Verwandten, inzwischen so weit von den Dschungeln ihrer Spezies entfernt, dass sie vergessen hatten, wie sie sprechen konnten, und ihre Sprache vielleicht niemals gehört hatten? Und abgesehen von ihrer Abstammung: Hielt ich sie jetzt wie Tiere in einem Käfig, in ihren Töpfen eingeschlossen und zum Verstummen gebracht? Es war eine schaurige Vorstellung. Oder verhielt es sich eher wie bei Wölfen und Hunden, von denen letztere meiner Pflege bedurften, weil sie den Zusammenhalt und die Fähigkeit zu einer vollständigen Selbstversorgung verloren hatten? Auch hier wusste ich nicht, was ich davon halten sollte. Vielleicht ging die Phantasie mit mir durch. Wahrscheinlich hatte ich mir erlaubt, zu weit zu gehen. Das kann sehr leicht geschehen, wenn man über die Handlungsfähigkeit von Pflanzen nachdenkt. Aber, so schalt ich mich selbst und machte damit alles noch verwirrender, was heißt »zu weit«, wenn es um die Handlungsfähigkeiten von Lebewesen geht?

Zurück in Mammoth Lakes: Karban liegt mit seinen khakifarbenen Nylonhosen inzwischen vollständig auf dem staubigen Kiesboden, um die Gegend aus der Perspektive der Käfer zu beobachten. Er zählt Käfer. Sein Schlapphut ragt aus dem Beifußstrauch hervor, in den er sein Gesicht vergraben hat.

Ich sitze ganz in der Nähe auf dem Boden und atme den typischen Duft der Beifußpflanzen ein, einen leicht würzigen Geruch nach Kräutern und Kampfer. Ein Bouquet, das aus einigen wenigen der zahlreichen flüchtigen chemischen Stoffe besteht, die sie für die Kommunikation mit verschiedenen Teilen ihres Körpers nutzen, Signale, die auch andere Beifußpflanzen wahrnehmen und auf die sie reagieren können. In Karbans Augen ist das möglicherweise ihre Art des Redens oder Schweigens, sofern wir nur lernten, ihnen zuzuhören.

Ganz wie beim Menschen, dessen Verstand auf indirektem Wege über Handeln und Verhalten statt über neurologische Mechanismen erforscht wird, sucht Karban bei den Pflanzen nach Verhaltensmustern. »Ich bin ein großer Fan von Methoden, die über Jahrzehnte in der Psychologie entwickelt wurden«, sagt er. »Ich sehe mir an, ob sie sich vielleicht auch bei Pflanzen einsetzen lassen. Manchmal geht das nicht, und das ist dann auch in Ordnung.«

Eine Methode aus der psychologischen Forschung scheint jedoch gut zu passen. Sie hilft, Verhalten zu analysieren, indem man es in Prozesse aufteilt. Der erste Prozess ist das Urteilen, das heißt die Aufnahme der Rohdaten, der zweite das Entscheiden, also die Abwägung der Kosten und Vorteile verschiedener Handlungsmöglichkeiten und die Auswahl der besseren. Das lasse sich auch bestens auf Pflanzen anwenden, sagt Karban. Wie verschiedene Pflanzen die Bedrohung durch Fressfeinde einschätzen und entsprechend reagieren – indem sie ihre Blätter bitter werden lassen oder wie die Tabakspflanzen Räuber anlocken, die fressen, was da an ihnen frisst –, könnte ein starkes Signal für eine individuelle Persönlichkeit sein. Wie hoch sie die Bedrohung einschätzen und für welche Reaktion sie sich entscheiden, könnte uns unendlich viel über die Spannbreite pflanzlichen Umgangs mit dem Leben verraten.

Wir verlassen das Forschungsfeld und steigen von der Trockenebene in eine schattige Klamm hinab, an deren Grund ein Bach fließt. Alles hier ist von einem intensiven Grün. Karban zeigt auf eine wilde Leopardenlilie, einen Bärenklau, ein Büschel Gauklerblumen mit ihren gelben, schnabelartigen Blüten. »Wenn sie glauben, sie wären bestäubt worden, schließt sich ihre Narbe. Handelt es sich tatsächlich um Pollen, bleibt sie verschlossen. Als würde sie sagen: Okay, ich habe, was ich wollte. Man kann sie aber auch mit einem Grashalm täuschen.« Er zeigt es mir und berührt eine gelbe Blüte mit einem Halm. »Sie schließt sich, aber in einer halben

Stunde wird sie merken, dass es nicht das Richtige war, und sich wieder öffnen.«

Wir wandern weiter. Amerikanische Espen, Vergissmeinnicht, Erlen.

Ich frage Karban, in welcher Weise seine Arbeit seine Sicht auf Pflanzen verändert hat. »Die Leute fragen mich, ob Pflanzen Schmerz empfinden«, antwortet er mir darauf. Die Frage verfehle jedoch den entscheidenden Punkt. »Pflanzen wissen, dass sie gefressen werden. Wahrscheinlich erleben sie das ganz anders als wir. Sie sind sich ihrer Umgebung bewusst, es handelt sich bei ihnen um sehr sensible Organismen. Und sie interessieren sich für ganz andere Dinge als wir. Sie merken es, wenn ich mich über sie beuge und einen Schatten auf sie werfe. Und es ist lächerlich, zu glauben, klassische Musik wäre ihnen lieber als Rockmusik«, fügt er hinzu. »Aber sie sind sensibel für Akustik.«

Er wird nachdenklich und bleibt stehen. »Ich habe großen Respekt vor ihnen als – ich weiß nicht, ob bewusste Wesen das rechte Wort wäre, aber sie sind sehr wache Wesen. Das ist neu für mich, seit nun gut zehn Jahren. Nicht die Fakten sind neu für mich, wohl aber der Wandel in der Weltsicht.« Warum dieser Wandel, frage ich, nach mehreren Jahrzehnten in der Feldforschung? »Ich gehöre zu den Menschen, die ihre Meinung nur langsam ändern«, meint er.

Als der deutsche Chemiker Justus von Liebig 1840 eine Monographie veröffentlichte, in der er die drei Hauptelemente benannte, die Pflanzen für ihr Wachstum benötigen, lüftete er das Geheimnis der Bodenfruchtbarkeit, die lange ein Rätsel geblieben war.[18] Innerhalb weniger Jahrzehnte wurden diese drei Elemente – Stickstoff, Phosphor und Kalium – zur Grundlage für die Revolution der modernen Kunstdünger, die die landwirtschaftliche Praxis auf Dauer veränderte.[19] Inzwischen wissen wir, dass die Gesundheit der Pflanzen weitaus komplexer ist und der ständige Einsatz von Kunstdünger langfristig zu einer nicht wiedergutzumachenden Schädigung der Ökosysteme und der Pflanzengesundheit führen kann. In jüngster Zeit sind neue Schichten der Komplexität des Bodens in den Brennpunkt gerückt, darunter auch artenübergreifende Beziehungen zwischen zahllosen Mikroben und Pilzen.

Die Pflanzenpersönlichkeit ist möglicherweise eine weitere Schicht innerhalb dieser Komplexität. Im Augenblick ist die individuelle Variation in der Reaktion von Pflanzen auf Schädlinge ein größtenteils unerklärliches Phänomen, wie die Grundlagen der Bodenfruchtbarkeit dies einstmals waren. Wenn die Forschung verstünde, dass nicht alle Pflanzen gleich sind und in welcher Weise sie sich voneinander unterscheiden, könnte das zu einem Verständnis des unterschiedlichen Verhaltens der Pflanzen und vielleicht auch zur Entwicklung widerstandsfähigerer landwirtschaftlicher Kulturpflanzen führen.

Eine Individualität dieser Art zu respektieren, dürfte indessen eine größere Herausforderung sein. Schon seit der Mitte des 19. Jahrhunderts warnen Agrarwissenschaftler vor den Gefahren von Monokulturen – dem großflächigen Anbau einer einzigen genetischen Varietät. Damals verursachte eine Mikrobe eine als Kartoffelfäule bezeichnete Krankheit, die vor allem der irischen Lumperkartoffel zum Verhängnis wurde, zu dieser Zeit ein Grundnahrungsmittel in Irland. Die Vernichtung der Kartoffelernte führte zu einer gewaltigen Hungersnot, der etwa eine Million Menschen zum Opfer fielen. Aufgrund der Ökonomie moderner Landwirtschaft, die den Ertrag über alles andere stellt, werden jedoch in aller Welt immer noch viele Grundnahrungsmittel auf riesigen undifferenzierten Feldern angebaut. Die Pflanzen werden im Blick auf Produktivität gezüchtet, oft auf Kosten anderer Merkmale wie der Fähigkeit, sich selbst zu schützen. Deshalb ist man bei ihrem Anbau auf gewaltige Mengen an Pestiziden und Düngemitteln angewiesen. Ich frage mich, ob Monokulturen wie diese Felder zugleich auch Monokulturen einer einzigen Art von Persönlichkeit sind.

Was mag auf diesem Gebiet geschehen, wenn man hinsichtlich der Persönlichkeit eine größere genetische Variation zuließe? Vielleicht ändert sich die dortige Kultur, und mehr Lebensweisen existieren nebeneinander. Viele Forschungen haben bereits gezeigt, welche Vorteile Biodiversität für die Resilienz eines Feldes oder eines Ökosystems hat. Eine Diversität der Persönlichkeiten ist möglicherweise eine weitere Facette der grundlegenden Zusammenhänge. Ein von Vielfalt geprägtes Feld gedeiht vielleicht gerade deshalb gut, weil es dort verschiedene Herangehensweisen an das Leben gibt. Wie diese anfänglichen Befunde zeigen, vermögen weder die Sanften noch die Kühnen für sich allein den Bestand einer Spezies zu sichern.

KAPITEL 4

Zum Fühlen erwacht

We're just an biological speculation
Sittin'n here, vibratin'n
And we don't know what we're vibratin'n about

Wir sind nur eine biologische Spekulation
Sitzen hier und vibrieren
Und wir wissen nicht, was uns vibrieren lässt
FUNKADELIC, Biological Speculation von George Clinton,
22. Mai 1972

Die Elektrizität ist eine ausgefuchste Kraft. Sie selbst ist nicht lebendig, aber oft ist sie das beste Anzeichen von Leben. Sie ist eine Art Stellvertreterin für Lebendigkeit – oder vielleicht auch die Lebendigkeit selbst. Elektrizität ist an jedem Aspekt unseres Lebens beteiligt. Sie steht hinter unserer Fähigkeit, uns zu bewegen, zu denken, zu atmen. Sie hat keinen Puls, aber ein Puls hat sie, oder vielmehr, die Elektrizität ist der Grund, weshalb es überhaupt einen Puls gibt. Wie soll man etwas nennen, das selbst nicht wirklich lebt, aber zweifellos auch nicht tot ist? Die Theoretikerin Jane Bennett spricht von Schwingungen. Das gefällt mir. Elektrizität hat ihre eigenen Schwingungen. Sie sorgt dafür, dass wir geschehen.

Elektrizität sorgt auch dafür, dass Pflanzen geschehen, oder zumindest erweckt die Wissenschaft diesen Eindruck. Aus einer bestimmten Perspektive ist eine Pflanze ein Sack voll Wasser – oder ein wenig genauer: ein hautartiger Sack voll Zellen, jede einzelne aufgebläht von einer strömenden wässrigen Flüssigkeit. (Das gilt, nebenbei bemerkt, auch für uns.) Dadurch werden Pflanzen zu einem extrem guten elektrischen Leiter. Elektrische Impulse bewegen sich sehr schnell durch den Pflanzenkörper. Aber könnten Pflanzen diese Elektrizität nutzen, um die Welt zu verstehen und auf sie zu reagieren, wie wir es tun? Um sich zu bewegen, zu wachsen, Nachrichten an ihre fernen Körperteile zu schicken? Während die meisten elektrischen Impulse in unserem Körper vom Gehirn gesteuert und als Informationen ausgegeben werden, gibt es diese Möglichkeit bei Pflanzen nicht. Wie in aller Welt könnte Elektrizität also ohne ein Gehirn ein Mittel sein, um Signale auszusenden oder einem Input eine Bedeutung abzugewinnen? Wissenschaftlerinnen und Wissenschaftler bemühen sich gegenwärtig sehr um eine Beantwortung dieser Frage. Mehrere vertrauten mir einen Verdacht an, eine Idee, die an Mystisches grenzt oder zumindest an eine vollkommen neue Vorstellung von Leben – und die klingt anfangs ja oft wie Mystik.

Berühren Sie einmal die Haut Ihrer Wangen. Fühlen Sie diese Berührung sowohl an ihren Fingerspitzen als auch auf Ihrem Gesicht. Diese Gefühl ist Ihnen durch Elektrizität übermittelt worden, eine elaborierte Kettenreaktion, die von den Zellen an Ihren Fingerspitzen und in Ihrer Wange ausgeht, bis zum Gehirn läuft und von dort zurück. Im menschlichen Körper funktioniert Elektrizität auf folgende Weise: Das Membranpotenzial unserer Zellen ist im Ruhezustand elektrisch ganz leicht negativ. Im Plasma zwischen den Zellen befinden sich positiv geladene Elemente – Natrium-, Magnesium-, Kalium- und Kalziumionen. Das sind Ihre Elektrolyte. Wenn Zellen berührt werden, öffnen sie in ihren Membranen Kanäle, durch die diese Ionen einströmen können. Man denke etwa an die Schleusentore in einem Kanal, die Wasser ein- und auslassen.

Durch die einströmenden Ionen wechselt die Ladung der Zelle von negativ zu positiv. Das löst einen Potenzialschub aus, der als Aktionspotenzial bezeichnet wird. Der plötzliche Schub veranlasst benachbarte Zellen, gleichfalls die Ionentore zu öffnen, so dass es auch dort zu einer Erhöhung des Aktionspotenzials kommt. Diese Kettenreaktion setzt sich sehr schnell fort und schickt über den von den berührten Zellen erzeugten Strom Information von Ihren Fingerspitzen (und Ihrer Wange) zum Gehirn und wieder zurück. Fast alle unsere Zellen sind in der Lage, Elektrizität zu erzeugen. Die Muskeln sind immer dann elektrisch aktiv, wenn sie sich zusammenziehen oder entspannen. Erst die Elektrizität ermöglicht diese Bewegung. Dasselbe gilt für die geschmeidigen Muskeln um unsere Venen, die sich zusammenziehen und entspannen, damit das Blut durch unseren Körper fließt. Auch unser Gehirn ist natürlich in phantastischem Maße elektrisch und signalisiert uns die Liebkosung an unserer Wange, bevor wir Zeit haben, uns zu fragen, wie die Berührung sich anfühlt.

Doch was geschieht, wenn die Elektrizität sich verringert? Wenn Menschen unter Narkose gesetzt werden, reagieren sie nicht mehr auf Berührungen. Berührt man den Körper einer anästhesierten Person – oder schneidet sie mit einem Skalpell auf –, wird nicht mehr dieselbe Flut elektrischer Impulse produziert, wie dies unter normalen Umständen geschieht.[1] Das Betäubungsmittel beeinträchtigt unsere Aktionspotenziale.[2] Ganz ähnlich ist es bei der Venusfliegenfalle. Versetzt man sie in eine Vollnarkose, etwa indem man sie in einen Glasbehälter stellt und den Behälter mit Diethylether füllt, reagiert auch die Venusfliegenfalle nicht mehr auf Berührungen. Sie schließt sich nicht mehr, sosehr man ihre Randborsten auch reizen mag. Entfernt man den Äther, reagiert die Pflanze schon nach 15 Minuten wieder in der üblichen Weise.[3]

Dasselbe gilt für die *Mimosa pudica*, auch Schamhafte Sinnpflanze genannt. In ihrem Normalzustand schließt die Mimose ihre gefiederten Blätter bei der geringsten Berührung und faltet sie sauber zusammen wie eine Jalousie. Setzt man die Berührung fort, lässt die Pflanze das Blatt am Ansatz des Blattstiels vollständig erschlaffen, so dass sie wie ein Handgelenk abklappt. Das hat einen bestimmten Zweck. Wenn eine Raupe an dem Blatt zu fressen beginnt und das Blatt plötzlich nach unten klappt, fällt die Raupe hinunter. Wird die Mimose jedoch betäubt, schließt sie ihre Blätter nicht mehr, ganz gleich, wie stark man sie berührt.[4]

Erbsensämlinge, deren Sprossranken sich normalerweise innerhalb von 20 Minuten so stark in alle Richtungen wenden, dass sie zu tanzen scheinen, rollen ihre Ranken unter dem Einfluss von Äther ein und bringen ihre Bewegungen zum Stillstand. Entfernt man den Äther, erholen sie sich und nehmen die Bewegungen wieder auf.

Das Geheimnis der pflanzlichen Elektrizität lässt an Mysterien denken, die den menschlichen Körper betreffen. Unser elektrisches Gehirn ist derart kompliziert »verdrahtet«, dass man noch keine Karte sämtlicher Leitungswege hat erstellen können. Auch das Geheimnis der Wirkungsweise einer Narkose kommt mir hier in den Sinn, die Frage nach dem Mechanismus, durch den die Betäubung die Schalter in unseren Schaltkreisen auf »Aus« zu stellen vermag, ohne dass unser Lebenslicht dadurch vollständig ausgeblasen würde. Im menschlichen Gehirn scheint eine tiefe Narkose das Muster zu verändern, in dem die elektrischen Impulse dort fließen.

Die Hirnströme nehmen ab, und das führt zu einer allgemeinen Verringerung der Hirnaktivität.[5] Der Informationsfluss scheint sich zu verlangsamen oder vollständig abzubrechen. Für manche Denkschulen zeigt sich das Vorhandensein von Bewusstsein in erster Linie an dessen Gegenteil – der Möglichkeit, das Bewusstsein zu verlieren.

In unserem Gehirn bewegt die Elektrizität sich in Wellen fort. Auf eingefärbten Hirnscans erscheint Information in Gestalt von Impulsen, ähnlich einer Welle, die sich zwischen zwei Küsten bewegt. Neurologen nutzen die Komplexität und die Kohärenz dieser Wellen gewöhnlich zur Bestimmung der Gesundheit des Gehirns und der mentalen Verfassung. Christof Koch, leitender Wissenschaftler am Allen Institute for Brain Science in Seattle, geht noch weiter. Er ist Anhänger einer von dem Neurowissenschaftler Giulio Tononi entwickelten Theorie, wonach die Komplexität und Integration dieser Wellen in uns ein kohärentes Gefühl von Wirklichkeit erzeugen – eine der Formen, in denen wir Bewusstsein erleben.[6] Bewusstsein entsteht nach Ansicht Tononis aus der Reichhaltigkeit dieser Wellenmuster.[7] Koch, Tononi und ihre Kollegen haben ein System entwickelt, das zumindest in der Theorie messen soll, wie stark diese Wellen integriert sind. Je stärker die Integration – das heißt, je besser die einzelnen Hirnregionen organisiert und miteinander verbunden sind –, desto höher der Grad des dadurch angezeigten Bewusstseins. Aufgrund dieser Formel ist Koch der Ansicht, dass alle lebenden Organismen das Potenzial haben, ein Bewusstsein zu besitzen. In seinen Augen liegt der Unterschied zwischen den Lebensformen nicht im Vorhandensein oder Fehlen von Bewusstsein, sondern in Grad und Intensität des Bewusstseins. Ein Käfer mag weniger Bewusstsein haben als ein Mensch, aber in gewissem Grade ist auch er ein bewusstes Wesen. Es handelt sich um einen Gradienten. Und letztlich läuft alles auf Wellen hinaus.*

Diese Wellenform findet sich überall in der Natur. Eine Welle ist ein sehr gutes Mittel zur Übertragung biologischer Information. Der Schleimpilz steuert seine Bewegung, indem er wellenartige Impulse durch seinen Körper schickt, der selbst eine einzige gigantische Zelle mit vielen tausend Zellkernen darstellt. Hat einer der führenden Ränder des Schleimpilzes den Geruch in der Nähe befindlicher Zucker und Proteine erspürt, lässt er den am nächsten gelegenen Teil seiner gelatineartigen Form weicher werden und sorgt so dafür, dass die Flüssigkeit in seinem Körper in diese Richtung strömt. Aufgrund der Neuverteilung der Flüssigkeit kräuselt sich der gesamte Sack der Riesenzelle samt mehrerer Zellkerne und allem, was sich sonst noch darin befindet, in wellenförmigen Bewegungen und stößt mit seinem gelatineartigen Körper in Richtung der Nahrung vor. Ganz ähnlich kann der Schleimpilz in winzigen Kontraktionen pulsieren, Wellen durch seinen flüssigen Körper schicken und auf diese Weise Informationen an weit entfernte Teile seines Körpers schicken, die ein koordiniertes Verhalten ermöglichen.[8] Auch Pilze benutzen Wellen, um Informationen über ihre Umgebung in körperliche Aktivitäten umzuwandeln. Das Myzel, der ausgedehnte unterirdische Körper der Pilze, vermag

* Anthony Trewavas setzt sich gemeinsam mit zwei Kollegen dafür ein, Kochs sogenannte Theorie der integrierten Information auch für die Erforschung pflanzlichen Bewusstseins zu verwenden. Siehe Pedro Mediano, Anthony Trewavas und Paco Calvo, »Information and Integration in Plants: Towards a Quantitative Search for Plants Sentience«, in »Plant Sentience: Theoretical and Empirical Issues«, hg. von Vicente Raja und Miguel Segundo-Ortín, Sondernummer des *Journal of Consciousness* 28 (Nr. 1–2 (2021), S. 80–105.

seine Millionen einzelner Fäden durch elektrische Wellen zu koordinieren.[9] Auf diese Weise können Informationen über Feuchtigkeit und Nahrung durch ein Myzel geleitet werden, dessen haarähnliche Tentakel sich im Waldboden zuweilen zu Matten von einem Hektar Größe ausbreiten. Sowohl bei den Schleimpilzen als auch bei den Pilzen werden Informationen empfangen, aufgenommen und in kohärentes Handeln umgesetzt, ohne dass dazu ein Gehirn erforderlich wäre.[10] Und oft beginnt dieser Vorgang mit einer Berührung.

Wissenschaftler beobachten schon seit langem, dass fast alle Pflanzen hochgradig sensibel für Berührungen jeglicher Art sind und ihr Wachstum entsprechend verändern. Sie haben sogar ein Fachwort dafür gefunden: *Thigmomorphogenese.* Darwin beschrieb diese Sensibilität bereits in den 1880er Jahren, doch das Phänomen ist Bauern schon sehr viel länger bekannt. In den traditionellen landwirtschaftlichen Praktiken zahlreicher Regionen galt es als ausgemacht, dass man Pflanzen durch Schlagen, Stoßen oder andere Arten der Geißelung zu einem gesünderen Wachstum veranlassen oder gegen Krankheit abhärten konnte. In den 1970er und 1980er Jahren bestätigte ein Pflanzenphysiologe in Ohio dieses volkstümliche Wissen teilweise, indem er die Stiele von Pflanzen in einem Gewächshaus täglich mit den Händen rieb. Mordecai Jaffe, der von den meisten »Mark« genannt wurde, fand heraus, dass wiederholtes Piesacken die Pflanzen abhärtete. Er begann seine Forschungen, indem er mehrere Sorten ganz gewöhnlicher Pflanzen akribisch rieb: Gerste, Gurkenpflanzen, Rizinus und Alraune.[11] Wenn er die Pflanze nur einmal anfasste, änderte das nichts. Rieb er sie jedoch immer wieder, zum Beispiel ein oder zwei Mal am Tag für jeweils zehn Sekunden, zeigte sich eine beträchtliche Veränderung. Die Reaktion kam prompt. Kaum drei Minuten nachdem er den Stiel der Pflanze zu reiben begonnen hatte, verlangsamte sie ihr Längenwachstum, das ansonsten ständig anhielt, oder stellte es vollständig ein. Hörte Jaffe mit dem Reiben auf, wuchs sie rasch und sogar noch schneller als sonst, als wollte sie die verlorene Zeit aufholen. Bei der Cherokee-Wachsbohne wurden die Stiele nach dem Reiben dicker und verhärteten sich.[12] Auch wenn Witze darüber auf der Hand zu liegen scheinen, war es eine ernste Sache: Jaffe prägte den Ausdruck *Thigmomorphogenesis*. Damit war ein ganz neues Forschungsfeld der Wirkung von Berührungsreizen bei Pflanzen geboren.

Zu ähnlichen Ergebnissen gelangte Jaffe bei jungen Fraser-Tannen[13] und Weihrauchkiefern.[14] Statt in die Höhe zu wachsen, begannen diese Bäume stämmiger und kräftiger zu werden. Jaffe spekulierte, diese Reaktion solle »die Pflanzen wahrscheinlich vor den Belastungen durch starken Wind und die Bewegung von Tieren schützen«. Wenn man ständig gestoßen und umgebogen wird, ist es eine gute Idee, kräftiger zu werden. Die Cherokee-Wachsbohne schien sich noch einer weiteren Strategie zu bedienen. Sie wurde elastisch. Jaffe kam auf den Gedanken, einmal zu erproben, was geschah, wenn er sie ein wenig bog. Wie sich zeigte, ließen unbehelligte Pflanzen sich ein kleines Stück biegen und knickten dann um. Die Pflanzen, die er gerieben hatte, konnte Jaffe dagegen fast um 90 Grad umbiegen, ohne dass sie brachen. Nun wusste er, dass Berührungen eine Pflanze kleiner, stämmiger und biegsamer machen konnten – alles unglaublich nützlich, wenn es darum ging, in einer Welt voller Wind und gedankenloser Tiere nicht zu sterben.

Später sollte die Revolution in der Genomforschung eine genauere Erkenntnis ermöglichen, welch starke Auswirkungen Berührungen für die Pflanze auf einer tieferen Ebene haben. Als man sich die Gene der Schotenkresse *Arabidopsis thaliana* ansah, einer krautigen Pflanze aus der Familie der Senfe und gleichsam die Laborratte der Pflanzenbiologie, zeigte sich, dass Berührungen stillschweigend derart dramatische Reaktionen bei den Hormonen und der Genexpression auslösen, dass sie das Wachstum in erheblichem Maße hemmen konnten.[15] Die Forscher strichen mit weichen Pinseln über Teile der Schotenkresse und analysierten die genetischen Reaktionen. Innerhalb von 30 Minuten nach der Berührung veränderten sich 10 Prozent des Genoms der Pflanze. Offensichtlich ordnete die Pflanze ihre Prioritäten neu, um mit der Störung zurechtzukommen, und zog Energie aus der harten Arbeit des Höhenwachstums ab. Nach mehrfacher Berührung verringerte die Schotenkresse ihre Wachstumsgeschwindigkeit um 30 Prozent, wie Jaffe das schon Jahre zuvor beobachtet hatte.

Wenn eine Pflanze berührt wird, aktiviert sie in aller Regel ihr Immunsystem. Man hat gezeigt, dass eine menschliche Berührung Pflanzen hilft, zukünftige Pilzinfektionen abzuwehren, weil das Abwehrsystem der Pflanze dann bereits steht.[16] In jedem Fall bemerkt eine Pflanze, wenn sie berührt wird, und meist wird sie dadurch unglaublich gestresst und abwehrbereit. Den meisten Pflanzen scheint es nichts auszumachen, wenn wir auf sie treten oder eine Blüte abpflücken. Heute wissen wir jedoch, dass sie sich innerlich sträuben wie ein aufgeschrecktes Stachelschwein oder ein scheuender Hengst. Pflanzen sind sich unserer Berührung vollkommen bewusst und reagieren auf diese Behandlung, indem sie ihr Leben umorganisieren.

Wie ist diese Empfindung möglich? Wie wird die Berührung von den Pflanzen wahrgenommen, und wie wird sie in eine Reaktion umgewandelt? Bei der Antwort dürfte Elektrizität eine Rolle spielen. Wenn Sie eine Pflanze oder ein Tier berühren, lässt sich deren Reaktion mit einem Spannungsmessgerät beobachten.

Einer der frühesten Versuche zur Erforschung pflanzlicher Elektrizität wurde um 1900 in Kalkutta von einem Biologen, Physiker, Botaniker und Science-Fiction-Autor namens Jagadish Chandra Bose unternommen. J. C. Bose, wie er meist genannt wird, war ein Pionier der drahtlosen Telekommunikation. Er entdeckte die elektromagnetischen Wellen im Millimeterbereich – die Mikrowellen, die erste Funkübertragungen ermöglichten und heute noch in der Fernerkundung und in den Sicherheitsscannern an Flughäfen eingesetzt werden. Tatsächlich baute er den Radiowellenempfänger, den Guglielmo Marconi verwendete, um damit das erste funktionierende Radio zu bauen. Er war wohl der berühmteste Biologe seiner Generation, wurde in den Ritterstand erhoben, zum Mitglied der Royal Society in London gewählt, und er war der erste Inder, der ein US-Patent erhielt. Dennoch ist er außerhalb Südasiens heute weitgehend vergessen.

In den Jahren nach seinen wichtigen Durchbrüchen auf dem Gebiet der Mikrowellen begann Bose mit Experimenten an Pflanzen, weil er glaubte, dass alles eine Art elektrischen Lebens haben könnte. Er befestigte an diversen Pflanzen elektrische Messsonden und behauptete, einen »Todeskrampf« in Gestalt einer kurzzeitigen Spannungsspitze bei der elektrischen Aktivität aufgezeichnet zu haben. Vor den Augen des Schriftstellers George Bernard Shaw verband er zu Demonstrationszwecken einen Kohlkopf mit einem Spannungsmessgerät. Shaw, der sich vegetarisch ernährte, war angeblich entsetzt von den »heftigen Zuckungen« des Kohlkopfs, als man ihn in kochendes Wasser fallen ließ.[17]

Bose beobachtete auch, dass Mimosen kurz vor dem

Schließen ihrer Blätter einen elektrischen Impuls produzierten. Der englische Physiologe John Burdon-Sanderson hatte 1876 bei einer anderen berührungsempfindlichen Pflanze, der Venusfliegenfalle, erstmals eine »elektrische Erregung« aufgezeichnet.[18] Er maß die Spannung jedoch lediglich an der Oberfläche der Blätter. Bose setzte tiefer an und suchte mit Hilfe eines von ihm selbst entwickelten, mit Mikroelektroden arbeitenden Aufzeichnungssystems nach einer elektrischen Reaktion innerhalb einzelner Pflanzenzellen[19], und das mehrere Jahre, bevor es Wissenschaftlern erstmals bei Tieren gelang, unter Einsatz von Mikroelektroden solche Messwerte an einzelnen Neuronen abzunehmen.[20] Er beobachtete, dass sich die Spannung in einzelnen Pflanzenzellen bei einer Reizung veränderte, so dass hier eindeutig eine Reaktion auf Berührung vorlag. Einige Jahre später, 1925, schrieb er über »Pflanzennerven« und äußerte die Vermutung, dass sie sich wie Synapsen verhielten.[21] Unterdessen waren die ersten Erklärungen für das tierische Nervensystem veröffentlicht worden, auch wenn man den Ausdruck »Neuron« noch nicht genutzt hatte.

Bose schloss aus alledem, dass die Pflanzen ein Nervensystem besitzen mussten. Er war überzeugt, dass elektrische Impulse für die Steuerung der meisten pflanzlichen Funktionen verantwortlich waren: das Wachstum, die Fotosynthese, die Bewegung und die Reaktionen auf alles, was aus der Umwelt auf sie eindrang – Licht, Hitze und Giftstoffe. »Die Ergebnisse der Forschungen, die ich im letzten Vierteljahrhundert unternommen habe, lassen die Verallgemeinerung zu, dass die physiologischen Mechanismen der Pflanzen mit denen der Tiere identisch sind«, schrieb er.[22]

Das ist allerdings nicht ganz richtig. Pflanzenzellen unterscheiden sich von denen der Tiere. Sie besitzen Zellwände und Dinge wie Chloroplasten. Außerdem haben sie einfach keine Synapsen. Bose sprach jedoch von einer »Verallgemeinerung«, und wenn wir wirklich verallgemeinern, scheint er recht zu haben. Zumindest in elektrischer Hinsicht funktionieren die Körper von Pflanzen und Tieren nach ähnlichen Grundprinzipien.

Ich war natürlich nicht die Erste, die wieder auf Boses Pflanzenexperimente stieß. *Das geheime Leben der Pflanzen* widmet Bose ein ganzes Kapitel – eines der wenigen Teile des Buches, die später einer genaueren Prüfung standhielten. Im Erscheinungsjahr des Buchs, 1973, hatte eine junge Biologiestudentin namens Elizabeth Van Volkenburgh gerade ihr Studium abgeschlossen. Sie las *Das geheime Leben der Pflanzen* in den Pausen ihrer Arbeit als Laborantin in einem botanischen Labor der Duke University in North Carolina. Das Kapitel über Bose gefiel ihr besonders gut. Schon bald begann die Idee einer pflanzlichen Elektrizität ihr Denken zu beherrschen.

Auf Van Volkenburgh stieß ich erstmals in ihrer Funktion als Präsidentin der Society for Plant Neurobiology – inzwischen umgetauft in Society of Plant Signaling and Behavior. Dabei fiel mir auf, dass sie schon Jahre zuvor die elektrischen Impulse in Sonnenblumen erforscht hatte. Als ich sie 2018 anrief, klang sie überrascht. Als Professorin an der University of Washington fiel es ihr nicht leicht, ihre Studierenden, die meist ein medizinisches Vorstudium absolvierten und einen Pflichtkurs zur Ökologie besuchten, für Pflanzen zu begeistern und erst recht für frühe Forschungen zu den Gründen für das Auftreten elektrischer Ströme in Pflanzen. Sie leitete ein Labor, in dem untersucht wurde, wie Blätter sich ausbreiten. Ich rief sie jedoch an, um etwas über pflanzliche Elektrizität zu erfahren – ein Thema, mit dem sie sich viele Jahre zuvor beschäftigt hatte. Bis die Forschungsförderung für dieses Gebiet versiegte, hatte sie regelmäßig dazu publiziert.

Van Volkenburgh erinnert sich noch lebhaft an das Jahr 1973. Sie hatte gerade ihr Studium mit einem Abschluss in Pflanzenbiologie absolviert. Sie hatte sich für Biologie entschieden, weil ihre Noten für alle anderen Fächer nicht gut genug waren. Ihre Arbeit im Labor an der Duke University war eintönig. Sie hatte die endlose Aufgabe, Blätter an Versuchspflanzen zu zählen und bis zum Erbrechen deren Breite und Länge zu messen. Van Volkenburgh war sich nicht sicher, was sie mit ihrem Abschluss anfangen wollte, aber diese Arbeit war es nicht. In ihren Arbeitspausen las sie *Das geheime Leben der Pflanzen*.

Darin las sie also, dass Pflanzen ein elektrisches Leben besitzen. Warum war das in den Vorlesungen, die sie besucht hatte, niemals vorgekommen? Zunächst einmal gab es da in Boses Leben eine peinliche Phase. Er widmete einen Teil seiner beruflichen Laufbahn der Frage, ob Maschinen lebendig waren. Als seine wissenschaftlichen Instrumente nach wiederholtem Gebrauch langsamer wurden, sah er darin eine Parallele zur Ermüdung menschlicher Nervenbahnen. Die Episode erinnert mich an Alexander Graham Bell, der das wichtigste technische Gerät der Moderne, das Telefon, erfand, dabei aber von dem Gedanken getrieben war, das Rauschen, das er in den Leitungen hören konnte, enthielte Botschaften von Toten – und stammte vielleicht von seinem toten Bruder.

Bell wurde deshalb nicht aus dem Kanon gestrichen. Ebenso wenig wie Thomas Edison, zu dessen weniger bekannten Ideen auch der Glaube an Telepathie gehörte. Diese Teile ihrer Biographien sind einfach in den Hintergrund getreten. Natürlich waren beide weiße Männer. Bose war das nicht. Ein Botaniker sagte mir, dass Boses Vermächtnis verloren gegangen sei, habe seinen Grund im rabiaten US-amerikanischen Rassismus.[23]

Als Van Volkenburgh 1981 ihre Dissertation abgeschlossen hatte und als junge Wissenschaftlerin an der University of Illinois arbeitete, begann sie mit Experimenten zur pflanzlichen Elektrizität. Sie hatte ursprünglich an einer ganz anderen Frage geforscht, bei der Maispflanzen zum Einsatz kamen. Ihr Berater hatte jedoch mit Aktionspotenzialen gearbeitet und ihr gezeigt, wie man sie messen konnte. Sie schnitt ein Stück von einem Maisblatt ab und hängte es an einen Spannungsmesser, der piepte, wenn ein Strom durch das Blatt floss. Dann bestrahlte sie das Blatt mit Licht. Die immer noch lebenden Zellen konnten weiterhin Fotosynthese betreiben, und die Fotosynthese ist an sich schon ein elektrischer Prozess. Das Spannungsmessgerät schlug heftig aus und piepte wie wild.

»Ich war aufgeregt. Elektrizität hat etwas schwer zu Fassendes«, sagte sie. Elektrizität ist unsichtbar, aber wenn man einen Draht oder ein paar Drähte in ein Pflanzenblatt steckt, zeigt der Bildschirm plötzlich ein Signal an. »Das war unglaublich. Fast so, als spräche jemand mit dir. Es fühlt sich lebendig an.«

1983 arbeitete sie wieder an der University of Washington, wo zur selben Zeit in einem anderen Gebäude auf demselben Campus David Rhoades sein berüchtigtes Experiment zur Raupeninvasion im Wald der Universität veröffentlicht hatte. Die Nachricht von den sprechenden Bäumen machte die Runde.* Kommunikation zwischen Pflanzen? Auf den

* Sieben Monate später erschien in *Nature* ein Artikel, der bei Ahornbäumen zu nahezu denselben Ergebnissen gelangte. Eine Veröffentlichung in *Nature* ist eine große Sache; sie verleiht Gewicht. Kurz danach behauptete ein weiterer Artikel, dass auch zwischen verschie-

Gängen der Laborgebäude fragten Van Volkenburgh und ihre Kollegen einander verwundert, ob das wahr sein konnte. Wenn Pflanzen über die Luft miteinander kommunizierten, konnten sie das vielleicht auch durch elektrische Impulse tun?

Wir wissen, dass unser eigener Körper zutiefst elektrisch ist. Es wird oft vergessen, dass unser heutiges Verständnis der Bedeutung der Elektrizität für die menschlichen Nerven und Muskeln eigentlich mit den Pflanzen begann. Die Forscher Alan Lloyd Hodgkin, Andrew Fielding Huxley und John Carew Eccles erhielten den Nobelpreis für ihre in den 1950er Jahren gewonnene Erkenntnis, dass menschliche Neuronen elektrischen Charakters sind. Ihre Arbeit basierte auf früheren Studien, bei denen Wissenschaftler die elektrischen Impulse in den Riesenzellen der in Teichen weit verbreiteten Armleuchteralgen maßen. Die Zellen der Armleuchteralge sind ungewöhnlich groß – bis zu zehn Zentimetern lang und mit einem Durchmesser von einem Millimeter – und können deshalb leicht mit bloßem Auge beobachtet werden. Auch ließ sich problemlos ein Draht in die Zellen einführen. Und sie waren ähnlich erregbar wie menschliche Zellen.

Es dauerte lange, bis die Wissenschaft begann, den Pflanzen weitere elektrische Fragen zu stellen. 1992 fand eine Gruppe von Forschern aus Großbritannien und Neuseeland heraus, dass Tomatensetzlinge, deren chemische Signale man blockiert hatte, dennoch Abwehrproteine akkumulierten, wenn andere Teile der Pflanze verletzt wurden.[24] Sie stellten fest, dass bei einer Verletzung eines Setzlings eine Flut elek-

---

denen Pflanzenarten Botschaften ausgetauscht werden können: Die von einer geschädigten Beifußpflanze abgegebenen Stoffe konnten eine in der Nähe stehende Tomatenpflanze veranlassen, ihr Abwehrsystem hochzufahren.

trischer Aktivität nachweisbar war, und fragten sich daher, ob das die Abwehr aktivierende Signal vielleicht durch elektrische Impulse statt auf chemischem Wege übermittelt wurde.

In einem in *Nature* veröffentlichten Brief gingen die Forscher noch weiter und behaupteten, die elektrische Aktivität habe »Ähnlichkeit mit dem epithelialen Leitungssystem, das bei den Abwehrreaktionen einiger niederer Tiere für die Übertragung eines Stimulus genutzt wird«. Bei der epithelialen Leitung wird ein elektrisches Signal von einer Zelle zur nächsten weitergegeben, durch enge Kanäle, die Ionen von einer Zelle in die daneben gelegene transportieren können. »Obwohl Pflanzen über keine mit tierischen Nerven vergleichbaren Strukturen verfügen«, so schrieben sie, sind pflanzliche Zellen doch durch dünne Fäden miteinander verbunden, die »fast dieselbe elektrische Leitfähigkeit« besitzen wie die in tierischem Gewebe. Konnte es sein, dass die Signale zur Stärkung der Abwehr auf diesem Wege weitergeleitet wurden? Und was bedeutete das?

Ihre Forschungsergebnisse waren der erste definitive Beweis für einen Zusammenhang zwischen einem elektrischen Signal und einer biochemischen Reaktion in Pflanzen. Etwa zur selben Zeit hatte Van Volkenburgh das Gefühl, sie nähere sich etwas Bedeutsamem. Zunächst untersuchte sie, wie Zellen sich ausdehnten und wie das zum Wachstum der Blätter führte. Dann veröffentlichte sie mehrere Artikel über die Frage, wie die äußere Zellmembran auf Licht unterschiedlicher Wellenlängen reagierte und in welcher Weise das Wachstum der Pflanze dadurch beeinflusst wurde. In der Zellmembran, so dachte sie, ging weit mehr vor, als in den Lehrbüchern stand. Bei Tieren bestimmt die Zellmembran den Fluss des elektrischen Stroms.

Zwanzig Jahre nachdem Van Volkenburgh ihr Promotionsstudium begonnen hatte, nämlich 1993, erkannte eine andere Wissenschaftlerin endlich, was da in den Zellmembranen von Pflanzen vor sich ging. Die Botanikerin Barbara Pickard hatte seit den 1970er Jahren zur Elektrizität in Pflanzen geforscht und war dafür bekannt, dass sie sich – zum Leidwesen ihrer Kolleginnen und Kollegen – ebenso auf ihre Intuition wie auf ihre Daten verließ. Aber sie entdeckte einen Kanal, der direkt durch die Zellmembran führt und über ein eigenen kleines Tor verfügt. Dieser Kanal ermöglicht den Durchgang elektrischen Stroms – hauptsächlich Kalziumionen – durch die Zelle, wenn sie einen mechanischen Druck erfährt, das heißt, wenn sie physisch berührt wird. Pickard und ihr Team fanden den ersten definitiven Beweis für mechanisch sensitive Ionenkanäle in Pflanzen.[25] Damit hatte die Forschung zum ersten Mal einen Weg gefunden, auf der Ebene der Zelle nachzuvollziehen, wie Pflanzen Berührung als physikalische Kraft innerlich erleben. »Bis dahin hatte niemand geglaubt, dass Pflanzen Ionenkanäle besitzen«, sagte Van Volkenburgh. »Durch elektrische Spannung aktivierte Ionenkanäle bilden die Grundlage von Nerven.«

Die Ionen, die in den Pflanzenzellen für Aktionspotenziale sorgten, waren nicht dieselben wie in tierischen Nerven, und dasselbe galt für die Proteine, die für deren Regulierung sorgten. Dennoch meinte Van Volkenburgh, man müsse »sich fragen, ob sie nervenähnliche Funktionen besitzen«. Es sei unmöglich, die Parallelen zwischen den beiden Strukturen zu übersehen. Wenn Pflanzen nervenähnliche Strukturen besaßen, eröffnete das eine Welt von Möglichkeiten und warf neue Fragen auf: Konnte man sagen, dass Pflanzen fühlen?

Die Forschung in Großbritannien und Australien war um dieselbe Idee gekreist, aber nie zu ihr vorgedrungen. Nun gab es einen Beweis für die Existenz von Ionenkanälen.

Die Bedeutung der Befunde hätte eigentlich einen Wendepunkt hin zu einer glanzvollen Karriere eines vollkommen neuen Forschungsgebiets darstellen müssen. Doch genau zu dieser Zeit erlitt die Forschungsförderung auf dem Gebiet des Pflanzenverhaltens erneut einen Rückschlag. 1995 erfuhr der damalige US-Präsident Bill Clinton, dass sein Landwirtschaftsministerium mit Steuergeldern Studien zum »Stress in Pflanzen« förderte. Er machte in seiner State-of-the-Union-Erklärung sogar einen Scherz darüber und tat so, als meinte er, Pflanzen benötigten eine Psychotherapie. Jedenfalls versprach er, einer derartigen Verschwendung von Steuergeldern Einhalt zu gebieten.[26] Diese allgemeine Einstellung verstärkte die Skepsis gegenüber Forscherinnen und Forschern, die auf dem Gebiet der Pflanzenphysiologie arbeiteten. Wieder wurde es schwerer, an Fördergelder zu gelangen. Pickard, die sich bereits den Unwillen ihrer Kollegen zugezogen hatte, weil sie Mängel in der Arbeit anderer Leute offen ansprach, isolierte sich weiter, indem sie sich weigerte, im Wettkampf um Fördergelder mitzuspielen. »Die Leute meinten, dass sie den Mund zu voll nahm«, sagte Van Volkenburgh. »Aber sie war dem Spiel meilenweit voraus.« Sie publizierte nicht mehr, wurde aus ihrem Fachgebiet ausgegrenzt und war schließlich gezwungen, ihr Labor aufzugeben. Im letzten Jahrzehnt ihrer beruflichen Laufbahn unternahm sie ihre Forschungen im Labor eines anderen Wissenschaftlers.

Unterdessen erlebte Van Volkenburgh, dass der Beginn der durch die Genetik herbeigeführten Revolution es ihr unmöglich machte, an Fördergelder für ihre Arbeit an elektrischen Reaktionen bei Pflanzen zu gelangen. »Alles wandte sich der Genetik zu«, erzählte sie mir. Die Gene waren in, die Elektrophysiologie war out. Es war eine schwierige und zuweilen knifflige Arbeit. Die winzigen Zellmembranen waren ganz buchstäblich empfindliche Studienobjekte. Die Forschungsförderer gaben der Klarheit der Befunde in den genetischen Codes den Vorzug. Eine Rolle spielte auch der alte Widerstand gegen die Vorstellung, dass Pflanzen derart reaktionsfähig sein könnten. »Dass Pflanzen elektrische Signale empfangen, verarbeiten und senden, wurde damals nicht akzeptiert. Ich wurde es müde, gegen die Skepsis der Leute anzukämpfen.« Wie sehr sie sich auch bemühte, sie erhielt keine Fördergelder. Am Ende gab sie es auf, Anträge auf Förderung zu stellen, und verlagerte ihren Schwerpunkt von der Erforschung pflanzlicher Elektrizität hin zur Lehrtätigkeit. Im Labor erforschte sie nun wieder das Wachstum von Blättern, ein ganz entscheidendes, aber weniger aufregendes botanisches Geheimnis. Sie beobachtete weiterhin aufmerksam neue Entwicklungen auf dem Gebiet der pflanzlichen Elektrizität und nahm eine Art mittelnde Funktion ein, wie eine rhizomartige Botengängerin, die für die Verbindungen zwischen den Laboren sorgte und im Hintergrund als Vermittlerin in deren Debatten wirkte.

Dreißig Jahre später ist die pflanzliche Elektrizität zu einem florierenden eigenständigen Forschungsgebiet geworden, befördert durch neue Werkzeuge und das Verblassen eines inzwischen veralteten Tabus, eines Relikts aus paranoideren Zeiten. Wissenschaftlerinnen und Wissenschaftler greifen einige der elektrischen Experimente aus Boses Zeit wieder auf, diesmal jedoch mit besseren Instrumenten. Die Technologie hat sich derart dramatisch weiterentwickelt, dass heute jeder mit minimalem technischem Aufwand elektrische Phänomene in Pflanzen bei sich zu Hause beobachten kann. Dazu braucht man lediglich eine Elektrode und etwas, das deren Output aufzeichnet. Befestigen Sie diese Elektrode an Ihrem Handgelenk, erscheint auf der Anzeigevorrichtung eine durchgängige Kurve aus Ausschlägen nach oben und unten. Befestigen Sie dieselbe Elektrode an Ihrer Zimmerpflanze und berühren die Pflanze in irgendeiner Weise, erscheint auf der Anzeige eine Zackenlinie, die bemerkenswert ähnlich aussieht. Das sind die Aktionspotenziale – kleine Ausbrüche von Elektrizität –, die in Ihrem Fall von den Neuronen in Ihrem Herzen erzeugt werden, die in regelmäßigen Abständen feuern, damit das Herz Blut pumpt, und im Fall der Pflanze – nun, da weiß noch niemand so genau, warum und zu welchem Zweck sie auftreten.

Die einzige Ausnahme von diesem Eindruck, es hier mit etwas Rätselhaftem zu tun zu haben, bildet die Venusfliegenfalle, die bereits Gegenstand der frühesten elektrischen Experimente mit Pflanzen war. Die Pflanze ist berühmt für ihre fast tierisch anmutenden Insektenfallen, die zunächst wie ein Mund weit offen stehen, um sich dann plötzlich zu schließen (in Wirklichkeit handelt es sich um ein Blatt mit einem Gelenk). Sie frisst »echte Nahrung« (Insekten wie zum Beispiel Fliegen), besitzt darüber hinaus jedoch auch die nahezu magische pflanzliche Fähigkeit der Fotosynthese. Es ist ein Vergnügen, dabei zuzuschauen, wie eines dieser Blattmäuler zuschnappt und seine fleischfressenden Fähigkeiten beweist. Wie ist es möglich, dass eine Pflanze in einer Umkehrung der üblichen Verhältnisse ein Tier mit tödlichen Folgen überlistet? Natürlich geschieht das ständig, nur in viel geringerer Geschwindigkeit. Man denke nur an die Raupen, die aufgrund der Abwehrreaktion der Blätter langsam vergiftet werden und verhungern. Wir Säugetiere tendieren jedoch zeitlich eher in eine andere Richtung. Wir töten gerne schnell.

An den Rändern jedes Fangblatts befinden sich einige biegsame, dornähnliche Haare. Insekten, die von einem zuckrigen Duft angelockt werden, streifen diese Haare auf ihrer Suche nach Nektar. 2016 entdeckten Forscher, dass die Haare mechanosensorische Schalter sind, die Aktionspotenziale auslösen, und dass die Venusfliegenfalle tatsächlich zu zählen vermag, wie viele Aktionspotenziale ausgelöst wurden.[27] Ein Spannungsmessgerät verzeichnet einen Stromstoß, wenn ein Haar berührt wird. Dann schnappt das Maul zu. Um sicherzugehen, traktierten die Forscher die Fliegenfallen mit Stromstößen, ohne die Haare zu berühren. Auch in diesem Fall schloss die Falle sich. Das ist das eindeutigste Beispiel eines pflanzlichen Berührungssinns, bei dem wir mit Sicherheit wissen, dass Elektrizität diese Reaktion verursacht.

Alle anderen Pflanzen (und auch alle anderen Teile der Venusfliegenfalle) bergen nach wie vor große Geheimnisse. Auf welche Weise verursacht ein an einer Stelle in der Pflanze entstehendes elektrisches Signal eine Veränderung an einer vollkommen anderen Stelle? Und wie wird dieses Signal ohne ein Gehirn in Handeln umgesetzt? Es muss eine innere Organisation geben, damit ein Stromstoß in einem Teil der Pflanze zu einer Veränderung in einem anderen Teil führt. Angesichts der Entdeckung sensorischer Schalter und nervenähnlicher Strukturen wirkt das alles viel komplexer, als man es sich bei Pflanzen früher vorzustellen vermochte. Die Wissenschaft muss jedoch noch klären, wie diese Prozesse zusammenhängen.

In einem abgedunkelten Mikroskopraum in Madison, Wisconsin, hat ein Professor für Botanik begonnen, eine Karte zu zeichnen. Simon Gilroy denkt schon seit langer Zeit über die pflanzliche Elektrizität nach. 2013 waren er und sein Kollege Masatsugu Toyota die ersten Menschen, die die Bewegung von Elektrizität in einer Pflanze in Echtzeit beobachteten. Zu ihrer Freude stellten sie fest, dass sie sich in Gestalt einer Welle fortbewegte.

Als ich Simon Gilroy zum ersten Mal traf, trug er ein hellblaues Hawaii-Hemd mit einem Muster aus grünen Philodendronblättern. Sein strahlend weißes Haar war in der Mitte sorgfältig gescheitelt und fiel über beide Schultern bis fast zur Hüfte hinab.

Gilroy, ein stets zu Späßen aufgelegter Brite, studierte in den 1980er Jahren an der Edinburgh University bei dem angesehenen Pflanzenphysiologen Anthony Trewavas. Beide waren seit Jahrzehnten davon überzeugt, dass die Elektrizität sich in einem Wellenmuster durch die Pflanze bewegt. Und beide hielten diese Annahme für schlüssig, da Information sich bei so vielen anderen Lebensformen in dieser Weise bewegt. Sie verfügten nur nicht über die nötige Technologie, um das auch zu beweisen.

In den letzten Jahren ging Trewavas entschlossen dazu über, in einer Weise über Pflanzen zu sprechen, die provoziert. Er stellte sich dadurch in eine Reihe mit der Gruppe von Botanikern, die sich als Pflanzenneurobiologen bezeichneten und Artikel oder Bücher veröffentlichten, in denen sie wissenschaftliche Argumente für die These vorbrachten, dass Pflanzen Intelligenz und Bewusstsein besitzen. Auch wenn die beiden weiterhin zusammenarbeiten, ist Gilroy selbst vorsichtiger und spricht nur ungern über diese Themen. Erst kürzlich entwickelten sie eine Theorie des Handlungsvermögens von Pflanzen. Gilroy betonte mir gegenüber sogleich, dass er ausschließlich von einem *biologischen* Handlungsvermögen spreche und keine Intention im Sinne von Denken und Fühlen behaupte. Ich nickte, und er fuhr fort: »In dem Zeitrahmen, an den wir bei Tieren denken, tun Pflanzen ganz ähnliche Dinge, soweit es die Informationsverarbeitung betrifft. Sie stellen sehr komplizierte Berechnungen über ihre Umgebung an. Es wäre unglaublich eindrucksvoll, wenn ein

Mensch eine derartige Informationsverarbeitung leistete und zu dem Output gelangte, zu dem Pflanzen gelangen.« Pflanzen leben erfolgreich in der Umwelt, in der sie sich gerade befinden. Das ist in seinen Augen ein Beweis für ihr Handlungsvermögen. Dennoch sei das nur ein indirekter Beweis und kein echtes Verständnis der Mechanismen. »Wenn wir nach der Maschinerie fragen, die solche Berechnungen ermöglicht, haben wir nicht den Luxus, sagen zu können, das seien die Neuronen im Gehirn«, meinte Gilroy. »Die Frage lautet: Wo wird die Information verarbeitet?« Gilroys Arbeit bot einen ersten Einblick in den Ablauf dieser Prozesse. »Im Augenblick wissen wir jedoch noch nicht, *wie* das funktioniert.« Zu Beginn sind Beobachtung und Verständnis oft weit voneinander entfernt.

Wenn Gilroy nicht im Labor ist, hält er an der Universität jedes Semester die Einführungsveranstaltung in Biologie für 900 Studienanfänger. Sie deckt alle elementaren Bereiche ab, setzt jedoch einen deutlichen Schwerpunkt bei den Pflanzen. Bei der Behandlung der Großen Sauerstoffkatastrophe – der langen Phase der Erdgeschichte, in der die Erdatmosphäre von einer erstickenden Decke aus Kohlendioxid zu einem von molekularem Sauerstoff beherrschten Himmel wurde – sorgt er dafür, dass eine Tatsache sich den Studierenden besonders stark einprägt: dass die Pflanzen dafür verantwortlich waren. Sie machten das Land auf der Erde bewohnbar, so dass dort auch andere Lebewesen entstehen und am Ende schließlich atmen konnten. Ohne die Pflanzen hätten die Tiere nicht die geringste Chance gehabt, in die Tretmühle der Evolution zu gelangen. Unsere Zellen hätten sich niemals herausgebildet. »In der vorigen Umwelt hätten Dinge wie die Mitochondrien nicht funktioniert.«

Der Grundgedanke der Darwin'schen Evolution lautet:

Ein lebender Organismus durchläuft ein breites Spektrum zufälliger Mutationen, bis etwas funktioniert, und behält diese Mutation dann bei. Daraus spricht ein recht passives Verständnis der Entstehung von Leben. Die Pflanzen spielten jedoch mit Sicherheit eine aktive Rolle in ihrer eigenen Evolution wie auch in der Evolution der Umwelt. Das scheint für Gilroy der zentrale Punkt zu sein: Pflanzen haben ihre Umwelt so gestaltet, dass sie ihren Bedürfnissen entspricht. Warum begreifen wir das nicht? Ohne die Pflanzen wären wir nicht hier. Sobald man sich dessen bewusst ist, scheint die Vorstellung, dass sie kein Handlungsvermögen besitzen, absurd.

Die Erklärung bestimmter Rätsel könnte uns helfen, besser zu verstehen, wie Pflanzen es schaffen, so viel Information so gekonnt zu verarbeiten. Gilroy leitet ein pflanzenwissenschaftliches Labor, das unter anderem regelmäßig Pflanzensetzlinge zur Internationalen Raumstation ISS hinaufschickt und den Astronauten beibringt, was sie mit den Setzlingen tun sollen, damit der Einfluss der Mikroschwerkraft auf die Wurzeln untersucht werden kann. Wie Pflanzen Schwerkraft wahrnehmen, ist eines der großen Rätsel der Botanik, das bisher noch niemand lösen konnte. Bei Menschen und vielen anderen Tieren verstehen wir, wie die Schwerkraft wahrgenommen wird. In unserem Innenohr besitzen wir Kanäle, die in einem Winkel von 90 Grad zueinander angeordnet sind. Die Innenwände der Kanäle sind mit Härchen besetzt, wie man sie auch im Innern der Venusfliegenfalle findet. Diese Kanäle sind mit einer Flüssigkeit gefüllt, in der Kristalle schweben, ähnlich wie die Flocken in einer Schneekugel. Wenn wir uns beugen oder drehen, fallen diese Kristalle in Richtung der Schwerkraft auf einige der Härchen. Die Härchen werden durch deren Gewicht umgebogen und schicken elektrische Signale an unser Gehirn, wie die Finger in einem Flipperautomaten, wenn die Kugel gegen sie stößt. So erfährt das Gehirn, wo unten ist. (Wenn wir uns drehen und dann anhalten und die Welt sich immer noch zu drehen scheint, so weil die Flüssigkeit in diesen Kanälen sich weiterhin bewegt, als hätte man eine Schneekugel kräftig geschüttelt. Die Flipperkugeln stoßen an die falschen Flipperfinger. Der Drehschwindel hört erst auf, wenn das Konfetti im Ohr sich gesetzt hat.) Entscheidend ist bei alledem jedoch, dass die Signale ans Gehirn geschickt werden. Erst dann verwandelt sich die Information in etwas, das unser Körper versteht.

»Das ist ein wunderbarer Apparat, und wir wissen, wie er funktioniert«, meinte Gilroy mit Blick auf unser Innenohr. Pflanzen verfügen über ein ähnliches System. Man hat herausgefunden, dass es in ihren Zellen sogenannte Granula gibt, die in ähnlicher Weise nach unten fallen wie die Kristalle in unserem Innenohr.* »Aber was dann geschieht, wissen wir nicht. Es gibt keine Härchen, es gibt keine Systeme, die erkennen ließen, welcher Apparat die Messungen vornimmt.« Niemand weiß, was geschieht, wenn die Kristalle abgesunken sind. Wo sind die Auslöser, und wohin schicken die Auslöser ihre Signale? Werden sie durch elektrische Impulse übertragen? Das alles ist immer noch eine Blackbox. Ohne Auslöser bleibt es ein Rätsel, wie die Pflanze die absinkenden Granula wahrnimmt. Und ohne ein Gehirn wird man erwarten, dass die Information in der Pflanze umhergestoßen wird und niemals zu einem Entscheidungszentrum gelangt, das sich einen Reim darauf zu machen vermöchte.

---

* Im Gegensatz zu den Kristallen in unserem Innenohr, die aus Kalzium bestehen, sind die Granula aus Stärke.

Trotzdem verarbeiten Pflanzen ganz offensichtlich die Information über oben und unten und entscheiden, in welche Richtung sie wachsen – die Wurzeln in der Regel nach unten, Sprossen nach oben. Falls Sie eine Pflanze auf den Kopf stellen, wird sie irgendwann wieder nach oben zu wachsen beginnen. Ganz eindeutig spüren Pflanzen die Schwerkraft. Außerdem integrieren sie diese Information in die bereits gesammelte Information zu diversen Aspekten ihrer unmittelbaren Umgebung – Hindernisse, Nachbarn, die Richtung des Lichts, die Bodentemperatur. Aber wie? Das ist bislang unbekannt. »Und das nicht etwa, weil wir es nicht versucht hätten«, sagt Gilroy. »Es gibt wirklich sehr, sehr clevere Forscherinnen und Forscher, die genau die Versuche unternommen haben, von denen man sich eine Lösung versprechen würde – und das sind sehr clevere Versuche. Aber wir haben es nicht herausbekommen.«

Das ist ganz buchstäblich der Kern der gesamten Frage nach der Intelligenz von Pflanzen: Wie kann etwas, das kein Gehirn besitzt, überhaupt eine Reaktion auf irgendeinen Stimulus koordinieren? Wie werden Informationen über die Welt integriert, nach ihrer Bedeutung geordnet und in ein für die Pflanze nützliches Handeln umgesetzt? Wie kann eine Pflanze ihre Umwelt ohne eine zentrale Stelle wahrnehmen, die all diese Informationen analysiert?

Vor einigen Jahren glaubten Gilroy und Toyota, sie hätten einen Ansatz zur Lösung dieser Frage gefunden. Toyota meinte, wenn es im Zusammenhang mit der Wahrnehmung der Schwerkraft einen elektrischen Auslöser gäbe, wie er im Ohr von Tieren zu finden ist, dann wäre dieser Vorgang wahrscheinlich von einem Kalziumschub begleitet. Nun ist Kalzium an sich noch keine Form von Information, sondern eigentlich nur ein Fußabdruck, den Elektrizität hinterlässt, gleichsam ein »sekundärer Bote«. Bei Tieren erhöht sich die Kalziumkonzentration in der Zelle, wenn Ionenkanäle geöffnet werden. Und Ionenkanäle öffnen sich, wenn Elektrizität hindurchströmt. Das Kalzium zeigt sich in einer Zelle also unmittelbar nach der Elektrizität.

Die Technologie zur Sichtbarmachung von Kalzium in Pflanzenzellen war schon Jahre zuvor erdacht worden. Sie funktioniert folgendermaßen: Man nimmt das Gen, das bei einer bestimmten Quallenart für die Produktion grün fluoreszierender Proteine verantwortlich ist (diese Quallen leuchten in dunklem Wasser von Natur aus), und baut es so um, dass es auf Kalzium reagiert. Dann setzt man das Gen in das Chromosom einer Pflanze ein – in den Teil der Zelle, der die genetischen Informationen an die nächste Generation weitergibt. Wenn ein Gen in das Chromosom eingesetzt wird, erscheint es in jeder Zelle der Nachkommen des betreffenden Organismus. Das heißt, aus jedem zukünftigen Samen dieser Pflanze entsteht eine Jungpflanze mit der nun in jede ihrer Zellen eingebauten Fähigkeit, grün zu leuchten. Erstaunlicherweise sind fast alle Organismen in der Lage, genau dieses Stückchen Quallen-DNA zu verarbeiten. »Der genetische Code der Qualle hat universellen Charakter«, erklärt Gilroy. »Man kann den Code in jeden beliebigen anderen Organismus einbauen, und er wird in derselben Weise funktionieren.« Auch bei Menschen? Ich stellte mir einen Menschen mit einem leichten grünen Schimmer vor, der durch seine Muskulatur lief. Gilroy lachte. »Hypothetisch könnte man das auch mit Menschen machen. Aber das widerspräche den ethischen Grundsätzen.«

Das Quallen-Protein erwies sich als ein ausgezeichnetes Laborinstrument zur Beobachtung der Bewegung von Kalzium. Inzwischen hatte man diese grün fluoreszierenden

Proteine verbessert und dazu gebracht, bei einer Aktivierung noch heller zu leuchten. Die Technik war bereits sehr gut. Zugleich hatte man Mikroskope entwickelt, deren Bildfeld groß genug für die Beobachtung einer ganzen Pflanze war, und außerdem gab es Kameras mit ausreichender Empfindlichkeit, um auch eine relativ schwache Fluoreszenz aufzuzeichnen. Die Technologie bot hier nun endlich die Möglichkeit, Ideen aufzugreifen, die Wissenschaftler seit Jahren gerne getestet hätten. »Es war phantastisch«, meint Gilroy.

Gilroy und Toyota hielten die fluoreszierenden Proteine für ein perfektes Werkzeug zur Klärung des Rätsels der Schwerkraft. Vielleicht konnten sie beobachten, wohin das Signal ging, indem sie den fluoreszierenden Pfad verfolgten. Bevor sie das Instrument auf die große Frage der Schwerkraft ansetzten, schien es ihnen besser, einen Kontrollversuch vorzunehmen, um sicher zu sein, dass dieses System funktionierte. Sie brauchten etwas, das in jedem Fall für eine Bewegung der Kalziumionen sorgte. »Verletzungen lösen auf jeden Fall ein Kalziumsignal aus«, sagte Gilroy zu Toyota. Wissenschaftler hatten bereits herausgefunden, dass bei Pflanzen an Stellen, an denen sie zerschnitten oder zerkaut oder auf andere Weise verletzt wurden, sogleich ein kräftiger Spannungsanstieg zu verzeichnen ist. Deshalb zerschnitt Toyota unter dem Mikroskop ein paar Blätter in der Erwartung, an der Schnittstelle ein kleines Kalziumgestöber zu sehen. Minuten später kam er in ihr gemeinsames Büro zurückgelaufen. »Sie müssen sich das ansehen«, sagte Toyota. »Ich glaube, wir werden mit Verletzungen arbeiten.«

Eine Welle grünen Leuchtens bewegte sich durch die Pflanze, und zwar von der Stelle aus, an der Toyota dem Blatt einen Schnitt zugefügt hatte.[28] Von dem Schnitt aus breitete sich das Kalzium strahlenförmig aus, bis es durch den gesamten Körper gelaufen war. Was das hieß, war vollkommen eindeutig – und erstaunlich. Jeder konnte das interpretieren: Auf irgendeine Weise wurde der gesamte Körper über die Verletzung informiert.

»Als Pflanzenbiologe weiß man, dass Pflanzen innerhalb von Millisekunden reagieren. Das ist vollkommen unumstritten. Man weiß mit absoluter Sicherheit, dass sich die Biochemie der Pflanze augenblicklich verändert, wenn man sie einem Reiz aussetzt«, sagt Gilroy. »Aber das auf eine Weise zu zeigen, die es auch für Nichtbiologen sichtbar macht, ist schon ein großartiges Ergebnis. Und eine gute Erinnerung, dass alle Lebewesen sehr schnell auf ihre Umwelt reagieren. Denn wenn sie es nicht tun, werden sie nicht mehr lange zu leben haben.«

Sie konnten nun in Echtzeit beobachten, wie unglaublich sensibel Pflanzen für Berührungen jeglicher Art sind. Nachdem Toyota eine Pflanze lange vollkommen in Ruhe gelassen hatte (selbst ein Stoß gegen den Tisch, auf dem die Pflanze stand, schickte einen Schauer grünen Leuchtens durch ihren Körper), schrieb er mit einer Pipette das Wort *»touch«* quer über eines ihrer Blätter. Sofort breiteten sich von den Umrissen des Wortes grünlich schimmernde Wellen aus. Gilroy verwendete eine Videoaufnahme dieses Augenblicks unter dem Mikroskop später als letztes Bild einer Präsentation, unmittelbar vor seinem Kontaktinfo, so dass dort zu sehen war: »Keep in TOUCH.«

An einem eiskalten Tag im Dezember komme ich nach Wisconsin, um die grünlich leuchtenden Wellen mit eigenen Augen zu sehen. Ich treffe Gilroy in seinem Büro, diesmal trägt er ein knallorangefarbenes Hawaii-Hemd mit einem Surfbrett-Motiv. Draußen herrschen –11 Grad Celsius.

Gilroy nimmt mich mit in sein Labor, wo Jessica Fernandez, eine Molekularbiologin aus seinem Team, uns eine Schale mit Tabakpflanzen und Schotenkresse bringt, die sie eigens für meinen Besuch aufgezogen hat. Sie alle sind angereichert mit den fluoreszierenden Quallen-Proteinen. Sarah Swanson, Leiterin des Zentrums für Mikroskopie und leitende Mikroskopiererin in Gilroys Büro, gesellt sich zu uns. Swanson ist außerdem Gilroys Ehefrau.

Fernandez stellt die Schale mit den Pflanzen vorsichtig auf den Labortisch. Dabei streift ein einzelnes Blatt einer Schotenkressepflanze den Rand einer Box und biegt sich ein wenig. »Vorsichtig, keine Reizung«, sagt Swanson, da sie die gesamte Reaktionsfähigkeit der Pflanze für das Mikroskop bewahren möchte. Sie hatte herausgefunden, dass man sie am besten aus einem vollkommenen Ruhezustand heraus reizte. »Schon okay. Wir werden ihr Zeit zur Erholung geben«, erwiderte Fernandez. »Und dann werden wir sie foltern«, fügte Swanson hinzu.

Swanson führt uns in einen kleinen Raum mit einem großen Mikroskop, das mit einem Computerbildschirm verbunden ist. Sie schaltet das Licht aus. Fernandez taucht die Spitzen einer Pinzette in eine Glutamatlösung. Dann reicht sie mir die Pinzette. In unserem Gehirn ist Glutamat der wichtigste Neurotransmitter, und wie die Forschung kürzlich herausgefunden hat, spielt es auch bei pflanzlichen Signalen eine Rolle, denn es verstärkt sie. »Streichen Sie damit quer über die Mittelrippe«, sagt Fernandez und weist auf die dicke Ader, die in der Mitte längs durch jedes der winzigen Blättchen verläuft. Wenn ich das Blatt nur am Rand zwicke und die Mittelrippe in Ruhe lasse, dürfte zwar eine leuchtende Reaktion erfolgen, doch das Signal wird wahrscheinlich nicht in andere Teile weitergeleitet. Die Adern sind die

Superhighways der Pflanze für die Weiterleitung von Informationen. Trifft man die Ader, läuft der Impuls in einer Welle durch die gesamte Pflanze. Ich zwicke behutsam ein Blatt und spüre, wie sich Enttäuschung im Raum ausbreitet, während wir ein paar Sekunden im Dunkeln warten, dass sich das Bild auf dem Monitor verändert. Das Blatt beginnt heller zu werden, was für mich durchaus eindrucksvoll ist, aber ich habe Gilroys Videos gesehen und weiß, dass der Effekt weitaus spektakulärer sein kann. Mir fällt es schwer, eine Pflanze mit Begeisterung zu verletzen. Fernandez taucht die Pinzette nochmals ein und reicht sie mir, diesmal mit der Anweisung, richtig kräftig ans Werk zu gehen. Ich habe das Gefühl, einer pflanzlichen Version des Elektroschockexperiments von Milgram beizuwohnen. Aber ich möchte all die Wissenschaftlerinnen und Wissenschaftler im Raum nicht enttäuschen und zwicke diesmal kräftiger.

Der Unterschied ist dramatisch. Die Pflanze leuchtet auf wie ein Christbaum, die Adern erstrahlen wie eine Neonlampe. Das grüne Leuchten breitet sich von der verletzten Stelle in einer gekräuselten bioluminiszierenden Welle in alle Richtungen über den Rest der Pflanze aus. Ich verfolge das Experiment mit einer Kaskade von Gefühlen. Einer Welle von Empfindungen. Als das Licht sich über das Adersystem ausbreitet, erinnert das Bild mich an etwas. Es sieht unverkennbar aus wie das verzweigte Muster menschlicher Nerven. Swanson jauchzt. »Ja, genau das meine ich. Das ist der Hammer.« Und Gilroy ruft: »Speichern Sie das!« Fernandez drückt eine Taste und speichert das Video im Archiv. Innerhalb von zwei Minuten haben auch entfernte Teile der Pflanze das Signal empfangen.

Wie man mir gesagt hat, beschleunigt das Glutamat an der Pinzettenspitze diese Prozesse. Die grüne Fluoreszenz hätte sich auch ohne diesen Verstärker eingestellt, doch mit dem Glutamat scheint die elektrische Aktivität intensiver zu werden. 2013 entdeckte ein Forschungsteam, dass glutamatähnliche Rezeptoren in Pflanzen sich durch den Pflanzenkörper bewegen und bei erst kürzlich erfolgten Verletzungen Gene einschalten, die mit der Abwehr zusammenhängen.[29] Inzwischen haben Gilroy und Toyota mit Hilfe ihrer fluoreszierenden Pflanzen herausgefunden, dass dieses grün schimmernde Signal sich bei einer zusätzlichen Glutamat-Gabe mit einer Geschwindigkeit von einem Millimeter pro Sekunde fortbewegt. Das ist für eine Pflanze blitzschnell – jedenfalls sehr viel schneller, als es sich durch bloße Diffusion oder den passiven Fluss chemischer Verbindungen durch das Gefäßsystem erklären ließe. Das Signal bewegt sich mit der Geschwindigkeit von elektrischem Strom.

Gilroy glaubt, dass jede Pflanzenzelle einen Glutamat-Vorrat enthält, der »ausläuft« und die benachbarten Zellen »ausrasten« lässt, wenn eine Zelle zerdrückt wird.[30] Die verletzten Zellen setzen ihr Glutamat frei, so dass Brücken zwischen ihnen und den umliegenden Zellen entstehen, über die dann die Kalziumionen strömen können. Die Kneifbewegung meiner Pinzette hatte wahrscheinlich einen kleinen Glutamat-Tsunami ausgelöst.

Das alles ähnelt ein wenig der Funktionsweise des tierischen Nervensystems. Edward Farmer, der Forscher, der entdeckte, dass Gene, die eng mit den Glutamat-Synapsen in unserem Gehirn zusammenhängen, auch bei den elektrischen Signalen in Pflanzen eine Rolle spielen, erzählte mir, dass er sich als Erstes ein Lehrbuch der Neurobiologie zulegte, als er begann, die elektrischen Signale in Pflanzen zu erforschen. Säugetiere nutzen Glutamat-Rezeptoren für die rasche Übertragung von Signalen innerhalb ihres Körpers. Stellen

Sie sich einen Footballspieler vor, der in der Endzone einen Pass annimmt. Das Glutamat ist der Football, und die Glutamat-Rezeptoren sind die Footballspieler. Nun stellen Sie sich vor, dass der Spieler, der den Ball fängt, damit zugleich auch die Stadionbeleuchtung einschaltet. Wenn Glutamat sich an einen Glutamat-Rezeptor bindet, strömen positive Ionen in die Zelle und erhöhen die elektrische Ladung der Zelle. Wenn von elektrischen Signalen in einer Zelle gesprochen wird, handelt es sich immer um Ionen, die durch Membranen hindurchwandern. Die Elektrizität in einem Körper beginnt stets mit chemischen Vorgängen dieser Art. So bestehen unsere Synapsen aus zwei Nervenzellen, die über einen Spalt, synaptischer Spalt genannt, miteinander kommunizieren. In diesem Szenario besitzt eine der Zellen mit Glutamat gefüllte Bläschen oder Vesikel. Die Nervenzelle entlässt dieses Glutamat in den synaptischen Spalt, was dann als Auslöser für die nächste Zelle wirkt, so dass die Synapse zu feuern beginnt. Das klingt doch ganz ähnlich wie Gilroys Ausführungen über die Freisetzung von Glutamat in Pflanzen.

Das Vorkommen von Neurotransmittern in Pflanzen wirft eine Reihe ganz eigener Fragen auf. Wenn Pflanzen Neurotransmitter verwenden, um elektrische Signale durch ihren Körper zu schicken, könnte man dann sagen, dass sie ein Nervensystem besitzen? Bevor ich Gilroy nach möglichen Ähnlichkeiten zwischen menschlichen Nerven und den Vorgängen in seinen Pflanzen fragen kann, kommt er mir zuvor. »Einige der molekularen Player mögen dieselben sein«, sagt er. »Die Glutamat-Rezeptoren in Pflanzen sehen wie die Glutamat-Rezeptoren in Tieren aus.« Aber, so schränkt er ein, »es gibt keine Nervenleitung. Es gibt keine Pflanzennerven. So etwas gibt es in Pflanzen nicht.« Dennoch räumt er ein, dass die beiden Systeme einander sehr ähnlich seien.

Doch von Nerven solle man hier nicht sprechen. Er spricht lieber von »Zellverbindungen, die eine Ausbreitung elektrischer Veränderungen ermöglichen könnten, die von der Pflanze als Informationen genutzt werden«.

Gilroy mag nicht von einem Nervensystem sprechen wollen, aber er gibt zu, dass es sich um ein bemerkenswertes Beispiel für die artübergreifende Wiederholung biologischer Merkmale handle. »Wenn in der Biologie etwas entsteht, das gut funktioniert, findet es sich bald in ganz ähnlicher Form auch in anderen Organismen. Denn warum sollte man das Rad zweimal erfinden?«

Das Fehlen von Pflanzennerven hinderte zwei wissenschaftliche Rezensenten indessen nicht daran, in einer Zeitschrift zu behaupten, Gilroy und Toyota hätten in Pflanzen eine »dem Nervensystem ähnliche Signalübertragung« entdeckt.[31] In letzter Zeit hat diese Frage auch außerhalb der Pflanzenwissenschaft Beachtung gefunden, und inzwischen befassen sich auch Wissenschaftler aus anderen Fachgebieten damit. Pflanzen besitzen, soweit wir wissen, weder Neuronen noch Synapsen. Und Tiere besitzen natürlich weder Xyleme noch Phloeme. Doch die Art, wie Elektrizität sich in Pflanzen ausbreitet und für einen Austausch von Signalen zwischen verschiedenen Teilen sorgt, hat manche Wissenschaftler veranlasst, hier Vergleiche zu ziehen, und keiner von ihnen auf so faszinierende Weise wie Rodolfo Llinás, ein Neurowissenschaftler an der New York University, der sich in seiner Forschung nicht mit Pflanzen, sondern mit Menschen befasst.

In einem Aufsatz mit dem Titel »Broadening the Definition of a Nervous System to Better Understand the Evolution of Plants and Animals« (»Erweiterung der Definition eines Nervensystems zum besseren Verständnis der Evolution von Pflanzen und Tieren«) argumentieren Llinás und Sergio Miguel-Tomé von der Universität Salamanca im Wesentlichen, dass es nicht sinnvoll sei, Nervensysteme als etwas zu definieren, das nur Tiere besitzen könnten, statt zu sagen, es handle sich um ein physiologisches System, das es in anderer Form auch in anderen Organismen geben könne. Wer es ausschließlich phylogenetisch definiere und es damit nur einem Teil am Baum des Lebens zuordne, der ignoriere die sehr reale Kraft der konvergenten Evolution, in deren Kontext Organismen unabhängig voneinander ganz ähnliche Systeme entwickelten, um mit vergleichbaren Herausforderungen fertigzuwerden.[32] Das geschieht in der Evolution ständig. Ein klassisches Beispiel sind Flügel. Die Flugfähigkeit entwickelte sich getrennt bei Vögeln, Fledermäusen und Insekten, und das mit ganz ähnlichen Ergebnissen. Ein weiteres Beispiel sind Augen. Die Augenlinsen entwickelten sich mehrmals unabhängig voneinander.

Es sei sinnvoll, so meinen Llinás und Miguel-Tomé, im Nervensystem ein weiteres Beispiel für konvergente Evolution zu sehen. Wenn es in der Natur diverse Nervensysteme gibt, dann gehöre das der Pflanzen zweifellos dazu. Wenn etwas wie eine Ente läuft und wie eine Ente quakt, dann ist es wahrscheinlich eine Ente. Warum sollte man dann nicht gleich von einem Nervensystem sprechen?

Mir wurde klar, dass ich bis zu dem Augenblick in Gilroys abgedunkeltem Mikroskopraum mühsam versucht hatte, alles, was ich da über Pflanzen erfuhr, mit den ganz konkreten Pflanzen vor meinen Augen in Verbindung zu bringen. Die Theorie und die physische Realität schienen oft weit voneinander entfernt zu sein. Oder anders ausgedrückt, die Fähigkeiten der Pflanzen schienen buchstäblich unglaublich zu sein. Ich vermochte es mit nichts in Verbindung zu bringen, was ich sah. Die Tatsachen waren wie Radiowellen oder die Pole eines Magnetfelds. Ich akzeptierte ihre Existenz, ohne ihren materiellen Charakter zu verinnerlichen. Als ich jedoch sah, wie das grüne Licht sich durch die Pflanze bewegte, war alles anders. Plötzlich war alles sehr greifbar. Ich beobachtete, wie die Pflanze sich auf ihre ganz eigene Art meiner Berührung bewusst wurde.

Ich hatte inzwischen mehrere Jahre über Pflanzen nachgedacht, und so war die Tatsache, dass ich dies alles in meiner Trägheit nicht schon früher erkannt hatte, wohl eher ein schlechtes Zeichen für das Schicksal, das diese Nachricht über die Fähigkeiten der Pflanzen in der Öffentlichkeit erleiden würde. War nicht zu erwarten, dass die Öffentlichkeit diese Information nur zögerlich aufnahm, wenn ich trotz meiner engagierten Aufmerksamkeit schon so lange dafür gebraucht hatte? Ein Teil des Problems lag offenbar darin, dass die Informationsstückchen in Schichten einer verklausulierten Sprache eingehüllt daherkamen, die um jeden Preis eine Distanz zwischen den Pflanzen und uns herstellen sollte. Wenn man nun das Gefäßsystem der Pflanzen als deren Nervensystem bezeichnete, konnte sich das vielleicht ändern. Ich dachte an Theophrast und seinen weisen Rat, dass Menschen Metaphern brauchen, mit denen sie etwas anfangen können. Der Kern eines Baumes, so meinte er, solle als dessen Herz bezeichnet werden. Niemandem käme es in den Sinn, im Kernholz eines Baums nach der Vena cava zu suchen. Trotzdem ist der Begriff geeignet, um die richtige Bedeutung aufzurufen: Dort befindet sich das zarte Fleisch, das den Baum am Leben erhält. Und dort finden sich auch die Kanäle, durch die elektrische Signale fließen.

In einer wichtigen Hinsicht ist die Elektrizität in den Pflanzen jedoch auch weiterhin ein Rätsel. Unsere Gewebe und Organe werden gleichfalls durch elektrische Impulse koordiniert, und wie wir wissen, ist der Endpunkt all dieser Elektrizität unser Gehirn. Bei den Pflanzen gibt es solch einen erkennbaren Endpunkt nicht. Nach allem, was wir über die Dynamik des Wahrnehmens und Empfindens bei Lebewesen mit einem zentralen Gehirn wissen, müsste aus dem Fehlen solch eines Gehirns eigentlich folgen, dass die von Sinnesorganen ausgehende Elektrizität sinnlos durch den Körper der Pflanze strömt und allenfalls lokale Reaktionen auslöst. Das ist jedoch nicht der Fall. Wenn eine Pflanze an einer Stelle berührt wird, ist dieser Reiz im gesamten Körper der Pflanze zu spüren. Das wissen wir inzwischen und können es sogar in Simon Gilroys Videoaufnahmen der Kalziumwellen mit eigenen Augen sehen. Während die Wirkung der Berührung wellenartig durch den Pflanzenkörper strömt, wird die gesamte Pflanze sich ihrer bewusst und reagiert entsprechend.

Berührung ist aus biologischer Perspektive selbst bei uns Menschen eine vertrackte Angelegenheit. Die Erforschung der Frage, wie der menschliche Körper Berührungen auf der Zellebene wahrnimmt, steckt immer noch in den Kinderschuhen.[33] Erst kürzlich hat man hier größere Fortschritte erzielt. Der Nobelpreis für Medizin 2021 ging an zwei Forscher, die Rezeptoren für Wärme, Kälte und Druck entdeckt hatten. Doch wir lernen immer noch hinzu, wenn es um die Frage geht, wie unser Körper physikalische Inputs in zelluläre Informationen umwandelt, die dann bedeutungsgeladen an unser Gehirn übermittelt werden. Wir wissen, dass Ionenkanäle wichtig für Berührungsempfindungen beim Menschen sind, und inzwischen wissen wir auch, dass ebendiese Ionenkanäle möglicherweise auch eine wichtige Rolle bei der pflanzlichen Wahrnehmung der Umwelt spielen. Wir wissen, dass Elektrolyte bedeutsam für die Leitung elektrischer Impulse sind. Im menschlichen Körper dienen hauptsächlich Kaliumionen als Elektrolyte, bei Pflanzen sind es Kalziumionen. Das alles ist immer noch recht undurchsichtig, doch Elizabeth Haswell gehört zu den Wissenschaftlerinnen, deren Arbeit das Potenzial hat, Licht in diese Dinge zu bringen. Die ausgebildete Biochemikerin war nach ihrer Promotion fasziniert von dem Gedanken, dass die Wissenschaft immer noch nicht genau zu sagen vermochte, woher Pflanzen wissen, was oben und was unten ist – das bislang ungelöste Rätsel der Schwerkraft. Haswell trat die Leitung eines siebenköpfigen Laborteams an der Washington University in St. Louis an, das nach den Mechanorezeptoren oder den Mechanismen suchte, die es Pflanzen ermöglichen, physikalische Inputs in zelluläre Information umzuwandeln und geladen mit Bedeutung durch den Körper zu schicken. Anders gesagt, es ging um nichts Geringeres als die Frage, wie Pflanzen es – mechanisch gesprochen – anstellen, ihre Welt zu verstehen.

Haswell ist sich nicht sicher, auf welcher Seite sie in der Debatte über pflanzliche Intelligenz steht. »Es fällt mir sehr schwer, eine starke Meinung zu diesem Thema zu vertreten«, erklärt sie. »Ich spreche nur ungern davon, dass Pflanzen ein Gehirn haben. Es gefällt mir auch nicht, in dieser Sache von den Tieren auszugehen – sie haben sich anders entwickelt, und wir müssen bei ihnen einen anderen Ansatz wählen.« Doch irgendetwas lässt sie daran nicht los. »Ich nahm mir ein Sabbatical und hatte vor, meine eigene Ansicht zu dieser Frage zu entwickeln. Aber das gelang mir nicht.«

Haswell arbeitet auf der untersten Mikroebene – an der Frage, wie die einzelne Zelle mechanischen Druck in chemische Reaktionen umwandelt. Dennoch denkt sie stets auch an das größere Bild: die Blackbox. »Ich glaube, die Pflanze reagiert auf einige dieser Reize auf einer höheren Ebene, der des Organs oder der Gesamtpflanze«, sagt sie. Sie erwähnt Jaffes Experimente und die Venusfliegenfalle, deren Blätter sich nur schließen, wenn innerhalb eines bestimmten Zeitraums mindestens zwei der Haare berührt werden. »Sie können zählen«, sagt sie. »Wird eine Pflanze nur einmal berührt, bleibt diese gewaltige morphologische Veränderung aus.« Werden sie dagegen mehrmals berührt, erfolgt sie. »Es muss irgendeine über die gesamte Pflanze integrierte Entscheidung geben. All diese Inputs müssen irgendwie integriert werden, aber ich habe keine Ahnung, wie das geschieht.«

Als ich mir Gilroys Videoaufnahmen der Kalziumströme ansah, musste ich an Aufnahmen von Hirnaktivität denken, in denen gleichfalls solch ein Aufleuchten zu sehen ist. Beim Gehirn besitzen wir die technischen Möglichkeiten, um die Elektrizität in Echtzeit zu beobachten. Irgendetwas daran schien mir ähnlich zu sein. Ich dachte an Haswell und Trewavas und die vielen anderen, die sich auf die eine oder andere Weise offenbar dieselbe Frage stellten: Was, wenn es die ganze Pflanze ist? Was, wenn wir nach dem Falschen suchen? Natürlich besitzen Pflanzen kein Gehirn – aber was, wenn die ganze Pflanze als solche einem Gehirn ähnelte? Dieser Gedanke ging mir nicht aus dem Kopf. Er war einfach, aber er schien zu passen. Allerdings war er möglicherweise auch ziemlich dumm.

Zu meiner eigenen Überraschung stellte ich eines Tages genau diese Frage Elizabeth Van Volkenburgh, während wir im Schatten majestätischer alter Bäume auf dem Campus der University of Washington in Seattle saßen, in der sie inzwischen Dekanin war. Wir sprachen über Aktionspotenziale und darüber, wohin sie gehen und warum die ganze Pflanze auf etwas reagieren kann, das nur in einem ihrer entfernten Teile geschieht. »Könnte es sein, dass die ganze Pflanze vielleicht so etwas wie ein Gehirn ist?«, fragte ich. Sie lächelte. Wir sprachen nun seit fast drei Stunden miteinander. Ihr blieben nur noch 15 Minuten. Ich hatte die Frage bis zum letzten Augenblick aufgespart – für den Fall, dass ich sie dadurch vergraulte und sie unser Gespräch auf der Stelle beendete. Nun hatte ich es getan und sah sie lächeln und dachte mir, ich hätte mich ganz fürchterlich blamiert.

Sie beugte sich ein wenig zu mir herüber und senkte ihre Stimme, so dass sie nur noch ein Flüstern war. »Ich glaube, Sie haben recht«, sagte sie. »Ich spreche nur nicht darüber.«

KAPITEL 5

Mit dem Ohr am Boden

Im Regenwald Südostkubas ist es Abend geworden. Eine Langzungenfledermaus segelt zwischen den Bäumen umher und findet trotz hoher Geschwindigkeit und völliger Dunkelheit mit größter Sicherheit ihren Weg. Mit ihren hauchdünnen Membranflügeln und ihrem Tarnflaum wiegt ihr ganzer Körper kaum 10 Gramm. Fast wie ein Papierflieger. Die Fledermaus stößt ständig Töne aus und horcht auf das Echo, das zu ihren übergroßen Schakalohren zurückkehrt. Eine Kavalkade aus Klicklauten lässt das Bild einer Landschaft aus Objekten und freiem Raum erscheinen, während das winzige Säugetier seine Flügel abkippt, um durch ein Gewirr aus Ranken zu schießen.

Plötzlich kommt ein Ton ganz klar und scharf zurück – wieder und wieder in derselben Art, obwohl der Einfallswinkel sich ständig ändert, während die Fledermaus umherfliegt und sich uns nähert. Der Ton ist in seiner Klarheit unwiderstehlich, ein Köder, ein Leuchtfeuer in der Nacht. Die Fledermaus erreicht ihr Ziel und findet eine Ranke mit einem Kranz üppiger weinfarbener Blüten, unter deren pollenbehafteten Blütenständen rote Nektartaschen voller Nektar hängen. Die Fledermaus entrollt ihre lange Zunge und zwängt ihr Gesicht zwischen die Blüte und deren Nektartasche. Sie beginnt, Nektar zu lecken, und schwebt während des Trinkens in der Luft. Dabei bleiben zahlreiche Pollen auf ihrem Rücken hängen. Unmittelbar oberhalb des Blütenkranzes befinden sich einige glänzende, auffällig längliche und zudem konkave Blätter, wie aufrecht stehende Kanus. Dank dieser Form reflektieren sie aus vielen unterschiedlichen Winkeln einheitlich dasselbe Echo. Für eine Fledermaus, die sich im akustischen Gewirr des Waldes bewegt, ragt ein lautes, anhaltendes, aus derselben Richtung kommendes Echo aus dem allgemeinen Gewirr heraus. Und für eine seltene, von Fledermäusen bestäubte Kletterpflanze, die hier und dort in einer Landschaft mit dichter Vegetation wächst, ist es ganz entscheidend, herauszuragen und aufzufallen.

Marcgravia evenia, dieser rubinrote Sonarreflektor, war die zweite Kletterpflanze, bei der man feststellte, dass sie in akustischer Hinsicht genau auf die Fledermaus abgestimmt ist.[1] Die erste war eine blühende Kletterpflanze, die am Rand der Regenwälder überall in Mittelamerika wächst. Diese Pflanze, *Mucuna holtonii*, bringt viele kleine Blüten hervor und setzt ihre Pollen explosionsartig frei.[2] Um an den Nektar zu gelangen, muss die Fledermaus auf einer Blüte landen und ihre Schnauze in einen Schlitz zwischen zwei flügelähnlichen Blütenblättern drücken. Dieser Druck veranlasst innerhalb der Blüte ein zweites Paar miteinander verwachsener Blütenblätter, die zusammen das sogenannte Schiffchen bilden, aufzuplatzen. Innerhalb des Schiffchens befindet sich ein unter gewaltigem Duck stehendes, mit Pollen gefülltes Staubgefäß. Wenn die Fledermaus das Schiffchen platzen lässt, katapultiert das Staubgefäß die Pollen auf das Hinterteil der Fledermaus.

Wissenschaftler beobachteten, dass Fledermäuse stets nur auf Blüten landeten, deren verborgenes Pollenschiffchen noch intakt war, während sie die bereits entladenen mieden. Wie fanden die Fledermäuse unter so vielen Blüten die richtigen? Neben den ungeöffneten Blüten befindet sich ein konkaves Anhängsel, ähnlich einem zusätzlichen, mit einem Scharnier befestigten Blütenblatt, das, wie die Forscher herausfanden, wie ein perfekter Spiegel für das Sonar der Fledermäuse wirkt. Das aus den unterschiedlichsten Winkeln zurückgestrahlte Echo besitzt eine »erstaunlich hohe Amplitude«, schrieben sie, ganz wie das Echo von den Blättern der *Marcgravia*. Hat die Blüte ihre Pollen auf das Hinterteil einer Fledermaus entladen, senkt der Spiegel sich und nimmt sich so selbst aus der akustischen Arena. Die Fledermäuse vermögen die Blüte nicht mehr zu finden und wenden sich stattdessen denjenigen zu, deren Spiegel noch aufrecht steht.

Pflanzen haben ein besonders enges Verhältnis zum Schall. Ihre Umwelt ist voller Geräusche, und so wäre es für sie durchaus sinnvoll, wenn sie aktiven Anteil an einer derart weiten und vielfältigen sensorischen Welt nähmen, zumal viele Lebewesen, die von den Pflanzen angelockt oder abgeschreckt werden müssen, ausgesprochen charakteristische Geräusche von sich geben. Als Reaktion darauf haben die Pflanzen ihre Körper so umgebaut, dass sie auf die Welt der Frequenzen und Schwingungen eingehen können. Es ist keine Übertreibung, wenn man sagte, sie hätten sich Ohren wachsen lassen.

Im Jahr 2011 machten zwei Forscher in Missouri etwas ganz Verrücktes. Sie befestigten einen Gitarrentonabnehmer an einer Pflanze und bewiesen, dass sie hören konnte.

Diese Idee war ihnen wie so viele gute Ideen durch Zufall gekommen. Rex Cocroft, ein Experte für Tierkommunikation, untersuchte gerade Buckelzikaden. Diese Insekten sehen extrem absonderlich aus, mit irisierenden Exoskeletten und bei manchen Arten einem einzelnen übergroßen Horn, das direkt auf ihrem Kopf sitzt, wie das eines Einhorns, nur nach oben weisend. Cocroft beobachtete, dass Buckelzikaden willentlich sehr schnell mit ihrem Unterleib wackeln und über ihre Beine dadurch starke Schwingungen auf den Ast eines Baums oder Strauchs übertragen, auf dem sie gerade stehen. Diese Schwingungen wandern durch die Pflanze und werden von anderen Buckelzikaden aufgenommen, deren Beine hochgradig sensibel für Schwingungen sind und gewissermaßen wie die Nadel eines Plattenspielers funktionieren. Wie Cocroft herausfand, sagten die Buckelzikaden auf diese Weise gleichsam: »Hallo, ich bin da.« Die Insekten benutzen die Pflanze dabei wie ein Dosentelefon. Es war eine interessante Arbeit, doch eines Tage musste Cocroft feststellen, dass all seine Aufnahmen solcher Schwingungen durch ein anderes Geräusch kontaminiert wurden – und zwar durch ein kratzendes, rhythmisches Geräusch. Das war keine Buckelzikade. »Das waren all diese Raupen, die da fraßen«, sagte Heidi Appel, Forscherin an der University of Toledo, Ohio, die später mit Cocroft zusammenarbeitete. Ihr kam ein verführerischer Gedanke.

Die Raupen sind die Dosenöffner zur Welt der Insekten. »Eigentlich gefällt mir das Geräusch«, meinte sie, als ich ihr diesen Vergleich vorstellte. Auf eine Lautstärke verstärkt, die Menschen hören können, klingen die Kaugeräusche der Raupen wie die Mahlzähne einer Ziege, die trockenes Heu kaut, oder wie eine Handvoll rauer Kieselsteine, die man in der Handfläche aneinanderreiben lässt. Das kann durchaus ein seltsam befriedigendes Geräusch sein, ähnlich dem einer Comicfigur, die eine Möhre knabbert. Doch ohne die Verstärkung ist der Ton unglaublich leise. Durch die Fressbewegungen einer Raupe wird das Blatt nur ein paar Tausendstel Millimeter auf und ab bewegt.

Appel begegnete Cocroft erstmals auf einem Seminar an ihrer Universität, während einer Kaffeepause. Die beiden machten sich miteinander bekannt, indem sie über die Dinge sprachen, an denen sie gerade forschten – ein für Naturwissenschaftler typisches Sozialverhalten. Appel erinnert sich, wie sie sagte: »Ich arbeite an der Frage, wie Pflanzen mitteilen, dass sie verletzt werden, und was sie dagegen tun.«

»Ich arbeite an der Frage, wie Tiere untereinander über Schwingungen in Pflanzen kommunizieren«, erwiderte Cocroft. Er erzählte ihr von seinem Problem mit der einige Tage zuvor erprobten Versuchsanordnung. »Es hat nicht funktioniert, weil eine Raupe an der Pflanze fraß«, berichtete er ihr.

Dann entstand in ihrem Gespräch eine Pause. Sie sahen einander an.

»Sie nehmen jetzt aber nicht an, dass die Pflanze sich das *zunutze* macht?«, sagte Appel.

»Es war ein Aha-Erlebnis«, erinnert sie sich. Gemeinsam entwarfen sie eine Reihe von Experimenten. Der Gedanke ging etwa folgendermaßen: Dass Raupen Blätter fressen, ist für Pflanzen eine alltägliche Situation. Dabei entstehen ganz typische Geräusche. Akustische Schwingungen breiten sich im Körper der Pflanzen schneller aus als die allermeisten anderen von Pflanzen möglicherweise aufgenommenen Signale. Wäre es da nicht von Vorteil, so fragten sie, wenn die Pflanzen sie spüren könnten?

Damit wagten sie sich auf vermintes Gelände. Das Gespenst des *Geheimen Lebens der Pflanzen* schwebte gut 40 Jahre nach dem Erscheinen des Buchs immer noch bedrohlich über der Botanik. Die Frage, ob Pflanzen in ihrer Evolution vielleicht einen Gehörsinn entwickelt hatten (oder zumindest Schwingungen, die wir als Schall betrachten, interpretieren können), sorgte mit Sicherheit weiterhin für Stirnrunzeln. Selbst Appels Ehemann Jack Schultz, gleichfalls Pflanzenwissenschaftler, gehörte hier zu den Kritikern. Schultz hatte als einer der Ersten die Ansicht vertreten, dass Bäume über die Luft durch chemische Stoffe miteinander kommunizieren – ein Thema, mit dem man sich in den 1980er Jahren leicht den Unwillen der Fachkollegen zuzog, wenn man Pflanzenwissenschaftler war. Es dauerte noch Jahre, nämlich mindestens bis in die Mitte der 2000er Jahre, bis die chemische Kommunikation zwischen Pflanzen nicht als lächerliche Behauptung, sondern als wissenschaftliche Tatsache galt. »Er sah mich an und sagt: ›Du bist übergeschnappt. Du bist verrückt‹«, erinnert Appel sich. »Das ist die für Wissenschaft typische Skepsis«, meint sie entschuldigend. Es war ein warmer Tag Anfang September; sie stand außerhalb ihres Hauses in Toledo, Ohio, und blickte auf einen Baum. Schultz war drinnen und arbeitete an ihrem jüngsten gemeinsamen Artikel. Ihre Zusammenarbeit währte inzwischen mehr als 30 Jahre.

Appel hält nicht viel von der Debatte über pflanzliche Intelligenz, die inzwischen in ihrem gesamten Fachgebiet geführt wird. Wenn es nach ihr ginge, sollte diese Frage lieber aus philosophischer Perspektive betrachtet werden, während Naturwissenschaftler sich besser mit harter Wissenschaft befassen sollten. Die Begriffe, derer sich Wissenschaftler bedienen, seien wichtig, weil sich ihre Arbeit mit komplexen Gegenständen befasst. Unscharfe Begriffe wie »denken« oder »kommunizieren« sorgten nur für Verwirrung. »Ich sehe voll Demut, wie viel ich nicht weiß. Aber wenn es darum geht, wie wir Dinge definieren, bin ich mir nicht sicher, ob das der richtige Weg ist.« Dennoch hat sie keinen Zweifel, dass Pflanzen Töne wahrnehmen können.

»Ach du meine Güte!«, rief sie und wandte sich wieder dem Baum zu. An einem der Äste hing ein großes Wespennest aus weißlicher Papiermasse. Sie blieb einen Augenblick stehen und betrachtete es voller Bewunderung, dann setzte sie ihren Rundgang über ihr Grundstück fort, einen majestätischen Eichenauwald von gut einem Hektar Größe, durch den ein Trampelpfad führte. Sie griff nach der kleinen Zuckerwassertränke, die sie für Kolibris aufgehängt hatte. Sie war leer und offenbar schneller geleert worden, als es für Kolibris möglich erschien. Nicht aber für eine Wespenkolonie. »Sieh an«, sagte sie, »ich habe günstige Bedingungen für das Wespennest geschaffen.«

Pflanzen und Insekten interagieren ständig und in allen Phasen ihrer Lebenszyklen miteinander. Vielleicht ist es sogar die wichtigste Beziehung in ihrem jeweiligen Leben, zumindest wenn es sich um Insekten handelt, die Nektar trinken oder Blätter fressen, also die große Mehrzahl von ihnen. Pflanzen und Insekten bilden zusammen etwa die Hälfte aller mehrzelligen Organismen auf der Erde. Es wäre keine Übertreibung, wenn man sagte, die Beziehung zwischen ihnen sei die wichtigste auf dem ganzen Planeten. Als Cocroft und Appel beschlossen, Versuche zum Gehörsinn von Pflanzen anzustellen, arbeiteten sie mit Raupen des Kohlweißlings, pummeligen grasgrünen Geschöpfen, die ein Pflanzenblatt sehr schnell aufzufressen vermögen. Folgendermaßen geht die Raupe des Kohlweißlings vor, wenn sie eine Pflanze frisst: Sie setzt jeden ihrer noppenartigen Füße auf beide Seiten des Randes eines Blattes, reckt ihren kleinen Kopf vor und beginnt in einer rückwärts in Richtung des eigenen Körpers verlaufenden Linie an dem Blatt zu knabbern. Dann löst sie die Füße nacheinander und schiebt sich dabei in einer wurmähnlich wellenförmigen Bewegung ein kleines Stückchen weiter vor. Dann beginnt sie wieder von vorn, reckt den Kopf vor, beißt weitere Stückchen von dem Blatt ab und hinterlässt dort, wo zuvor noch grünes Blattfleisch gewesen war, ein sichelförmiges Loch. Wenn Sie sich ein Blatt anschauen und sehen, dass die Ränder sichelförmig ausgefressen sind, dann war dort eine Raupe am Werk, die sich inzwischen satt gefressen hat.

Die Pflanze hat größtes Interesse, solch eine lästige Zerstörung zu verhindern – die ganzen nützlichen Chloroplasten, das ganze Fotosynthesepotenzial, entschwunden in den Bauch eines gallertartigen Insekts. Die gute Nachricht für die Pflanzen lautet, dass sie zahlreiche geniale Möglichkeiten entwickelt haben, dem ein Ende zu bereiten, während die Raupe noch mit ihrer Mahlzeit beschäftigt ist, oder zumindest zu verhindern, dass deren Cousinen es ihr gleichtun. Wie wir gesehen haben, pumpen manche Pflanzen bittere Tannine in ihre Blätter, um ihnen einen abstoßenden Geschmack zu geben. Andere produzieren eigene Abwehrstoffe – häufig der Bestandteil einer Pflanze, der bei den Menschen besonders beliebt ist: das kräftige Oregano-Öl im Oregano, das scharfe Gewürz in der Meerrettichwurzel. Gelegentlich ist das Vorgehen finsterer. Ein teuflisches Beispiel stellt die doch so bescheiden wirkende Tomate dar. Man hat herausgefunden, dass die Tomatenpflanze ihre Blätter mit einem Stoff füllt, der dafür sorgt, dass die Raupen sich von den Blättern abwenden und ihre Aufmerksamkeit stattdessen auf ihre Artgenossen richten. Das Blatt wird uninteressant, und die Raupen beginnen, sich gegenseitig aufzufressen.

Wie wir in Gilroys Labor gesehen haben, beschränkt sich die Reaktion jedoch nicht auf das angegriffene Blatt. Vielmehr löst der Fraßschaden in der gesamten Pflanze eine Kaskade hormoneller Veränderungen aus – woraus sich schließen lässt, dass die verschiedenen Teile der Pflanze die Möglichkeit haben, miteinander zu reden. Die Elektrizität scheint hier eine Erklärung zu bieten, doch selbst die Geschwindigkeit, mit der elektrische Impulse sich durch den Pflanzenkörper bewegen – etwa 5 Zentimeter pro Sekunde –, ist geringer als einige der von Forschern beobachteten Reaktionszeiten. Möglicherweise werden solche Bedrohungen auch über die Schwingungen kommuniziert, die wir als Schall wahrnehmen. Akustische Schwingungen verbreiten sich sehr schnell, in einer festen, verholzten Pflanze mit einer Geschwindigkeit von mehreren tausend Metern pro Sekunde. Diese Geschwindigkeit nimmt zwar ab, je weicher das pflanzliche Material ist, doch sie ist auch dort immer noch sehr groß. Könnte man vielleicht sagen, dass Pflanzen die Invasoren hören?

Um das herauszufinden, beschlossen Appel und Cocroft, Schotenkresse den Geräuschen von Feinden auszusetzen, die sie mit Sicherheit fressen würden: mit denen von Raupen des Kohlweißlings. Für ihr Experiment benutzten sie piezoelektrische Tonabnehmer für Gitarren, die sie genau auf die Frequenz der Fressgeräusche dieser Raupen abgestimmt hatten. Zur Kontrolle befestigten sie solche Tonabnehmer auch an einer Gruppe von Schotenkressepflanzen, die jedoch nicht den Schallschwingungen ausgesetzt wurden.

In ihrem ersten Experiment spielten sie das Geräusch der fressenden Raupen ein und schickten dadurch winzige Schwingungen durch die Blätter. Wie sollten sie jedoch prüfen, ob die Pflanze darauf reagierte? »Eine angegriffene Pflanze kann direkt reagieren oder den Angriff zur Kenntnis nehmen, um später dann schneller zu reagieren«, erläuterte Appel. So nahmen sie der Pflanze die Tonabnehmer ab und setzten sie stattdessen echten Raupen aus. Danach mussten sie warten, bis die Blätter in einem Labor darauf geprüft worden waren, ob sie tatsächlich Abwehrstoffe produziert hatten.

»Wirklich?« – Das fragte Appel in einen leeren Raum hinein, als sie die Ergebnisse sah. Sie ging ins Labor und bat den Laboranten, die Zahlen zu überprüfen. Der Laborant schickte ihr die neuen Ergebnisse zu. Sie waren genauso verrückt. Das Signal war eindeutig. Die Pflanzen konnten die Raupen hören. Sie rief Cocroft an: »Sie werden es nicht glauben…« Dann trafen sie sich und überdachten jede Möglichkeit, dass sie einen Fehler gemacht haben könnten.

»Vielleicht reagiert diese Pflanze auf alles und nicht ausschließlich auf Insekten«, argwöhnten sie. Deshalb wiederholten sie den Versuch unter Einsatz zahlreicher Kontrollen. Mit einem kleinen Ventilator simulierten sie schwachen Wind. Vielleicht veranlasste ja Wind die Pflanzen zu ihrer Abwehrreaktion. Sie spielten eine Aufzeichnung des Paarungsgesangs von Zwergzikaden ein, der genau dieselbe Amplitude wie das Fressgeräusch der Raupen, aber ein ganz anderes rhythmisches Muster besitzt. Die Schotenkresse reagierte nicht. Schließlich fressen Zwergzikaden keine Schotenkresse.

Das alles machte die Sache nur noch eindeutiger: Die Pflanze reagierte spezifisch und ausschließlich auf die Fressgeräusche ihres echten Fressfeindes.[3] »Natürlich führte das zu einem breiten Grinsen«, meinte Appel. »In der Wissenschaft braucht es meist sehr lange, bis wir Dinge verstehen, und die meisten von uns verbringen ihr berufliches Leben… Oder sagen wir es so: Es kommt sehr häufig vor, das Experimente fehlschlagen. Aber wenn sie glücken, erzählen sie uns nur in winzigen Stückchen, wie die Welt funktioniert. Sie sind wie Ziegelsteine, die zusammen eine Mauer ergeben.«

Dies hier war jedoch kein »winziges Stückchen«. Es war der Beweis, dass Pflanzen wirklich hören können, wenn auch auf ihre eigene, gehörlose Weise. Für sie ist Klang reine Schwingung. Und sie reagieren, wenn sie Schwingungen spüren, die in Verbindung mit einem Vorgang stehen, der ihnen Schaden zufügt – zum Beispiel das Geräusch, das Raupen machen, wenn sie frisches Pflanzenfleisch fressen.

Hat man erst einmal die Tür zu der Erkenntnis geöffnet, dass Pflanzen die Fressgeräusche von Raupen wahrnehmen, drängen sich weitere Überlegungen auf. Die Welt ist ein lauter Ort. Was können die Pflanzen wohl sonst noch hören?

Während ich dies schreibe, arbeiten Forscherinnen und Forscher daran, ein neues Fachgebiet ins Leben zu rufen, das manche als Phytoakustik bezeichnen. Dass Pflanzen hören können, wird glaubwürdiger, wenn man versucht, die Dinge aus der Sicht einer Pflanze zu betrachten. Einen Gehörsinn zu besitzen, ist äußerst nützlich, vor allem, wenn man fest an einem Ort verwurzelt ist. Wenn man weder fliehen noch Suchbewegungen ausführen kann, zumindest keine sonderlich schnellen, ist man dringend auf alles angewiesen, was einen im Voraus zu warnen vermag. Auf einer noch elementareren Ebene ist das Gehör ein uralter, überall anzutreffender und fundamentaler Sinn. Pflanzen haben eine Menge zu gewinnen, wenn sie akustische Informationen nutzen können. Wenn außerhalb eines Organismus etwas geschieht, das für dessen Überleben nützlich sein kann, entwickelt dieser Organismus möglicherweise auch ein Mittel, um das wahrzunehmen. Die Evolution, die ja ständig auf der Suche nach Nützlichem ist, wird diesem Organismus eine Möglichkeit eröffnen, seine Wahrnehmung zu nutzen, um das Projekt des Überlebens voranzubringen.

Es könnte auch für die Landwirtschaft extrem nützlich

sein, wenn die Wissenschaft eine brauchbare Anwendung fände. Schließlich veranlasste in Appels Arbeit ein Klangreiz die Pflanze, ihr eigenes Pestizid zu produzieren. Wenn man Pflanzen zur Produktion von Pestiziden bewegen könnte, indem man ihnen lediglich bestimmte Geräusche vorspielte, ließe sich der Bedarf nach synthetischen Pestiziden in der Landwirtschaft beträchtlich verringern und in manchen Fällen auch der Gehalt an Stoffen erhöhen, deretwegen die betreffende Pflanze angebaut wird. Bei der Senfpflanze etwa ist ja gerade das pflanzeneigene Pestizid, das Senföl, der Grund, weshalb man sie anbaut. Versetzte man Lavendelpflanzen in höchste Alarmbereitschaft, indem man ihnen die richtigen Geräusche vorspielte, würden sie noch mehr von den Abwehrstoffen erzeugen, die wir beim Lavendelöl so schätzen.

Forscherinnen und Forscher in aller Welt versuchen inzwischen herauszufinden, ob bestimmte Geräusche, die man Pflanzen vorspielt, sie zu bestimmten Reaktionen veranlassen können. Sie experimentieren mit unterschiedlichen Frequenzen und jeweils unterschiedlichen Zeitspannen. Im Augenblick wirken die Versuche mit der Beschallung von Pflanzen recht wahllos. In einer Studie beschallte man Schotenkresse über einen Zeitraum von zehn Tagen jeweils drei Stunden am Tag mit einer bestimmten Folge von Tönen und fand heraus, dass sich die Fähigkeit zur Abwehr eines schädlichen Pilzbefalls dadurch erhöhte.[4] Nach einer anderen Versuchsreihe verbesserte sich die Fähigkeit von Reispflanzen, Dürrephasen zu überstehen, wenn man sie eine Stunde lang mit gewissen Tönen beschallte.[5] Und Forscher, die Alfalfasprossen zwei Stunden lang einem Spektrum unterschiedlicher Frequenzen aussetzten, stellten fest, dass sich deren Gehalt an Vitamin C, also ihr qualitativer Nährwert, erhöhte.[6] Als sie das Experiment mit Brokkoli- und Rettichsprossen wiederholten, gelang es ihnen, auch deren Flavonoidgehalt zu erhöhen.[7] In Anbetracht dieser Ergebnisse kann man sich vorstellen, dass Bauern in Zukunft Ghettoblaster aufstellen, statt ihre Pflanzen großflächig zu besprühen.

Appels Arbeit passt in gewisser Weise in dieses Muster, nur dass sie den Pflanzen keine zufällig ausgewählten Tonfolgen vorspielt, sondern sich mehr für die Frage interessiert, mit welchen Geräuschen es eine Pflanze tatsächlich in der Natur zu tun hat. Sie glaubt, auf interessante pflanzliche Reaktionen eher bei solchen Geräuschen stoßen zu können, mit denen die betreffende Pflanze sich entwickelt hat. In der Wissenschaft spricht man hier von »ökologischer Relevanz«. Die Geräusche von Räubern sind zweifellos ökologisch relevant. Wenn eingespielte Tonaufnahmen Schotenkresse fressender Raupen das Immunsystem der Pflanze zu aktivieren vermögen, darf man wohl annehmen, dass Ähnliches auch für andere Verbindungen zwischen Pflanze und Räuber oder zwischen Pflanze und Bestäuber gelten. So werden die Blüten mancher Pflanzen von summenden Insekten bestäubt. Diese Pflanzen kann man veranlassen, ihre Pollen freizusetzen, indem man ihnen das Summen von Bienen vorspielt. Können Pflanzen auch die Geräusche von Fruchtfressern hören (die oft sehr laut sind – man denke nur an Papageien), um dementsprechend den Zeitpunkt der Reife festzulegen? Oder das Donnern eines Gewitters, um sich auf den Regen vorzubereiten? Das wäre durchaus sinnvoll. Eine Wüstenpflanze muss sich auf diesen Augenblick vorbereiten, um möglichst viel Wasser aufzufangen, und jede Pflanze mit Pollen wäre gut beraten, ihre Blüten zu schließen, bevor ein heftiger Gewitterregen niedergeht und die Pollen wegschwemmt. Die Phytoakustik möchte das herausfinden.

Als Nächstes drängt sich natürlich die Frage auf, wie

Pflanzen überhaupt hören können. Sie mögen zwar keine Ohren im herkömmlichen Sinne haben, aber Gehör gibt es in den unterschiedlichsten Formen. In einem Gemeinschaftsprojekt fanden Forscher aus China und den USA 2017 heraus, dass die winzigen Härchen auf den Blättern der Schotenkresse wie akustische Antennen funktionieren, indem sie ankommenden Schall aufnehmen und in derselben Frequenz schwingen.[8] Viele andere Pflanzen besitzen ebenfalls winzige haarähnliche Strukturen auf ihren Blättern. Zur Klärung der Frage, ob diese Strukturen, Trichome genannt, auch bei anderen Pflanzenarten wie Antennen wirken, bedarf es noch weiterer Forschung. Inzwischen haben Forscher bereits herausgefunden, dass die Trichome es den Pflanzen ermöglichen, die Trippelgeräusche von Motten und Raupen wahrzunehmen und Abwehrreaktionen in Gang zu setzen.[9] Trichome sind ganz eindeutig ausgezeichnete Sinnesorgane. Der Vergleich mit dem Innenohr von Tieren liegt nahe. Seine Wände sind ebenfalls mit spezialisierten Haarzellen besetzt, die durch die ankommenden Schallwellen in Schwingung versetzt werden und diese Schwingungen in elektrische Signale umwandeln, die über die Nerven ans Gehirn geschickt werden. Auch das ist wieder ein Beispiel für den oben angesprochenen Gedanken: Wenn die Evolution eine gute Idee hat, finden wir sie meist im gesamten Spektrum des Lebens.

Wie manche Forschungen inzwischen vermuten lassen, ist der Schall von derart vitaler Bedeutung für das Leben der Pflanzen, dass er sogar Anteil an der Entwicklung ihrer Gestalt hat. Ein Forschungsteam an der Universität Tel Aviv fand 2019 heraus, dass die Strand-Nachtkerze, eine am Boden wachsende Pflanze mit zitronengelben, becherförmigen Blüten, innerhalb von drei Minuten nach dem Einspielen des Fluggeräuschs von Honigbienen die Süße ihres Nektars verstärkt.[10] Dagegen ignoriert diese Nachtkerze Geräusche, die außerhalb der Frequenz summender Bienenflügel liegen. Das von der Evolutionsbiologin Lilach Hadany geleitete Team nimmt an, dass der süßere Nektar – mit einem höheren Zuckergehalt als der Nektar nichtbeschallter Pflanzen – eher Bestäuber anlockt und damit die Wahrscheinlichkeit einer Fremdbestäubung erhöht.

Wir wissen, dass zahlreiche Bestäuber im Umkreis von Pflanzen herumschwirren, die ein paar Minuten zuvor von einem anderen Bestäuber besucht wurden. Es wäre für die Pflanze durchaus sinnvoll, die Ankunft der Bestäuber, in diesem Fall der Bienen, vorauszusehen. Aber könnte der flache Becher der Blüte wirklich eine Satellitenschüssel sein, mit der die Pflanze nach ihren Bestäubern horcht? Hadany und ihre Mitautorin Marine Veits, damals noch Studentin in Hadanys Labor, fanden heraus, dass die Schwingungen der Blüte, mit einem darauf abgestimmten Laser-Bewegungstracker gemessen, beim Abspielen des Bienensummens der Wellenlänge der Bienenaufzeichnung entsprachen. Die Blüte wirkte wie ein Verstärker, ihre gesamte Form wie ein Resonanzlautsprecher. Das Team schnitt nun einige Blütenblätter heraus und zerstörte damit die perfekte Schüsselform der Blüte. Dann wiederholten sie den Test. Diesmal stellte sich keine Resonanz zur Frequenz des Bienensummens ein. In diesem Fall war der Blütenkelch eindeutig der Teil der Pflanze, der für das »Hören« verantwortlich war. Das lässt vermuten, dass die Blüte diese Form aus demselben Grund angenommen hatte, aus dem auch Satellitenschüsseln konkav sind. »Wir hatten ein potenzielles Hörorgan gefunden, und zwar die Blüte selbst«, sagte Hadany. Wenn sie heute Blüten sieht, sieht sie überall Ohren.

Wie es scheint, können Wurzeln akustisch ebenso empfindlich sein. Warum sollten Pflanzen auch nur über der Erde Ohren haben, wenn doch die Hälfte ihres Körpers sich unter der Erde befindet? Außerdem gibt es auch dort eine Menge zu hören. Fragen Sie nur einmal einen Maulwurf. Oder falls Sie Monica Gagliano sind, fragen Sie vielleicht lieber eine Erbsenpflanze.

Die Erbsensetzlinge in Gaglianos Labor an der University of Western Australia sahen so aus, als trügen sie große Plastikhosen. Die geringelten Triebspitzen der einzelnen Pflänzchen ragten oben aus einem PVC-Rohr heraus. Jedes Rohr teilte sich unten in zwei Zweige, wie ein umgedrehtes Y. Gagliano untersuchte das Hörvermögen der Erbsenpflanzen. Oder genauer: Sie untersuchte, ob sie die Bewegung von Wasser hören konnten. Die PVC-Hosen waren in Wirklichkeit Y-Labyrinthe, wie sie auch in Experimenten zum Lernen und Verhalten von Labormäusen verwendet werden. In diesem Fall ging es um die Frage, in welche Richtung die Wurzeln der Erbsensetzling wachsen würden. An das untere Ende der beiden »Hosenbeine« stellte Gagliano jeweils eine andere Schale. Nach einigen Tagen Wachstum würden die Wurzeln der Pflanze an die Verzweigungsstelle gelangen und eine Entscheidung treffen müssen – ähnlich einer Maus, die entscheidet, in welchen Gang des Labyrinths sie hineinläuft. In einem ersten Durchgang des Experiments enthielt eine der Schalen ein paar Teelöffel Wasser, während die andere leer war. Es ist eine gut bestätigte Tatsache, dass Pflanzenwurzeln im Boden »Feuchtigkeitsgradienten« wahrnehmen und dadurch im näheren Umfeld Wasser aufspüren können. Wie zu erwarten, wuchsen die Wurzeln fast aller Erbsensetzlinge also in Richtung der wassergefüllten Schale.

Im nächsten Schritt veränderte Gagliano die Versuchsanordnung und ersetzte die mit Wasser gefüllte Schale durch ein geschlossenes Kunststoffrohr in der Nähe eines der beiden Beine des PVC-Rohrs, während die leere Schale unter dem anderen Bein stehenblieb. Mit Hilfe einer Aquarienpumpe ließ sie kontinuierlich Wasser durch das geschlossene Rohr strömen. Diesmal gab es für die Pflanze keine Möglichkeit, Feuchtigkeit aufzuspüren. Nur das Geräusch fließenden Wassers konnte ihr als Hinweis dienen. Doch auch diesmal wuchsen fast alle Pflanzen in Richtung des fließenden Wassers.[11] Im nächsten Schritt gab man den Pflanzen die Möglichkeit, zwischen der mit Wasser gefüllten Schale und dem verschlossenen, von Wasser durchströmten Rohr zu wählen. In diesem Fall gaben die Pflanzen dem offenen Wasser den Vorzug, woraus sich erschließen lässt, dass ihnen tatsächliche Feuchtigkeit – ein sicherer Drink – lieber war als das bloße Geräusch davon. Die Setzlinge schienen in der Lage zu sein, so schloss Gagliano, verschiedene Sinneswahrnehmungen auseinanderzuhalten und sie nach der Bedeutung für ihre Gesundheit zu ordnen. Aber vor allem vermochten sie das Geräusch echten fließenden Wassers zu hören und sich in dessen Richtung zu bewegen.

Für einen Klempner wäre das wahrscheinlich keine Überraschung. Klempner sind mit dem frustrierenden Phänomen vertraut, dass Baumwurzeln in verschlossene Wasserleitungen eindringen. Die Städte geben jährlich Millionen für die Reparatur solcher Baumwurzelschäden am kommunalen Wasserleitungsnetz aus – die deutschen Städte zum Beispiel schätzungsweise 37 Millionen Euro pro Jahr.[12] Der U.S. Forest Service macht das Eindringen von Baumwurzeln für mehr als die Hälfte der Verstopfungen in Abwasserrohren verantwortlich.[13]

Gagliano drängt ihre Kollegen, sehr breitgefächert darüber nachzudenken, was Pflanzen möglicherweise außerdem noch hören können.[14] Wenn Pflanzen Tiere zu hören vermögen, können sie sich vielleicht auch gegenseitig hören? Es ist seit langem bekannt, dass Bäume ein leises Knattern von sich geben, wenn beim Aufsteigen des Wassers in ihren Stielen oder Stämmen Luftbläschen implodieren. Diesen Vorgang bezeichnet man als Kavitation. Die kavitationsbedingten Knackgeräusche scheinen vermehrt aufzutreten, wenn Pflanzen unter Dürrestress stehen.[15] Das ist durchaus nachvollziehbar. Weniger Wasser bedeutet mehr Luftbläschen im Stamm oder Stiel. Gagliano fragt sich, ob das Knackgeräusch vielleicht absichtlich erzeugt wird und nicht nur auf zufällig entstehende und implodierende Luftbläschen zurückzuführen ist.

Hadany, die hinter der Studie mit der Strand-Nachtkerze stand, machte 2023 eine Entdeckung, die als erster solider Hinweis darauf gelten kann, dass die Theorie der kavitationsbedingten Knackgeräusche stimmen könnte.[16] Gemeinsam mit Yossi Yovel, der die Geräusche von Fledermäusen untersucht, setzte sie Mikrophone an Weizen- und Maispflanzen, an Weinreben sowie Kakteen und zeichnete deren Ultraschallgeräusche auf. Ich hörte mir die Aufnahmen an, die man schneller laufen ließ und auf eine hörbare Lautstärke brachte. Sie klangen wie das Geräusch platzenden Popcorns oder wie ein Mensch, der wild auf eine Tastatur einhämmert.

Jede Pflanzenart schien bei diesen Knackgeräuschen ihre eigene Frequenz zu besitzen. So klang etwa ein Kaktus ganz anders als eine Weinrebe. Vor allem aber veränderte sich das Knacken ganz dramatisch je nach Zustand der Pflanze, erläuterte Hadany. Eine gestresste, dehydrierte Pflanze klang vollkommen anders als eine gut gewässerte und gesunde. Tomaten zum Beispiel machten pro Stunde im Durchschnitt 35 solcher Knackgeräusche, wenn sie unter Dürrestress standen, aber weniger als eines, wenn man ihnen all das Wasser gab, das sie brauchten. Das Knacken nahm auch deutlich zu, wenn man der Pflanze ein Blatt abknipste – um den Angriff eines Pflanzenfressers zu imitieren. Pflanzen, die nicht bedrängt wurden, waren im Vergleich dazu sehr ruhig. »Wenn Tomaten- oder Tabakpflanzen sich wohlfühlen, bringen sie nur wenige Geräusche hervor«, berichtete Hadany.

Ihr Team entwickelte Computerlernmodelle, die in der Lage sind, zwischen den von Pflanzen produzierten Geräuschen und den Umweltgeräuschen zu unterscheiden. Die Modelle konnten allein aus den emittierten Geräuschen erschließen, in welchem Zustand die Pflanzen sich befanden – ob sie unter Trockenheit litten, geschnitten wurden oder intakt waren. Das eröffnet zweifellos Möglichkeiten für Landwirte, in Zukunft einmal mit Hilfe von Ultraschallsensoren »hören« zu können, ob ihre Pflanzen Wasser benötigen.

Noch interessanter ist allerdings, was das für die Frage der pflanzlichen Kommunikation bedeuten könnte. Identität und Gesundheitszustand – das ist eine Menge Information für jemanden, der es zu hören vermag. Menschen können das nicht ohne Verstärker. Motten dagegen schon. Fledermäuse und Mäuse auch. Die von Hadany aufgezeichneten Geräusche wären nach ihren Messungen für kleine Lebewesen bis zur Entfernung von etwa 5 Metern hörbar. Sind Tiere – oder vielleicht sogar auch Pflanzen – in der Lage, diese Geräusche zu hören und zu interpretieren? Oder anders gefragt, wäre es vorstellbar, dass Pflanzen durch akustische Signale miteinander kommunizieren? »Wenn wir das können, dann können andere Organismen das auch«, sagt Hadany.

Hadany bemühte sich am Telefon sehr, ihre Entdeckungen nicht allzu sehr anzupreisen. Sie sagen uns noch nichts über mögliche Intentionen der Pflanze, von der die Knackgeräusche ausgehen, fügte sie vorsichtig hinzu. Die Knackgeräusche könnten auch lediglich Nebenprodukte eines physischen Vorgangs sein, wie das etwa für das Grummeln unseres Magens gilt. »Ich rede hier noch nicht von Sprache. Denn Sprache erfordert zwei Seiten.« Aber selbst bei allergrößter Vorsicht hält sie es doch für wahrscheinlich, dass da *irgendjemand* zuhört. Wenn schnelle Knackgeräusche bedeuten, dass die Pflanze mit Dürre kämpft oder von Insekten belagert wird, könnten andere Pflanzen diese Geräusche als Warnung aufnehmen. Vielleicht schließen sie ihre Stomata oder fahren ihr Abwehrsystem hoch. Genau das will Hadany als Nächstes untersuchen und hat sich dafür gerade erst eine größere Förderung gesichert.

Aber was würde das für die Pflanze bedeuten, die diese Geräusche aussendet? Könnte man hier von einem intentionalen Handeln sprechen? Genau da wird die Sache vertrackt. Wenn ein Organismus beginnt, die von einem anderen Organismus gelieferte Information zu benutzen, greift die Evolution ein und sorgt für eine Feinabstimmung aufseiten des Lebewesens, das die Information liefert. »Es mag vollkommen passiv sein, doch wenn andere auf die Geräusche reagieren, kann die natürliche Selektion auf den Sender einwirken«, sagt Hadany. Mit anderen Worten, die Töne könnten sich über ihre schlichten Ursprünge als zufällige Geräusche hinaus entwickelt haben. Vielleicht sind sie inzwischen in der Weise optimiert worden, dass sie einem sehr realen Zweck dienen – etwa der Kommunikation. »Es ist kompliziert. Wir sind zu unserer Voraussage gelangt, als wir über Kommunikationsmittel nachdachten. Wissenschaft ist ein langer Prozess. Wir sind noch nicht so weit«, sagt Hadany und winkt ab.

Gagliano verglich die Frage mit der Entdeckung des Sonars bei den Fledermäusen.[17] Noch mehr als ein Jahrhundert nach den ersten Hinweisen wollte die Wissenschaft nicht glauben, dass Fledermäuse sich mit Hilfe von Schallwellen im Raum orientieren. Das schien allzu weit jenseits aller Vorstellungen hinsichtlich der Fähigkeiten zu liegen, die man Tieren zutraute. Wissenschaftliche Ungläubigkeit behinderte die Entdeckung der Echoortung bei den Fledermäusen. Könnte dasselbe nicht auch bei den Pflanzen der Fall sein?

Tatsächlich gibt es die These, nach der Echoortung ein Motiv dafür sein könnte, dass Pflanzen überhaupt Töne produzieren. Wir wissen, dass die Setzlinge von Kletterpflanzen in der Luft kreisförmige Bewegungen ausführen und nach etwas aufrecht Stehendem suchen. Dabei scheinen sie die Lage einer geeigneten Kletterstütze zu orten, noch bevor sie tatsächlich in Berührung damit kommen. Stefano Mancuso, einer der ersten Verfechter der Pflanzenneurobiologie, der vielfach mit Gagliano zusammengearbeitet hat, benutzt Zeitrafferaufnahmen, um dieses Phänomen bei Bohnenpflanzen zu beobachten, die nach einer in der Nähe stehenden Metallstange suchen und sie lokalisieren. Auch hier scheint die Kavitation eine naheliegende Erklärung zu sein. Aber ist in einem lebenden Körper irgendetwas zufällig? Mancuso vermutet, die Ranken setzten Echoortung ein, um die Position der Stange zu bestimmen.[18] In Gaglianos Augen folgen sie damit einer elementaren evolutionären Logik. Es ist für Pflanzen vorteilhaft, etwas über ihre Umwelt zu erfahren, indem sie Töne produzieren, denn »akustische Signale breiten sich schnell und mit minimalen Energie- oder Fitnesskosten aus«. Allerdings fehlen dafür bislang noch harte Beweise.

Könnten Pflanzen etwas zu sagen haben? Gagliano möchte, dass wir das herausfinden. Bislang sind diese Fragen noch nicht beantwortet, ja nicht einmal wirklich gestellt worden, sofern man darunter Konzeption und Durchführung realer Experimente versteht. Doch bis vor kurzem galt das auch für jene andere, inzwischen akzeptierte Form pflanzlicher Kommunikation, durch chemische Signale. »So enthüllte die Geburt der chemischen Pflanzenökologie«, schriebt Gagliano, »den überraschend ›gesprächigen‹ Charakter der Pflanzen und die Beredsamkeit ihres flüchtigen Vokabulars.«

Inzwischen haben Wissenschaftlerinnen und Wissenschaftler überzeugende Beweise dafür gefunden, dass Sprache nicht vollkommen auf die menschliche Sphäre beschränkt ist. Präriehunde etwa verwenden offenbar Adjektive – spezifische, regelmäßig verwendete Laute zur Kennzeichnung der Größe, der Gestalt, der Farbe und der Geschwindigkeit von Raubtieren.[19] Japanische Kohlmeisen verfügen über eine Syntax. Sie benutzen unterschiedliche Zwitschersequenzen, um ihre Artgenossen aufzufordern, nach Gefahren Ausschau zu halten, oder ihnen zu sagen, sie sollten näher kommen.[20] Wir haben von Singvögeln gehört, die bei Alarmrufen zwischen »öffentlichen« und »privaten« Kanälen wechseln, und von Streifenhörnchen, die bei der geringsten Gefahr lautstark Alarm schlagen. Vielleicht wäre es borniert, wenn wir die Möglichkeit ausschlössen, auch auf eine schallbasierte Pflanzensprache zu stoßen.

Im Augenblick sorgt man noch für eine beträchtliche Polarisierung, wenn man Gaglianos Namen in Botanikerkreisen erwähnt. Sie ist in diesem Fachgebiet eine umstrittene Figur, auch wenn ihr Ansehen außerhalb des Elfenbeinturms zunimmt. 2020 versuchte ein Doktorand an der University of California in Davis ein besonders radikales Lernexperiment mit Erbsenpflanzen zu wiederholen, bei dem sich gezeigt hatte, dass die Setzlinge in einem Y-Labyrinth ebenso wie Tiere lernen konnten, positive Hinweise mit einer Belohnung zu assoziieren.[21] In diesem Fall war der Hinweis ein leichter Wind aus einem Ventilator und die Belohnung Licht. Falls die Vermutung zutraf, wäre das eine weltbewegende Entdeckung gewesen, denn assoziatives Lernen gilt bei Tieren als entscheidender Indikator für Intelligenz. Die Bemühungen des Doktoranden blieben jedoch erfolglos.[22] Seine Erbsenpflanzen zeigten keinerlei Anzeichen von Lernen. Ich begann immer mehr Stimmen zu hören, die Gagliano rundheraus ablehnten. Die Episode schadete ihrem Ansehen innerhalb der Botanik. Dennoch muss angemerkt werden, dass die Wiederholung von Experimenten immer eine vertrackte Angelegenheit ist. Dass verschiedene Leute eine Studie unabhängig voneinander wiederholen und zu denselben Ergebnissen gelangen, ist von absolut entscheidender Bedeutung für die Bestätigung neuer wissenschaftlicher Erkenntnisse, doch Fehlschläge bedeuten noch nicht, dass die ursprünglichen Ergebnisse falsch wären. Sie bedeuten jedoch, dass die ursprüngliche Versuchsanordnung nicht stabil genug ist, um sich darauf verlassen zu können. Falls die Schlussfolgerungen tatsächlich zutreffen sollten, bleibt abzuwarten, ob nicht bessere Versuchsanordnungen sie zu beweisen vermögen.

Für andere war es Gaglianos Buch *Thus Spoke the Plant* (»Also sprach die Pflanze«), das ihren Ruf ruinierte. Darin erzählt sie, dass sie während eines schamanistischen Rituals in Peru einmal Ayahuasca einnahm und mit dem Geist der Pflanze kommunizierte, der ihr gesagt habe, wie sie ihre Studien am besten anlegte. In der Wissenschaft gibt es eine stillschweigende Trennung zwischen Kirche und Staat. Die Reinheit der Wissenschaft bedeutet, dass man nicht in mystische Gewässer hinabtaucht oder dass man es wenigstens für sich behält, falls man es dennoch tut. Wissenschaft wird von Menschen betrieben, und wenn diese Menschen Ihre Arbeit nicht mögen oder Sie nicht als Mitglied ihres Stammes anerkennen, kann es sein, dass Sie in die Zange genommen werden oder keine Fördergelder erhalten. Gagliano wurde in die Zange genommen, auf Tagungen, auf denen Männer (es waren immer Männer) aufstanden und sie beschimpften, und in Zeitschriften, in denen Gruppen von (wiederum meist männlichen) Botanikern Protestbriefe veröffentlichten.

Andere sind da weniger harsch. Sie verstehen nicht, weshalb sie derart an den Pranger gestellt wird, wo doch zahlreiche Männer in der akademischen Welt weitaus mystischere Wege eingeschlagen haben. Wieder andere sehen die Dinge differenzierter: Ihre Versuchsanordnung bei der Studie über das Lernen bei Erbsenpflanzen mag Fehler aufgewiesen haben, aber ihre Ideen seien gut. Gleichzeitig sind sie dankbar, das überhaupt jemand ihr Fachgebiet drängt, kühnere Fragen zu stellen, vor allem im Bereich der Pflanzenakustik. Ihre Arbeit auf dem Gebiet der Phytoakustik habe wirklich etwas bewegt. Es sei tatsächlich an der Zeit gewesen, die Welt des pflanzlichen Hörens ernst zu nehmen.

Bemerkenswert ist indessen, wie unterschiedlich Gaglianos Thesen in der wissenschaftlichen und der nichtwissenschaftlichen Welt aufgenommen wurden. Nicht selten spricht sie auf philosophischen Tagungen und Wissenschaftsveranstaltungen, die sich an ein breites Publikum wenden, vor vollbesetzten Sälen. Die *New York Times* brachte 2019 eine Story über sie, und zwar nicht in der Sparte *Science*, sondern zum Thema *Style*. New York Public Radio stellte ihre Arbeit in seiner Sendung »Radiolab« vor, und ein halbes Dutzend anderer Mainstreammedien führten Interviews mit ihr. Ihre wissenschaftlichen Ideen finden außerhalb der institutionalisierten Wissenschaft beträchtlichen Anklang.

Es bleibt abzuwarten, wie die Geschichte über Monica

Gaglianos Ansichten urteilen wird, ich sehe in ihr jedoch ein perfektes Symbol unserer Zeit. Sie steht mit jeweils einem Bein in zwei Welten, während die aufkommende Wissenschaft um die Pflanzen beide zu einer Konfrontation zwingt. Sie schreibt Artikel in Zeitschriften zur feministischen Theorie, in denen sie dafür eintritt, dass die Naturwissenschaften in ihren Methodologien der Intuition größeren Raum gewähren, wobei sie einräumt, dass sie damit in einen vollkommenen Widerspruch zu ihrer eigenen Ausbildung gerät. In einem Artikel, den sie 2022 gemeinsam mit der Anthropologin Kristi Onzik von der University of California in Davis verfasste, verwies sie auf die ungewöhnlichen Methoden der Nobelpreisträgerin Barbara McClintock, die 1944 letztlich zu ihrem bahnbrechenden Durchbruch in der Genetik der Maispflanzen führten.[23] McClintock fand heraus, dass manche Gene spontan springen und ihren Platz innerhalb des Chromosoms verändern können – eine bis dahin beispiellose These. McClintock beobachtete ihre Maispflanzen stundenlang und »verlor sich« in ehrfürchtiger Betrachtung und aufmerksamem Zuhören, bis sie schließlich glaubte, »ein Gefühl für den Organismus« entwickelt zu haben und zu einer »direkten Kommunikation« mit ihm fähig zu sein. Erst Jahre später entstanden auf molekularer Ebene ansetzende Techniken, die ihren Fachkollegen bewiesen, dass ihre Entdeckung zutraf. Vielleicht sollten Wissenschaftlerinnen und Wissenschaftler offener für einen lockereren Umgang mit den rationalistischen Gewissheiten sein, auf denen ihre berufliche Laufbahn basiert, meinen Onzik und Gagliano.

Onzik – der Schwerpunkt ihrer anthropologischen Forschung liegt bei der Kultur jener Wissenschaftlerinnen und Wissenschaftler, die sich mit dem Verhalten von Pflanzen befassen – begleitete Gagliano in deren Labor in Australien, wo sie der Frage nachging, ob Wurzeln in der Lage sind, sich in ihrem Wachstum für den Weg des geringsten Widerstands zu entscheiden, indem sie etwaige Hindernisse antizipieren und meiden. Es handelte sich um eine ähnliche Versuchsanordnung wie bei ihren Experimenten zu der Frage, ob Wurzeln die Richtung erspüren können, in der sich Wasser finden lässt. Diesmal verwendete sie jedoch komplexere Labyrinthe, nämlich solche mit vier statt nur zwei Armen. Onzik beobachtete, wie Gagliano immer frustrierter wurde wegen der sterilen Bedingungen in ihrem Labor und der gewaltigen Müllmenge, die anfiel, weil die Komponenten ihres Plexiglaslabyrinths in Styroporbehältern angeliefert wurden. »Kurzerhand« packte sie ihre Sachen zusammen, so schreibt Onzik, und fuhr in ein Haus in den subtropischen Wäldern der Provinz New South Wales. Dort baute sie ihren Versuch erneut auf, umgeben von »Spinnen, Molchen und Schlangen«. Die neue Umgebung war weder steril, noch ließ sich dort die Temperatur kontrollieren. Sie hatte den Bereich der replizierbaren Wissenschaft ganz eindeutig hinter sich gelassen. Was auch immer nun geschehen mochte, für konventionelle wissenschaftliche Fachzeitschriften war es mit Sicherheit nicht akzeptabel. Sie versuchte, eine andere Art von Erkenntnis zu erfühlen, schreibt Onzik.

Sich auf der Grenze zwischen spiritueller und wissenschaftlicher Welt zu bewegen, ist zweifellos ein tückisches Unterfangen und mit Sicherheit Gegenstand der Kritik und sogar Verachtung seitens der Fachkollegen. Gagliano scheint sich dort jedoch wohlzufühlen, und das völlig unerschrocken. Ich sehe sie vor mir, wie sie versucht, beide Welten in ein Verhältnis zueinander zu bringen. In gewisser Weise lebt sie an der vordersten Front des Streits um die pflanzliche Intelligenz. Da hilft es wahrscheinlich, dass sie inzwischen mit

Millionen Dollar von der Templeton World Charity Foundation gefördert wird, und zwar innerhalb eines Programms mit Namen »Diverse Intelligences« (»vielfältige Formen der Intelligenz«). Sie ist mit ihrer Forschung der Southern Cross University in Australien angegliedert, aber in der Finanzierung hängt sie nicht mehr von den herkömmlichen staatlichen Mitteln ab. Sie sorgt sich nicht länger um die Wahrung ihres akademischen Rufs, zumindest nicht aus finanziellen Gründen.

Gagliano sprach Anfang 2020 in Dartmouth über die Demut, die uns Menschen anstehe. »Wir sind die neuen Kids im Viertel. Traditionell sollte man da den Älteren Respekt zollen«, womit sie Bakterien, Pilze und Pflanzen meinte. Die Ansicht, dass der Mensch an der Spitze einer Evolutionskette stehe, bezeichnete sie als »arrogant« und »kindisch«.

»Wer sagt denn, dass die Wissenschaft die einzige Form von Erkenntnis sei? Als Wissenschaftlerin liebe ich die Wissenschaft«, sagte sie in Dartmouth. »Ich halte sie für eine wunderbare Möglichkeit, die Welt zu beschreiben. Aber sie ist nicht die einzige Möglichkeit.«

Ich bin sehr erstaunt über den existenziellen Konflikt, den der Gedanke eines pflanzlichen Hörvermögens auslöst – ganz offensichtlich ein Konflikt zwischen Wissenschaft und Spiritualität. Bei alledem scheint jedoch niemand wirklich in Frage zu stellen, *dass* Pflanzen tatsächlich hören. *Was* sie da hören, muss natürlich erst noch genauer untersucht werden. Aber es ist eine erderschütternde Offenbarung ganz eigener Art für Menschen wie mich, die ihr Leben lang bisher genau das Gegenteil gedacht haben. Meine Welt der Töne und Klänge schien grundverschieden von allem zu sein, was mit Pflanzen zusammenhängt. Seit einiger Zeit erfährt meine Vorstellung von dem, was eine Pflanze ist, eine tiefgreifende

Veränderung. Die Pflanzen dringen offenbar auf alle Ebenen unserer Sinneswelt vor. Plötzlich schien die Sphäre, in der ich lebe – die fühlende, mitfühlende, hörende Welt –, ihre fundamentale Trennung von der Welt des Grüns zu verlieren. Eine Wand, die ich unbewusst zwischen den beiden Sphären errichtet hatte, wurde zusehends dünner, durchsichtiger, wie die feuchte Membran einer Seifenblase, die gleich zu platzen droht. Harte grüne Knospen brachen dort durch.

KAPITEL 6

Der (Pflanzen-)Körper zählt mit

Es ist ein ungewöhnlich warmer Tag im September, und Berlin erstrahlt in hellem Sonnenschein. In dieser Stadt mit ihren langen grauen Wintern, die schon im Herbst beginnen, herrscht das Gefühl, dass dieser sonnige Tag vielleicht für lange Zeit der letzte sein wird. Überall in den Parks der Stadt tummeln sich Menschen, liegen zwischen Hecken und Rosensträuchern auf dem Rasen. Auf einer Bank sitzen drei ältere Männer, die Gesichter schräg nach oben geneigt, die Augen geschlossen, ohne ein Wort miteinander zu wechseln. Sie sehen aus, als wollten sie durch ihre Poren den letzten Rest Sonnenlicht einsaugen.

Im Botanischen Garten Berlins hat die Eintönigkeit bereits die Oberhand gewonnen, nur wenige winterharte Pflanzen blühen noch, auch sie haben ihre Blüten auf die schwindenden Sonnenstrahlen ausgerichtet. Ich wandere mit Tilo Henning, einem hiesigen Forscher, durch den Garten. Er erzählt mir von *Nasa poissoniana*, einer Blütenpflanze aus der Familie der *Loasaceae*, der Blumennesselgewächse, die in den peruanischen Anden wächst. Was er mir da erzählt, fesselt mich.

»Was meinen Sie mit: Die Blüten erinnern sich?«, frage ich ihn. »Wo speichern sie diese Erinnerung?«

Henning schüttelt den Kopf und lacht, sein schwarzes Haar ist zu einem Pferdeschwanz zusammengebunden, der über den Kragen seines Sweatshirts fällt. Er weiß es nicht.

Niemand weiß das. Und dennoch, wie er und sein Kollege Max Weigend, Leiter des Botanischen Gartens in Bonn, beobachtet haben, ist *Nasa poissoniana* in der Lage, Informationen zu speichern und wieder abzurufen. Sie entdeckten, dass diese mehrfarbigen, strahlenförmig aufgebauten Blüten sich an die zeitlichen Abstände zwischen den Besuchen von Hummeln erinnern und voraussehen können, wann ihr nächster Bestäuber eintreffen dürfte.

Diese Arbeit fügt der Welt des Pflanzenverhaltens ein neues und explosives Element hinzu: das Pflanzengedächtnis. Ich bin nach Berlin gekommen, weil mir eingefallen war, dass solch ein Gedächtnis die Grundlage jeglichen komplexen Verhaltens bilden musste. Ich hatte erfahren, dass Pflanzen ihre Umgebung hören, dass sie Berührungen fühlen und dass sie Informationen austauschen. Doch all diese Aktivitäten wurden durch ihre fluktuierende Zeitlichkeit beschränkt. Wozu taugen diese Sinneswahrnehmungen, wenn es kein Erinnerungsvermögen gibt? Ohne Gedächtnis lässt sich nur wenig auf intelligente Weise tun. Das Gedächtnis eröffnet uns die Möglichkeit, zu lernen und uns in Raum und Zeit zu orientieren. Was könnte es heißen, dass eine Pflanze ein Gedächtnis besitzt? Nicht das genetische Gedächtnis wie das der Zugvögel, die jedes Jahr an einen bestimmten Ort zurückkehren, sondern ein individuelles Gedächtnis. Ein formbares Gedächtnis. Ein Gedächtnis, das sich verändert, wenn die Umstände sich verändern.

Die elaborierten, fremdartig wirkenden Blüten und die schmerzhaften Stechhaare der Pflanzen aus der Familie der Blumennesselgewächse beschäftigen Henning und Weigend seit Jahrzehnten. Sie haben Dutzende neuer Arten benannt und die nesselartigen Stacheln an den Stielen der Pflanzen beschrieben, an denen sie sich schon zahlreiche Blasen geholt haben. Weigend ist besonders begeistert von allem, was pikst und sticht. Er hatte entdeckt, dass Pflanzen aus der Familie der Blumennesselgewächse dieselben Zutaten für ihre Nesselhaare benutzen wie Menschen und Tiere für ihre Zähne.[1] Das ist vorteilhaft, weil Stechen harte Arbeit ist. Die Haare sind genauso aufgebaut wie die Kanülen von Subkutanspritzen und müssen hart genug sein, um das Exoskelett ihrer Fressfeinde zu durchdringen und ihnen ihr Nesselgift zu injizieren. Als er sich andere Pflanzenfamilien ansah, bemerkte er, dass der Aufbau der Nesselhaare erstaunlich spezifisch für die einzelnen Arten ist, mit jeweils unterschiedlichen Kombinationen diverser Mineralien, wahrscheinlich in Anpassung an die Härte, die erforderlich ist, um die Haut der jeweiligen Fressfeinde zu durchstoßen.[2] Nach einem Experiment, zu dem sie die Beobachtung der Bienen inspiriert hatte, die in einem Bonner Gewächshaus um ihre Pflanzen schwirrten, bemerkten sie etwas Neues. *Nasa poissoniana* ist in der Lage, ihre Pollen zu präsentieren, wenn sie damit rechnet, dass ein Bestäuber sich nähert. Und das macht sie, indem sie sich die Zeitspanne merkt, die seit dem letzten Besuch vergangen ist.

Nasa poissoniana wurde dank der Arbeit der beiden schon damals als die Blume bezeichnet, »die sich wie ein Tier verhält«.[3] Wie viele andere Pflanzen teilt die Blüte ihre dargebotenen Pollen sorgfältig ein und präsentiert jeweils nur eine bestimmte Menge, damit keine einzelne Motte oder Biene zu viel davon erhält, da das dem Gesamtprojekt genetischer Vielfalt widerspräche. *Nasa poissoniana* geht jedoch noch einen Schritt weiter. Wenn sie bemerkt, dass nur wenige Bestäuber unterwegs sind, bietet sie jeweils größere Tropfen der klebrigen Pollen an und reagiert so auf die Tatsache, dass ihr für die Bestäubung nur wenige Schuss bleiben.[4] Außerdem verdünnt sie den Nektar, um die fliegenden Bestäuber zu veranlassen, die Blüte zweimal anzufliegen, damit sie dieselbe Menge Nektar erhalten – und die Pflanze deren Körper zweimal mit Pollen einstäuben kann. Eine derartige Manipulation der Bestäuber ist sehr sinnvoll für eine Blume, die unter so harten Bedingungen lebt. *Nasa poissoniana* wächst in großen Höhen – zwischen 1500 und 4500 Metern über dem Meeresspiegel –, und das oft in winzigen Populationen. Sie müssen zusehen, dass jeder Schuss sitzt.

Nasa poissoniana gehört zu den ganz wenigen Pflanzen, die ihre Körperteile so schnell bewegen, dass die Bewegung für das menschliche Auge sichtbar ist – in diesem Fall richtet sie ihre Staubgefäße innerhalb von zwei bis drei Minuten aus der Horizontalen in die Vertikale auf. Anfangs liegen die Staubgefäße jeweils flach auf einem der konkaven Blütenblätter, die wie kleine Kanus strahlenförmig von der Mitte der Blüte nach außen abstehen. Wenn eine Biene bei der Blüte eintrifft, schiebt sie ihren rüsselartigen Mundfortsatz unter ein zentrales muschelförmiges Blütenblatt und hebt es an. Unter der Muschel befindet sich ein Becken mit Nektar, den die Biene trinkt. Irgendwie veranlasst das Anheben der Muschel eines der mehreren Staubgefäße der Blüte (die männlichen Befruchtungsorgane), sich gleichfalls steil aufzurichten. Die Mechanik hinter diesem Aufrichten ist immer noch ein Rätsel. Aber es ist ein aufregendes Erlebnis, dieses Aufrichten zu beobachten. Der schlanke weiße Staubfaden, an dessen Spitze sich ein kleines gelbes, strategisch portioniertes Pollenpaket befindet, richtet sich im Zentrum der Blüte pfeilgerade in einem Winkel von 90 Grad auf. Richten sich mehrere Staubfäden gleichzeitig auf, vereinigen sie sich im Mittelpunkt der Blüte zu einer schmalen Kegelform, und die Blüte erhält eine erstaunliche Ähnlichkeit mit einem Laserstrahlenwerfer, wie man ihn aus Science-Fiction-Filmen kennt.

Bei anderen Pflanzen, die rasche Bewegungen ausführen, finden sich klare Motive. So kann die Weiße Maulbeere ihre Pollen mit etwa der halben Schallgeschwindigkeit hinauskatapultieren, so dass sie gute Chancen hat, ihre Samen weit genug zu verstreuen, um brauchbare Wachstumsbedingungen zu finden.* Es musste also einen Grund geben, weshalb *Nasa poissoniana* derart schnelle Bewegungen ausführt. »Wir dachten, vielleicht kann sie es kontrollieren«, sagte Henning. »Vielleicht erkennen die Pflanzen, wie oft Bestäuber kommen.«

2019 deckten Hennings und Weigends neue Befunde Erstaunliches über das elaborierte Sexualverhalten der Pflanze auf. Wenn die erste Biene mit dem gesamten Nektar fortgeflogen ist, wird die nächste keinen mehr finden. *Nasa poissoniana* hat dann jedoch bereits einen neuen Staubfaden mit neuen Pollen aufgerichtet, so dass die nächste Biene trotzdem mit Pollen eingestäubt wird. Seit langem ist bekannt, dass Insekten, die keinen Nektar finden, keine weitere Blüte an der betreffenden Pflanze aufsuchen. Vielmehr fliegen sie zu einer benachbarten Pflanze, nehmen die Pollen aus der leeren Blüte mit und bestäuben damit die Blüten auf dieser

---

* Auch andere Pflanzen führen schnelle Bewegungen aus, deren Gründe die Wissenschaft bislang jedoch noch nicht erkannt hat. Der Sternfruchtbaum etwa bewegt den ganzen Tag über seine Blätter, ohne dass Gründe dafür erkennbar wären. Der Pfeilwurz, eine verbreitete Zimmerpflanze, gehört zu einer großen Gruppe unterschiedlichster Pflanzen, die ihre Blätter nachts schließen, wobei Wissenschaftler immer noch darüber streiten, warum sie das tun. Die Blätter des Feuerfarns, der kein Farn ist, sondern zur Familie der Sauerkleegewächse gehört, scheinen ganz langsam zu »tanzen«. Auch hier sind die Gründe unbekannt.

Nachbarpflanze. Diese Täuschung ist der Schlüssel für die genetische Vielfalt bei *Nasa poissoniana.* Weigend und Henning stellten jedoch fest, dass der Staubfaden bereits aufgerichtet ist, bevor die nächste Biene eintrifft. Das schien kurz vor der Ankunft der Biene zu geschehen, als könnte die Pflanze die Zukunft vorhersehen. In Wirklichkeit hatte sie jedoch nur die Vergangenheit aufgezeichnet.

Die beiden Forscher ersannen ein Experiment, mit dem sie prüfen wollten, ob das zutreffen konnte, und übernahmen dazu die Rolle der Bienen. In einer Gruppe von Blüten überprüften und berührten sie die Nektarwanne alle 15 Minuten, in einer zweiten alle 45 Minuten. Eine dritte Gruppe blieb unbehelligt und diente als Kontrollgruppe. Am nächsten Tag kamen sie zurück und stellten fest, dass die Blüten der 15-Minuten-Gruppe ihre Staubfäden schon nach kurzer Zeit kraftvoll wieder aufrichteten, während die der 45-Minuten-Gruppe mit dem Aufrichten länger warteten. Sie wiederholten den Versuch und fanden heraus, wenn sie den zeitlichen Abstand zwischen den Besuchen der Bestäuber veränderten und zum Beispiel von 45 Minuten auf anderthalb Stunden verlängerten, hatte *Nasa poissoniana* sich am nächsten Tag an den neuen Zeitplan angepasst. Sie lernte aus der Erfahrung.[5]

»Offensichtlich können sie die Zeit zwischen den Besuchen messen und im Gedächtnis behalten«, sagte Henning. Das hatte noch kein Botaniker zuvor beobachtet. *Nasa poissoniana* ist nicht nur ein meisterhafter Pollenbuchhalter, sondern hat auch ein Gedächtnis.

Wir spazieren weiter durch den Botanischen Garten. Ich möchte wissen, was Henning über die in Botanikerkreisen seit einigen Jahren entbrannte Debatte denkt, ob man den Pflanzen ein Verhalten zuschreiben kann und ob sich dieses

Verhalten mit einer Form von Intelligenz oder Bewusstsein in Verbindung bringen lässt.

Wie ich immer wieder beobachtet hatte, war dies gerade das Stadtgespräch und zugleich sehr gefährliches Terrain. Sind Pflanzen intelligent? Und falls ja, besitzen sie ein Bewusstsein? Henning hat gerade entdeckt, dass die Pflanze, mit der er sich seit 20 Jahren beschäftigt, ein Gedächtnis besitzt. Ich möchte daher gerade von ihm wissen, wie er über diese Dinge denkt. Die in den Anden beheimatete Pflanze konnte die Zeit messen und ihr Verhalten an das gerade erlebte Szenario anpassen. Henning und Weigend hatten sie in ihrem Artikel als »intelligent« bezeichnet, den Ausdruck dort jedoch immer noch in Anführungszeichen gesetzt. Ich hielt es für möglich, dass Henning in dem offenkundigen Erinnerungsvermögen der Pflanze ein Merkmal von Bewusstsein erblickte – doch ebenso gut konnte er sie für einen Roboter ohne jedes Bewusstsein, aber mit einer vorprogrammierten Abfolge von Reaktionen halten. Auch unsere Roboter nennen wir zuweilen »intelligent«.

Das Gedächtnis wurde und wird oft in verwickelter Weise mit unseren Vorstellungen von unserem eigenen Bewusstsein verbunden. Unser »Vergangenheitssinn«, wie er gelegentlich genannt wird, füllt das Bewusstsein unserer selbst als Wesen, die sich durch die Zeit bewegen. Erinnerungen bilden das Rückgrat der Geschichten, die wir uns über uns selbst erzählen. Nichts könnte bedeutsamer für bewusste Erfahrung sein. Doch in der Philosophie des Geistes tendiert man eher dazu, zwischen diesem Langzeitgedächtnis und der Art von Gedächtnis zu unterscheiden, die Botaniker bislang bei Pflanzen gefunden haben. In ihren Augen dürfte eine Pflanze, die Druckveränderungen in ihren wachsenden Körperteilen oder die Ankunftszeiten von Bienen erfasst, nicht über ein bewusstes Gedächtnis verfügen. Das ist allerdings keine einhellige Meinung. Viele andere Philosophen denken genau das Gegenteil, nämlich dass jegliches Gedächtnis eine gemeinsame Grundlage mit Bewusstsein besitzt.[6] Jedes Gedächtnis verwandelt eine neutrale Welt in ein Spielfeld für persönliche Bedeutung. Natürlich dürfte diese Debatte fortgeführt werden, solange die dem Bewusstsein zugrundeliegenden Mechanismen ungeklärt bleiben.

Zweimal geht Henning auf meine Frage nicht ein. Beim dritten Mal scheint er es sich anders zu überlegen. Er bleibt stehen und macht sich bereit zu antworten. Entweder ist er meine Fragen satt, oder ich habe die Fassade vorsichtiger Zurückhaltung durchbrochen, die von einem professionellen Forscher erwartet wird. Die Artikel, in denen abweichende Meinungen vertreten werden, so beginnt er, konzentrieren sich alle auf das Fehlen eines Gehirns – und kein Gehirn, so schrieben sie, bedeute keine Intelligenz. »Pflanzen besitzen solche Strukturen ganz offensichtlich nicht. Aber schauen Sie sich an, was sie tun. Sie entnehmen der Außenwelt Information. Sie verarbeiten sie. Sie treffen Entscheidungen. Und sie agieren. Sie berücksichtigen alles und verwandeln es in eine Reaktion. In meinen Augen ist das die elementare Definition von Intelligenz. Das sind keine bloßen Automatismen. Da mag es zwar ein paar automatische Abläufe geben, zum Beispiel die Wuchsrichtung dem einfallenden Licht anzupassen. Aber das ist hier nicht der Fall. Das ist nicht automatisch.«

Henning kehrt zu meiner ersten Frage zurück: wo denn *Nasa poissoniana* Erinnerungen speichern könnte. Das ist natürlich immer noch ein Rätsel. Henning meint jedoch: »Vielleicht sind wir einfach noch nicht in der Lage, diese Strukturen zu sehen. Vielleicht sind sie so weit über den gesamten Körper der Pflanze verteilt, dass es sich gar nicht um eine einzige Struktur handelt. Vielleicht ist das ja ihr Trick. Vielleicht ist es der ganze Organismus.«

Die Funktionsweise des Gedächtnisses ist selbst beim Menschen immer noch größtenteils in Dunkel gehüllt. Neurobiologen haben Möglichkeiten gefunden, bestimmte menschliche Erinnerungen auf Hirnscans zu »sehen«, und zwar als einzelne Verbindungen zwischen Neuronen, doch die meisten anderen sind für die Wissenschaft unsichtbar. Und dann gibt es da noch die Erinnerungen, die der menschliche Körper bewahrt, ohne dass irgendwelche Neuronen daran beteiligt wären. Unsere Immunzellen erinnern sich an Krankheitserreger und greifen auf diese Erinnerungen zurück, wenn der Erreger erneut auftritt. Das in Zellen aufbewahrte epigenetische Gedächtnis kann über Generationen weitergegeben werden. Wir wissen, dass die Folgen von Stress und Traumata – wie auch anderer Dinge, zum Beispiel Luftverschmutzung – den Stammbaum hinauf zu Kindern und Kindeskindern wandern können und dort Einfluss auf Dinge wie Entzündungsmarker haben. Wie gesagt, der Körper führt Buch und zählt mit.[7] Erinnerungen dieser Art nehmen wir jedoch nicht in die Landschaft unseres Bewusstseins auf. Unser Körper bewahrt sie im Stillen, bis sie als Veränderung unserer Gesundheit zutage treten. Dann sind sie plötzlich sehr spürbar. Doch die Epigenetik ist gleichfalls ein Gebiet, auf dem wir gerade erst begonnen haben, die Schleier zu lüften. Wir verfügen noch nicht über das Vokabular, um sie in unser Selbstgefühl aufzunehmen. Das Gedächtnis ist auch bei uns nur schwer zu fassen.

Pflanzen besitzen gleichfalls solch ein Gedächtnis zellulärer Art. Kurz nach meinem Besuch in Berlin musste ich das selbst erfahren. Ich hatte meine Wohnung in Brooklyn geräumt, war wieder in die Nähe der Kornfelder gezogen, durch die ich als Kind gestreift war, und lebte nun auf der Farm meines Freundes. Ich hatte meinen Job aufgegeben und widmete mich ganz den Fragen der Pflanzenwissenschaft. Lincoln, der Sohn des Farmers, war in der Schule eine Klasse unter mir gewesen. Seine Eltern hatten uns beide aufwachsen sehen. Jetzt gehörte die Farm ihm. Ich saß dort auf 120 Hektar widerborstigem Connecticut-Ahornwald und Weideland anderthalb Stunden von New York City entfernt. Lincoln hatte zwei Ziegen, ein Dutzend Legehennen und einen riesigen Truthahn, der meine Sicht auf seine Spezies für immer veränderte. Er war ein gebieterischer Dinosaurier, ein barockes, charismatisches Geschöpf, dessen Stimmungen mir sehr vertraut waren. Wie hatte ich solch ein wunderbares Tier jemals verspeisen können? Einige Zeit nach meiner Ankunft wurde dieser eindrucksvolle Truthahn allerdings von einem Rotluchs gefressen.

Es waren die kalten Monate. Ich kam im November an und blieb den ganzen Januar dort. In der ersten Dezemberwoche pflanzten Lincoln, sein Vater, Lincolns und meine Beziehungspersonen und ich Hardneck-Knoblauch (auch Rockenbolle genannt). Knoblauch pflanzt man im Oktober oder, falls man zu spät dran ist, im November, aber wer es sehr viel später versucht, der fordert sein Glück heraus. Der Boden braucht noch eine gewisse Wärme, die der Knoblauchzehe signalisiert, dass es sicher ist, Wurzeln zu bilden. In diesem Jahr hatten wir das Setzen bis zur letzten möglichen Minute aufgeschoben. Als wir am nächsten Morgen aufwachten, war der erste Schnee dieses Winters gefallen. Er bedeckte alles. Unsere Furchen glichen einer Doppelnaht am Rande eines weißen Tuchs.

Am Abend vor dem Pflanzen saßen wir alle auf Hockern in der Küche, ein Büschel Knoblauch zwischen uns, und trennten die Knoblauchzehen mit der flachen Seite eines Buttermessers voneinander. Es sah aus, als öffneten wir Austern. Hatte das Messer eine Zehe mit einem leisen Plop von ihren verschiedenen Papierschichten befreit, ähnelte sie mit ihren sanften milchigen Rundungen einer Perle. Ich bin oft überrascht von den Formen, die die Natur schafft. Wie stellte der Knoblauch dieses zarte Papierhäutchen her? Und diese Zehen, vollkommen glatt und wie eine aus hellem Holz bestehende Orange in mehrere Abteilungen unterteilt, als wäre jedes Stück auf einer Drechselbank gefertigt worden? Am bemerkenswertesten war jedoch, dass jede dieser Zehen sich vermehrte, wenn man sie mit der Spitze nach oben in den Boden steckte, bevor der Winter richtig einsetzte. Aus ihr wuchsen nudelartige Wurzeln und zarte grüne Triebe, und wenn alles gut ging (und bei Knoblauch tat es das in aller Regel), war dort, wo man die Zehe in den Boden gesteckt hatte, eine ganze Knoblauchzwiebel.

Was der Knoblauch braucht, um auszutreiben, ist die Erinnerung an den Winter. Dass irgendwann der Frühling kommt, reicht nicht aus, um das Leben aufkeimen zu lassen – dazu bedarf es einer langen Kälteperiode. Bei dieser Erinnerung an den Winter spricht man von »Vernalisation«. Ohne solch eine Winterphase können Äpfel- oder Pfirsichbäume weder blühen noch Frucht ansetzen. Auch Tulpe, Krokus, Narzisse und Hyazinthe, oft die Ersten, die im Frühjahr blühen, benötigen eine gute, starke Vernalisation. Falls Sie in einer wärmeren Gegend leben, ist der Gärtner, der Ihnen Tulpenzwiebeln verkauft, vielleicht so klug, Ihnen zu raten, die Zwiebeln vor dem Auspflanzen ein paar Wochen lang in den Kühlschrank zu legen, weil Sie sonst möglicherweise keine einzige Blüte sehen werden.

Während ich mich bemühte, den Winter zu überstehen,

und die Kälte mir in die Knochen zog, dachte ich gelegentlich an die Knoblauchzehen, die im gefrorenen Boden abwarteten, den tiefen Frost zur Kenntnis nahmen, der die Erde wie ein Schraubstock im Griff hatte, und die Tage zählten, bis er vorüber war. Am aufschlussreichsten dürfte allerdings sein, dass Pflanzen es verstehen, abzuwarten und die ungastliche Zeit zu überleben. Sie wissen, dass ihre Zeit noch nicht gekommen ist, aber kommen wird, und dass ihr Austreiben keine Frage des Ob, sondern des Wann ist. Für mich war es ein Trost, an den Knoblauch zu denken. Seine Geduld stärkte die meinige. Warten impliziert, dass es da etwas gibt, auf das man wartet. Der harte Boden würde wieder auftauen, die Luft sich wieder angenehm für meinen Körper anfühlen.

Das Bemerkenswerte an der Vernalisation ist die Tatsache, dass die Pflanzen sich erinnern. Hier ist der Ausdruck zweifellos gerechtfertigt. Die Pflanzen benutzen gespeicherte Informationen über die Vergangenheit, um Entscheidungen für die Zukunft zu treffen. Und das ist nicht das einzige Beispiel. Pflanzen nehmen die Länge des Tages und den Stand der Sonne zur Kenntnis. Die Kretische Strauchpappel *(Malva multiflora)*, eine Pflanze mit einer rosafarbenen Blüte, richtet ihre Blätter schon Stunden vor dem Sonnenaufgang genau in die Richtung aus, in der sie den Aufgang der Sonne erwartet.[8] Die Bewegung selbst hat ihren Ursprung im Gewebe der Stielbasis, wo die Malve den Druck des dort hindurchfließenden Wassers so anpasst, dass der Stiel sich in die betreffende Richtung biegt. Während des Tages werden Menge und Richtung des Sonnenlichts von den in den Blättern befindlichen Fotorezeptoren registriert. Die Pflanze speichert die Information über Nacht und nutzt sie für die Vorhersage, wann und wo die Sonne am folgenden Morgen aufgehen wird.

Forscher forderten die Malve in einigen Versuchen heraus, indem sie eine chaotischere »Sonne« simulierten und die Position ihrer Lichtquelle veränderten. Die Malve erlernte den Umgang mit der neuen Position. Eine derartige Reaktion sei »außerordentlich komplex, aber extrem elegant«, meinte das Forschungsteam, das von der Malve zu lernen hoffte, wie man smartere Solarpanele herstellen konnte.[9]

Was nun meinen Knoblauch anging, bestand hier eine Verbindung zwischen Gedächtnis und Zählen. Pflanzen, die auf eine Vernalisation angewiesen sind, müssen irgendwie aufzeichnen, wie viel Zeit vergangen ist, um sicher zu sein, dass die Kälte- oder Wärmephase lang genug war. Während einer zweitägigen Wärmephase im Februar auszutreiben, könnte verheerende Auswirkungen haben. Sie schienen also die Tage zu zählen. Deshalb warten viele Pflanzen mit dem Austreiben, bis es vier oder mehr Tage nacheinander warm gewesen ist. Dann besteht eine geringere Wahrscheinlichkeit, dass es sich um bloßen Zufall handelt.

Dass Pflanzen sich erinnern können, bringt sie uns näher und macht sie für uns irgendwie lesbarer. Es sollte uns allerdings demütig stimmen, dass sie in einem gänzlich eigenen Reich leben, Produkt einer revolutionären Neuerung der Evolution, die eine Trennung von unserem eigenen Ast am Stammbaum des Lebens herbeiführte, als wir noch kaum bewegliche, einzellige Lebewesen waren, die in den Ozeanen der Vorzeit umherschwammen. Der biologische Unterschied zwischen ihnen und uns könnte gar nicht größer sein. Und dennoch gibt es gewisse Resonanzen zwischen ihren und unseren Mustern und Rhythmen. Pflanzen besitzen wie wir eine tagesperiodische innere Uhr. Sie brauchen den Wechsel von Tag und Nacht. Sie werden im Winter langsamer und im Frühjahr wieder schneller. Sie durchleben einen Zyklus von der Jugend bis zum Alter. Und sie zeichnen auf, was sie durchgemacht haben. Das Gedächtnis ist zweifellos tief in der Biologie verwurzelt. Das ist auch nachvollziehbar. Wenn die Evolution stets aufs Überleben ausgerichtet ist, bietet das Gedächtnis einen natürlichen evolutionären Vorteil. Es ist unglaublich nützlich, wenn es darum geht, am Leben zu bleiben.

Als ich mich nach anderen Pflanzen umschaute, die etwas Ähnliches taten wie Hennings Blütenpflanzen, gewann ich den Eindruck, dass zwischen Gedächtnis und Bewegung eine enge Verbindung besteht. Der Körper der Pflanze zeichnet eine Information auf und bewegt sich dann entsprechend. Denken Sie an die Venusfliegenfalle, den Liebling unter den zu einer schnellen Bewegung fähigen Pflanzen. Wie erwähnt, kann die Venusfliegenfalle bis fünf zählen und das Ergebnis mindestens so lange im Gedächtnis behalten, bis klar ist, ob da eine Fliege in die Falle gegangen ist oder etwas anderes. Das funktioniert so: Wenn zwei der in der Falle befindlichen Haare innerhalb von 20 Sekunden berührt werden (ein guter Hinweis, dass sich dort etwas Lebendiges bewegt), schnappt die Falle zu. Doch auch danach zählt die Venusfliegenfalle weiter. Werden die Haare fünf Mal in rascher Folge berührt (so dass kein Zweifel mehr besteht, dass die Pflanze da ein lebendiges, zappelndes Lebewesen gefangen hat), lässt sie die Verdauungssäfte in die geschlossene Falle einströmen und beginnt mit ihrer Mahlzeit. Die Verdauung dauert mehrere Tage, weshalb es wichtig ist, dass die Pflanze sich ganz sicher ist.

Wird die Falle durch zwei Berührungen ausgelöst und schließt sich, aber es folgen keine weiteren Auslösebewegungen, öffnet sie sich nach einem Tag wieder. Was auch immer darin sein mag, ist mit Sicherheit zu klein, als dass es den Aufwand lohnte, oder gar kein Lebewesen, sondern vielleicht ein Zweig oder ein Steinchen – oder im Fall der Venusfliegenfallen, die uns etwas über ihre Spezies verraten haben, die kalte Spitze der Sonde eines Botanikers. Die Venusfliegenfalle korrigiert ihren Irrtum.

Auch von einigen Kletterpflanzen wissen wir, dass sie zählen und Irrtümer korrigieren. Für beides bedarf es eines Gedächtnisses.[10] Kletterpflanzen besitzen einen stärkeren Bewegungsdrang als selbsttragende Pflanzen. Junge Kletterpflanzen müssen unverzüglich nach einer Stütze suchen, sonst laufen sie Gefahr, unter dem eigenen Gewicht zusammenzubrechen. Und so bewegen sie sich denn ganz vorzüglich, prächtig und schnell. Einmal vergaß ich eine Süßkartoffel auf meiner Anrichte, bis sie aus mehreren Augen zu keimen begann. Ich setzte sie in einen großen Blumentopf mit Erde und bewässerte sie, ohne zu wissen, was daraus wohl werden mochte. Wenige Tage später griff eine erste fleißige Ranke nach einem in der Nähe stehenden Tischbein. Innerhalb von zwei Wochen gesellten sich weitere Ranken zu ihr. Die Kartoffelpflanze rankte schon bald an drei Tischbeinen hinauf und überquerte verwegen meinen Hackblock. Eine Ranke hatte sich um den Griff einer Schublade gewickelt. Ich war entzückt, solch einen Kraken in meiner Wohnung zu haben. Warum hatte ich Süßkartoffeln immer nur gegessen und nie daran gedacht, sie anzubauen? Das war doch so viel schöner.

Zeitrafferaufnahmen sind ein wunderbares Geschenk, wenn man sehen möchte, wie Kletterpflanzen und andere Gewächse sich bewegen. Roger Hangarter, Professor für Biologie an der Indiana University, unterhält die Website »Plants in Motion«, eine wunderschöne Online-Bibliothek im Stil des frühen Internets, in der Sie Videos zu den Bewegungen von Pflanzen ansehen können.[11] Natürlich habe ich viele Stunden auf der Website verbracht. Die besten Pflanzenvideos im Internet sind jedoch Aufnahmen der Hexenseide (auch Teufelszwirn genannt), einer Schmarotzerpflanze, die das Prinzip der Rankpflanze ins Extrem treibt. Sie hat keine Blätter und muss daher, sobald sie aus dem Boden hervorwächst, einen Wirt finden, dem sie Zucker abzapfen kann. Da sie keine Fotosynthese betreibt, braucht sie kein Chlorophyll. Ihre Farbe ist daher ein verblüffender Orangeton, und da sie keine Blätter hat, sieht sie wie ein dünner glatter Wurm aus. Sie im Zeitraffer wachsen zu sehen, ist wie ein Wunder. Wenn der Keimling einer parasitären Hexenseide aus dem Boden kommt, kreist seine Spitze langsam in der Luft. Es ist ganz unmöglich, nicht sogleich zu verstehen, dass er nach etwas sucht. Tatsächlich hat die Bewegung ganz unmissverständlich etwas von Schnüffeln. Die Hexenseide sucht die Luft nach den Ausdünstungen einer Pflanze ab, an der sie schmarotzen kann.[12] Und noch bevor es zu einer physischen Berührung kommt, bewegt sie sich zielgerichteter in eine Richtung.

Die Fähigkeit, eine kluge Wahl zu treffen, gehört zu den Hauptmerkmalen von Intelligenz. Das Wort »Intelligenz« kommt vom lateinischen *intellegere* (*inter-legere*: zwischen etwas wählen – erkennen, verstehen, begreifen). An Hexenseide lässt sich sehr gut beobachten, wie eine Pflanze eine Wahl trifft. So gibt sie zum Beispiel einer Tomatenpflanze den Vorzug vor einem Weizenhalm. An einem Weizenhalm kann sie nur schwer hochklettern. Außerdem ist er nicht sonderlich saftig. Wenn ein Hexenseidekeimling zwischen einer Tomate und einer Weizenpflanze gezogen wird, beginnt die Triebspitze in der Luft zu kreisen, sobald sie den Boden durchbrochen hat. Nach einigen Suchbewegungen wendet sie sich entschlossen in eine Richtung, strebt durch die Luft auf direktem Wege zu der Tomatenpflanze und ignoriert den Weizen. Consuelo De Moraes, eine Ökologin von der Eidgenössischen Technischen Hochschule Zürich (ETH Zürich), gehörte zu dem Team, das dieses Phänomen 2006 erstmals beobachtete. Sie erinnert sich, dass sie über die Geschwindigkeit schockiert war, mit der das geschah. Als sie sich Zeitrafferaufnahmen ansah, musste sie unwillkürlich an das Verhalten von Tieren denken.

Hat die Hexenseide etwas gefunden, das ihr als brauchbare Beute erscheint, beginnt sie sogleich, sich daran hochzuranken. Schon nach wenigen Stunden weiß die Pflanze, ob sich die Mühe lohnen wird. In Laborversuchen fragten die Forscherinnen und Forscher die Hexenseide, wonach sie suchte. Die klare Antwort lautete, dass die Menge der Nahrungsenergie entscheidend ist, die sie der betreffenden Wirtspflanze abnehmen kann, basierend auf deren allgemeinem Gesundheitszustand und der Konzentration der in ihr zirkulierenden Nährstoffe. In einem Experiment wählte die zwischen Weißdornpflanzen aufgezogene Hexenseide diejenigen Weißdornpflanzen aus, denen man zusätzliche Nährstoffe zugeführt hatte, und ignorierte die Pflanzen, die in einem nährstoffarmen Boden aufgewachsen waren.[13] Die Hexenseide muss diese Wahl jedoch schon treffen, bevor sie in die Wirtspflanze eindringt, so dass sich die Frage stellt, wie sie sich diese Information beschafft (die wahrscheinlichste Antwort lautet wie stets bei Pflanzen: über chemische Signale). Erweist die Beute sich als unzureichend, gibt die Hexenseide ihr Ranken auf und sucht sich innerhalb weniger Stunden ein neues Opfer. Gelangt sie jedoch zu dem Schluss, dass die betreffende Pflanze einen guten Wirt abgibt, beginnt sie, weitere Ranken um den Stiel zu schlingen.

In der Gesamtzahl der Schlingen, die von der Hexenseide um die Stiele der Wirtspflanze gelegt werden, spiegelt sich deren Erwartung, wie viel Energie sie dort insgesamt abzuzapfen gedenkt.[14] Die Hexenseide vermag also zu zählen. Je mehr Schlingen, desto größer die mögliche Ausbeute. Ist der Schlingvorgang abgeschlossen, treibt die Hexenseide an den Rändern ihrer Ranken vampirartige Fortsätze hervor, die sogenannten Haustorien, mit denen sie in das Fleisch der Wirtspflanze eindringt und deren Säfte absaugt. Dabei zapft sie nur so viel ab, dass die Pflanze nicht stirbt – ein toter Wirt wäre nutzlos für sie.* Stattdessen achtet sie darauf, dass die Wirtspflanze weiter vor sich hin dümpelt und Fotosynthese betreibt, wenn auch etwas eingeschränkt. Hexenseide treibt keine Blätter, weil sie keine Blätter braucht. Alles, was sie braucht, holt sie sich aus dem Körper anderer Pflanzen. Und darin ist sie außerordentlich gut. Die Hexenseide befällt weltweit landwirtschaftlich genutzte Flächen und richtet bei 25 Nutzpflanzenarten in 55 Ländern der Erde beträchtlichen Schaden an.[15] Von der Hexenseide befallene Pflanzen haben einfach nicht genügend Kraft, um noch sonderlich viel Frucht zu tragen. Das verschlungene Rankengeflecht ihres Körpers legt sich wie eine Matte aus Millionen pflanzlichen Draculas über ein Feld mit Nutzpflanzen und treibt ihre winzigen Zähne in den langgestreckten Nacken ihrer Opfer.

Die rankende Hexenseide zählt ihre Schlingen in der Art eines lebenden Bewegungsgedächtnisses. Das Gedächtnis ist eine Möglichkeit, Dinge zu speichern, die man erfahren oder gelernt hat: über den Ort, an dem man lebt, über die dort drohenden Gefahren oder über die Chancen, die diese Welt bietet. Lernen ist eine evolutionäre Überlebensstrategie, wie

* Das stimmt nicht ganz, denn zuweilen tötet die Hexenseide ihren Wirt, aber dann hat sie ihre Arbeit schlecht gemacht. Es liegt im Interesse parasitärer Pflanzen wie der Hexenseide, ihren Wirt leben zu lassen.

wir sie bei der Malve gesehen haben, die sich der Sonne zuwendet. Gedächtnis, Lernen und Bewegung scheinen engstens miteinander verknüpft zu sein: ein Gesamtpaket.

Anthony Trewavas, der Pflanzenphysiologe von der University of Edinburgh, greift gerne auf die Netzwerktheorie zurück, wenn er über Pflanzen nachdenkt. Obwohl er zweifellos bestens in der genauen Beobachtung einzelner Pflanzensysteme geschult ist, fordert er dazu auf, die gesamte Pflanze zu betrachten – nämlich das, was aus der Summe des Zusammenwirkens all ihrer Teile hervorgeht. Weil Tiere sich immer schon in einem großen Terrain bewegen mussten, um Nahrung zu finden, habe ihre Evolution »die sensorische und motorische Ausstattung verfeinert und eine schnelle Verbindung zwischen beiden Bereichen hergestellt«, zu der schließlich noch die »zu einem Gehirn verdichteten« Nervenzellen hinzugekommen seien.[16] Ließen sich Geist oder Verstand auch aus etwas anderem bauen? Schließlich entstand das Gehirn in der Evolution aus nichtmentalen Zutaten. Aus Fleisch, Blut, spezialisierten Nervenzellen.

Thomas Henry Huxley schrieb 1866: »Wie es kommt, dass etwas so Bemerkenswertes wie ein Bewusstseinszustand aus der Reizung von Nervengewebe hervorgeht, ist ebenso unerklärlich wie das Erscheinen des Dschinns, wenn Aladin die Lampe reibt.« Seither haben wir viel über das Gehirn gelernt. Doch das Bewusstsein hat sich für die moderne Neurobiologie bislang als undurchdringlich erwiesen. Die Tatsache, dass ein Gehirn die Erfahrung von »Geist« hervorbringt, lässt sich nicht durch dessen bloße physische Existenz erklären.

Trewavas ist der Ansicht, das Gehirn sei nur eine von mehreren Strategien zur Schaffung von Intelligenz und Bewusstsein. Pflanzen hätten lediglich einen anderen Evolutionsweg eingeschlagen, der ihren Bedürfnissen entspreche. Bei ihnen seien Aufmerksamkeit und Bewusstheit in all ihren Teilen lokalisiert, aber sämtliche Teile kommunizierten quer durch die gesamte Pflanze miteinander, entwickelten Strategien und brächten so gleichfalls ein Bewusstsein hervor. »Die einzelne Pflanze mit ihren vielen Millionen Zellen ist ein selbstorganisierendes komplexes System mit verteilter Steuerung, das die Ausbeutung der lokalen Umgebung ermöglicht, aber jeweils im Kontext des gesamten pflanzlichen Systems«, schreibt er. »Das Bewusstsein ist daher nicht lokalisiert, sondern verteilt sich über die gesamte Pflanze, im Unterschied zu der stärker zentralisierten Lokalisierung im Gehirn der Tiere.«[17]

Im Wachstum der Pflanzen sieht Trewavas einen Beweis dafür, dass sie sich ständig ihrer selbst bewusst sind. Pflanzen sind modular aufgebaut. Sie wachsen aus vielen Knoten heraus, die jeweils von einem Meristem umgeben sind, einem Zellcluster, aus dem jede Art von Fleisch werden kann. Die Botanikerin Robin Wall Kimmerer schreibt, die Meristeme befänden sich wie Stammzellen fortwährend in einem embryonalen Zustand und seien bereit, ganz nach Bedarf zu Zellen jeglicher Art zu werden.[18] Sie hält es für sinnvoll, bei der Suche nach dem Sitz pflanzlicher Intelligenz an erster Stelle diese hormon- und nährstoffgesättigten Orte erfinderischer Zellbildung ins Auge zu fassen. Die Meristeme spüren die Ergebnisse eines beständigen Ganzkörperscans der Pflanze. Die Pflanze überwacht sämtliche Teile ihres Körpers, der sich immer weiter verzweigt, und prüft, wie gut sie funktionieren – wie viel jedes Blatt durch Fotosynthese erzeugt und wie viel Feuchtigkeit jede Wurzel aufnimmt. Erbringt ein Zweig nicht die erforderliche Leistung, erhält er weniger Ressourcen für sein Überleben. Das Wachstum aus den Meristemen wird in andere Richtungen gelenkt. Wenn der betreffende Knoten weiterhin zu wenig leistet, wird er gänzlich von der Versorgung abgeschnitten und darf absterben, während die Pflanze ihre Energie auf die Versorgung produktiverer Körperteile konzentriert.

Als ich einmal im Westen des Bundesstaats Washingtons unterwegs war, kam ich an ein Wäldchen aus riesigen Virginischen Rotzedern, die in der hellen Mittagssonne standen. Ihr Nadelkleid war so dicht, dass ich ihre Stämme nicht sehen konnte. Ich ging in das Wäldchen hinein, und es war, als überquerte ich die gepunktete Linie, die auf einer Landkarte zwei Zeitzonen voneinander trennt. Plötzlich war es, als bräche die Nacht herein. Der schummrige, von Nadeln übersäte Waldboden stand voller glänzender kastanienbrauner Pilze, die so labbrig wie Ohren wirkten. Gefällte Baumstämme vermoderten an Ort und Stelle inmitten von Haufen roten Sägemehls, ihre zerfallende Borke dicht von hellgrünem Moos überzogen. Die Rotzedern sorgten mit ihren Körpern für diese Dunkelheit. Und nun konnte ich auch ihre Stämme sehen, dick und gerade. Auf dieser Seite hatten sie keinerlei Äste. Es war, als befände ich mich in einer von einem Wasserfall gebildeten Höhle oder einem aus Bäumen bestehenden Zirkuszelt. Die glänzenden grünen Äste der Bäume waren alle nach außen gerichtet, hin zum Tageslicht. Hier drinnen waren die Stämme nackt, abgesehen von ein paar nadellosen Zweigen ganz oben, wohin vielleicht einmal genügend Licht vorgedrungen war, um auch dort ein paar Nadeln wachsen zu lassen. Aber wenn man ein Baum ist, bewegt man sich nicht in Richtung der Dunkelheit. Diese Zweige gehörten der alten Geschichte an und kümmerten inzwischen nur noch dahin. Ich sah hier gleichsam die Neuausrichtung *in actu*.

Damit eine Pflanze so etwas tun kann, muss sie sich daran erinnern, was in ihrem Körper geschieht und seit wann es geschieht. »Die Dynamik zieht sich durch den gesamten Lebenszyklus«, schreibt Trewavas, »und erfordert eine ständige Kommentierung.« Die Pflanze muss immer wieder Entscheidungen treffen, und zwar in genauer Abstimmung mit dem Druck der durch ihren Körper strömenden Flüssigkeiten, um den Veränderungen ihrer Form Rechnung zu tragen. Wenn Nadeln absterben oder gewissermaßen außer Dienst gestellt werden, muss auch der Druck im gesamten pflanzlichen System neu eingestellt werden, damit das Gleichgewicht erhalten bleibt. Es ist subtil, aber offenkundig: Biologische Bewusstheit erfüllt den gesamten Körper der Pflanze.

Während sie wächst, baut jede Pflanze ihren Körper, die Wurzeln wie die Triebe, so auf, dass sie zur jeweiligen Umwelt passen. Die so entstehende Gestalt ist eine direkte Reaktion auf die physischen Hindernisse, denen sie begegnet, die Verteilung der Nährstoffe im Boden und die Richtung, aus der das Licht einfällt. Insofern ist der gesamte Körper einer Pflanze physischer Ausdruck der jeweiligen Bedingungen, Augenblick für Augenblick und über ihre gesamte Lebensgeschichte hinweg. Die jüngsten Triebe und Wurzeln berücksichtigen die jüngsten Veränderungen. Die ältesten Teile der Pflanze sind Aufzeichnungen der Bedingungen, die in den Zeiten davor herrschten. Insofern ist die Pflanze gleichsam eine Karte, für die man kaum einen Schlüssel benötigt: Die Geschichte einer Pflanze lässt sich entschlüsseln, indem man sie anschaut.

In unserem Gehirn ist das Gedächtnis eine physische Entität, eine Verbindung zwischen Neuronen. Auch in Pflanzen sind Erinnerungen möglicherweise physische Wege: die Wurzel, die sich durch das Erdreich bohrt, dreht und wendet sich und zeigt damit an, wo einmal etwas Feuchtigkeit war. Das kreisrunde Mal an einem Baumstamm, das anzeigt, dass hier einmal ein Ast saß, erzählt die Geschichte des Sonnenlichts, das irgendwann ausgeblieben ist. Das Substrat dieser Erinnerungen sind hier der Boden und die Atmosphäre statt der Hirnmasse wie bei uns. Das Gedächtnis ist die Karte eines physischen Raumes – an die sich auch unser Gehirn zufällig am besten zu erinnern vermag. Das räumliche Gedächtnis des Menschen ist unser schärfstes Gedächtnis, ein Überrest aus unseren Zeiten als Jäger und Sammler, als es von entscheidender Bedeutung für unser Überleben in einer rauen Landschaft voller Gefahren und Belohnungen war, dass wir uns die räumliche Anordnung unserer Umgebung rasch ins Gedächtnis rufen konnten.*

Aber was wäre, wenn wir nicht vor großen Säugern, die uns fressen wollten, hätten weglaufen oder flink einem kleineren Säugetier quer durch eine komplexe Landschaft hätten nachstellen müssen, um etwas zu essen zu finden? Unsere Gehirne sind zentralisiert und kompakt – perfekt für Tiere, die ständig unterwegs sind und ihren Verstand bei sich haben müssen. Was wäre, wenn unser Essen nicht aus gejagten Tieren, sondern aus Sonnenlicht bestanden hätte, das auf uns herabstrahlte, so dass wir darin badeten? Was wäre, wenn wir uns lediglich so hätten entwickeln müssen, dass wir es aufnehmen konnten? Statt eines kompakten und tragbaren Gehirns hätten wir vielleicht eine nie versiegende Fähigkeit entwickelt, in kurzer Zeit neue, mit Mündern besetzte Arme

---

* Deshalb ahmen Gedächtniskünstler heute noch die Techniken der Erzähler epischer Gedichte in der Antike nach und bauen in ihrem Kopf »Gedächtnisschlösser«, indem sie Gegenstände in den verschiedenen Räumen eines imaginierten Hauses verteilen, durch das sie dann gehen, um die Gegenstände nacheinander einzusammeln. Zur weiteren Lektüre siehe Joshua Foer, *Moonwalk mit Einstein*, München 2011.

wachsen zu lassen. Während Tiere wie wir auf Leben oder Tod darauf angewiesen sind, dass unser Körper einigermaßen intakt bleibt, hätten wir statt Fragilität vielleicht Flexibilität entwickelt, zum Beispiel die Fähigkeit, einen oder zwei Arme einfach abfallen zu lassen, wenn sie sich nicht mehr an einer für den Nahrungsfang idealen Stelle befänden.

Falls wir dem Gedanken nachgehen wollten, dass das tierische Gehirn lediglich eines der Formate darstellt, die Geist hervorzubringen vermögen, wäre es klug, nach Hinweisen darauf zu suchen, wie denn der Geist in den endlosen Zeiträumen der Evolution überhaupt entstand. In seinem Buch *Metazoa* verfolgt der Philosoph Peter Godfrey-Smith die Entstehung des tierischen Geistes aus den ersten mehrzelligen Organismen, die im Meer umhertrieben.[19] Als er bei den ersten Kreaturen angelangt ist, die schwimmen oder über den Meeresboden kriechen konnten, fragt er sich, ob diese frühen Tiere ein Bewusstsein ihrer selbst besaßen und ob sie sich als von den anderen gesondert empfinden konnten. Nahmen sie ihre Umwelt wahr und bewahrten sich Erinnerungen an das Wahrgenommene? Mit anderen Worten: Machten sie Erfahrungen? Ohne Zweifel bewegten sie sich bei ihrer Nahrungssuche eine ganze Menge.

»Neue und erweiterte Aktivitäten bringen auch eine erweiterte Sensitivität mit sich«, schreibt Godfrey-Smith. »Biologisch ist nichts gewonnen, wenn Information aufgenommen, aber nicht verwendet wird.« Wenn diese Kreaturen sich umherbewegten, und das taten sie ganz sicher, waren sie allen erdenklichen neuen sensorischen Informationen ausgesetzt. Es wäre Verschwendung, wenn sie nicht in der Lage gewesen wären, diese Informationen irgendwie zu speichern und daraus ein Bild der eigenen Welt zu schaffen, auf das sie bei späterer Gelegenheit zurückgreifen konnten. Vielleicht stand am Anfang das Vermögen, sich zielgerichtet im Raum zu bewegen, und die Fähigkeit, diesen Raum wahrzunehmen, folgte erst später als Reaktion auf die Bewegung. Godfrey-Smith schreibt, wenn man darüber nachdenke, was es bei den Tieren vor der Evolution der Erfahrung gegeben haben mag, sei es interessant, sich ein Tier vorzustellen, dessen Bewegungen den Sinnen vorauseile. Wahrnehmung und die Fähigkeit, die Wahrnehmungen zu speichern, folgten dann automatisch. Das erste Tier, das seine Welt erlebte, war mit großer Wahrscheinlichkeit auch das erste, das sich aus eigenem Antrieb bewegte.

Bewegung und Erfahrung scheinen von Natur aus miteinander verbunden zu sein. Wer sich bewegt, dem eröffnen sich neue Erfahrungen. Es ist sinnvoll, diese Inputs aufzeichnen und in den eigenen Bemühungen ums Überleben einsetzen zu können. Das ist die Geburt des Lernens. Meine Lektüre zur Evolution der Tiere passt auch zu allem, was ich bislang über Pflanzen gelernt habe. Ich denke an die Hexenseide, die in der Luft nach einem Duft sucht und dann die Anzahl der Schlingen berechnet, die sie für ihre Ernährung benötigt. Während ich durch meine Küche gehe, behält meine wuchernde Efeutute all ihre modularen Teile »im Blick« und entscheidet sich, in welche Richtung sie als Nächstes wachsen wird. Die Antwort scheint stets und an jedem Standort zu lauten: in Richtung des Fensters. Und in den peruanischen Anden richtet *Nasa poissoniana*, die Pflanze mit dem Gedächtnis, ihre Staubfäden auf, weil sie eine Biene spürt, und entscheidet dann, wann sie einen weiteren Staubfaden aufrichtet, um die nächste Biene in Empfang zu nehmen und zu spüren.

Pflanzen bewegen sich ebenso wie Tiere durch den Raum. Sie tun es jedoch auf ihre eigene Art – indem sie wachsen. Man kann sich leicht vorstellen, dass sie auf ihrem Weg alles kosten, zur Kenntnis nehmen und das Erfahrene zu späterem Gebrauch speichern. Die Idee eines Pflanzengedächtnisses verliert etwas von ihrem mystischen Charakter, wenn man sie in dieser Weise denkt.

Gedächtnis und Erfahrung sind engstens miteinander verbunden, denn von einem Lebewesen, das sich an die Konturen seiner Welt zu erinnern vermag, kann man sagen, dass es sie erlebt und erfahren hat. Auch wird man eher erwarten können, dass solch ein Lebewesen kluge Entscheidungen trifft (das heißt, sich intelligent verhält), wenn es später mit denselben Umständen konfrontiert ist. Wir lernen aus unseren Erinnerungen. Das Gedächtnis ließ unsere entferntesten Vorfahren wahrscheinlich zu komplexeren Lebensweisen vorstoßen, die noch komplexere Entscheidungen erforderten. Wir wissen vielleicht nicht, wo Pflanzen ihre Erinnerungen speichern – irgendwo in ihrem gehirnlosen Geist, könnte man sagen. Doch das Wissen, dass sie ganz offensichtlich Erinnerungen besitzen, reicht aus, um unser Weltbild zu verändern. Unsere privaten Sammlungen von Erfahrungen vermitteln uns ein Gefühl unserer selbst und unseres eigenen Subjektseins, das wir als Bewusstsein bezeichnen. Eine großzügigere Sicht des pflanzlichen Lebens könnte auch den Pflanzen ein gewisses Maß an Subjektsein zugestehen. Schließlich scheinen sie ihre Welt zu erfahren und im Gedächtnis zu behalten, während sie sich darin bewegen. Es bleiben natürlich Rätsel. Wir wissen längst noch nicht, welchen Umfang das Gedächtnis der Pflanzen hat. Wir haben einige wenige Hinweise und noch weniger Antworten und werden noch zahlreiche Experimente durchführen müssen. Aber neue Verbindungslinien zwischen uns zeichnen sich ab. Ein Universum aus den unterschiedlichsten Ausprägungen eines Selbst rückt ins Blickfeld.

KAPITEL 7

Gespräche mit Tieren

In *Semiosis*, Sue Burkes Science-Fiction-Roman aus dem Jahr 2018, sind Pflanzen zentrale Figuren. Eine Gruppe von Menschen fliegt ins Weltall hinaus, um einer von Kriegen und dem Klimawandel verwüsteten Erde zu entkommen, und landet auf einem grünen Planeten, den sie »Pax« taufen. Sie wollen einen Neuanfang für die Menschheit wagen, mit einem anderen Verhältnis zur Natur. »Mit der Umwelt, nicht gegen sie.« Und wie sie rasch feststellen, bedeutet das, dass sie sich dem Willen der dort wachsenden Pflanzen beugen müssen.

»Auf der Erde können Pflanzen zählen. Sie können sehen, sie können sich bewegen, sie können Insektizide herstellen, wenn das falsche Insekt mit ihnen in Berührung kommt«, sagt Octavio, der Botaniker der Kolonie. Auf Pax hatten die Pflanzen sogar noch länger Zeit, sich zu entwickeln. Eine der Pflanzen tötet mehrere Mitglieder der Kolonie, als deren Eingriffe ihr zu weit gehen. Sie sabotiert ihre Kornfelder. Auf dem Planeten Pax scheinen Pflanzen zu strategischer Vorausplanung fähig zu sein.

Die Menschen gelangen zu dem Schluss, sie könnten nur überleben, wenn sie sich in den Dienst einer besonders mächtigen Kletterpflanze stellen. »Wir werden für sie arbeiten, nicht umgekehrt.« In einer Verkehrung der auf der Erde üblichen Rollen werden die Menschen zu »untertänigen Söldnern« einander bekriegender Pflanzen.

Als mehrere Menschengenerationen später eine andere Spezies von Aliens die Menschen auf Pax angreift, schlägt die Kletterpflanze Möglichkeiten vor, die Bedrohung zu neutralisieren, ohne die Fremden zu töten – einer der auf Pax herrschenden Grundsätze ist die friedliche Koexistenz. »Gegenseitigkeit lässt sich erzwingen«, sagt die Kletterpflanze, während sie darüber nachdenkt, ihre Früchte mit Betäubungsmitteln zu vergiften, um die Invasoren wehrlos zu machen. »Im Wesentlichen werden wir uns einen Symbionten heranziehen«. Die Menschen reagieren mit verblüfftem Schweigen, woraufhin die Kletterpflanze ermunternd hinzufügt: »Das machen Pflanzen oft mit Tieren.«

Inzwischen hatte ich durch Rick Karban und seine Experimente mit dem Wüstenbeifuß von der Kommunikation zwischen Pflanzen und dem elaborierten Austausch von Signalen erfahren, die andere Pflanzen vor drohenden Gefahren warnen. Ich wusste, dass dieses stille Gespräch überall stattfand und unserer Wahrnehmung leicht entging, da diese Form von Kommunikation weder Töne noch Bewegung erfordert. Eine ganze Welt von Bedeutungen schwebt da in der Luft. Die Forschung zur Kommunikation zwischen Pflanzen schien sich allerdings größtenteils auf Warnsignale zu konzentrieren: Wer warnt wen und wann? Das ist durchaus sinnvoll, denn die Vorbereitung auf einen Angriff ist von entscheidender Bedeutung fürs Überleben. Doch angesichts der derart mächtigen Fähigkeit, Bedeutung zu übertragen, so dachte ich mir, waren Warnungen möglicherweise nicht die einzigen Botschaften, die auf diese Weise ausgesendet wurden. Es musste in der pflanzlichen Kommunikation noch mehr geben als nur Alarmrufe. Wie ich erfuhr, war das richtig – es gab noch weit mehr zu diskutieren. Woran ich allerdings zunächst nicht dachte, war die Tatsache, dass Pflanzen ihre Gespräche nur selten auf die eigene Spezies beschränken. Sie überqueren regelmäßig die Grenzen zwischen den Arten.

Die Beziehungen, die Pflanzen mit anderen Pflanzenarten und sogar mit Tieren unterhalten, decken hinsichtlich ihrer Dynamik ein breites Spektrum ab, das von gegenseitig bis hin zu ausnehmend antagonistisch reicht. Oft lässt sich nur schwer sagen, wo die Unterschiede liegen. Das zugehörige Forschungsgebiet wird wenig aussagekräftig als »Biokommunikation« bezeichnet, doch das erscheint mir allzu aufgeräumt für die verworrene Vielfalt der Beziehungen zwischen verschiedenen Spezies, auf die wir inzwischen gestoßen sind. Während ich mich in die Welt der Biokommunikation vertiefe, habe ich das Gefühl, die Regel sei hier ein regelloses Gemisch. Ich muss an eine Bemerkung der Theoretikerin Donna Haraway denken, die einmal schrieb, unser Leben sei, ob wir das nun sähen oder nicht, eine »fruchtbare Suhle im artenübergreifenden Durcheinander«.[1]

Consuelo De Moraes, die Ökologin, die entdeckte, wie Hexenseide ihre Beute findet, lebt mitten in diesem Durcheinander. Sie sitzt am Rand, kneift die Augen zusammen und beobachtet, wie eine Spezies nach der anderen interagiert. Tatsächlich scheint sie eine übernatürliche Begabung zu besitzen, auf bedeutungsvolle Interaktionen zu stoßen, wo andere vor ihr absolut nichts gesehen haben. Sie ist ein streng wissenschaftlich denkender Mensch und bemüht sich in ihrer Sprache um größte Klarheit. Sie wird mir nichts erzählen, von dem sie nicht vollkommen sicher ist, dass sie es replizieren kann, oder bei dem sie das Gefühl hätte, dass es der Überprüfung durch ihre Kollegen und Kolleginnen nicht standzuhalten vermöchte. Aber sie ist auch offen dafür, sich in Staunen versetzen zu lassen, ja nutzt das Staunen sogar als ihr wichtigstes Forschungsinstrument. Angesichts ihres Sinns für Strenge wirken ihre Nachrichten aus der Welt des artenübergreifenden Durcheinanders verlässlich und darum noch erstaunlicher.

Bei unserem Gespräch sitzt De Moraes an ihrem Schreibtisch im Department Umweltsystemwissenschaften der ETH Zürich, hinter ihr an der Wand eine Galerie rechteckiger Bilderrahmen, in denen Schmetterlinge aufgespießt sind. Es sind die erwachsenen Formen der Raupen, die sie untersucht. De Moraes hat sich auf Insekten, Pflanzen und Viren spezialisiert, deren Leben oft kunstvoll ineinander verschachtelt ist. So untersuchte sie in den 1990er Jahren das Dreiecksdrama zwischen Mais, Raupen und Wespen. Zunächst einmal frisst eine Raupe an einer Maispflanze. Die Pflanze bemerkt das und prüft das Gemisch aus Speichel und Regurgitant (wiederausgewürgten Pflanzenresten), das auf ihren Blättern zurückgeblieben ist. Jetzt weiß die Pflanze, mit welcher Raupenart sie es zu tun hat – oder zumindest, welche Wespenart als Parasit in Frage kommt. Sie setzt nun ein fein abgestimmtes chemisches Gas frei. Innerhalb einer Stunde erscheinen prompt die richtigen Wespen. Die Wespen wissen die Szenerie, die sich ihnen bietet, zweifellos zu schätzen und versenken ihre nadelähnlichen Legestachel in den Körpern der Raupen, um dort ihre Eier abzulegen. Wenn die Larven aus den Eiern geschlüpft sind, fressen sie die Raupen mit ihren überdimensionierten Mandibeln von innen auf. Dann spinnen sie ihre – einem Tic-Tac-Bonbon ähnelnden – Kokons und heften sie an die leere Hülle ihrer Raupe. Das Ergebnis ist eine grüne, wurmartige Form, die mit zahlreichen weißen, seidigen Spitzen besetzt ist, wie aus Filz bestehende Igelstacheln. So versucht die Pflanze sich zu retten. De Moraes entdeckte ein derartiges Verhalten 1998 bei Mais-, Tabak- und Baumwollpflanzen.[2]

Zwei Jahrzehnte später bemerkte De Moraes kleine Bissspuren auf Blättern von Schwarzem Senf, den sie in einem Gewächshaus zog. Die Spuren ähnelten winzigen Halbmonden, was auf das Maul einer Hummel hinweist. Aber warum fraßen Hummeln an Pflanzen. Sie setzte ihre Beobachtung fort.

Sie stellte fest, dass die Hummeln offenbar am Verhungern waren. Sie waren seit Tagen an den Knospen der Senfpflanze vorbeigeflogen, aber keine der Blüten war geöffnet. Wenn sie ihre Zunge nicht bald in eine Lache süßen Blütensafts tauchen konnten, würden sie ihren Flug verlangsamen müssen, im verzweifelten Versuch, Energie zu sparen. Schließlich würden sie auf dem Boden landen, dort noch eine Weile umherkrabbeln und sterben. Die armen Hummeln. Ihr Timing war vollkommen falsch. Die Blüten sollten sich erst einen Monat später öffnen. Das würde nicht ausreichen. Die Hummeln, die sie sah, begannen in die Blätter der Pflanzen zu beißen. Am folgenden Tag öffneten sich die Blüten. Die Hummeln tranken den Nektar und überlebten.

Interessant, dachte De Moraes. Hummeln fressen keine Blätter. Es schien keinen vernünftigen Grund zu geben, kostbare Energie auf etwas zu verschwenden, das sie gar nicht ernähren konnte. Dennoch fraßen sie an den Blättern. Überall entdeckte De Moraes diese kleinen Halbmonde. Das muss doch auch früher schon jemand bemerkt haben, dachte sie. »Wenn man sich dann in der Literatur auf die Suche begibt, wundert man sich schnell, wie das übersehen werden konnte.«

Sie führte einen Versuch mit allen üblichen Kontrollen durch und fand heraus, dass die Hummeln die Blüten durch ihren Blattfraß bewegen konnten, sich bis zu einem Monat früher zu öffnen, als sie es sonst getan hätten.[3] Offenbar waren die Hummeln hier die Nutznießer – aber wie Consuelo herausfand, profitierten auch die Pflanzen davon. Sie blühten zu einer Zeit, in der auch Hummeln da waren, die sie bestäubten. So funktioniert die zeitliche Abstimmung in der Natur. Alle Arten sind in der einen oder anderen Weise von anderen Arten abhängig. Falls sie nicht synchron sind, verlieren alle. Das Überleben hängt davon ab, dass es Möglichkeiten zu einer artenübergreifenden Kommunikation gibt.

»Eine meiner Studentinnen schickte mir Fotos von Spinatblättern mit solchen Bissspuren«, erzählte De Moraes. »Früher hätten wir niemals darauf geachtet, aber jetzt sehen wir überall solche Bienenschäden. Wenn Sie es erst einmal wissen, sehen Sie es ständig.«

Die gemeine Hummel, so fand sie heraus, erkennt aus der Entfernung, ob die Blüte einer Gelben Gauklerblume viele Pollen für sie bereithält oder nicht, und zwar am Geruch einer bestimmten flüchtigen pflanzlichen Verbindung, der im Gehirn einer Biene in »haufenweise Pollen« übersetzt wird. Haufenweise Pollen zu produzieren, verbraucht jedoch eine Menge Ressourcen. Deshalb hat die Gauklerblume einen Ausweg entwickelt. Sie kennt die Regeln dieses vorgeschalteten Auswahlprozesses, und statt zusätzliche Pollen zu produzieren, verströmt sie den Duftstoff in jedem Fall. Sie lügt also. Die erfolgreich getäuschte Hummel fliegt die Blüte an und wird enttäuscht. Aber die Gauklerblume hat bekommen, was sie wollte: eine mit ihren Pollen beladene Hummel. Die Gauklerblume ist eine ausgezeichnete Lügnerin.[4]

Dank der Biokommunikation finden sich nun überall Gauklerblumen. De Moraes spricht von einem »Wettrüsten« zwischen Insekten, Pflanzen und Viren, bei dem jeder den anderen zu übertreffen versucht und von anderen übertroffen wird. »Alle versuchen zu überleben. Alle.« Sie lacht oft, wenn sie ihre Forschungsergebnisse erläutert, als erlebte sie ihr Staunen immer wieder aufs Neue. Ich habe das Gefühl, diese Sicht der Natur als Schlachtfeld ist nicht unbedingt ihre Lieblingsmetapher, aber da dieses Bild sich seit Darwin überall in der Wissenschaft findet, greift auch sie darauf zurück.

Vor einigen Jahren sah ihr Doktorand in einem Gewächshaus des Botanischen Gartens in Zürich eine Pflanze, die ihm gefiel, und brachte ein paar Samen mit in De Moraes' Labor. Sie zogen sie an und bewunderten die dunkelvioletten Stiele der Pflanze, die mit Dornen von gut zweieinhalb Zentimetern Länge gespickt waren. Diese Dornen stellten die kleinen gelben Blüten vollkommen in den Schatten. Alle Teile der Pflanze waren für den Menschen giftig. Der wissenschaftliche Name der Pflanze lautet *Solanum atropurpureum*; im Volksmund wird sie in den USA auch »purpurner Teufel« oder »Heimtücke« genannt. Sie setzten junge Raupen auf die Pflanze, nur um zu sehen, was geschah. Wenig später bemerkten sie, dass an den Stielen der Pflanze kleine klebrige Kügelchen hingen. Es waren perfekte glänzende Zuckerkügelchen ähnlich dem Tau, der frühmorgens an Frauenmantelpflanzen hängt. »Extrafloraler« Nektar – also Nektar, der sich an Pflanzen außerhalb der Blüten findet – ist nichts Ungewöhnliches. In der Regel soll er zuckerfressende Tiere anlocken, die der Pflanze in irgendeiner Weise von Nutzen sein können. Die beiden setzten die Beobachtung der Raupen fort. Sie wurden tatsächlich von den Zuckerkügelchen angelockt. Aber Raupen helfen Pflanzen nicht. Sie fressen sie. Doch plötzlich stimmte etwas nicht mehr mit ihren Mündern. Die winzigen scharnierähnlichen Mandibeln wurden von den Kügelchen verklebt, als wären sie aus Leim. »Es ist, als hätte man Toffee im Mund«, meinte De Moraes. Die kleinen Raupen bewegten ihren Kopf vor und zurück und versuchten, das Zeug loszuwerden. Ein vergeblicher Versuch, denn ohne Arme, mit denen sie in den Mund hätten hineinfassen können, ließ sich kaum etwas machen. Die perfekten Zuckerkügelchen waren eine Falle. Wer sie verschluckte, konnte den Mund nicht mehr öffnen.

Seit kurzem arbeitet De Moraes mit der Goldrute. Die Goldrute mit ihren langen Stielen und leicht gebogenen Büscheln goldgelber Blütenkörbchen ist im Osten Nordamerikas nahezu überall anzutreffen. De Moraes fand 2020 heraus, dass die Goldrute die flüchtigen Signale nahender, die Bildung von Gallen auslösender Fliegen spüren kann und ihr Abwehrsystem hochfährt, bevor sie überhaupt mit den Fliegen in Berührung gekommen ist. Gallbildende Insekten können eine Gefahr für Pflanzen darstellen. Sie kapern die DNA der Pflanze und zwingen sie, ihnen aus dem eigenen Fleisch ein Haus zu bauen. Das dabei entstehende Gebilde kann eine schöne geometrische Form haben und Farben besitzen, die von der Pflanze sonst nicht erzeugt werden. Vielfach legen die Insekten in dem Gallapfel ihre Eier ab. Das kann für die Pflanze zu einem Problem werden, wenn dann die hungrigen Larven schlüpfen. Alles in allem ist es aus der Sicht der Pflanze am besten, wenn sie eine derartige Situation vermeidet. Deshalb erscheint es durchaus sinnvoll, dass die Goldrute eine Möglichkeit entwickelt hat, herauszufinden, ob gallbildende Fliegen in der Nähe sind. Doch auch die Fliegen wissen, dass die Pflanze ihre baldige Ankunft möglicherweise spürt. Wenn dann die Goldrute flüchtige Stoffe abgibt, die anzeigen, dass sie ihre Fliegenabwehr eingeschaltet hat, nehmen die eiertragenden weiblichen Fliegen dies zur Kenntnis und meiden die Pflanze. Für die Fliege ist es besser, sich eine weniger gut verteidigte Pflanze zu suchen.[5]

Artenübergreifende Plaudereien dieser Art kommen ständig vor und sind für die menschliche Wahrnehmung vollkommen unsichtbar. Die Kommunikation ist komplex, dynamisch, mehrschichtig und schnell – alles geschieht innerhalb weniger Augenblicke. Bisher verstünden wir nur einen Bruchteil davon, sagt De Moraes. »Ich staune immer wieder, wie viel wir noch nicht wissen.«

Ich dachte zurück an den Mais und die Tomatenpflanzen, die Wespen herbeiriefen. Sie suchten im Wesentlichen jemanden, der mit ihnen zusammenarbeitete. Oder auf etwas andere Weise betrachtet, benutzten sie die Wespen als Werkzeuge. Die Grenze zwischen Zusammenarbeit und Zwang ist manchmal fließend. Die Wespen profitierten zweifellos ebenfalls von der Beziehung. Aber offenbar war es die Pflanze, die das Arrangement vorschlug. Aus der Sicht der Pflanze hatte sie das richtige Werkzeug für diese Aufgabe gefunden. Mir kam in den Sinn, dass der Gebrauch von Werkzeugen zu den klassischen Tests für tierische Intelligenz gehört. Ich hatte Videos gesehen, in denen Krähen Stöcke benutzten, um einen Kasten mit etwas Essbarem zu öffnen, und Seeotter einen Stein als Amboss einsetzten, um Schalentiere aufzubrechen. War das hier wirklich so anders? Ich setzte meine Lektüre fort. Wie sich herausstellte, wiederholte sich die Geschichte in der Pflanzenwelt immer wieder.

Der Bittersüße Nachtschatten, eine Pflanze aus derselben Familie wie Tomate, Kartoffel und Tabak, sondert zuckrigen Nektar ab, um Ameisen anzulocken, die ihm als Bodyguards dienen. Die nach dem Nektar süchtigen Ameisen pflücken dann pflichtschuldigst die Larven des Flohkäfers, eines Todfeindes des Bittersüßen Nachtschattens, ab, die an den Stielen der Pflanze sitzen. Die Ameisen müssen sich beeilen und zuschlagen, bevor die Larven die Gelegenheit haben, sich in das Fleisch der Pflanze zu bohren und Schaden anzurichten. Die Larven werden von den Ameisen in deren Nest geschleppt und verschwinden dort auf Nimmerwiedersehen.[6]

Mehrere weitere Pflanzenarten scheinen Ameisen in dieser Weise anzuheuern, genug jedenfalls, um in der Botanik einen eigenen Namen zu erhalten, nämlich »Ameisenpflanzen« (oder wissenschaftlich: Myrmekophyten). Manche Ameisenarten können ohne ihre Ameisenpflanze gar nicht überleben, so etwa die in Symbiose mit Bäumen der tropischen Gattung *Macaranga* lebenden Ameisen, die rasch sterben, wenn man sie von diesen Bäumen trennt.[7] Bei Akazien findet sich eine ähnliche Beziehung. Sie füttern ihre Ameisen und bieten ihnen besondere Nistplätze in den hohlen Dornen an ihren Ästen. Im Gegenzug attackieren die Ameisen alles, was ihren Nistbaum stört. Im Artikel *Myrcmecophyte* der englischsprachigen Wikipedia findet sich eine Fotografie dreier großer rostbrauner Ameisen auf einem Blatt, die eine kleine rote Ameise eingekreist haben. Zwei der großen Ameisen haben mit ihren Mandibeln jeweils eines der Vorderbeine der kleinen Ameise gepackt, während die dritte ihr in den Abdomen beißt. In der Bildlegende heißt es: »Ameisen zerlegen gemeinsam einen Eindringling.« Der Baum hat die Ameisen als Leibwächter angeheuert, und die Leibwächter erhalten als Gegenleistung Kost und Logis.

Wenn Pflanzen selber nichts für sich tun können, finden sie andere, die das für sie übernehmen. Wenn es sich bei diesen anderen um Lebewesen mit ganz eigenen Zielsetzungen handelt, bedarf es schon mal einer gewissen Bestechung – oder Manipulation. So gehen Leguminosen in ihren Wurzeln eine Verbindung mit Bakterien ein, die ihnen einen stetigen Zufluss an Stickstoffdünger gewährleisten. An ihren Wurzeln befinden sich zahlreiche Knöllchen, die etwas unregelmäßig geformten Perlen ähneln und in denen Bakterienkolonien leben. Die Bakterien binden Stickstoff im Boden, den die Pflanzen nutzen, und die Pflanzen füttern sie dafür mit Zuckern. Dieses Arrangement funktioniert allerdings nicht immer so, wie die Pflanze es hoffen mag. Die Bakterien sind unstet und machen ihre Arbeit nicht immer gut oder manchmal auch gar nicht. Die Pflanze überwacht die in ihren Knöllchen lebenden Symbionten und prüft, ob sie ihren Teil des Handels einhalten. Falls sie Bakterien erwischt, die nur Trittbrettfahrer sind, bestraft sie die pflichtvergessenen Bakterien, indem sie dem betreffenden Knöllchen die Sauerstoffzufuhr abschneidet.[8]

Das von den Leguminosen getroffene Arrangement wirkt wie der klare Fall einer Transaktion zwischen Lebewesen, wenn zuweilen auch mit ein wenig Ungemach und Strafen. Doch andere artenübergreifende Beziehungen sind da schon schwerer zu analysieren. Vor allem Zwang lässt sich in biologischen Systemen nur schwer bestimmen. Wer wollte sagen, eine Partei werde dort gezwungen und spiele nicht freiwillig mit? Was für uns wie Zwang aussieht, könnte für die Beteiligten ganz andere Konnotationen haben. Ein Beispiel wäre hier eine Gruppe von Orchideen, die »sexuelle Täuschung« betreiben, wie man dies in der Botanik nennt. Diese Orchideen sind ein ausgezeichnetes Beispiel dafür, wie fein Pflanzen die Biochemie abzustimmen vermögen.

Pflanzen sind wahre Genies in der Synthese chemischer Verbindungen. Sie scheinen jedes chemische Gemisch herstellen zu können, das sie gerade benötigen, um es dann in Form eines Gases aus ihren Poren in die Luft oder manchmal auch über die Wurzeln in den Boden zu entlassen. In der Präzision und ihren Fähigkeiten dazu übertreffen sie alle anderen Lebewesen. Man darf durchaus sagen, die Fähigkeit stellt einen gänzlich zusätzlichen Sinn dar, der die Forscherinnen und Forscher immer wieder in größtes Erstaunen versetzt. Mit jeder neuen Technik zum Auffangen der Gase erweitert sich das Bild. Immer subtilere und spezifischere chemische Erfindungen kommen ans Licht. Es steht eindeutig fest, dass Pflanzen weitaus komplexere Verbindungen herstellen, als unsere Instrumente zu registrieren vermögen.

Aber zurück zu den Orchideen. In Australien untersuchte der Evolutionsbiologe Rod Peakall mehr als 30 Jahre lang, wie verschiedene Orchideengruppen Wespen dazu überredeten, Sex mit ihnen zu haben. Dabei ging es für die Pflanzen stets darum, den Wespen ihre Pollen anzuhängen. Das heißt, um Pflanzensex zu haben, täuschte die Pflanze Wespensex vor, während die Wespe unwissentlich Pflanzensex hatte. Die Mechanismen sind ein wenig kompliziert, aber wahrscheinlich zeigt nichts so gut, wie eng Pflanzen sich auf das Leben anderer Arten einstellen können. Wir wollen versuchen, das so gut wie möglich nachzuvollziehen.

Wie so viele unserer sonderbarsten Pflanzen leben zahlreiche Orchideenarten, die sich auf Sex mit Wespen spezialisiert haben, in Australien. Zum Beispiel die Spinnenorchidee aus der Gattung *Caladenia*. Ihr recht spinnenartiges Aussehen rührt daher, dass sie das Konzept eines normalen Blütenblatts hinter sich gelassen hat. An deren Stelle treten dünne, langgezogen Stränge. An einem davon befindet sich ein kokonförmiger Bulbus, der sich im Wind heftig auf und ab bewegt. Der Bulbus hat etwa die Größe und Gestalt des Weibchens einer bestimmten Wespenart.

Nun stellen wir uns die Wespen vor. Das Weibchen dieser Art ist flugunfähig. Um Sex zu haben, fliegen die Männchen umher und suchen nach Weibchen, die während der Begattungszeit auf Pflanzen sitzen. Das Männchen stößt herab, packt die weibliche Wespe in einer ungestümen Umarmung und fliegt mit ihr weg – wie zwei aneinandergebundene Fallschirmspringer, die in der Luft zu kopulieren versuchen. Die Wespenattrappe der Orchidee ist sehr schön auf diesen Vorgang abgestimmt. Die männliche Wespe kommt herab, umklammert das vermeintliche Weibchen und versucht verzweifelt, mit ihm abzuheben. Gemeinsam schaukeln Wespe und Attrappe an dem dünnen Blütenstrang auf und nieder, bis die echte Wespe gegen die Mitte der Blüte stößt. Dort warten Pollen darauf, am Rücken der Wespe haften zu bleiben. Nach einer Weile erkennt die Wespe ihren Irrtum (oder auch nicht) und fliegt mit den Pollen davon. (Eine andere Orchideenart mit einer ähnlichen Strategie klebt eine kleine gelbe Packung mit Pollen an den Rücken der Wespe, die dann so aussieht, als ginge sie in die Wespenschule.) Die Wespe fliegt dann zu einem anderen vermeintlichen Weibchen in der Nähe, müht sich auch dort leidenschaftlich ab und deponiert dabei die Pollen. Was für eine Selektion, denke ich und stelle mir vor, was wohl die Wespe denkt, während sie da zwischen den Orchideen umherfliegt.

Über Generationen glaubten die meisten, die Wespe ließe sich letztlich von der Form der pendelnden Orchideenblüte verführen.* Aber Wespen besitzen einen recht guten Gesichtssinn, dachte sich Rod Peakall. Und tatsächlich

---

* Die wegbereitende australische Naturforscherin Edith Coleman gelangte 1928 zu dem Schluss, dass Duftstoffe hier eine Rolle spielen mussten. Die chemischen Untersuchungsmethoden waren damals jedoch noch nicht so weit, und so behielt die Idee einer visuellen Täuschung ihr Gewicht. Edith Coleman, »Pollination of an Australian Orchid by the Male Ichneumonid Lissopimpla semipunctata, Kirkby«, Ecological Entomology 76, Nr. 2 (1929), S. 533–539, (zuletzt besucht im April 2024).

ging selbst eine Orchidee mit der besten Attrappe ziemlich nachlässig mit den Details um. Die Umrisse stimmten einigermaßen, doch aus der Nähe vermochte die Attrappe kaum zu überzeugen. Mehrere andere Orchideenarten mit derselben Bestäubungsstrategie schienen sich bei ihrer Verkleidung sogar noch weniger Mühe zu geben. Keine Wespe würde sich davon überzeugen lassen und darauf hereinfallen, dachte Peakall. Außerdem paaren Wespen sich nur während der Begattungszeit der Weibchen. Es musste eine Frage der Pheromone sein.

Als Semiochemikalien bezeichnet man chemische Verbindungen, die in einem Körper synthetisiert werden und in einen anderen Körper eindringen sollen. Sie sind definitionsgemäß Stoffe, die ein Organismus produziert, um einen anderen zu beeinflussen. Eine Absicht oder gar eine böse Absicht ist hier nicht unterstellt, sondern ausschließlich die unheimliche Tatsache, dass jemand, der diese Stoffe einatmet, zu einem bestimmten Verhalten genötigt wird, ob er das nun will oder nicht. Vielleicht denkt er sogar, es sei seine eigene Idee.

In den frühen 2000er Jahren begann Peakall zu untersuchen, wie viel die Täuschung der Orchidee mit Duftstoffen zu tun hatte. Die Orchideen, so dachte er, gaben ein überzeugendes Bouquet aus Wespendüften ab. Er wusste, dass manche Orchideen nur bestimmte Wespenarten anzogen, weshalb denn die Duftstoffe recht spezifisch sein mussten. Er nahm an, dass sie dabei eine Kombination aus den mehr als 1700 bereits bekannten Blütenduftstoffen einsetzten.

»Wir hätten gar nicht weiter danebenliegen können«, erklärte Peakall 2020 in einem Vortrag bei der Jahrestagung der Botanik vor Wissenschaftlerinnen und Wissenschaftlern aus aller Welt.[9] Fast alle Semiochemikalien, die er und seine Kollegen analysiert hatten, waren gänzlich neu für die Pflanzenwissenschaft.[10] Und dabei hatte er nur eine Handvoll Orchideen untersucht. Wie viele weitere, bislang unbekannte Verbindungen mochten da draußen in der Luft am Werk sein und auf subtile Weise die jeweilige Umwelt manipulieren? Und damit nicht genug. Dank der jüngsten Fortschritte in den Techniken zur Erfassung von Gasen konnte Peakall erkennen, dass die Anziehungskraft für die Wespen von der Fähigkeit der Orchideen abhing, die betreffenden Duftstoffe in einem ganz bestimmten Verhältnis aus zwei oder mehr Komponenten zusammenzubrauen.[11] Jede Orchideenart hatte ein eigenes Rezept. Eine Art synthetisierte ein Gas, das in einem genauen Verhältnis von 1 zu 1 aus zwei Verbindungen bestand. Eine andere Art verwendete zwei vollkommen andere Verbindungen im Verhältnis von 4 zu 1. All diese Verbindungen waren für die Wissenschaft neu. Ihr hochspezifischer Charakter war schwindelerregend und drohte die Empfindlichkeit der modernsten Detektoren zu überschreiten. Außerdem fanden sie heraus, dass die Orchideen UV-Licht benötigten, um ihre Botenstoffe wirksam werden zu lassen. Mit anderen Worten, die Orchideen benutzten Sonnenlicht als Zutat.

Peakall bestrich nun kleine, auf Stöckchen gespießte Perlen mit diesen subtilen Verbindungen, um zu sehen, ob die Wespen auch ohne die optische Attrappe angelockt wurden. Das funktionierte wunderbar, womit bewiesen war, dass der Trick der Orchideen nicht auf einer visuellen Täuschung, sondern auf Chemie beruhte. »Natürlich bleibt es ein Geheimnis, wie die Orchideen in evolutionärer Hinsicht in der Lage sind, so präzise in die privaten Kommunikationssignale ihrer Bestäuberwespen einzugreifen und sie für ihre Zwecke zu nutzen«, sagte Peakall. Man könnte sich kaum ein feiner abgestimmtes evolutionäres System zwischen Pflanzen und Insekten vorstellen.

Während ich seinem Vortrag zuhörte, fragte ich mich jedoch auch, was da in seiner Geschichte fehlen mochte. Es sah ganz sicher nach sexueller Täuschung aus, aber was, wenn die Wespen den Trick kannten und nur mitspielten? Natasha Myers, Anthropologin an der York University, und Carla Hustak, die an der University of Toronto Wissenschaftsgeschichte studiert, bieten eine andere Sichtweise der Beziehung zwischen Orchideen und Wespen.[12] Die Körper der Orchideen und der Insekten passten bestens zueinander, wie Charles Darwin schon 1862 bemerkt hatte: die denkbar vollkommenste Anpassung in der Natur.[13] Aber auch er sah darin vor allem eine Täuschung. Da die Begegnung den Insekten keinerlei reproduktiven Vorteil einbrachte, musste die Orchidee sie täuschen. Myers und Hustak fragen jedoch, ob nicht auch etwas anderes dahinterstecken könnte. Vielleicht auch etwas anderes als Darwins Mechanismus des *survival of the fittest*? Sie denken da an eine Art Flirt zwischen Insekten und Orchideen, einen artenübergreifenden Tanz, bei dem beide Seiten in das Arrangement einwilligen und sich ihm lustvoll hingeben. Vielleicht könnten solche Begegnungen Beweis für ein ökologisches Arrangement anderer Art sein, bei dem es um »Lust, Spiel oder Improvisation innerhalb oder zwischen Arten« geht. Könnte man im Grundsatz sagen, die Wespe »genieße« die Lust der Scheinkopulation?

Es mag übertrieben klingen, doch andererseits experimentierte schon Darwin zu Hause mit Orchideen und unternahm auf diverse Sinne zielende Versuche, indem er Teile von ihnen mit Fingern, Haarsträhnen oder anderen Werkzeugen anstieß oder rieb, um zu prüfen, ob er damit dieselbe Reaktion wie Insekten auslösen und die Pollensäckchen veranlassen konnte, sich auf ihn zu entladen. Im Prinzip verbrachte er also sehr viel Zeit damit, im Rollenspiel das Verhalten äußerst geiler Wespen zu imitieren. Er schrieb, Orchideen besäßen eine eigentümliche sinnliche Affinität zu bestimmten Arten der Berührung, die selbst ihm als Mensch vertraut seien. Könnte man die Begegnung, so fragen Myers und Hustak, nicht als eine wechselseitige Verschränkung begreifen, bei der beide, die Orchidee und ihr Bestäuber, sich gegenseitig befriedigen? Schließlich verglich Darwin selbst die Natur mit der Vielfalt auf einem »zerfallenen Wall« und beschrieb sie als ein »verwickelte[s] Verwandtschafts-Gewebe« zwischen Spezies, die in hohem Maße in das Leben anderer Organismen eingreifen.[14] Vielleicht ist hier Raum für ein weniger antagonistisches, intimeres Verständnis dieser wechselseitigen Verwicklung der Lebewesen.

Die Forschung hat allerdings auch herausgefunden, dass diese Orchideen dazu tendieren, ihre chemische Mimikry nicht zu absoluter Perfektion zu treiben, sondern einige Aspekte des chemischen Gebräus in subtiler Weise zu verändern, so dass es nicht vollkommen ununterscheidbar von dem echten Wespenweibchen ist.[15] Das ist durchaus sinnvoll. Wenn sie die weiblichen Wespen überträfen und die Männchen allzu gut anlockten, wären die männlichen Wespen vielleicht derart hingerissen, dass sie gar nicht mehr mit den echten Wespenweibchen kopulierten. Dann liefen die Orchideen Gefahr, ihre Bestäuber zu verlieren. Man fragt sich, was die Wespe, die den Unterschied möglicherweise bemerkt, von alledem hält, wenn sie dennoch beschließt, mit einer Blüte zu kopulieren.

In ihrem Buch *Geflochtenes Süßgras* erzählt Robin Wall Kimmerer, Botanikerin und Angehörige der Citizen Potawatomi Nation, dass sie als junge Frau unbedingt wissen wollte, warum Astern und Goldruten meist gemeinsam im September blühen.[16] Das strahlende Gelb der Goldruten gleich neben dem Violett der Astern erzeugte eine berauschende visuelle Dynamik. Warum waren sie so schön? Kimmerer gehörte zur indigenen Bevölkerung und hatte in ihrer gesamten Kindheit für nichtmenschliche Geschöpfe Personalpronomen verwendet. Als sie in den 1970er Jahren ihr Studium begann, schien ihre Studienberaterin ganz besondere Mühe darauf zu verwenden, ihr genau das abzugewöhnen. Man sagte ihr, dass ihre Frage nach der Schönheit im Fach Botanik keinen Platz habe. Schönheit sei subjektiv und nicht objektiv, deshalb sei sie für die Naturwissenschaften kein brauchbarer Forschungsgegenstand. Wenn man nach wissenschaftlichen Antworten auf botanische Fragen suche, müsse man die Pflanzen als Objekte behandeln, nicht als Subjekte.

Kimmerer erfuhr indessen auch, dass die Schönheit der Dinge für die indigene Wissenschaft keine unpassende Frage darstellte. Als sie promoviert und eine Stelle im Botanik-Department angetreten hatte, besuchte sie eine Zusammenkunft von Ältesten der First Nations, auf der eine Navajo-Frau mehrere Stunden lang über Pflanzen und deren bevorzugte Beziehungen sprach – neben welchen anderen Pflanzen sie gerne wachsen, warum sie so schön sind. Zwar erwähnte sie weder Astern noch Goldruten, doch »ihre Worte waren wie Riechsalz für mich«, schreibt Kimmerer, und sie heilten sie von dem wissenschaftlichen Absolutismus, in dem sie so viele Jahre gelebt hatte. So griff sie ihre frühere Frage wieder auf. Wenn Wissenschaftler messen wollen, ob ein Lebewesen von einem bestimmten Arrangement profitiert, messen sie in aller Regel den Fortpflanzungserfolg. Wenn also Astern und Goldruten tatsächlich davon profitierten, dass sie am selben

Ort wuchsen, erzielten sie wahrscheinlich, sofern denn die ganze Schönheit überhaupt einen Sinn hatte, höhere Reproduktionsraten, wenn sie in wechselseitiger Gemeinschaft statt allein wuchsen. Da Astern und Goldruten für ihre Fortpflanzung beide auf Bestäubung angewiesen sind, beschloss sie, sich die Bienen genauer anzuschauen.

Gelb und Purpur stehen einander im Farbenkreis genau gegenüber und erzeugen einen komplementären visuellen Effekt. Unsere Augen reagieren auf Gelb und Purpur gemeinsam stärker als auf jede einzelne dieser Farben. Vielleicht, so dachte Kimmerer sich, haben sie bei Bienen denselben Effekt. Alle Pflanzen sind im Grunde Werbetafeln, die Bestäuber anlocken sollen. Je auffälliger die Werbung, desto größer die Zahl der angelockten Bienen. Die Farbwahrnehmung deckt bei Bienen ein sehr viel breiteres Spektrum ab als bei uns, das heißt, sie können Farben sehen, die wir nicht wahrnehmen. Viele Pflanzen besitzen streifenförmige oder runde Farbmuster, wie Landebahnen oder Zielscheiben, die nur Bienen sehen können. Bei Astern und Goldruten zeigt sich indessen, dass die Bienen im Grunde dasselbe sehen wie wir. Auch sie nehmen die überwältigende Wirkung der Zusammenstellung von Gelb und Purpur wahr. Kimmerer testete ihre Hypothese und fand heraus, dass Astern und Goldruten mehr Bestäuber anlockten, wenn sie in Gemeinschaft wuchsen, als wenn sie jeweils allein standen. Die Beete mit beiden Pflanzen wurden von mehr Bienen besucht als die Beete, auf denen jeweils nur Astern oder nur Goldruten standen. Die optische Erscheinung der Pflanzen zog die Bienen offenbar ebenso an, wie sie selbst sich davon angezogen fühlte. Ihre Schönheit, so schloss sie, war beabsichtigt. Unser eigener subjektiver Sinn für Schönheit konnte uns also tatsächlich etwas über die Absichten der Pflanzen verraten.

Schönheit ist fast immer eine Form von Kommunikation. Insbesondere kommuniziert sie die Aufforderung: »Wähle mich!« Im gesamten Tierreich hat man ästhetische Vorlieben nachweisen können. Tiere lassen sich von dem anziehen, was sie als schön empfinden. Kein Wunder, dass auch Pflanzen Schönheit für diesen Zweck einsetzen. Die Blüten von Pflanzen entwickelten sich im Laufe der Evolution so, dass sie für Tiere schön waren.[17] Ursprünglich waren die meisten Landpflanzen darauf angewiesen, dass der Wind ihre Pollen von einer Pflanze zur anderen verfrachtete. Dann aber erschienen die Landtiere auf der Bildfläche und begannen, die proteinreichen Pollen der Pflanzen zu fressen. Dabei transportierten sie einige der Pollen von einer Blüte zur anderen und bewerkstelligten die Befruchtung weitaus effizienter und zuverlässiger, als der Wind es jemals vermochte. Bald begannen manche Pflanzen, einige ihrer Blätter in farbenprächtige kleine Fahnen – frühe Blütenblätter – umzuwandeln, um Tiere besser an die Pollen heranzuführen. Diese Blütenblätter nahmen immer elaboriertere Farben und Formen an und entwickelten sich so zu Symbolen, die für die spezifische Anatomie des Auges ihrer Bestäuber sichtbar waren. Nektar und der Duft der Blüten verstärkten die optische Darbietung. Im Wettrennen um die Aufmerksamkeit von Lebewesen mit immer komplexer gebauten Augen und immer anspruchsvollerem ästhetischem Geschmack nahm diese verführerische Gestaltung der Blüten immer extremere ästhetische Formen an.* Heute spricht die Schönheit der Blüten sogar uns an.

---

* Dennoch bleibt der eigentliche Ursprung der ästhetischen Vorlieben auch bei uns ein Geheimnis. Warum finden wir bestimmte Dinge schön? In manchen Fällen verweisen schöne Merkmale möglicherweise auf einen verborgenen evolutionären Vorteil, eine individuelle

Wir wissen, dass die genialen biochemischen Fähigkeiten der Pflanzen ihre Widerstandskraft stärken, sie gut vor Fressfeinden schützen und offen oder auf subtile Weise ihre Bedürfnisse befriedigen. Und sie passen nicht immer zu dem, was nach europäischem Empfinden als »natürliche Ordnung« der Dinge gilt. Sie beschränken sich nicht auf die jeweils eigene Spezies oder auf ein klar definierbares Geschlecht. Schließlich pflanzt die Orchidee sich durch Sex mit einer Wespe fort. Manche Pflanzen klonen sich ausschließlich selbst, zum Beispiel Espen oder Löwenzahn, während andere sich nur gelegentlich klonen und ansonsten geschlechtlich fortpflanzen wie etwa die Erdbeere. Viele Pflanzen sind bisexuell, wobei männliche und weibliche Geschlechtsorgane sich in derselben Blüte befinden (in der Pflanzenanatomie spricht man hier interessanterweise von einer »perfekten Blüte«). Der uralte Ginkgo-Baum kann in einem Teil seines Körpers spontan das Geschlecht wechseln und etwa einen weiblichen Zweig an einem ansonsten männlichen Baum wachsen lassen.[18] Ginkgos gehören zu den ältesten Linien im Stammbaum der Bäume. Es gibt sie schon seit mehreren hundert Millionen Jahren, und sie haben beharrlich seit den Zeiten der Dinosaurier überlebt. Ihre sexuelle Veränderlichkeit machte sie wahrscheinlich bemerkenswert widerstandsfähig

---

erbliche Stärke. Man spricht hier von »guten Genen«, doch diese Theorie ließ sich bislang nicht bestätigen. In der Mehrzahl der Fälle findet sich keine derartige Korrelation zwischen Schönheit und Stärke, und in den meisten Fällen ist Schönheit offenbar kein adaptives Merkmal. Ein Forscher, der sich mit biologischer Schönheit befasst, bezeichnete sie in einem Artikel im *New York Times Magazine* als »zutiefst dekadent«. Es ist keineswegs klar, weshalb wir bestimmte Dinge als schön empfinden. Dennoch hat es eindeutig Vorteile, schön zu sein. Es setzt im tierischen Gehirn gewisse Prozesse in Gang und sorgt für Anziehung. Die Pflanzen wissen das und versuchen, sich schön zu machen.

gegen alle Widrigkeiten, denen sie in diesen gewaltigen Zeiträumen ausgesetzt waren.

An einem feuchten Junitag ging ich in Virginia einmal gemeinsam mit dem Paläobotaniker und ehemaligen Leiter der Royal Botanic Gardens in Kew Sir Peter Crane durch einen Hain mit majestätischen Ginkgo-Bäumen. Er wollte am folgenden Tag nach England zu den offiziellen Feierlichkeiten im Rahmen des 70. Thronjubiläums von Queen Elizabeth fliegen. Der aus 300 Bäumen bestehende Hain war 1929 im Blandy Arboretum angepflanzt worden. Die Bäume waren recht hoch, auch wenn Crane mir sagte, er habe in Asien sehr viel höhere und ältere Ginkgo-Bäume gesehen. Die fächerförmigen Blätter kühlten die Luft innerhalb des Hains und verliehen dem Licht eine blass-olivgrüne Färbung. Ich stellte mir vor, welch ein Schauspiel sie im November abgeben würden, wenn die Blätter sich strahlend goldgelb verfärbten und fast zeitgleich in Massen herabregneten. Ich hatte dieses Schauspiel schon an vielen grauen Novembertagen in New York City bewundert, wo zahlreiche Gehwege von Ginkgos gesäumt sind. Wenn man das Glück hatte, zur rechten Zeit am rechten Ort zu sein, sah es aus, als regnete es federleichte Goldstücke und als wäre der Gehsteig mit Gold gepflastert. Anstelle dieser Ginkgo-Show erlebte ich in Virginia das andere Ende des jährlichen Zyklus dieses Baums: Hunderte winziger Sämlinge sprossen aus dem Waldboden hervor, immer noch verbunden mit der harten Samenschale, aus der sie hervorkamen, wie Küken, die sich noch nicht ganz aus dem Ei befreit haben. Fast alle waren dem Untergang geweiht, denn keiner der ausgewachsenen Bäume über ihnen machte den Eindruck, als könnte er bald umfallen und absterben, und das war die einzige Möglichkeit, dass sich das Blätterdach öffnete und den Sämlingen eine Chance gab. Da sie mir leidtaten, hob ich drei der Sämlinge auf und trug sie für den Rest unseres Spaziergangs bei mir, um sie später zu Hause einzutopfen.

Crane und einige japanische Kollegen hatten als Erste ein Paper über den Geschlechtswechsel des Ginkgo-Baums veröffentlicht, nachdem sie in einer Lokalzeitung in Japan einen kleinen Artikel über einen Ginkgo-Baum gelesen hatten, der als nationales Naturdenkmal Japans lokale Berühmtheit besaß. Dieser eigentlich männliche Baum hatte einen einzelnen weiblichen Zweig getrieben. Außer diesem Baum wurden nur drei weitere beschrieben, die solch einen Geschlechtswechsel vollzogen hatten – einer in den Royal Botanic Gardens in Kew, einer in Kentucky und einer in ebenjenem Hain in Virginia, in dem wir gerade standen. Crane erklärte mir, dieses Phänomen gelte als äußerst selten, aber möglicherweise glaube man das nur, weil man bislang kaum darauf geachtet habe. Ein ausgewachsener Ginkgo-Baum könne Hunderte von Zweigen haben und sehr hoch sein, so dass es sehr schwierig und aufwendig sei, die Geschlechtsmerkmale aus der Nähe zu beobachten. Außerdem sei das Zeitfenster für die Prüfung des Geschlechts eines Ginkgo-Baums extrem klein. Man müsse warten, bis die Geschlechtsorgane Pollen oder Samenanlagen produzierten, und auch dann sei es eine mühsame, noch von niemandem unternommene Aufgabe, an einem von Pollen übersäten Baum nach einem atypischen Zweig zu suchen. Doch Crane, der ein nahezu ehrfürchtiges Buch über das kulturelle und biologische Vermächtnis des Ginkgo-Baums geschrieben hat, ist der Ansicht, dass dieser Baum in jedem Fall unsere Aufmerksamkeit verdiene. Möglicherweise gehöre der Geschlechtswechsel zu den Gründen, weshalb der Ginkgo sich seit Hunderten Millionen von Jahren nahezu unverändert erhalten hat.

All das – die Orchideen und Astern und Erdbeeren und Ameisenpflanzen und Ginkgos – hat etwas entschieden Queeres an sich, denn es lässt den Eindruck einer sinnlichen Verwobenheit entstehen, die binäre Aufteilungen hinter sich lässt, die Grenzen zwischen den Arten überschreitet und sich geradezu fröhlich den heteronormativen Formen der Fortpflanzung widersetzt. Diese Sichtweise könnte uns auch dabei helfen, die Vorstellung hinter uns zu lassen, dass alles in der Natur ein Kampf sei, aus dem stets ein klarer Sieger hervorgehe. Manchmal handelt es sich möglicherweise um Improvisation oder um Zusammenarbeit oder um etwas ganz anderes.

Als ich mit Jarmo Holopainen sprach, stand er kurz vor seiner Emeritierung an der Universität Ostfinnland, die in der Erforschung der pflanzlichen Interaktion seit Jahren eine Vorreiterrolle spielt. Ich frage mich, ob es einen Grund hat, dass Finnland zu Innovationen auf diesem Gebiet besonders befähigt zu sein scheint. Vor allem die Bäume sind in Finnland besonders. So gibt es dort ganze Wälder von Espen – Bäume, die in großen Klonkolonien wachsen, bei denen es sich also eigentlich um ein und dasselbe Individuum handelt. Die Betrachtung eines einzigen Megaorganismus eröffnet dem Denken neue Horizonte. Wenn solch ein Espenwald letztlich ein einziges Lebewesen darstellt, gibt es mit Sicherheit eine Kommunikation zwischen seinen vielen verschiedenen Gliedern, die in diesem Fall selbst jeweils ganze Bäume sind. Was ist der Unterschied zwischen einem einzelnen Megaorganismus und einer Gemeinschaft? Ich stellte mir diese Espen vor, als ich Holopainen anrief. Seine Stimme war freundlich, gelassen und bestimmt. Er wirkte wie ein Mensch, der über die Zukunft einer Wissenschaft nachdachte, mit der er sein ganzes Leben verbracht hatte. Vielleicht glaubt man als junger Mensch, das Forschungsgebiet, in dem man arbeitet, werde zu der Zeit, da man in den Ruhestand geht, besser verstanden werden. Holopainen schaut dagegen auf ein Fachgebiet mit lauter unerledigten Aufgaben.

Sein Fachgebiet sind die gasförmigen chemischen Stoffe, durch die Pflanzen miteinander kommunizieren. Er und sein Schützling James Blande veröffentlichten 2012 einen wunderschönen Artikel, in dem sie die biochemische Synthese in den Pflanzen als eine »Sprache« und die vielfältigen komplexen Kombinationen chemischer Verbindungen als deren »Wortschatz« beschrieben. Die Kombinationen und Mengenverhältnisse der Verbindungen innerhalb des Bouquets, so schrieben sie, könne man als »Sätze« bezeichnen.[19]

»In diesem Sinne ist es wie Sprechen«, sagte Holopainen mir während unseres Telefongesprächs. In einer besonders eleganten Studie entdeckte er, dass Weißbirken, die im kalten Klima nördlicher Regionen gut gedeihen, gelegentlich von Rüsselkäfern befallen werden. Er fand heraus, dass diese Weißbirken sich besonders gut gegen die Rüsselkäfer verteidigen können, wenn sie in einem Gebiet stehen, in dem auch Sumpfporst *(Rhododendron tomentosum)* wächst, ein Strauch, der auch Labrador-Tee genannt wird und von indigenen Gruppen im Norden seit Jahrtausenden als Tee und als Heilmittel verwendet wird. Die Blätter der in ihrer Nähe wachsenden Weißbirken rochen gar nicht nach Weißbirke, sondern besaßen den ganz anders gearteten Duft des Sumpfporsts. Zusammen mit Blande und ihrem Laborteam fand Holopainen heraus, dass der Duft seinen Ursprung in Wirklichkeit nicht in der Birke hatte. Vielmehr handelte es sich um dieselbe Substanz, die für die Heilwirkung des Labrador-Tees verantwortlich ist. Die Weißbirke nahm sie über die Luft von der benachbarten Pflanze auf.[20] Die Verbindungen blieben an ihren eigenen Blättern haften und dienten als Schutz, wenn die Rüsselkäfer auftauchten. Diese Verbindungen schützen beide zugleich. Sie sind ein vollständiger Satz, den zwei völlig verschiedene Pflanzen hervorbringen.

In letzter Zeit interessierte Holopainen sich allerdings mehr für die Luft, von der diese Duft-Sätze transportiert werden. Er wollte wissen, ob die von den Menschen produzierte Luftverschmutzung diesen pflanzlichen Duftstoffen ins Gehege kommen und die Kommunikation behindern kann. Kurz gesagt, sie kann. Seit deutlich geworden ist, wie wichtig die Kommunikation der Pflanzen mit anderen Spezies sein kann, begreifen wir langsam auch, dass wir diese Kommunikation möglicherweise vereiteln. Die ständige Luftverschmutzung scheint die Fähigkeit der Pflanzen zu sabotieren, Signale auszutauschen und zu interpretieren.[21] Wie die pflanzliche Kommunikation die Artengrenzen überschreiten kann, so vermag auch die unsrige das zu tun. Und wir sprechen mit ihnen durch Smog.

Er sagte mir, Pflanzen seien an eine gewisse Menge Ozon angepasst. Ozon bedeute jedoch in jedem Fall Stress, und wie jeglicher Stress wird Ozon unerträglich und schädigt das Gewebe, falls die Konzentration hoch genug ist. Bei einer niedrigeren, aber chronischen Konzentration, der die Pflanzen vor allem in der Nähe städtischer Zentren ständig ausgesetzt sind, kann Ozon die durch die Luft übertragenen Signale der Pflanzen behindern, da sie im Dunst verschmutzter Luft einfach nicht so weit getragen werden.

Zweitens kann Ozon die Beschaffenheit der ausgesendeten chemischen Signale verändern, so dass die Nachricht unverständlich wird. Drittens kann es geschehen, dass die empfangende Pflanze das Signal gar nicht erst wahrnimmt, denn möglicherweise schließt sie ihre Stomata – die lippenähnlichen Poren der Pflanze an der Unterseite der Blätter, durch die Gase aufgenommen oder ausgeschieden werden –, wenn sie Ozon wahrnimmt, das ja immerhin giftig für sie ist. Dasselbe scheint für die CO_2-Verschmutzung zu gelten. »Wir wissen, dass die Signalaktivität nachlässt, wenn wir Pflanzen unter erhöhten CO_2-Emissionen anbauen«, sagt er. »Wir wissen auch, dass sie ihre Stomata bei hohen CO_2-Konzentrationen geschlossen halten.« Letztlich bringt Luftverschmutzung die pflanzliche Kommunikation vollkommen durcheinander. Und das wird nur immer schlimmer.

Die Kaskade der Auswirkungen ist höchst beunruhigend. Die Abwehrmechanismen der Pflanzen – etwa die Fähigkeit, bitter zu werden, wenn eine Warnung vor einem drohenden Insektenangriff eintrifft – sind oft die einzige Möglichkeit, diese Schädlinge auf einem erträglichen Niveau zu halten. Diese natürliche Schädlingsbekämpfung funktioniert nicht mehr so gut, wenn Pflanzen keine Nachrichten austauschen können. »Manche Schädlinge, deren Zahl normalerweise in Grenzen gehalten wird, könnten sich gefährlich vermehren«, sagte Holopainen. »Und das könnte ernste Folgen haben.«

Und nicht nur Pflanzen könnten hier zu den Verlierern gehören. Wie stets im verwickelten Netz des Lebens steht auch das Leben weiterer Arten auf dem Spiel. Diese Zusammenhänge erläuterte Blande mir. Nehmen wir an, eine Pflanze hat die Fähigkeit entwickelt, parasitäre Wespen anzulocken, die ihre Eier in den für sie gefährlichen Raupen ablegen und sie töten. Diese Wespe ist wahrscheinlich hochgradig darauf angewiesen, dass die Pflanze ihr mitteilt, wo sie ihre Eier ablegen kann. Falls die Wespe die Wirtspflanze für ihre Larven nicht zu finden vermag, wird ihre Population schrumpfen.

Blande fand heraus, wenn man die Blüten von Schwarzem

Senf Ozon aussetzt, brauchen Hummeln, ihre Bestäuber, länger, um sie zu finden.[22] Um das zu bestätigen, folgte er den Bienen mit GoPro-Kameras von ihrem Stock aus. Weniger Senfpflanzenbestäuber bedeuten weniger erfolgreiche Senfpflanzen, und auf den Gesamtanbau hochgerechnet, könnte das zu einer Knappheit bei dieser Frucht oder einem Ausfall der Ernte führen. Und es gibt keinen Grund zu der Annahme, dass Senf die einzige Pflanze wäre, bei der es zu dieser Situation kommen könnte. Der Schwarze Senf (aus der Gattung *Brassica*, zu der auch die meisten Kohlarten gehören) ist dabei lediglich eine Lieblingspflanze der Pflanzenforscher. Wahrscheinlich gibt es viele weitere bedrohte Beziehungen zwischen verschiedenen Spezies, die bislang nur noch niemand erforscht hat.

Inzwischen befasst Blande sich mit der Waldkiefer, einem attraktiven immergrünen Baum, der überall in Nordeuropa und sogar bis hinauf zur Arktis wächst. Er entschied sich für diesen Baum, weil bislang noch niemand diese Art von Problemen bei Koniferen untersucht hat. Inzwischen hat er bereits feststellen können, dass die Pflanze Signalstoffe abgibt, wenn Rüsselkäfer am Stämmchen eines Kiefernsetzlings zu fressen beginnen. Diese Signalstoffe können die benachbarten Waldkiefernsetzlinge veranlassen, ihr Immunsystem hochzufahren. Außerdem veranlassen sie andere Setzlinge, ihre Fotosynthese zu verstärken, möglicherweise um sich auf den bevorstehenden Angriff vorzubereiten. Schließlich holen die Pflanzen durch die Fotosynthese Kohlenstoff aus der Luft, von dem sie eine große Menge benötigen, um all die chemischen Verbindungen herzustellen, die sie für ihre Signale und ihre Abwehr einsetzen.

Kommt es jedoch zu einer Luftverschmutzung, ändert sich alles. »Wie es scheint, schafften es einige Pflanzen, zu reagieren, viele jedoch nicht«, berichtete Blande. Die nicht attackierten Setzlinge erhöhten ihre Fotosynthese nicht und fuhren auch nicht ihr Immunsystem hoch, wenn die Luft in ihrer Umgebung verschmutzt war. »Ich würde sagen, es sah sehr danach aus, dass es zu einem Zusammenbruch der Interaktion kam.«

Unterdessen gibt es auch Hinweise, dass die Art, wie wir Nahrung anbauen, die Kommunikation zwischen den Pflanzen stört, auch wenn sich diese Befunde noch keineswegs generalisieren lassen. Manche Kulturpflanzen produzieren sogar mehr Gase als ihre wilden Varietäten. Allerdings haben Forschungen ergeben, dass kommerzielle Maissorten weniger gasförmige Signalstoffe zu produzieren vermögen als lokale Kultursorten, wenn sie bemerken, dass Pflanzenfresser ihre Eier auf ihnen ablegen. Sie sind vollkommen unfähig, Nützlinge anzulocken.[23] Wie es scheint, bleiben diese Maisfelder im Augenblick der Gefahr stumm.

Das wirft die Frage auf, ob man bei hochgezüchteten Pflanzen, die wie der Mais zu Ernährungszwecken auf großen einheitlichen Flächen angebaut werden, nicht ungewollt die Fähigkeit zur Kommunikation herausgezüchtet hat. Oder vielleicht ist diese Fähigkeit auch im Zuge einer evolutionären Entwicklung überflüssig geworden für eine Pflanze, die alles erhält, was sie braucht, um zu überleben, ohne sich ständig verteidigen zu müssen. Das ist einer der Gründe, weshalb in der modernen industrialisierten Landwirtschaft so große Mengen an Pestiziden eingesetzt werden müssen. Offenbar sind manche Pflanzen nicht mehr fähig, sich gegenseitig vor anrückenden Schädlingen zu warnen oder ganz bewusst Nützlinge anzulocken.

Es ist klar, dass die bevorzugte Beschäftigung mit artenübergreifender pflanzlicher Kommunikation das Potenzial besitzt, für die Pflanzen wie für die Menschen von Nutzen zu sein. Wir verlieren ganz eindeutig den Kampf gegen die Schädlinge.[24] Auf der ganzen Welt werden alljährlich etwa 2 Millionen Tonnen konventioneller Pestizide zur Bekämpfung von Unkraut und Insekten eingesetzt[25] (davon 1 Million Tonnen allein in den USA).[26] Und dabei handelt es sich nicht um einmalige Anwendungen. Die meisten Pestizide müssen mehrmals im Jahr ausgebracht werden, um die Schädlinge fernzuhalten. Natürlich entwickeln die Schädlinge mit der Zeit eine Resistenz gegen die Pestizide, so dass immer höhere Dosen benötigt werden, bis man schließlich gänzlich neue Gifte entwickeln muss. Das kann schwerwiegende Folgen für die Gesundheit der Menschen haben. Weltweit sterben jährlich 11 000 in der Landwirtschaft tätige Menschen an den Folgen einer Pestizidvergiftung, und 385 Millionen Menschen erleiden eine schwere, aber nicht tödliche Vergiftung[27], ganz zu schweigen von den Fehl- und Missgeburten, Atemwegserkrankungen und anderen langfristigen Beeinträchtigungen der Gesundheit, die sich einstellen, wenn man immer wieder diesem Zeug ausgesetzt ist.* Außerdem schwemmt das Regenwasser die Pestizide von den Feldern in Bäche und Flüsse. Sie verschmutzen das Trinkwasser und dehnen so die Gesundheitsgefährdung auf die gesamte Bevölkerung wie auch die Fische und das übrige aquatische Leben aus. Es muss einen anderen Weg geben.

Wir müssen noch viel über jene Kulturpflanzen in Erfahrung bringen, die sich einen Großteil ihrer sprachlichen Fähigkeiten bewahrt haben. Wir haben so viel von den genialen Verteidigungstaktiken der Tomatenpflanzen gehört. Ich

---

* Es ist unglaublich, aber das bedeutet, dass weltweit jedes Jahr 44 Prozent der in der Landwirtschaft Tätigen solche Vergiftungen erleiden.

frage mich, was wir wohl lernen können, wenn wir ihnen zuhören. Auch einige Bohnenvarietäten sind Meister der Selbstverteidigung. Gegenwärtig arbeitet man an der Züchtung von Reispflanzen, die ein Terpen aus der Limabohne enthalten, das parasitäre Wespen anzieht. In Versuchen war die veränderte Reispflanze erstmals gleichfalls in der Lage, Feinde ihrer eigenen Fressfeinde anzulocken.

Manche Pflanzenwissenschaftler setzten sich dafür ein, weitere pflanzliche Abwehrmechanismen zur Züchtung von Kulturpflanzen zu nutzen, die dann wissen, wie sie sich gegen Schädlinge wehren können. Einige empfehlen sogar einen Rückgriff auf altes Wissen über Bei- oder Begleitpflanzen, eine Praxis, die darauf achtet, welche Pflanzen in Gesellschaft anderer Pflanzen besser gedeihen und überleben – ihre natürlichen Begleiter. Erdbeeren sind ein gutes Beispiel für die Vorteile dieser Praxis. Erdbeerblüten befruchten sich selbst. Sie können mit Hilfe ihrer eigenen Pollen Früchte ansetzen, das heißt letztlich, indem sie Sex mit sich selbst haben. Sie können sich auch von den Pollen anderer Pflanzen befruchten lassen, wozu es allerdings der Unterstützung durch Fluginsekten bedarf. Die Bauern wissen, dass Erdbeerpflanzen ein Drittel mehr Früchte – und viele von höherer Qualität – produzieren, wenn sie in der Nähe von Borretsch wachsen, einem Heilkraut mit wunderbar blauen Blüten. Der Borretsch zieht die Bestäuber der Erdbeerpflanzen an. Und wenn die sexuell anpassungsfähige Erdbeerpflanze sich dafür entscheidet, sich von Insekten mit den Pollen anderer Pflanzen befruchten zu lassen, statt sich selbst zu befruchten, bringt sie bessere und mehr Früchte hervor. Bauern und Hobbygärtner verwenden die Technik der Beipflanzung seit Jahrhunderten, doch in der großflächigen konventionellen Landwirtschaft wird sie bislang nur selten eingesetzt.

Ich denke an die Goldruten und Astern, die gemeinsam wunderschön blühen und dadurch insgesamt mehr Bestäuber anlocken. Und ich denke an all das, was wir bereits über die pflanzliche Kommunikation wissen – die Kommunikation mit ihresgleichen, mit anderen Pflanzenarten und mit Insekten. Pflanzen können Hilfe erbitten oder verlangen. Und die Welt, in der sie leben, scheint bereit, auf ihren Ruf zu antworten. Es gibt gute Gründe dafür, Pflanzen mehr für sich selbst sprechen zu lassen.

KAPITEL 8

Der Wissenschaftler und die Boquila trifoliolata

Auf dem Flug von New York nach Santiago de Chile zeigte mir der Bildschirm in der Rückenlehne vor mir unsere Flugroute auf einer Karte als eine dicke gerade Linie an, die auf dem Globus direkt nach Süden führte. Die Flugzeit sollte elf Stunden betragen. Ich las etwas über den gemäßigten chilenischen Regenwald, in dem ich einen Großteil der kommenden Woche verbringen wollte. Er lag eingezwängt zwischen einer Reihe von Seen und einer Kette von Vulkanen im südlichen Teil des schmalen, langgezogenen Landes, von Santiago aus zwei weitere Flugstunden Richtung Süden. 2014 hatte ein peruanischer Ökologe namens Ernesto Gianoli entdeckt, dass eine in diesem Regenwald verbreitete Kletterpflanze zu etwas fähig war, das man bislang noch von keiner anderen Pflanze kannte. Sie konnte sich in ihrer Gestalt recht schnell an die Form jeder Pflanze anpassen, in deren Nähe sie wuchs.

Boquila trifoliolata sind schlicht wirkende Pflanzen mit hellgrünen ovalen Blättern, die jeweils in Dreiergruppen angeordnet sind wie beim Klee oder der Gartenbohne. Ich hatte mir stundenlang Fotografien dieser Pflanze angeschaut und glaubte, sie recht gut zu kennen, aber ich wusste auch, dass diese ovale Form nicht die ganze Geschichte war. Gianoli hatte 20 verschiedene Pflanzenarten gezählt, die *Boquila* nachahmen konnte, doch die Liste wurde ständig länger. Immer wenn er zur Feldforschung in diese Region flog, entdeckte er weitere. Es war offenbar nur eine Frage der Zeit und des genauen Hinschauens.

Obwohl *Boquila* in gewissen botanischen Kreisen inzwischen einige Berühmtheit erlangt hatte, war Gianoli doch immer noch der einzige Forscher, der sie in ihrem natürlichen Verbreitungsgebiet untersuchte. Er wollte unbedingt zurück in die Region. Als es ihm gut 18 Monate nach meinem ersten Versuch, ihn auf solch einer Exkursion zu begleiten, schließlich gelang, eine Forschungsreise in das Gebiet der *Boquila* zu organisieren, klang er erleichtert und aufgeregt. Er und sein Team wollten dort, wie er mir sagte, zwar eine andere Kletterpflanze erforschen, aber ich könne sehr gerne mitkommen und werde sicher zahlreiche *Boquila*-Pflanzen sehen.

Ich hatte seine Entdeckung verfolgt, seit ich drei Jahre zuvor meinen Job aufgegeben hatte. In dieser Zeit hatte *Boquila* für beträchtliches Aufsehen in der Botanik gesorgt. Eine Forschungsgruppe in Deutschland war überzeugt, diese unglaubliche Mimikry zeige, dass diese Pflanze sehen könne. Wie sollte es ihr sonst möglich sein, die Textur, die Äderung und die Form eines benachbarten Blattes genau zu reproduzieren? Gianoli mochte diese Theorie nicht. Er hatte eine andere Vorstellung von dem, was da vorging. Irgendetwas mit Bakterien, das er mir später erklären wollte. Doch wie der Mechanismus auch immer beschaffen sein mochte, mir war klar, dass diese Kletterpflanze unser Verständnis von dem, was eine Pflanze ist und was sie kann, verändern würde. Die Reise würde sich lohnen, und so buchte ich sogleich einen Flug.

Gianoli ist Professor an der Universidad de La Serena in Chile, wo er sich auf die adaptive Plastizität spezialisiert hat, das heißt auf die Fähigkeit von Pflanzen, ihr Verhalten an Veränderungen in der Umwelt anzupassen. Als wir unsere Korrespondenz begannen, schickten wir uns gegenseitig

Sprachnachrichten, damit er antworten konnte, wann es ihm gerade passte (sein Neugeborenes wollte nicht schlafen, sagte er mir). Seine Stimme wirkte ruhig, bestimmt, und hatte einen methodischen Rhythmus, der sogleich den Eindruck eines nüchternen Denkers vermittelte. Er erzählte, dass er als Kind Darwin gelesen und Fußball gespielt hatte. Mit siebzehn hätte er beinahe eine Profikarriere als Fußballer eingeschlagen, doch er entschied sich für die Biologie. Es sei eine schmerzhafte Entscheidung gewesen (ich spürte die Emotion in seiner Stimme, als er davon sprach), aber er habe wie Darwin einen Beitrag zum Verständnis unserer Welt leisten wollen. Seine E-Mail-Signatur war ein Zitat des Wissenschaftsphilosophen Karl Popper: »Denn mein Meister [der Tischlermeister Adalbert Pösch] lehrte mich nicht nur, daß ich nichts wußte, sondern auch, daß die einzige Weisheit, die zu erwerben ich hoffen konnte, das sokratische Wissen von der Unendlichkeit meines Nichtwissens war.«[1] Nach mehreren Jahren Lektüre von Texten über Entdeckungen bei Pflanzen schien mir die Unendlichkeit meines – oder unseres kollektiven menschlichen – Nichtwissens immer klarer vor Augen zu treten.

Gianoli befasste sich zunächst mit Interaktionen zwischen Insekten und Pflanzen, fühlte sich dann jedoch stärker zu den Pflanzen hingezogen. »Weil man von Pflanzen nicht erwartet, dass sie ›kluge Dinge‹ tun«, sagte er. Sie sollten in den Interaktionen mit Insekten lediglich passiv sein. Er bemerkte jedoch sehr bald, dass die Pflanzen »weit mehr tun, als man von ihnen erwartet«. Gianoli wollte von mir wissen, ob ich gehört hatte, dass Pflanzen chemische Signalstoffe in die Luft entlassen, um Feinde der an ihnen fressenden Insekten herbeizurufen, damit sie diese Schädlinge fressen. Oder dass manche Pflanzen spüren können, dass ein Insekt irgendwo auf ihnen Eier abgelegt hat und dass sie diese Eier dann sabotieren. Oder dass Pflanzen »nach neueren Befunden in gewisser Weise hören können, weil sie die Geräusche fressender Raupen wahrnehmen und ihre Abwehr entsprechend verändern«. Ich hatte von alledem gehört, aber es war trotzdem lustig zu sehen, dass diese verrückten Entwicklungen auch bei Botanikern größtes Staunen erregten. »Und dieses Staunen über die Pflanzen hört niemals auf«, sagte er.

Da war es vielleicht ganz passend, dass er am Ende bei den Kletterpflanzen landete. Die Kletterpflanzen erinnern sehr deutlich an Tiere. Sie klettern, und das oft ziemlich schnell. Gianolis Held Darwin ließ sich eine Zeitlang selbst vom Verhalten der Kletterpflanzen begeistern und schrieb 1865 ein ganzes Buches über dieses Thema.[2] In *On the Movements and Habits of Climbing Plants* (»Über die Bewegung der Schlingpflanzen«) beobachtete Darwin, wie ein Dutzend Kletterpflanzen ans Werk gingen und dabei diverse körperliche Techniken einsetzten. Manche wickelten sich um Objekte, um sich daran emporzuwinden, andere sonderten klebrige Flüssigkeiten ab, und wieder andere trieben winzige Häkchen, die ihren Aufstieg sicherten. Und alle lokalisierten ihr Gerüst, indem sie die Spitzen ihrer Triebe durch die Luft kreisen ließen, bis sie gegen etwas Festes stießen. Es ist unmöglich, nicht an Orang-Utans oder Katzen zu denken, wenn er beschreibt, wie seine Pflanzen sich durch ein Dickicht aus Stöckchen »schlängeln« oder sich an den Dschungel-Turngeräten aus Schnüren emporziehen, die er für sie gebaut hat. Sie schienen auch bestens in der Lage zu sein, ihren Kurs zu korrigieren. Wenn Darwin ein Stöckchen aus dem schlingenförmigen Griff einer Ranke löste und wegzog, straffte die Pflanze die Schlinge und begann erneut mit der Suche nach etwas, an dem sie emporranken konnte.

Darwin verwendete zahlreiche Arten für seine Studie. Sie kamen aus den Sammlungen in den Kew Gardens, wohin Naturforscher exotische Arten von ihren oft im Dienst des britischen Imperialismus unternommenen Seereisen in entfernte Gegenden Asiens, Ozeaniens und Lateinamerikas brachten. An Leuchterblumen *(Ceropegia)*, einer Familie von Kletterpflanzen aus Afrika, Südasien und Australien, mit Blüten, die offenen Fallschirmen ähneln, beobachtete Darwin, wie ein Trieb sich langsam und Stück für Stück an einem Stock hinaufrankte, aber nicht über dessen Spitze hinauszugelangen vermochte. Darwin schrieb darüber, als handelte es sich um einen Menschen, der entschlossen einen unbezwingbaren Berg zu besteigen versucht. Der Trieb »löste sich plötzlich« von dem Stock und fiel auf der anderen Seite zurück, bevor er seinen Aufstieg im selben Winkel erneut begann und sich in die Höhe schlängelte. Dieser Zyklus aus Klettern, Zurückfallen und erneutem Klettern wiederholte sich mehrere Male. »Die Bewegung des Triebes wirkte sehr seltsam, als wäre er angewidert von seinem Scheitern, aber entschlossen, es nochmals zu versuchen«, schrieb Darwin.

Eine andere Pflanze, eine mexikanische Kletterpflanze aus der Familie der Phloxe, trieb kleine Häkchen, um an dem Gerüst emporzuklettern, das Darwin ihr gebaut hatte. »Wenn eine der sich drehenden Ranken gegen eine Stange stößt, biegen die Zweige sich rasch darum herum und halten sich an der Stange fest«, schrieb er. »Dabei spielen die Häkchen eine wichtige Rolle, denn sie verhindern, dass die Zweige durch die schnelle Drehbewegung weggezogen werden, bevor sie Zeit hatten, die Stange sicher zu umklammern.« Die Häkchen erinnern mich an Fledermäuse, die mit ihren gekrümmten Daumen an rissigen Wänden hinaufsteigen können. Die Tatsache, dass diese Pflanze einen Zweig an seinem Platz hält, damit er während der Schlingbewegungen nicht den Halt verliert, erinnerte mich an Papageien, die mit ihren Füßen ein Bündel Hirsehalme festhalten, während sie mit dem Schnabel die einzelnen Körner aus der Ähre picken. Diese Bemühung, etwas an seinem Platz zu halten, ist so vertraut und so unverkennbar kreatürlich.*

Die unglaublichen Fähigkeiten der Kletterpflanzen sind also schon lange bekannt. Doch als Gianoli entdeckte, dass diese unscheinbare chilenische Pflanze eine Art Chamäleon in Gestalt einer Kletterpflanze war, vermochte keine frühere oder bewiesene Theorie innerhalb unseres Verständnisses der Pflanzen zu erklären, was diese spezielle Kletterpflanze da tat. Noch niemals zuvor hatte man eine derartige Mimikry bei irgendeiner Pflanze beobachtet. Herauszufinden, wie *Boquila* das schaffte, verlangte, wie Gianoli es ausdrückte, »von den bekannten Pfaden des Wissens« abzuweichen. Und wie bei allem wirklich Unbekannten in der Wissenschaft würde es auf diesem Weg verlockende Fallstricke geben – Erklärungen, die plausibel erschienen, die Forschung aber für Jahre in die Irre führen konnten, falls sie falsch waren. »Ich denke, wenn wir das knacken können, wenn wir den Mechanismus

---

* Darwin beobachtete auch zwei Pflanzen, die zur selben Familie wie *Boquila* gehören: *Akebia quinata*, eine in Japan beheimatete Kletterpflanze mit essbaren purpurfarbenen Früchten, die wie Schokolade schmecken; und *Stauntonia latifolia*, eine im Himalaya beheimatete, auch Wurstbeere genannte Pflanze mit plumpen länglichen Früchten, die wie Auberginen schmecken. (*Boquila* stammt aus Chile, aber fast all ihre Verwandten finden sich in Asien.) Sie gehörten zu den schnellsten Kletterern, die Darwin beobachtete, und benötigten für einen vollen Kreis weniger als drei Stunden. Man kann ihre Bewegungen im Zeitraffer leicht festhalten, aber Darwin, der lange vor der Erfindung dieser Technik lebte, beobachtete sie einfach über Stunden und Tage und markierte dabei die Wachstumsfortschritte der Ranken.

entdecken können, der dieser Fähigkeit der Boquila-Pflanzen zugrunde liegt, werden wir höchstwahrscheinlich zu einem neuen Konzept gelangen. Einem neuen Prozess. Einer neuen Interaktion. Einem neuen… Irgendwas.« Er lachte ins Mikrophon seines Smartphones und drückte auf Senden.

Um uns eine Vorstellung davon zu machen, vor welch ein Rätsel *Boquila* uns da stellt, also warum eine spontane Mimikry allem widerspricht, was wir bisher über Pflanzen wissen, müssen wir uns nochmals vor Augen führen, wie Pflanzen Licht wahrnehmen. Um etwas nachzuahmen, muss man wahrscheinlich zumindest annähernd wissen, wie etwas aussieht. Die Wahrnehmung von Licht ist das primäre Mittel, durch das Tiere in Erfahrung bringen, wie Dinge aussehen. Wir sprechen hier von Sehen. Auch Pflanzen nehmen Licht wahr, schon weil sie es essen und zuweilen auch meiden müssen. Aber könnte hier auch der Schlüssel zu dem Trick liegen, den die *Boquila*-Pflanze da ausführt?

Keine andere Kraft hat eine größere Wirkung auf Pflanzen als Licht. Zu viel Licht kann jedoch auch gefährlich für sie sein, weil es die Blätter verbrennt. Die Pflanzen haben alle erdenklichen Mittel entwickelt, um das zu verhindern. Licht ist aber auch ein Feind der Wurzeln, die in aller Regel in nahezu vollkommener Dunkelheit gedeihen.

In botanischen Laboren werden Pflanzen oft in lichtdurchlässigen Behältern oder durchsichtigen Petrischalen gezogen, damit die Forscher das Wachstum der Wurzeln beobachten können. Man weiß, dass Wurzeln in einer Laborumgebung zehn Mal länger werden als in einem dunklen Boden, also unter Freilandbedingungen.[3] Wissenschaftler führen das meist auf die erstklassigen Wachstumsbedingungen im Labor zurück. Ein guter Boden, viel Licht und Wasser, warum sollten die Pflanzen da nicht ausgezeichnet gedeihen? Der slowakische Botaniker František Baluška, den wir bereits als Mitglied der frühen Gruppe selbsternannter Pflanzenneurobiologen kennengelernt haben, hat da eine andere Theorie. In Wirklichkeit laufen die Wurzeln vor dem Licht weg.[4] Das Licht ist ein Stressfaktor, und die Wurzeln, die es wahrnehmen können, wachsen möglichst schnell, um vor dem Licht zu fliehen. Baluška sieht darin einen wesentlichen Mangel in der Anlage der Studien, der möglicherweise seit Jahrzehnten die Literatur zum Thema beeinträchtige. Er und seine Kollegen haben solch eine Lichtphobie bei Maispflanzen und den Keimen der Schotenkresse nachgewiesen und setzen sich dafür ein, in den Laboren undurchsichtige Petrischalen zu verwenden.[5] Inzwischen geht er jedoch über eine bloße »Wahrnehmung« von Licht hinaus. Er schlägt vor, auch in der Sprache eine Änderung vorzunehmen, die in seinen Augen die Sache besser trifft: Die Wurzeln vermögen Licht zu *sehen*. Sie besitzen, so sagt er, eine Art von Gesichtssinn.

Zwei Jahre vor meiner Reise nach Chile traf ich Baluška im obersten Stockwerk des Instituts für Zelluläre und Molekulare Botanik der Universität Bonn, wo er ein Forschungslabor leitete. Er schrieb gerade an einer E-Mail und schickte mich in einen Seminarraum am Ende des Gangs. Es war ein grauer, wolkenverhangener Tag, immer wieder unterbrochen von heftigen Regenschauern. Nur die Moose unten im Botanischen Garten der Universität genossen dieses Wetter.

Baluška erschien ein paar Minuten später, setzte sich vorsichtig auf einen Stuhl und beugte sich vor wie ein Läufer in seinem Startblock. Er war groß, hatte breite Schultern und blaue Augen. Er sagte mir, er werde nach mehreren Jahrzehnten im Labor im kommenden Jahr in den Ruhestand gehen. Er sah mich an und fragte: Was möchten Sie wissen? Ich hatte das Gefühl, ich amüsierte ihn, eine Reporterin aus

New York, die da ein wenig durchnässt zu ihm kam und versuchte, ihren gleichfalls feucht gewordenen Laptop auf dem Tisch zu trocknen.

Zu dieser Zeit war Baluška berühmt – oder je nach Sichtweise berüchtigt – dafür, dass er zu den Gründungsmitgliedern der Society for Plant Neurobiology gehört hatte, wie auch für Experimente, in denen er herausgefunden hatte, dass man auch Pflanzen in Narkose versetzen kann. Wenn man dafür sorgen konnte, dass Pflanzen bewusstlos wurden, hieß das dann auch, dass sie ein Bewusstsein besaßen? Baluška war entschieden dieser Ansicht. »Ich denke, das Bewusstsein ist ein sehr elementares Phänomen, das schon mit der ersten Zelle beginnt«, sagt er. Und was sei das Bewusstsein schon anderes als die Fähigkeit, mit Situationen umzugehen und für sich selbst zu sorgen? »Wenn Sie nicht bei Bewusstsein sind, sind Sie sich Ihrer Umwelt nicht bewusst und können nicht handeln. Sie sind raus. Sie können überleben, falls jemand sich um Sie kümmert, aber allein können Sie nicht überleben.« Eine narkotisierte Pflanze ist nicht bei Bewusstsein, sagt er, das ist der ganze Unterschied, um den es geht.

Aber wer weiß das schon genau? Baluška zeigt auf den leeren Raum neben ihm. »Sie können sich hinsichtlich des Bewusstseins nicht wirklich sicher sein, nicht einmal bei einem Freund. Es gibt keine Möglichkeit, das zu beweisen. Sie können nur raten«, sagt er. Der einzige halbwegs überzeugende Beweis ist die Narkose. Es gibt keine andere Möglichkeit, um sicherzugehen, dass jemand anderes ein Bewusstsein hat.« Nur um sicher zu sein, stelle ich mir vor, meine Freundinnen und Freunde in Narkose zu versetzen.

Unser Gespräch wendet sich den Kulturpflanzen zu. Gerade jetzt ist Baluška intensiv mit der Erforschung der Maispflanze beschäftigt, die er als »wunderbar« bezeichnet. Sie kann möglicherweise sehen, zumindest mit den Wurzeln, sagt er. Bevor wir tiefer in dieses Thema eindringen können, fragt er mich jedoch, ob ich von Wawilow gehört habe. Ich verneine.

Der sowjetische Agrarwissenschaftler Nikolai Iwanowitsch Wawilow entdeckte im frühen 20. Jahrhundert ein merkwürdiges Phänomen: Unkräuter auf Feldern mit Kulturpflanzen beginnen manchmal, wie die Kulturpflanze selbst auszusehen.[6] Er erkannte, dass der Roggen ursprünglich nicht so ausgesehen hatte wie die Kulturpflanze, deren kräftiges Korn in Russland inzwischen zu einem wichtigen Hauptnahrungsmittel geworden war. Er war vielmehr ein zotteliges, ungenießbares Unkraut gewesen. Wie Wawilow erkannte, hatte der Roggen eine unglaubliche Mimikry vollzogen.

Frühe Weizenbauern, die noch von Hand jäteten, hatten das Roggenunkraut herausgezogen und weggeworfen, um die angebauten Kulturpflanzen gesund zu erhalten. Um zu überleben, nahmen deshalb einige wenige Roggenpflanzen eine ähnliche Form wie der Weizen an. Die Bauern rissen immer noch den lästigen Roggen aus, wenn sie ihn erkannten. Dieser Selektionsdruck brachte den Roggen dazu, das Auge der Bauern zu täuschen. In diesem Fall überlebten nur die besten Imitatoren unter den Roggenpflanzen. Am Ende wurde der Roggen eine so ausgezeichnete Imitation, dass er selbst als Kulturpflanze angebaut wurde.

Die »Wawilow'sche Mimikry« gehört heute zu den grundlegenden Tatsachen der Landwirtschaft.* Auch der Hafer entstand auf diesem Wege; er verdankt seinen Erfolg einem

---

* Der Erfolg kam für Wawilow leider zu spät. Wegen seiner Ablehnung der pseudowissenschaftlichen Ansichten des von Stalin eingesetzten Landwirtschaftsministers wurde er 1942 in den Gulag geschickt, wo er 1943 mit 56 Jahren an Unterernährung starb.

anfänglichen Weizenmimikry. In Reisfeldern lässt sich die Gemeine Hühnerhirse in der Sämlingsphase nicht von den Reispflanzen unterscheiden. Neue genetische Untersuchungen haben ergeben, dass dieses Kraut seinen Bau vor etwa einem Jahrtausend an den der Reispflanzen anpasste, als der Reisanbau in Asien längst voll im Gange war.[7] Auf Linsenfeldern ist die Wicke ein weitverbreitetes Unkraut, das seine ursprünglich kugelförmigen Samen meisterhaft zu der flachen Scheibenform der Linsen umbaute. In diesem Fall brauchte die Pflanze nicht das Auge der Bauern zu täuschen, sondern lediglich zu verhindern, dass ihr Samen bei dem mechanischen Dreschvorgang eliminiert wurde. Die Schüttelsiebe in den Worfelmaschinen konnten einfach nicht zwischen Linsen und Wickensamen unterscheiden. Der Unkrautgenetiker Scott McElroy ist der Ansicht, dass moderne herbizidresistente Pflanzen gleichfalls die Wawilow'sche Mimikry einsetzen, allerdings auf biochemischer Ebene. Sie imitieren die Kulturpflanzen, denen man diese Herbizidtoleranz angezüchtet hat.[8]

Nach allgemeiner Auffassung besteht die Züchtung von Nutzpflanzen in der Domestizierung unzulänglicher Wildarten und deren Umwandlung in plumpe nützliche Nahrungsmaschinen – ein Beweis menschlichen Willens und Genies. Baluška bezweifelt, dass es sich dabei überhaupt um »Domestizierung« handelt. »Eine Domestizierung läge vor, wenn einer der beiden Partner größeren Einfluss hätte als der andere. Aber dafür gibt es keinen Beleg«, sagt er. »Ein besseres Wort wäre wohl Koevolution. Wir verändern sie, aber sie verändern auch uns.«

Pflanzen sind ganz offensichtlich fähig zu komplexer Manipulation. Baluška verweist augenzwinkernd auf die vielen tausend natürlicher pflanzlicher Stoffe, die wir unwissentlich in uns aufnehmen, wenn wir Obst oder Gemüse verzehren. »Wir wissen nicht, was sie mit unserem Gehirn anstellen«, sagt er. »Wenn wir etwas Schönes und Schmackhaftes essen, können wir niemals sicher sein, ob in dieser Tomate oder diesem Apfel nicht etwas enthalten ist, das uns das glauben macht.«

Ich muss an die sprechende Kletterpflanze in *Semiosis* denken. Ich frage mich, in welchem Maße die Pflanzen uns für ihre Zwecke einspannen. Wir wissen nur wenig über ihre genialen Fähigkeiten zur Synthese hochkomplexer chemischer Substanzen, die andere Pflanzen und Tiere offen oder auf subtile Weise beeinflussen können. Wahrscheinlich nehmen wir mit der Atemluft oder dem Essen täglich Tausende dieser Verbindungen in uns auf, und das einfach deshalb, weil wir als Pflanzenesser auf einem von Pflanzen beherrschten Planeten leben. Wir wissen, dass manche Pflanzen halluzinogene Stoffe enthalten, dass manche süchtig machen und dass Gartenarbeit ein gutes Mittel gegen Depression sein kann. Was ist mit den Stoffen, die sich in einem Apfel oder einer Kornähre befinden? Da drängt sich die Frage auf, in welcher anderen Weise sie uns beeinflussen mögen. Ein ganzes Geschwader von Menschen, die mit großer Sorgfalt ein Feld mit Kulturpflanzen pflegen, kann sicher auch wie ein Heer von Pflanzensymbionten aussehen, die sich voll Eifer den Bedürfnissen der Pflanzen widmen. Ich denke an die Wawilow'sche Mimikry: Nicht wir haben den Hafer domestiziert, vielmehr hat der Hafer uns domestiziert. Wenn ich mir ein Feld mit Kohl oder Kürbissen oder Blaubeeren anschaue, frage ich mich: Haben sie sich einen Symbionten zugelegt, und sind vielleicht wir dieser Symbiont?

Aber natürlich profitieren Menschen und Pflanzen von dieser speziellen Art Zwang. Vielleicht sollten wir so über diese vielschichtigen Verwicklungen denken: Wir können sie als Antagonismen sehen oder als Chancen für eine Symbiose, für Gegenseitigkeit.

»Ich denke, die Pflanzen sind die primären Lebewesen und wir die sekundären. Wir sind vollständig von ihnen abhängig. Ohne sie könnten wir gar nicht überleben«, sagt Baluška. »Umgekehrt wäre die Situation für die Pflanzen nicht so dramatisch.«

Vor diesem geistigen Hintergrund geht Baluška an die Frage heran, ob Pflanzen sehen können. Zugegeben, seine Art zu reden unterscheidet sich deutlich von der nüchternen, auf Daten basierenden Redeweise der meisten Forscherinnen und Forscher, denen ich begegnet bin. Er redet eher wie ein Philosoph. Aber ich bin fasziniert. Ich denke an die lange Geschichte der Wissenschaftlerinnen und Wissenschaftler, die skandalöse, weit jenseits des Mainstreams ihrer Zeit liegende Hypothesen aufstellten und am Ende recht damit behielten. Vielleicht ist Baluška einer von ihnen. Vielleicht aber auch nicht.

Schließlich wenden wir uns seinen Vorstellungen über den Gesichtssinn zu. Auf dieses Thema wurde Baluška erstmals durch seine Arbeiten zu den Maiswurzeln gestoßen. Er hält es jedoch für unwahrscheinlich, dass dieses Phänomen auf die Wurzeln beschränkt wäre. Er glaubt, auch die Epidermis der Blätter mancher Pflanzen (also gewissermaßen deren »Haut«) könnte eine Art Gesichtssinn aufweisen. Und einen weitaus komplexeren Gesichtssinn als nur die Fähigkeit, Hell und Dunkel zu unterscheiden.

Schon früher, als ich in einer Ausgabe der Zeitschrift *Trends in Plant Science* einen Brief von Baluška und Mancuso gelesen hatte, wäre ich beinahe vom Stuhl gefallen. Er trug den Titel »Vision in Plants via Plant-Specific Ocelli?«

(»Gesichtssinn bei Pflanzen durch pflanzenspezifische Ocellen?«).[9] Das unschuldige Fragezeichen vermochte die Implikationen nicht abzuschwächen. Als Ocellen bezeichnet man in der Wissenschaft einfache Augen, und Baluška und Mancuso fragten hier, ob Pflanzen solche Augen wohl besitzen mochten. In ihrem Brief erwähnten sie auch *Boquila*, die von Gianoli zwei Jahre zuvor entdeckte Pflanze, die in der Lage ist, Form und Anmutung der Blätter anderer Pflanzen bis hin zu ihrer Farbe, Äderung und Textur nachzuahmen.

Nach neuen Forschungen besaß (und besitzt) ein sehr altes Cyanobakterium, ein früher Vorfahr der Pflanzen, das kleinste und älteste Beispiel eines kameraähnlichen Auges. Baluška und Mancuso äußerten die kühne Vermutung, dass Pflanzen, die aus einer frühen Vereinigung dieses Organismus mit einer frühen Alge hervorgingen, diese nützliche evolutionäre Errungenschaft vielleicht niemals aufgegeben hatten. In ihrem Brief merken sie an, dass die der Oberfläche eines Blattes am nächsten liegenden Zellen oft keine Chloroplasten – den Zelltyp, der die Fotosynthese ermöglicht – aufweisen, und das, obwohl die Oberfläche des Blatts natürlich der beste Ort für die Fotosynthese wäre. »Dieses Phänomen lässt sich nicht leicht erklären«, schreiben sie. Könnte es sein, dass diese Zellen nach Art von Ocellen benutzt werden? Oder anders gefragt: Handelt es sich hier um sehr einfache Augen?

Das war nicht das erste Mal, dass Pflanzenwissenschaftler diese Möglichkeit erwogen. Doch zum letzten Mal war diese Hypothese ein Jahrhundert zuvor vorgetragen und danach wieder vergessen worden. Kurz nach der Wende zum letzten Jahrhundert fragte sich der damals einundfünfzigjährige österreichische Botaniker Gottlieb Haberlandt, der bereits mehrere Bücher zur Pflanzenphysiologie publiziert hatte, ob Pflanzen auf rudimentäre Art zu sehen vermögen. Er veröffentlichte seine Theorie 1905 in einem Buch mit dem Titel *Die Lichtsinnesorgane der Laubblätter*.[10]

Francis Darwin, Sohn von Charles Darwin und selbst ein anerkannter Wissenschaftler, lobte Haberlandts Buch und besprach es ausführlich – und da ich selbst das Deutsche nicht beherrsche, lernte ich Haberlandts Ideen über Darwins Artikel kennen.[11]

»Sofern es Lichtsinnesorgane gibt, muss man sie in der Blattepidermis suchen«, schrieb Darwin in Paraphrasierung der Aussagen in Haberlandts Buch. Haberlandt vermutete, dass dort kuppelartig gewölbte Zellen ein einfaches Auge, eine Ocelle von der Art bildeten, wie Baluška und Mancuso sie ein Jahrhundert später mutmaßten. Doch damals fand dieser Gedanke keinen Eingang in den Mainstream der Botanik.

Als eine Gruppe von Forscherinnen und Forschern 2016 einen bahnbrechenden Artikel veröffentlichte, in dem sie die mögliche Entdeckung kameraähnlicher Augen bei Cyanobakterien bekanntgaben, schrieben sie, diese Zellen wirkten wie »kugelförmige Mikrolinsen, die es der Zelle ermöglichen, eine Lichtquelle wahrzunehmen und sich in ihre Richtung zu bewegen«.[12]

Falls Cyanobakterien tatsächlich einen Gesichtssinn besitzen, eröffnet das die Möglichkeit, dass diese Fähigkeit im Pflanzenreich, das aus den Cyanobakterien hervorgegangen ist, tatsächlich niemals aufgegeben wurde. In einer aus Licht und Schatten bestehenden Welt, in der alle Freunde und Feinde visuelle Hinweise nutzen, um zu jagen und zu fressen und sich zu verstecken, gibt es gute evolutionäre Gründe für die Annahme, dass ein Organismus, der über ein Punktauge verfügt, daran festhalten dürfte. Schließlich entwickelte sich das menschliche Auge wie alle übrigen modernen Augen aus alten Punktaugen ähnlich denen der Cyanobakterien.

Natürlich erzählt die Evolution nicht immer lineare Geschichten dieser Art. In allen Bereichen des Lebens finden sich zahlreiche Beispiele für Merkmale, die im Laufe vieler Millionen Jahre entstanden, fallengelassen und schließlich erneut entwickelt wurden. Dass man in den Blättern von Pflanzen bislang noch keine Ocellen gefunden hat, bedeutet nicht, dass sie nicht da wären. Nach Ansicht Baluškas und Mancusos hat nur noch niemand wirklich nachgesehen.

Der Gesichtssinn besteht hauptsächlich in der Wahrnehmung von Licht und Schatten. Objekte werden für uns und andere Tiere sichtbar, wenn sie Licht reflektieren, das auf sie fällt. Auch die Farbe ist eine trickreiche Eigenheit des Lichts. Farben entstehen, wenn ein Objekt hauptsächlich Licht bestimmter Wellenlängen absorbiert und nur das übrige Licht reflektiert, so dass es in unsere Augen fällt und dort den Farbeindruck hervorruft. So erscheinen grüne Blätter grün, weil sie rotes und blaues Licht absorbieren und die restlichen Wellenlängen des Lichts, das in unser Auge fällt, die Farbe Grün ergeben. Das Chlorophyll in den Pflanzen isst das rote Licht, um das aus der Luft aufgenommene CO_2 sowie Wasser in zuckrige Nahrung umzuwandeln. Das ist die Fotosynthese. Das Licht besteht aus einem ganzen Spektrum an Farben; einige davon sind für uns sichtbar, andere nicht. Denken Sie an das Regenbogenspektrum, das Sie mit einem Prisma an die Wand werfen können, weil das Prisma das Licht nach dessen Wellenlängen aufspaltet. Wenn Licht durch das grüne Fleisch von Pflanzen hindurchtritt, absorbiert die Pflanze einen Teil des roten Lichts. Das Licht, das durch die Pflanze hindurchdringt, enthält deshalb weniger rotes Licht, wenn es wieder aus der Pflanze heraustritt. Das heißt, im Spektrum des heraustretenden Lichts findet sich eine andere Verteilung der Wellenlängen. Vor allem der Anteil des fernroten Lichts – am äußersten Rand des roten Bereichs in dem für uns sichtbaren Spektrum – ist reduziert. 2020 fanden Forscher heraus, dass Schmarotzer wie die Seidenpflanzen die veränderten Farbanteile zu lesen vermögen und diese Information für ihre Entscheidung nutzen, in Richtung welcher Pflanze sie wachsen wollen, um an ihr zu schmarotzen.[13] Das ist durchaus sinnvoll, denn Seidenpflanzen betreiben selbst keine Fotosynthese. Ihre Sämlinge haben wenig Zeit, um einen guten Wirt zu finden, bevor ihnen der im Samen gespeicherte Energievorrat ausgeht. Und wenn eine Kletterpflanze erst einmal an einer Wirtspflanze hochrankt, sind ihrer beider Schicksale für immer miteinander verbunden. Die rasche Auswahl eines Wirts ist darum ein fast absolutes Muss. Einfach blindlings in irgendeine Richtung zu wachsen, wäre dagegen in den meisten Fällen eine Katastrophe.

Zur Überraschung der Forscher erwies sich die Einschätzung des Rotlichtanteils durch die Seidenpflanzen als äußerst feinkörnig. Im Labor benutzten sie für ihre Versuche eine Kombination aus entsprechend angeordneten und eingestellten Fernrot-LEDs und realen Pflanzen. Wenn die Sämlinge die Wahl hatten zwischen LEDs mit einem ähnlichen Licht, wie es durch Gräser dringt, und solchen mit einem Licht, wie es durch Pflanzen mit Stielen oder Ästen durchscheint, entschieden sie sich, in die Richtung der »Pflanze« mit den Stielen oder Ästen zu wachsen (denn Gräser sind für Seidenpflanzen ungeeignet). Wenn sie die Wahl zwischen zwei Pflanzen derselben Art und Größe hatten, entschieden sie sich für die näher gelegene, selbst wenn der Entfernungsunterschied nur 4 Zentimeter betrug. Es wäre nicht übertrieben, wenn man sagte, dass diese parasitäre Pflanze ihren Wirt in dieser elementaren Weise zu sehen vermag oder zumindest deren Form und Größe erkennt.

Pflanzen besitzen jedoch nicht nur Rezeptoren für rotes Licht. Bislang haben Botanikerinnen und Botaniker in Pflanzen 14 verschiedene Arten von Lichtrezeptoren gefunden, die jeweils lebenswichtige Informationen bereitstellen.[14] Einige erlauben es Pflanzentrieben, in Richtung des Lichts zu wachsen, und andere helfen ihnen, schädigendes UV-Licht zu vermeiden. Für viele Fotorezeptoren hat man jedoch noch keine Erklärung finden können. Botaniker in Argentinien schrieben 2014 in einem Artikel, dass einige dieser Fotorezeptoren eine Rolle bei der Fähigkeit der Schotenkresse spielen, ihre Verwandten zu erkennen.[15] Sie fanden heraus, dass die unscheinbare Pflanze die Frage, ob eine in der Nähe stehende Pflanze eine Verwandte ist oder nicht, aufgrund der Beschaffenheit des durch sie hindurchscheinenden Lichts beantwortet. Sie nehmen die Gestalt der anderen Pflanze mit Hilfe ihrer Fotorezeptoren wahr – und wie die Forscher annahmen, dadurch auch irgendwie ihre genetische Verwandtschaft. Die Schotenkresse passt ihr Wachstum entsprechend an, um zu verhindern, dass die Familienmitglieder in ihren Schatten geraten. Und die Schotenkresse dürfte mit dieser Fähigkeit durchaus nicht allein dastehen. Sie ist lediglich der Modellorganismus, an dem Botaniker oft erstmals ihre Experimente ausprobieren. Deshalb finden wir diese Pflanze quer durch die Labore in so vielen verschiedenen Szenarien und in Versuchen mit derart unterschiedlichen Fragestellungen.

Mitte der 2010er Jahre begann der Gedanke, dass Pflanzen sehen können, in der Pflanzenneurobiologie Wellen zu schlagen. Auf welche Weise Pflanzen subtile Unterschiede auf visuellem Gebiet wahrnehmen, war ein Rätsel, ebenso die Frage, wie ein Gesamtbild ohne die normalerweise von einem Gehirn geleistete zentrale Verarbeitung zu einer Reaktion integriert werden kann. Dann machte Gianoli im chilenischen Regenwald eine überraschende Entdeckung, die erneut alles veränderte.

Auf einer Forschungsexkursion mit seinen Studierenden bemerkte Gianoli auf einem Spaziergang in einer Pause ihrer unermüdlichen Sammeltätigkeit etwas Sonderbares. Ein belaubter Busch schien aus zwei verschiedenen Stämmchen herauszuwachsen, von denen einer dünner war als der andere. Er schaute genauer hin. Das dünnere Stämmchen gehörte nicht zur selben Spezies wie der eigentliche Busch, vielmehr handelte es sich um *Boquila trifoliolata*, eine in diesem Teil des Waldes weit verbreitete Kletterpflanze. Doch erstaunlicherweise hatten die Blätter der *Boquila* genau dieselbe Form wie die des Buschs. Er hatte *Boquila*-Pflanzen schon unzählige Male gesehen, sie fanden sich überall in diesem Wald. Aber so etwas war ihm noch nie untergekommen.

Schon bald fand er ein weiteres, von einer *Boquila*-Pflanze befallenes Bäumchen, und auch hier waren die Blätter der *Boquila* ebenso geformt wie die des Bäumchens. Nach kurzem Innehalten wurde ihm die Tragweite seiner Beobachtung bewusst. Es war ganz offensichtlich etwas Großes. »Es lässt sich schwer in Worte fassen. Es war ein Gefühl. Mir wurde klar, dass dies eine Entdeckung war«, sagte er mir. »Welchen Traum hat ein Kind, das die Wissenschaft liebt? Eine Entdeckung zu machen, nicht wahr? Einen Dinosaurierknochen oder was auch immer. Und das hier kam dem nahe. Diesem Kindheitstraum. Aber damit er wirklich in Erfüllung ging, musste ich klären, was hier vonstattenging.«

Da er nun wusste, wonach er Ausschau halten musste, fand er überall *Boquila*-Pflanzen, mit Blättern, die überall eine andere Form annahmen. Es war verblüffend. »Ich war mit den Grundlagen der Mimikry vertraut und kannte all die Tricks, die von diversen Spezies eingesetzt werden«, sagte er mir. In allen Fällen sind sie das Resultat einer langsamen, über Generationen erfolgenden Veränderung. »Darum war mir sofort klar, dass es sich hier um etwas Außergewöhnliches handelte, weil die Reaktion innerhalb einer Generation erfolgte. Es handelte sich nicht um das Ergebnis eines über viele Generationen durchgehaltenen Effekts, sondern um eine plastische Reaktion.«

Niemand hatte *Boquila trifoliolata* bisher um ihrer selbst willen studiert. Sie wächst nur in Chile und hatte bis dahin nicht als sonderlich bemerkenswert gegolten. Er ging zurück zu der Hütte, bei der die übrigen Mitglieder seines Teams warteten, und wandte sich an seinen Doktoranden Fernando Carrasco-Urra. »Quieres ser famoso? Wollen Sie berühmt werden? Ich habe da eine Idee für Ihre Dissertation.«

Nach dieser Exkursion veröffentlichten Gianoli und Fernando eine Reihe bemerkenswerter Befunde zu *Boquila trifoliolata*.[16] Ein und dieselbe Kletterpflanze konnte an vier verschiedenen Bäumen hochranken und jeweils deren Blätter nachahmen, einschließlich der Form, der Farbe, der Textur und der Äderung. Wenn das betreffende Blatt besonders schwer nachzuahmen war (zum Beispiel wegen eines sägeartig gezackten Randes), beobachteten Gianoli und Carrasco-Urra, dass die *Boquila* doch wenigstens »ihr Bestes tat« und ein halbgezacktes, etwas schief wirkendes Blatt hervorbrachte – wie ein Amateurbildhauer, der eine Skulptur von Michelangelo nachzuahmen versucht. Dieser Trick schien dem Zweck zu dienen, dass Pflanzenfresser möglichst wenig von den Blättern der Kletterpflanze fraßen. Da ihre Blätter zwischen denen der Wirtspflanze nicht besonders auffielen, bestand für jedes einzelne *Boquila*-Blatt eine höhere Chance, nicht gefressen zu werden. Aber wie *Boquila* das anstellte, blieb weiterhin vollkommen rätselhaft. *Boquila*, ein wahrhaft dynamisches Chamäleon, war die erste entdeckte Spezies, die in der Lage war, mehrere Pflanzenarten zu imitieren.

Es gibt nur eine einzige andere Pflanze, von der man weiß, dass sie über ähnliche Fähigkeiten verfügt. Die Mistel, die mancherorts als Symbol romantischer Liebe gilt, ist ein Parasit. Wie alle parasitären Pflanzen dringt sie mit Wurzeltrieben in ihre Wirtspflanze, oft Eukalyptusbäume oder Akazien, ein und saugt die zum Überleben benötigten Nährstoffe dort ab, statt sie selbst herzustellen. Sehr romantisch!

Manche Misteln gehen jedoch noch einen Schritt weiter und verändern ihre Form, so dass sie ihrer Wirtspflanze ähneln. Sie eignen sich also nicht nur die Früchte der harten Arbeit ihres Wirts an, sondern klauen auch noch dessen Identität. Auf Fotos, die auf Eukalyptusbäumen in Australien wachsende Misteln zeigen, ist es nahezu unmöglich, zwischen den beiden Pflanzen zu unterscheiden. Die Mistel treibt dort Blätter, die ebenso ledrige, runde und silbrig glänzende Scheiben darstellen wie die der Eukalyptusbäume. Auf einem anderen Foto eines Zweigs der Kasuarinenmistel neben dem einer australischen Kasuarine haben beide Pflanzen lange, herabhängende, nadelähnliche Blätter, die den Stoppelfedern eines Papageis ähneln.[17] Die Mimikry ist vollkommen.

Im Fall der Mistel ist eine Spezies mimetisch mit nur einer einzigen Wirtsspezies verpaart. So nehmen die Blätter der australische Kasuarinenmistel ausschließlich die Form von Kasuarinenblättern an. Misteln haben außerdem den Vorteil, vollständig in das Kreislaufsystem der Wirtspflanze eingeklinkt zu sein. Sie dringt mit dem eigenen Körper tief in das Fleisch der von ihr parasitierten Pflanze ein und erhält dadurch zweifellos Zugang zu wichtigen genetischen

Informationen, die ihr wahrscheinlich helfen, die Form der Wirtspflanze anzunehmen. Es handelt sich um sehr enge, spezifische Beziehungen, die sich im Laufe der Evolution entwickelt haben.*

Doch so eindrucksvoll die Mimikry der Mistel auch sein mag, das Rätsel der von Gianoli beobachteten *Boquila* vermag sie kaum zu erhellen. Denn *Boquila* macht etwas ganz anderes. Sie kann sich offenbar an jede Pflanze in ihrer Umgebung anpassen und scheint dazu nicht einmal einen physischen Kontakt zu benötigen. Sie nimmt benachbarte Pflanzen in Echtzeit wahr und verändert die Gestalt ihres Körpers, um ihnen zu ähneln – zuweilen passt sie ihre Blätter sogar an das Blattwerk mehrerer verschiedener Baumarten gleichzeitig an, und das, ohne sie zu berühren. Das macht die Hypothese eines Gesichtssinns natürlich verlockend.

---

* Andere Arten enger evolutionärer Beziehungen bringen andere Beispiele verblüffend spezifischer Mimikry hervor. Die Blätter des Echten Lungenkrauts in Südwestengland sind mit Dutzenden weißer Flecken überzogen, als handelte es sich um Vogelkot. Dieses Aussehen bietet der Pflanze möglicherweise einen gewissen Schutz, weil eine geringere Wahrscheinlichkeit besteht, dass Tiere derart mit einem Träger von Krankheitskeimen verschmutzte Blätter fressen. Mehrere in Süd- und Mittelamerika beheimatete Arten der Passionsblume treiben Blätter, die so aussehen, als wären sie mit kleinen gelben Kügelchen übersät. Diese Kügelchen haben große Ähnlichkeit mit Schmetterlingseiern. Ein Schmetterling dürfte weniger geneigt sein, seine Eier auf einem Blatt abzulegen, auf dem sich bereits zahlreiche Eier zu befinden scheinen, um die kleinen Raupen nach ihrem Schlüpfen keiner unnötigen Konkurrenz auszusetzen. Wenn ein Schmetterling an einem Blatt vorbeifliegt, weil er es für ungeeignet hält, erspart sich die Passionsblume die Mühsal, als erste Mahlzeit für Dutzende hungrige Raupen zu dienen. Siehe Edward E. Farmer, *Leaf Defence*, Oxford 2014; sowie Lawrence E. Gilbert, »The Coevolution of a Butterfly and a Vine«, *Scientific American* 247, Nr. 2 (1982), S. 110–121.

Zunächst spekulierte Gianoli, *Boquila* nehme die Information zur Blattform irgendwie durch luftübertragene Hinweise auf oder vielleicht auch durch eine Art horizontalen Gentransfers. Die Pflanzen waren nicht über ihre Wurzeln miteinander verbunden, also kam eine von Wurzel zu Wurzel erfolgende Kommunikation nicht in Frage. Als Baluška und Mancuso sich einige Jahre später Gianolis Forschung anschauten, schien es ihnen klar, dass *Boquila* ihre Informationen über einen Gesichtssinn sammelte.

Gianoli war mit dieser These nicht einverstanden. Ein horizontaler Gentransfer oder eine Kommunikation durch luftübertragene Hinweise seien wahrscheinlichere Erklärungen, schrieb er in einem Gegenartikel. Aber keine der beiden Möglichkeiten schien sinnvoll zu sein, zumindest auf den ersten Blick. Gianolis eigene Arbeit hatte gezeigt, dass die Blätter der Kletterpflanze ihre normale ovale Form annahmen, wenn die Wirtspflanze vollständig ohne Blätter war. Außerdem imitierte die Kletterpflanze stets die Blätter, die ihr am nächsten waren, ob sie nun zu dem Baum, an dem sie emporkletterte, gehörten oder nicht. Wenn ihr zum Beispiel Blätter am überhängenden Ast eines Nachbarbaums näher waren, imitierte sie diese Blätter statt der des Wirtsbaums. »Ein Gesichtssinn scheint uns die sparsamere Erklärung für dieses komplexe Phänomen zu sein«, schrieben Baluška und Mancuso in einem Artikel in der Zeitschrift *Cell Press*.

In seinem Büro erzählte mir Baluška später von Jacob White, einem begeisterten Pflanzenliebhaber in Utah, mit dem er im Austausch stand und der begonnen hatte, *Boquila* an einem Plastikbaum zu ziehen, um die Möglichkeit eines Gentransfers oder einer chemischen Kommunikation vollständig auszuschließen. »Er schickt mir Fotos, die zeigen, dass sie auch diese künstliche Pflanze nachahmt«, sagte mir

Baluška, aber er müsse das Experiment mehrfach wiederholen, bevor es als Beweis für irgendetwas gelten könne.

Nach meinem Besuch bei Baluška fragte ich mich, ob unsere Definition des Gesichtssinns uns vielleicht blind für die Rolle macht, die er im Pflanzenleben spielt. Zumindest erfüllen Blattpflanzen bereits die absolute Minimaldefinition von »Sehen«. Sie sind fototrop, das heißt, sie richten sich selbsttätig nach dem Sonnenlicht aus. Wie würde es wohl unser Verhältnis zu den Pflanzen verändern, wenn sie über eine weiter fortgeschrittene Sehfähigkeit verfügen sollten als diesen Fototropismus? Mir kommt der Tintenfisch in den Sinn, der farbenblind ist, aber auch mit der Haut zu »sehen« vermag und Farbe und Textur eines Unterwasserfelsens oder einer Korallengruppe nachahmen kann, um so im Hintergrund zu verschwinden, obwohl er vollständig im Blickfeld seiner Fressfeinde bleibt. Als ich später an diesem Tag einen Spaziergang durch einen leeren Park unternehme, frage ich mich, ob ich wohl beobachtet werde.

In Santiago de Chile verließ ich das Flugzeug und bestieg für die letzte Etappe meiner Reise ein weiteres. Als ich an diesem feuchten und kühlen Apriltag gegen Ende des chilenischen Sommers schließlich in Puerto Montt ankam, wurde ich sogleich von Gianoli und seinem Team begrüßt: Gisela Stotz, Cristian Salgado-Luarte und Victor Escobedo. Die Truppe ist sehr liebenswert und war froh, wieder beisammen zu sein. Seit ihrer letzten Feldforschungsexpedition ist eine ganze Weile vergangen. Sie arbeiten nun seit fast 15 Jahren unter Gianolis Leitung zusammen. Jeder von ihnen erforscht einen anderen Aspekt der Plastizität von Pflanzen, also der Fähigkeit, bei Eintritt neuer Bedingungen Merkmale ihres Körpers und ihres Verhaltens in einer Weise zu verändern, die über vorprogrammierte Reaktionen hinausgeht. Sie waren hier, um *Hydrangea serratifolia*, eine andere und bemerkenswert fruchtbare Kletterpflanze in diesem Wald, zu untersuchen und herauszufinden, ob sie in der Lage war, hinsichtlich der Richtung, in der sie wuchs, gute Entscheidungen zu treffen. Wir würden aber auch zahlreiche *Boquila*-Pflanzen sehen, versicherte Gianoli mir.

Wir zwängten uns in einen Mietwagen, und Gianoli fuhr weitere zwei Stunden durch Tomatenfelder und Weiden Richtung Süden, zur Filmmusik des Spielfilms *Die zwei Leben der Veronika*. Der polnische Filmemacher Krzysztof Kieślowski ist sein Lieblingsregisseur.

Wir erreichten eine Reihe von Blockhütten, die an einem See standen. Der Gastwirt zündete in dem Holzofen Feuer an und brachte uns später ein herzhaftes Abendessen – riesige Portionen Kartoffeln und Fleisch, die das Team mit reichlich Rotwein hinunterspülte, während alle von ihrem Leben, ihren Haustieren, ihren Kindern und ihren Partnerinnen und Partnern erzählten. Ich schlief in dieser Nacht tief und fest und erwachte am nächsten Morgen zu einem nebelig trüben Tag. Wir packten etwas zum Essen ein und fuhren in den Puyehue-Nationalpark. Nach einem kurzen Fußweg verließen wir den Pfad und gingen in den Wald hinein. Dazu hat man nur selten die Möglichkeit, denn natürlich dürfen oder sollen Touristen in allen Wäldern die markierten Waldwege nicht verlassen. Mit diesem Team, das zusammengenommen schon viele Jahre in diesem Wald verbracht hatte, fühlte es sich wie eine seltene Ehre an und war wahrscheinlich auch ungefährlich. Trotzdem hatte ich eine Trillerpfeife mitgenommen. Bei den bisherigen Exkursionen abseits der Waldwege, die ich gemeinsam mit Wissenschaftlerinnen und Wissenschaftlern unternehmen durfte, hatte ich gelernt, wie leicht man die anderen aus dem Blick verliert und sich verirrt. Auch jetzt bemerkte ich, dass ich unversehens vollkommen allein war, als die Gruppe vor mir um eine Ecke bog. Der Regenwald überwältigt sämtliche Sinne. Auch nach den anderen zu rufen, ist sinnlos, sofern es sich nicht nur um eine sehr geringe Entfernung handelt. Der Regen und die Vögel absorbieren die Wirkung der Stimme, und der dichte grüne Bewuchs schränkt das Blickfeld gewaltig ein.

Ich schloss wieder zu der Gruppe auf, die eine Trinkpause eingelegt hatte. Escobedo brach Stücke von einer Tafel Schokolade ab und reichte sie herum. Der Waldboden war mit braunen Murmeln übersät. Salgado-Luarte las ein paar auf, öffnete sie mit den Daumen und steckte sich das weiße Fleisch darin in den Mund. Er reichte Stotz eine der Murmeln. Sie zeigte mir, wie ich sie öffnen konnte, und sagte, sie würden *avellanos chilenos*, chilenische Haselnüsse, genannt, obwohl es gar keine Haselnüsse seien, sondern Früchte des Gevuina-Baums. Ich war skeptisch, etwas zu essen, das auf dem Waldboden gelegen hatte, denn die einzige gefährliche Krankheit, die man sich hier einfangen konnte, war die Hantavirus-Erkrankung, die durch den Urin von Nagetieren übertragen wird. Aber als ich sah, wie die anderen die Früchte genossen, wurde ich schwach. Was soll's, dachte ich mir. Ich öffnete eine der Früchte. Die perfekte weiße »Nuss« in ihrem Inneren war cremig und süßer als eine Haselnuss. Als ich hineinbiss, machte sie ein knackendes Geräusch – ein angenehmer Kontrast zur aufgeweichten Feuchtigkeit der Vegetation um uns herum.

Immer wieder wanderten wir durch ein dichtes Dickicht aus hohen Bambusstämmen, so dass ich das Gefühl hatte, ich wäre eine winzige Milbe, die durch eine Zahnbürste krabbelt. Ich nahm an, dieser Bambus wäre eine invasive Art, wie das in den USA so oft für Bambus gilt, und schenkte ihm anfangs kaum Beachtung. Escobedo erklärte mir jedoch, dass es sich um Quila *(Chusquea quila)* handele, eine einheimische Pflanze. Alle Pflanzen hier seien einheimisch, sagte er mir. In dieser Region hätte noch keine invasive Art Fuß fassen können – was in moderner Zeit selten und kostbar war. Escobedo zeigte mir, wie man die Triebspitze eines jungen Quila-Triebs pflückt, den zartesten Teil der Pflanze, der noch nicht verholzt ist. Er löste sich mit einem Plop aus seiner Scheide, und Escobar nahm das weiche Ende in den Mund, um mir zu zeigen, dass ich die oberste Spitze essen solle. Ich zog mir selbst eine Triebspitze heraus. Sie schmeckte angenehm süß und grün und erinnerte mich an die Enden der Heckenkirschenblüten, die ich als Kind abgeknabbert hatte. Für den Rest des Tages konnte ich nicht widerstehen, eine Triebspitze abzubeißen oder eine Nuss vom Waldboden aufzulesen, sobald wir durch ein Quila-Dickicht liefen oder unter einem Gevuina-Baum hindurchgingen. Ich war entzückt über die Freigiebigkeit, mit der die Natur diese wilden Nahrungsmittel spendierte.

Später sah ich, wie Escobedo ein dunkelgrünes Blatt mit gezackten Rändern von einem kleinen Baum pflückte, es für eine Weile mit sich nahm und daran roch. Als ich das nächste Mal eine solche Pflanze sah, versuchte ich es ebenfalls. Das Blatt roch moschusartig und intensiv, aber zugleich auch leicht, wie ein guter italienischer Amaro oder wie Minze und Orangenschalen, über einem Feuer gewärmt und durch kühle, saubere Erde gezogen. Escobar sagte mir, es handle sich um einen Tepa-Baum, und er wolle versuchen, damit ein Parfüm herzustellen. »Ja, das sagt er schon seit sechs Jahren und hat es bisher noch nie gemacht«, neckte ihn Salgado-Luarte. Die Gruppe scherzte den ganzen Tag miteinander.

Man zog sich gegenseitig mit kleinen Fehlern auf, wie es nur Menschen tun können, die sehr viel Zeit miteinander in Laboren und Blockhütten verbracht haben. »Wir nennen uns selbst die ›caravana de fracaso‹«, erläuterte Gianoli mir später. »Die Katastrophenkarawane.«

Bei einem hohen Baum machten wir Halt. Er schien für das Projekt der Gruppe geeignet zu sein, und so machten sich alle an die Arbeit. Überall, wohin ich blickte, durchzogen die pinkfarbenen Jungtriebe der *Hydrangea serratifolia* den obersten Zentimeter des Waldbodens. Sie schlängelten sich durch Moosklumpen und über herabgefallene Zweige, überkreuzten sich gegenseitig und wuchsen scheinbar in alle Richtungen. Diese wurmähnlichen Triebe waren die Jungpflanzen. Die erwachsenen Pflanzen hüllten die Stämme der Bäume in der Umgebung ein, dicke, wollige, verrunzelte Ranken mit harter Rinde, die ein eigenes Ökosystem bildeten. Moose und Flechten hingen wie Kleider an ihnen.

Die Gruppe versuchte, Ordnung in dieses Chaos zu bringen und zu beweisen, dass die Jungtriebe durchaus absichtsvoll über den Waldboden wachsen und nach passenden Kletterbäumen suchen, indem sie die Größe der Bäume anhand deren Schatten abschätzen. Wenn eine über den Boden kriechende Jungranke einen Baum erreicht, wechselt sie ihre Farbe von Pink zu Grün und ändert ihre Strategie von der Suche nach Schatten zur Suche nach Sonnenlicht. Vom Sonnenlicht geleitet, klettert die Ranke zig Meter den Stamm hinauf, bis sie schließlich das Blätterdach durchbricht, unzählige Kränze aus weißen Blüten hervortreibt und Samen auf den Waldboden hinabregnen lässt, womit der Kreislauf erneut beginnt. Wenn ein Baum keinen hinreichend großen Schatten wirft, ist er wahrscheinlich nicht groß genug, um eine Kletterpflanze zu tragen, die Hunderte von Jahren wachsen und selbst die Größe eines uralten Baums erreichen kann. Vielleicht, so dachte Gianolis Gruppe, berücksichtigte die Pflanze das. Schließlich hing alles davon ab, dass sie einen guten Baum fand.

Zunächst steckten sie neben sämtlichen Jungtrieben innerhalb eines Umkreises von zwei Metern um einen geeigneten Baum herum kleine Fähnchen in den Boden. Dahinter stand die Idee, den Winkel zwischen der Wuchsrichtung des Triebs und dem Baum zu messen. Wenn der Trieb in dieser Richtung auf den Baum stoßen würde, war es ein Treffer, falls nicht, ein Fehlwurf. Falls mehr als die Hälfte der Triebe Treffer waren, legte das den Gedanken nahe, dass ihre Hypothese zutraf: Die Ranken suchten möglicherweise aktiv nach Bäumen. Während einer Arbeitspause zeigte Salgado-Luarte auf einen kleinen Strauch, dessen botanischer Name *Luma apiculata* lautet. Er schlug mit der Hand über die Blätter und steckte seinen Kopf in das Blattwerk. Ich tat es ihm nach. Es roch nach Meyer-Zitrone und frischer Kernseife, wie die echtere Version dessen, was Waschmittel gerne sein möchten, nämlich sauber und wohlriechend. »Auf diese Weise prüfen wir, dass wir es wirklich mit *Luma* zu tun haben und nicht mit einer anderen Art, die ihr sehr ähnlich sieht«, sagte Salgado-Luarte und schlug über die Blätter eines benachbarten Strauchs, der fast genauso aussah. Er roch lediglich grün. Ich dachte an das Schmerzsignal, das dieser Duft aus der Sicht der Pflanze darstellte, und entschuldigte mich innerlich für unsere kleine Gewalttat.

Wenig später kamen wir an eine Lichtung, und ich hatte meine erste wirkliche Begegnung mit dem, worauf ich eigentlich wartete. Die Fläche war von einem grünen Gestrüpp umgeben, das mir bis über den Kopf reichte. Ich trat näher an den Rand der Lichtung heran und schaute nach unten, in der Hoffnung, ein paar individuelle Pflanzen ausmachen zu können. Zarte Ranken der *Boquila trifoliolata* kamen in den Blick. Sie krochen in der Nähe von Bäumen über den Boden und sahen mit ihren jeweils zu dritt zusammenstehenden Blättern weitgehend so aus, wie ich sie schon auf zahlreichen Fotografien gesehen hatte. Ich war entzückt, sie endlich *in natura* vor mir zu haben. Mit den Augen folgte ich einigen Strängen ihrer Stämme, die sich durch das buschige Gewirr anderer mir sämtlich über den Kopf ragender Pflanzen wanden. Auf ihrem Weg nach oben gerieten mir die Blätter der *Boquila* mehrfach aus dem Blick. Sie versteckten sich zwischen den Blättern der Pflanzen, an denen sie hochrankten. Als ich genauer hinsah, indem ich hier und dort ein Blatt hervorzog, erkannte ich, dass sie eindeutig verschiedene Formen angenommen hatten. *Boquila* war überall, und überall ahmte sie die Pflanze nach, die gerade in der Nähe war. Nichts hätte mich auf den Anblick einer Pflanze vorbereiten können, die sich in eine fast exakte optische Kopie einer anderen Pflanze verwandelte. Ich hatte mich in den letzten zwei Jahren mit diversen Forscherinnen und Forschern unterhalten, doch das nun mit eigenen Augen zu sehen, erfüllte mich mit ehrfürchtigem Staunen darüber, dass so etwas überhaupt möglich war.

Während wir an dem Gestrüpp vorbeigingen, fiel mir auf, dass *Boquila* manchmal gar nichts nachahmte. Gelegentlich war sie einfach sie selbst. Doch immer wieder zeigte Gianoli auf *Boquila*-Ranken, die verschiedenste Arten imitierten. Jedes Mal brauchte ich eine Weile, um die *Bouquila* von den Pflanzen in ihrer Umgebung zu unterscheiden. Die Kopien waren sehr gut, aber nicht perfekt. Manchmal hatte der Stamm die falsche Farbe, oder das Blatt hatte sich nicht weit genug verdickt, um als das dicke Blatt der imitierten

Pflanze durchzugehen. An einer Pflanze waren die *Boquila*-Blätter plötzlich groß und schmal, dunkelgrün glänzend und fast so lang wie meine Hand. Sie imitierten den Chilenischen Feuerstrauch *(Embothrium coccineum)*, einen kleinen immergrünen Baum, dessen Zweige in die Lichtung herabhingen. Nicht einmal anderthalb Meter weiter waren die *Boquila*-Blätter plötzlich klein und zart, keine schmalen Finger mehr, sondern rund und etwa von der Größe eines Vierteldollars [ähnlich der Größe einer Zwei-Euro-Münze], vielleicht 15 oder 16 Mal kleiner als die Blätter der ganz in der Nähe wachsenden *Boquila*. Statt glänzend und dunkel waren diese Blätter matt und mintgrün wie eine andere Pflanze ganz in der Nähe. Es war nur schwer auszumachen, wo in diesem dichten wirren Grün die *Boquila*-Ranke begann, doch Gianoli meinte, er wäre nicht erstaunt, wenn beide Arten von Blättern an verschiedenen Teilen derselben Pflanze wüchsen. Zwischen den beiden Verwandlungen nahmen die *Boquila*-Blätter eher ihre übliche ovale Form und ihre gewohnte, leuchtend gelbgrüne Farbe an.

Wir gingen ein Stück weiter. Wo eine Pflanze gelb wurde, da wurden auch die Blätter der *Boquila* gelb. Gianoli zeigte auf einen Busch, der mit dicken, glänzenden kleinen Blättern überzogen war, deren Größe von einem Daumennagel bis hin zum Nagel eines kleinen Fingers reichte. Das sei *Rhaphithamnus spinosus*, sagte er mir. *Boquila*-Ranken wanden sich um seinen Stamm. Die *Boquila*-Blätter sahen unten ganz normal aus, doch weiter oben, wo die *Boquila* sich durch das Blattwerk des *Rhaphithamnus* schlängelte, wurden ihre Blätter deutlich kleiner und nahmen eine glänzende dunkle Färbung an. In den älteren Zweigen glichen die den *Rhapithamnus*-Blättern am nächsten stehenden Blätter der *Boquila* in Größe, Farbe und Form perfekt denen des *Rhaphitham-*

nus. Mit besonderer Begeisterung zeigte Gianoli mir jedoch, dass die *Boquila* dort am äußersten Ende jeder Blattspitze einen spitzen Dorn ausgebildet hatte. Ich hatte diese Spitze an den *Rhaphithamnus*-Blättern noch gar nicht bemerkt, bis Gianoli mir sagte, ich solle mit dem Finger über die Unterseite eines Blattes streichen. Jede dieser scharfen Enden war unter dem Blatt leicht nach unten gebogen, wie eine Kralle. Bei der Nachahmung des *Rhaphithamnus*-Blatts reproduziert *Boquila* diesen Dorn und biegt ihn in ganz ähnlicher Weise nach unten. Ich strich mit dem Finger über die Unterseite mehrerer *Boquila*-Blätter und spürte diesen gekrümmten Fortsatz.

Für Gianoli ist das bemerkenswert. Ob eine Pflanze eine stachelige Blattspitze besitzt oder nicht, gelte oft als Unterscheidungsmerkmal für die betreffende Spezies. Man sehe darin ein zentrales Element ihrer Identität, etwas Unverwechselbares, einen Beweis ihrer Einzigartigkeit. Dass sich so etwas an einer Pflanze findet, die eigentlich keine Dornen dieser Art ausbildet, sei beispiellos. Das sei so, als wüchse einem Menschen das Horn eines Nashorns. Das komme einfach nicht vor.

Gianoli sieht in der dornartigen Blattspitze auch einen schweren Schlag für die Hypothese eines Gesichtssinns – man kann den Dorn gar nicht sehen, wenn man von oben auf ein *Rhaphithamnus*-Blatt schaut. Da der Dorn nur von unten zu sehen ist, frage er sich, wie eine *Boquila*-Ranke, die oberhalb des *Rhaphithamnus* wächst, etwas von dem Dorn wissen kann, falls sie tatsächlich einen Gesichtssinn für ihr Mimikry benutzt. Anfangs stimmte ich ihm zu. Es klang vernünftig. Ich sah ja selbst, dass auch *Boquila*-Blätter, die oberhalb der *Rhaphithamnus*-Blätter wuchsen, diesen Dorn entwickelt hatten. Vielleicht spricht das wirklich gegen Baluškas

These. Doch dann stellte ich mir vor, dass die Pflanze überall über augenähnliche Organe verfügte. Das war eine der Hypothesen des für die Existenz eines pflanzlichen Gesichtssinns eintretenden Lagers. Wenn die »Augen« überall waren und die Informationen integriert wurden, konnten Teile der *Boquila* so positioniert sein, dass sie die Dornen zu sehen vermochten, dachte ich mir.

Die *Boquila* verschwindet also in ihrer Wirtspflanze. Sie gibt sich große Mühe, unsichtbar zu werden. Warum sollte sie nicht gefunden werden wollen? Die Gründe scheinen auf der Hand zu liegen. In einer Welt, in der Tiere dich fressen wollen, verringert sich die Wahrscheinlichkeit, dass du als Mahlzeit für sie endest, wenn du in einem Meer ähnlicher Snacks untertauchst. Aber vielleicht übersehen wir damit auch einen anderen Vorteil dieses Arrangements. Wenn *Boquila* andere Pflanzen nachahmt, versucht sie, andere evolutionäre Strategien für das Leben auszuprobieren. Jede Pflanze im Wald hat auf dieselbe Umwelt mit einem von vielen verschiedenen Bauplänen reagiert. Jede von ihnen ist das physische Abbild einer erfolgreichen, über Jahrmillionen verbesserten Strategie. Es ist ein brillanter evolutionärer Vorteil, Zugang zu genialen Lösungen der Evolution haben zu können, die ihren Ausdruck im Körper anderer Pflanzen finden. *Boquila* behandelt die anderen Pflanzen wie eine lebende Patentbibliothek, deren Patente sämtlich gebührenfrei genutzt werden dürfen – jedenfalls für *Boquila*.

Solch eine artenübergreifende Mimikry stellt den Glauben in Frage, dass verschiedene Arten sich fundamental voneinander unterscheiden. In gewisser Weise stimmt das ja auch. Aber was wäre, wenn wir mit geringfügigen Veränderungen funktional zu anderen Arten werden könnten? Dann gerieten die Kategorien ins Wanken. Die Grenzen zwischen den

Arten würden weniger absolut. Die Taxonomie gliche eher der Erfindung als der Entdeckung von Kategorien. Ein Organismus, der über Artengrenzen hinweggehen könnte, wäre ein Problem für unsere Vorstellung einer festen Form, einer vorausbestimmten und unveränderlichen Identität.

Nachdem wir an einem Wasserfall eine weitere Schokoladenpause eingelegt hatten, begannen wir einen gewundenen Pfad hinaufzusteigen. Ich blieb etwas zurück, weil mich die kleinen Pflänzchen interessierten, die links von uns auf dem felsigen Untergrund wuchsen. Dort sprossen wilde Fuchsien mit ihren magentafarbenen und violetten Glöckchen. Es gab diverse Farne, über die ich mich natürlich besonders freute. Manche waren hauchdünn und durchscheinend, nur eine einzige Zellschicht dick. Andere ähnelten eher dem Gewöhnlichen Rippenfarn, den ich vom Pacific Northwest kannte. Dann entdeckte ich eine Reihe filigraner Frauenhaarfarne mit ihren erstaunlich ginkgoähnlichen, hellgrünen Blättern an glänzend schwarzen Stielen. Ich beugte mich hinunter, um sie näher zu betrachten, und bemerkte einen Wedel, der nicht recht zu den übrigen passte. Die Blätter sahen normal aus, aber die Stiele waren grün statt schwarz. Es war eine *Boquila*. Ich rief Gianoli zu mir herüber. Er war fasziniert. »Das ist der erste bekannte Fall, dass *Boquila* einen Farn imitiert«, sagte er grinsend. Einen Augenblick lang dachte ich, das sei ein wenig herablassend gemeint und er werfe der Reporterin nur einen Knochen zu. »Nein wirklich. Das gehört Ihnen, und wir werden Sie in unserem Paper erwähnen.« Ich war entzückt. Dass es so leicht für mich gewesen war, bei meiner ersten *Boquila*-Jagd eine Entdeckung beizusteuern, unterstrich in meinen Augen nur, wie viel an dieser bemerkenswerten Kletterpflanze noch zu entdecken blieb. Als ich an diesem Abend in meiner Hütte das Licht ausschaltete, zogen vor meinem inneren Auge Bilder von *Boquila*-Pflanzen vorbei, jede von ihnen mit einer anderen Gestalt.

Am nächsten Tag fuhren wir wieder in den Nationalpark hinein und hielten an einer Stelle am Waldrand, an der man die Fläche in Sektionen eingeteilt und den Boden in manchen Sektionen gemäht hatte, während in den anderen die Vegetation stehengeblieben war. Auf diesen Vegetationsinseln schien *Boquila* besonders gut zu gedeihen. Sie überwucherte die Pflanzen und ahmte sie fachkundig nach. Die Kletterpflanze wirkte hier üppiger als in den dichteren Teilen des Waldes in nur wenigen Metern Entfernung, wo sie zwar auch überall zu finden war, aber weniger prächtig und voll und vor allem, wie es schien, weniger darauf bedacht, ihre Nachbarn zu imitieren.

Die Gruppe stand im Kreis und diskutierte über die Frage, warum das so sein mochte. Vielleicht hilft ja das stärkere Licht auf der Lichtung den *Boquila*-Pflanzen, besser zu sehen, scherzte Stotz. Na, »Gesichtssinn«, fügte sie mit in die Luft gezeichneten Anführungszeichen hinzu. Aber vielleicht hatte sie gar nicht so unrecht. Das stärkere Licht an diesem Standort bedeutete für *Boquila* möglicherweise, dass sie mehr Energie aufnehmen und deshalb auch mehr Ressourcen einsetzen konnte, um kostspielige Dinge wie eine Veränderung der Form, der Farbe und der Äderung ihrer Blätter zu bewerkstelligen. Auf diesem Gebiet war Stotz zu Hause. Man weiß, dass Pflanzen mit größeren Ressourcen auch eine größere Plastizität besitzen und ihr gesamtes Verhaltenspotenzial ausschöpfen können. Eine Pflanze vermag mit mehr Sonnenlicht oder Nährstoffen gleichsam eine vollständigere Version ihrer selbst zu sein. Salgado-Luarte erforscht unterdessen, wie im Schatten wachsende Pflanzen sich zurücknehmen und wappnen und auf bessere Zeiten warten. Dabei interessiert ihn besonders, dass die Blätter mancher Arten in diesem Wald in der Sonne ein extravagantes Wachstum zeigen und ihre Oberfläche beträchtlich vergrößern, um möglichst viel Sonnenlicht zu trinken. Schließlich weiß man im Regenwald nie, wann das Blätterdach sich wieder schließen wird. Wächst dieselbe Pflanze dagegen an einer schattigen Stelle, treibt sie kleine, robuste Blätter – und minimiert so ihren Energieeinsatz in der Hoffnung, einfach nur zu überleben, bis wieder bessere Zeiten anbrechen. Falls sie lange genug durchhält, stürzt vielleicht ein großer alter Baum endlich um und reißt eine Lücke in das Blätterdach, so dass die Pflanze wieder im Sonnenlicht baden kann, bevor es zu spät ist. Die Verfügbarkeit von Ressourcen ist zweifellos eine Voraussetzung für Extravaganzen jeglicher Art. Man braucht die dazu nötige Energie. Und war der Trick der *Boquila* nicht der extravaganteste von allen?

Nach einer Weile fragte ich Gianoli, was denn seines Erachtens da bei *Boquila* geschah, falls man keinen Gesichtssinn unterstellte. Wann immer Gianoli nachdenkt, schließt er die Augen. »Natürlich klingt jede Erklärung absonderlich, bizarr und seltsam«, begann er umständlich. »Aber ich halte es immer noch für am wahrscheinlichsten, dass hier Mikroorganismen im Spiel sind.« Gianoli glaubte, dass Mikroorganismen – wahrscheinlich Bakterien – von der Wirtspflanze auf *Boquila* übergingen und deren Blätter zu einer Veränderung ihrer Form veranlassten, indem sie die für die Blattform verantwortlichen Gene kaperten und umlenkten. Statt der Annahme, die Pflanze verändere selbsttätig ihre Form, sah Gianoli hier eher eine Art Ansteckung am Werk, also dass irgendetwas von außen auf die Pflanze einwirkte, wie ein Krankheitserreger auf einen Körper einwirkt. Und was vermag Pflanzen zu infizieren? Mikroben jeglicher Art. Doch falls es sich tatsächlich um eine Infektion handelte, musste sie fähig sein, auf einer fundamentalen Ebene einige ziemlich invasive biologische Veränderungen vorzunehmen. Form, Farbe, Größe und Textur eines Blattes sind sämtlich Ergebnisse von Entwicklungsprogrammen, die in den Genen der Pflanzen niedergelegt sind. Irgendetwas musste, so glaubte Gianoli, die Genexpression verändern. Und nach dem aktuellen Wissensstand sind dazu bei Pflanzen nur Mikroben in der Lage.

In den 1990er Jahren entdeckten Wissenschaftler kleine Einheiten genetischen Materials, die man als microRNA bezeichnet. Sie stammen aus Mikroben wie Bakterien oder Viren. Bislang hat man 2600 verschiedene Arten von microRNA im menschlichen Körper gefunden.[18] Man glaubt, dass diese Bruchstücke fremden genetischen Materials insgesamt ein Drittel der Gene in unserem Genom regulieren.[19] Erst kürzlich haben Forscher entdeckt, dass die microRNA auch bei Pflanzen eine Rolle spielt. Sie wird oft zwischen parasitären Pflanzen und ihren Wirtspflanzen ausgetauscht und kann als Signalmolekül zwischen ihnen dienen. Inzwischen weiß man auch, dass microRNA aus einer Pflanze in die Genexpression anderer, in der Nähe wachsender Pflanzen eingreifen kann.[20]

Genau so etwas könnte bei *Boquila* geschehen, meint Gianoli. Genetisches Material von Mikroben könnte den Teil eines pflanzlichen Genoms steuern, der für die Blattform zuständig ist, und die in der Nähe wachsende *Boquila* könnte zum Opfer desselben Eingriffs werden, weil sie mit genetischem Fremdmaterial solcher Mikroben überschüttet wird.

»Ich mag Mikroben nicht. Es ist so schwierig, mit ihnen umzugehen, sie zu messen, zu kontrollieren, zu meiden. Ich habe es lieber mit makroskopischen Dingen zu tun. Aber das Gewicht der bei mehreren Systemen gefundenen Beweise hat mich überzeugt«, sagt Gianoli zu mir, während wir ein besonders dichtes Gewirr aus Lianen passieren. Falls diese Theorie zutrifft, hieße das, die äußere Erscheinung aller Pflanzen würde von Mikroben gesteuert und der Einflussbereich der Mikroben reichte über die eigentliche Pflanze hinaus bis in eine Art Wolke hinein. Nach dieser Sichtweise wäre *Boquila* nur insofern einzigartig, als sie für die Mikrobenwolken anderer Pflanzenarten empfänglich wäre. Gianolis Theorie würde in jedem ihrer Schritte ganz neu schreiben, was die Wissenschaft über Pflanzen im Allgemeinen denkt. Sie wäre von Anfang bis Ende eine die gesamte Botanik erschütternde These. Aber das gilt letztlich auch für Baluškas Theorie eines pflanzlichen Gesichtssinns. In gewisser Weise ist Gianolis Theorie gar nicht so weit hergeholt. Sie erweitert lediglich die Welt der mikrobiellen Einflüsse, die gerade erst entdeckt wird.

Wir setzen uns auf einen mit pink- und orangefarbenen Schleimpilzen überzogenen Baumstamm. Gianoli erzählt, dass erst kürzlich im Verdauungstrakt von Termiten Mikroben entdeckt wurden, die es ihnen ermöglichen, die im Holz enthaltenen chemischen Stoffe zu verdauen.[21] Anders gesagt, die charakteristischste Fähigkeit der Termiten – nämlich Holz verdauen zu können – wird von ganz anderen Lebewesen ermöglicht, die in ihnen leben. Die Mikroben im Verdauungstrakt der Termiten vermögen ihrerseits dank noch kleinerer, in ihnen lebender Mikroben zu funktionieren. Die Anwesenheit dieser Tiere-in-Tieren ging der eigentlichen Evolution der Termiten voraus – wahrscheinlich erwarb ein Vorfahr der Termiten sie, indem er totes Pflanzenmaterial fraß, in dem die Mikroben lebten. Von da aus kam es zu einer Koevolution hin zu den heute existierenden Versionen dieser Organismen. Von einer australischen Termitenart ist bekannt, dass sie in ihrem Verdauungstrakt einen Protisten beherbergt, der seinerseits wieder vier verschiedene Arten von Bakterien in sich trägt. Erst solch eine Kaskade von Individuen macht die Termite möglich. »Sie sind unabhängig. Sie kommen aus verschiedenen Familien. Es ist verrückt«, sagt Gianoli. Immer wieder weisen diese neuen Entdeckungen in dieselbe Richtung: Eine Termite ist niemals nur eine Termite. Und dasselbe gilt mit Sicherheit für jeden Organismus. »Man meint, etwas wird von diesem Organismus geleistet oder ist das Ergebnis seiner Aktivitäten, aber wie es scheint, wird es zumindest zur Hälfte von irgendeinem Bakterium bewerkstelligt.«

Diese Kaskade unterschiedlicher Beiträger fasziniert und irritiert Gianoli. Die Termiten sind zusammengesetzte Organismen, ermöglicht durch die Zusammenarbeit mehrerer Klassen von Lebewesen. Auch die Menschen sind zusammengesetzte Organismen, erinnert er mich. Unsere eigenen Mikrobiome scheinen zahlreiche Aspekte unserer Gesundheit und möglicherweise auch unserer Psyche zu bestimmen. »Sie stehen im Zusammenhang mit der Verdauung, mit Allergien und sogar mit bestimmten psychischen Störungen«, sagt er.

Ein Jahr vor dieser Exkursion hatten Gianoli und sein Team diesen Wald besucht, um Proben von *Boquila*-Pflanzen zu sammeln. Dabei hatten sie bemerkt, wie zufällig die Mimikry verteilt zu sein schien. »Man findet die Mimikry nicht in 100 Prozent der Fälle«, sagt er. Während ihrer Exkursion stießen sie nur in etwa 70 Prozent der Fälle auf Mimikry. »Die Intensität, die Stärke des Reizes variiert. Und deshalb dachte ich, dass hinter diesem Muster ziemlich unregelmäßiger Effekte ein Organismus stecken könnte.« Als sie ihre Proben später im Labor zerkleinerten und analysierten, stießen sie auf den ersten Schimmer eines Beweises für diese Hypothese. Die Bakteriengemeinschaft der *Boquila*-Blätter, die den imitierten Büschen am nächsten gewesen waren, ähnelte auch am stärksten der Bakteriengemeinschaft in diesen Büschen. Weiter entfernt an derselben *Boquila* gewachsene Blätter, die keine Mimikry vollzogen hatten, enthielten dagegen eine gänzlich andere Bakteriengemeinschaft.[22] »Sie waren eindeutig verschieden, obwohl sie zum selben Organismus gehörten und kaum 30 Zentimeter voneinander entfernt gewachsen waren«, sagt Gianoli. »Ich finde das unglaublich. Und das liegt an den Mikroben.« Damit ist seine Hypothese noch keineswegs bewiesen. Dazu bedarf es noch umfangreicher weiterer Arbeit, in der zu klären wäre, was da wirklich vor sich geht. »Aber es ist ein deutlicher Hinweis darauf, dass Mikroben beteiligt sind«, meint er.

Zur Gegenprüfung müsste Gianoli die Pflanzen im Labor ziehen, was sich bislang als fast unmöglich erwiesen hat. Er hat es ein Dutzend Male versucht, aber die *Boquila*-Pflanzen wuchsen nur schlecht und starben schon bald. Außerdem ist nur schwer an die Samen heranzukommen. Er fand nur ein einziges Mal eine *Boquila*-Pflanze mit Samen. »Ich weiß, andere Wissenschaftler glauben manchmal, ich versteckte die Samen vor ihnen, wenn sie davon hören«, berichtete Gianoli. Er und sein Team hatten gerade herausgefunden, wie sie *Boquila*-Gewebekulturen ziehen konnten, um beide Probleme zu umgehen, und er hoffte, schon bald mit Laborversuchen beginnen zu können. Er war irritiert über das Getöse der Wissenschaftlerinnen und Wissenschaftler in Europa, die behaupteten, die Kletterpflanze besitze einen Gesichtssinn, ohne dass sie entsprechende Experimente durchgeführt hätten. So betreibe man keine Wissenschaft, meinte er. Man habe erst zu zeigen, dass es funktioniert.

Der Regen prasselte auf die vielen Millionen Blätter rund um uns herum. Die übrigen Mitglieder des Teams knieten neben einem Baum ein paar Meter von uns entfernt und maßen die Winkel der Rankentriebe aus. Gianoli fragte mich, ob ich schon von dem Biologen und Philosophen Rupert Sheldrake und seinem Konzept eines »morphogenetischen Feldes« gehört hätte.[23] Als ich verneinte, erklärte er mir, dass Sheldrake sich ein hypothetisches biologisches Feld vorstellte, das jeden Organismus wie eine Wolke aus Informationen umgibt. »Es ist eine Art Wirkungsfeld«, sagte er, unsichtbar, aber stark, wie ein Gravitations- oder ein Magnetfeld. Das morphogenetische Feld, das Sheldrake sich vorstellt, steuert die Entwicklung der physischen Form eines Organismus. Ich stelle mir Informationswolken vor, die alle Pflanzen umgeben und biologische Anweisungen enthalten. Sheldrakes Vision umfasst auch Aspekte, die Gianoli als »mystisch« bezeichnet. So glaubt Sheldrake, morphogenetische Felder könnten die Grundlage für Telepathie bilden. Gianoli beeilte sich, mir zu versichern, dass ihn derartige Dinge nicht interessierten. Aber der Gedanke eines biologischen Wirkungsfeldes? Damit könne er durchaus etwas anfangen – als ein Mittel, um über potenzielle Einflüsse von Mikroorganismen auf Pflanzen nachzudenken. »Ich bin mir nicht sicher, ob es das gibt«, meinte er. »Aber die Idee, das Bild, gefällt mir.«

Ich erinnere mich an das erste Mal, dass ich von einer Wolke aus Mikroben hörte, die in der Luft schwebt und uns Menschen zu jeder Zeit umgibt. Ich saß bereits seit fünf Stunden an meinem Schreibtisch im 5. Stock eines Bürogebäudes in Lower Manhattan, als der Datenwissenschaftler

James Meadow mir erzählte, dass ich in dieser Zeit wahrscheinlich Millionen von Mikroben in die Umgebung entlassen hätte. »Kennen Sie den Schmutzfink aus Peanuts? Er heißt Pig Pen. Offenbar sind wir ihm alle sehr ähnlich«, sagte Meadow ins Telefon.[24] Er arbeitete damals bei einer Firma in San Francisco, die in Büros und Krankenhäusern die Luft auf schädliche Mikroben untersuchte, und er hatte kürzlich einen Artikel veröffentlicht. »Während wir uns bewegen, gibt unser Körper jede Stunde Millionen von Partikeln ab«, fuhr er fort. »Ich habe einen Bart. Wenn ich mich dort kratze, setze ich eine kleine Wolke frei. Das ist genau die aus winzigen Teilchen bestehende Wolke, die wir ständig abgeben und die nahezu unsichtbar ist.« Ich blickte auf meine Tastatur hinunter und versuchte mir vorzustellen, wie die Mikroorganismen, meine Mikroorganismen, von meinen Fingerspitzen auf die Tasten wanderten wie Passagiere von einer Schiffsrampe. Dann erzählte mir Meadow, dass meine Mikroben wahrscheinlich auch hinüber zum Schreibtisch meines Büronachbarn geweht würden. Ich legte den Telefonhörer einen Augenblick ab und schaute verstohlen über den grauen Wandteiler hinüber zu meinem Kollegen, der ahnungslos kaum anderthalb Meter von mir entfernt auf seiner Tastatur tippte. Er sah aus, als gehe es ihm gut. Aber wehte tatsächlich etwas von mir zu ihm hinüber?

Die jüngste Sturzflut in der Erforschung des Mikrobioms hat das Verständnis unserer Interaktion mit der Welt revolutioniert, da man heute Verbindungen zwischen gesundheitlichen Fragen jeglicher Art und Organismen herstellt, die in unserem Verdauungstrakt und auf unserer Haut leben. Diese Mikroben beeinflussen unser Immunsystem, unseren Geruch und unsere Attraktivität für Mücken. Nach neuesten Forschungen könnten sie auch bei Autismus, Depression,

Angststörungen und vielleicht sogar bei der Frage eine Rolle spielen, zu wem wir uns hingezogen fühlen.

Anders gesagt, unsere Mikroben haben möglicherweise Einfluss auf unser Denken und Fühlen. Die Zahl unserer mikrobiellen »Mieter« übertrifft wahrscheinlich sogar die Zahl unserer eigenen Zellen.[25] Bei genauerem Hinsehen ähnelt unsere Individualität – also das, was uns ausmacht – möglicherweise eher einer Demokratie als einer Diktatur.

Unsere Mikrobiome reichen jedoch in einer Art Mikrobenwolke auch ganz buchstäblich bis in die Luft in unserer Umgebung hinaus. Dafür sorgt schon die Wärme. Warme Luft steigt nach oben. Aufgrund meiner Körperwärme, so erklärt Meadow, gebe ich ständig biologische Partikel nach außen ab. Mein Atem, gleichfalls Teil meines Mikrobioms, ist warm und bewirkt dasselbe. Mit jedem Wort, das ich ausspreche, entlasse ich unwillentlich auch eine Wolke von Bakterien in die Welt. Dabei hängt die Größe meiner Wolke zum Teil davon ab, wie warm oder kalt mein Körper gerade ist, sagt er mir. (Mir ist meistens eher warm, denke ich. Wahrscheinlich habe ich eine große Wolke.)

Der Rest hängt von der »Viskosität der Luft« ab – was einiges über die Größenordnung sagt, mit der wir hier arbeiten. »Wir spüren die Luft nur, wenn sie uns wie ein Stoß trifft«, erläutert Meadow. Für etwas so Winziges wie eine Mikrobe ist die Luft jedoch eher wie Wasser. Jede kleinste Bewegung kann dafür sorgen, dass eine Mikrobe endlos in einem Raum schwebt. »Die kleinsten Bakterien können aufgewirbelt werden und stundenlang in der Luft bleiben.«

Ralph Waldo Emerson schrieb einmal: »Der Geist ist Materie, die auf eine außerordentliche Dünne reducirt ist: O so dünne!«[26] Ich sah nochmals hinüber zu meinem nichtsahnenden Büronachbarn. Ich war buchstäblich überall.

Je mehr wir über die enge Verbindung zwischen unserer Gesundheit und unseren Mikroben erfahren, desto schwerer scheinen sie sich von dem unterscheiden zu lassen, was wir für uns selbst halten. Wir sind nicht unsere Mikroben, aber zweifellos sind wir ohne sie auch nicht wir selbst. Das Leben unserer Mikroben ist jedoch ebenso wenig statisch wie unser eigenes. Es wandelt sich ständig, wenn wir in eine neue Stadt reisen, uns duschen, Antibiotika nehmen oder uns auf eine neue Liebe einlassen. Eine wandelbare mikrobielle Identität, wie sie zum Rest unseres veränderlichen Ichs passt. Nicht so statisch wie ein Fingerabdruck, weniger festgelegt, aber vielleicht doch besser zu unserer turbulenten biologischen Situation passend. Wir sind immer wir selbst, doch was, wenn dieses »wir selbst« in ständiger Veränderung begriffen ist und sich nicht von den aufgewirbelten Mikrobenmassen in uns und außerhalb unserer selbst trennen lässt?

Ich musste an die buddhistische Meditation denken, deren Ziel in der Auflösung des Selbst besteht. Natürlich muss man erst einmal wissen, was das Selbst ist, bevor man es auslöschen kann. Im Vipassana, einer Form buddhistischer Meditation, wird das »Selbst« als Ansammlung winziger zitternder Einheiten beschrieben. Manche nennen sie Atome. Der Grundgedanke lautet jedoch, dass wir nicht wir selbst sind, sondern lediglich die Summe zahlreicher einzelner Teilchen, die umherschwirren und dabei die Form einer Person ergeben. Das Selbst löst sich auf, sobald man das verstanden hat. Ich denke, das ist auch ein starkes Bild für die Mikroben und die von ihnen gebildeten Wolken.

Gianolis Hypothese zur *Boquila* erschütterte meine Vorstellung von einer genialen Pflanze. Handelte es sich vielleicht in Wirklichkeit um ein geniales Bakterium? Oder um eine geniale Kombination aus Organismen, der die Pflanze angehörte? Schließlich scheint die Mimikry für die Pflanze von Nutzen zu sein, da sich dadurch die Wahrscheinlichkeit verringert, dass sie von irgendwelchen Tieren gefressen wird. Zugleich dürfte es auch im Interesse der in und auf der Pflanze lebenden Bakterien liegen, nicht gefressen zu werden, dachte ich mir. Wem nützt die Mimikry also tatsächlich? Man könnte darin eine geniale Technik sehen, die das Überleben der Bakterien sichert. Das hängt von der Perspektive ab. Oder vielleicht ist es falsch, hier nur eine Perspektive zu berücksichtigen. Die Pflanze und ihre Mikroben lassen sich wahrscheinlich gar nicht voneinander trennen. Sie bilden einen zusammengesetzten Organismus, der auf einer engen Zusammenarbeit basiert. Ich dachte an eine andere berühmte Zusammenarbeit, bei der ein zur Fotosynthese fähiges Bakterium dauerhaften Eingang in eine Algenzelle fand und gemeinsam mit ihr den Vorfahren der frühesten Pflanzen bildeten.

In den 1990er Jahren machte die wegweisende Evolutionsbiologin Lynn Margulis das Konzept eines »Holobionten« oder Gesamtlebewesens erstmals populär. Margulis definierte einen Holobionten als einen Organismus, der aus zahlreichen miteinander zusammenarbeitenden Organismen zusammengesetzt ist.[27] Dazu gehören die Mikrobiome, aber auch die Makrobiome – die größeren Lebewesen, in und auf denen die Mikrobiome leben. Die mit Zellkernen ausgestatteten Zellen besitzen alle Mitochondrien und Chloroplasten, die für Tiere wie Pflanzen von grundlegender Bedeutung sind. Margulis nahm an, dass sie entstanden, als Mikroben mit unterschiedlichen Fähigkeiten sich zusammentaten und schließlich zu einer Einheit verschmolzen. Sie glaubte, diese Art von Symbiosen zwischen verschiedenen Organismen sei für unsere Evolutionsgeschichte möglicherweise wichtiger gewesen als die langsame, zufallsbedingte Mutation, in der die Wissenschaft die Quelle jeglichen evolutionären Wandels sah. Ihr Artikel über symbiotische Ursprünge wurde von 15 Fachzeitschriften abgelehnt, bevor das *Journal of Theoretical Biology* ihn 1967 endlich veröffentlichte.[28] Ein Jahrzehnt später zeigte sich, dass sie recht hatte.[29] Inzwischen waren Techniken der modernen Genanalyse entwickelt worden, mit deren Hilfe Forscher erstmals feststellen konnten, dass alle Mitochondrien und Chloroplasten tatsächlich die DNA zahlreicher Organismen enthalten. Auf Zellebene sind wir alle Holobionten.*

Das von Margulis eingeführte Konzept der Holobionten erweist sich indessen auch weit jenseits der Struktur unserer Zellen als zutreffend.** Wie man in den letzten Jahren her-

---

* Ironischerweise scheint Darwin das schon ein Jahrhundert vor der Entdeckung der genetischen Symbiose verstanden zu haben: »Wir können die wunderbare Complexität eines organischen Wesens nicht ergründen; aber nach der hier vorgebrachten Hypothese ist diese Complexität noch bedeutend vergrössert. Jedes lebende Wesen muss als ein Microcosmus betrachtet werden, ein kleines Universum, gebildet aus einer Menge sich selbst fortpflanzender Organismen, welche unbegreiflich klein und so zahlreich sind, wie die Sterne am Himmel.« Charles Darwin, *The Variation of Animals and Plants under Domestication*, 2 Bde., London 1868; dt.: *Das Variieren der Thiere und Pflanzen im Zustande der Domestication*, 2 Bde., Stuttgart 1868, Bd. 2, S. 529.

** Margulis war bekannt für ihren Glauben an den Primat der Bakterien. Sie lebten schon lange auf der Erde, bevor irgendwelche größeren Lebensformen entstanden. Sie waren äußerst erfolgreich in der Anpassung an die chemischen Bedingungen auf dem frühen Planeten und formten ihn in vielerlei Hinsicht nach ihren Bedürfnissen. Unser Körper, so schrieb Margulis, bewahrt die Bedingungen dieser frühen Erde in sich. Die chemischen Verbindungen in uns und insbesondere die wässrigen Lösungen könne man als Replikat jener anheimelnden vorzeitlichen Welt ansehen, in der die Bakterien sich erstmals entwickelten. In gewisser Weise seien wir als perfekte Gefäße für Bakterien

ausgefunden hat, sind wesentliche Merkmale von Tieren einschließlich ihrer Wachstumsgeschwindigkeit und ihres Verhaltens das Ergebnis mikrobieller Signale.[30] Das ist durchaus nachvollziehbar, wenn man bedenkt, dass die Tiere sich in einer Welt entwickelten, die schon seit Milliarden Jahren von Mikroben beherrscht wurde. Tatsächlich glaubt Margaret McFall-Ngai, eine namhafte Expertin für Symbiosen, das menschliche Immunsystem, von dem lange schon bekannt ist, dass es ein »Gedächtnis« seiner selbst besitzt, stelle möglicherweise ein Holobionten-Managementsystem dar. »Ein gedächtnisbasiertes Immunsystem könnte sich bei den Wirbeltieren wegen der Notwendigkeit herausgebildet haben, komplexe Gemeinschaften nützlicher Mikroben zu erkennen und damit umzugehen«, formulierte sie 2007.[31]

Wir größeren Lebewesen können unser genetisches Material nur durch die Hervorbringung der nächsten Generation austauschen – also indem wir Kinder haben. Die Bakterien kennen dagegen keine Beschränkungen dieser Art. Sie können in Echtzeit Erbgut mit benachbarten Bakterien austauschen, und zwar ganz unabhängig davon, ob sie derselben Spezies angehören oder nicht. Bakterien sind in der Lage, von anderen Bakterien neue Merkmale zu übernehmen und sie den eigenen Möglichkeiten hinzuzufügen. Übertrüge man diese genetischen Fähigkeit der Bakterien auf größere Lebewesen, befänden wir uns nach Margulis in einer Science-Fiction-Welt, in der die Menschen sich Flügel wachsen lassen könnten, indem sie das entsprechende Erbgut von Fledermäusen aufnähmen, und Pilze grün werden und Foto-

---

konstruiert. »Wir koexistieren mit den heutigen Mikroben und tragen Überreste anderer in uns, mit denen unsere Zellen eine Symbiose eingegangen sind«, schrieben sie und ihr Sohn Dorion Sagan 1997. »Auf diese Weise lebt der Mikrokosmos in uns fort und wir in ihm.«

synthese betreiben könnten, indem sie sich Gene von einer nahe gelegenen Pflanze einverleibten. Durch diese Überlegungen erhalte ich eine klarere Vorstellung, wie Gianolis Theorie funktionieren könnte. Statt anzunehmen, dass eine Reihe fremder Bakterien den angeborenen Sinn der *Boquila* für ihre eigene Gestalt kaperte, wäre es denkbar, dass ein bereits in der *Boquila* lebendes und dort die entsprechende Genexpression bestimmendes Bakterium lediglich umherirrende genetische Informationen von Bakterien aufgriffe, die dasselbe in anderen Pflanzen bewirken. »Menschen und andere Eukaryoten ähneln Feststoffen, die in einer bestimmten genetischen Form eingefroren wurden«, schreiben Margulis und Sagan, »während die bewegliche, wechselseitigen Austausch betreibende Folge von Bakteriengenen einer Flüssigkeit oder einem Gas gleicht.«[32] So beginnt man, die Welt aus der Sicht der Bakterien zu sehen – ein mikrokosmisches Meer veränderlicher Identität und Form. Unter der Oberfläche verändert unser bakterielles Selbst seine Gestalt und Beschaffenheit. Wir alle sind ständig im Fluss. Wer könnte sagen, wo wir jeweils anfangen und aufhören?

Als wir den Wald verlassen, erzählt Gianoli mir von einem anderen seltsamen Beispiel pflanzlicher Mimikry. In Chile gibt es eine zweite Pflanze aus derselben Familie wie *Boquila*, der Familie der Fingerfruchtgewächse *(Lardizabalaceae)*. Diese Spezies aus der Gattung *Lardizabala* ist eine extrem seltene Kletterpflanze, die nur im subtropischen Chile und in Teilen Perus vorkommt. Der Freund eines Freundes hatte Gianoli erzählt, dass sein Onkel in einem Dorf auf dem Lande lebte, in dem die *Lardizabala* wuchs. Die Verwendung ihrer dunkelvioletten Früchte gehörte zur medizinischen Tradition des Dorfes. Gianoli war noch nicht selbst in diesem Dorf gewesen, aber ist der Meinung, wenn etwas zum traditionellen medizinischen Wissen gehört, dann basiere es höchstwahrscheinlich auf Erfahrung und Beobachtung. Die lokale Überlieferung besagt, wenn *Lardizabala* auf verschiedenen Bäumen wuchs, besäßen ihre Früchte ähnliche medizinische Eigenschaften wie der betreffende Baum. »Also wenn dessen Eigenschaften die Verdauung oder Herz und Blutdruck oder andere medizinische Komplexe betreffen, dann gilt das auch für die Frucht der Kletterpflanze.« Das wäre dann allerdings eine ganz andere Art von Mimikry. »Dass die Frucht die Eigenschaften des Baumes erbt – das wäre wirklich unglaublich«, meinte Gianoli.

Am Morgen unseres letzten Feldforschungstages fuhren wir in einen anderen Teil des Waldes. Die Gruppe fand rasch einen Baum, der für ihr *Hydrangea-serratifolia*-Projekt geeignet war, und begann sogleich, die Fähnchen in den Boden zu stecken. Bislang hatten sie weit mehr Treffer als Fehlwürfe beobachten können. Die Daten waren vorläufig, aber es sah gut aus: eine weitere weitverbreitete Pflanze vom menschengemachten Müllhaufen angeblicher Passivität gerettet.

Während sie ihre Messungen vornahmen, ging ich im Wald umher. In einer Lichtung sah ich einen Flecken Kriechender Hahnenfuß, der dort aus dem Boden spross, und gleich daneben wuchs eine *Boquila*. Dieser Hahnenfuß wurde erst vor einem Jahrzehnt hier eingeschleppt und ist inzwischen zu einem florierenden Unkraut geworden. Die daneben wachsende *Boquila* hatte sich in Größe und Silhouette zu einer perfekten Kopie entwickelt. Ihre drei Blätter standen in genau demselben Winkel an den Stängeln wie die drei Blätter der Hahnenfußpflanzen. Die filigran geschnittenen Hahnenfußblätter schienen für die *Boquila* jedoch eine allzu große Herausforderung darzustellen, auch wenn sie zweifellos alles tat, um ihnen ähnlich zu sehen. Ihre Blätter hatten sich an den Rändern nur recht grob gekräuselt.

Aber auch diese Fehler waren bemerkenswert. Als Gianoli entdeckte, dass *Boquila* sogar den Hahnenfuß zu imitieren versuchte, war für ihn jede Theorie zunichte, die davon ausging, dass ihr Trick auf einer langen evolutionären Koexistenz basierte. »Das Unkraut gehört nicht zur Evolutionsgeschichte der *Boquila*«, erläuterte Gianoli später. Innerhalb von zehn Jahren entstehe keine evolutionäre Beziehung. Die Mimikry sei in Echtzeit erfolgt; sie sei nicht geprobt, sondern improvisiert.

Spontanität ist hier ein schwerverdaulicher Gedanke. Sie setzt ein äußerst waches Subjekt voraus. Immer neue Beweise für solche Spontanität trudelten ein. Nur eine Woche vor dem Beginn der Exkursion hatte Gianoli eine E-Mail von einem Mann erhalten, der in seinem Haus in London eine *Boquila* zog. Er schickte Gianoli ein Bild seines Exemplars, das eine seiner Zimmerpflanzen imitiere, einen Bodendecker mit winzigen Blättern, der zuweilen auch Teppich-Drahtstrauch genannt wird und ursprünglich aus Neuseeland stammt. Gianoli zeigte mir die Fotos. Es konnte keinen Zweifel geben, die *Boquila* imitierte diese vollkommen fremde Pflanze, und zwar sehr gut. Gewiss, die Pflanze aus Neuseeland hatte ziemlich einfache runde Blätter, die im Vergleich mit anderen Formen, wie ich sie bei *Boquila* schon gesehen hatte, keine besondere Herausforderung darstellten. Interessanter war da schon ihre Herkunft aus Ozeanien, das extrem weit von den chilenischen Regenwäldern entfernt liegt. *Boquila* wächst ursprünglich nur in Chile, kann aber offensichtlich Pflanzen nachahmen, die keinerlei Verbindung zu diesem Teil der Erde haben. Die Fähigkeit zur Mimikry ist also ein Merkmal der gesamten Spezies und zeigt sich überall, ganz unabhängig von ihrem jeweiligen Standort. Das war verdammt spontan.

Natürlich ist auch der Gesichtssinn eine verlockende Erklärung für diese Art spontaner Mimikry. Bei Tieren hängen schnelle Reaktionen auf etwas in der Ferne Liegendes gewöhnlich mit dem Gesichtssinn zusammen. Der Gedanke ist offenbar für viele attraktiv. Im Auto auf der Rückfahrt zu den Hütten erhält Gianoli eine E-Mail von einem ehemaligen Studenten, der in Kontakt mit einer russischen Forschungsgruppe steht. Sie plant ein »Megaprojekt« zum Gesichtssinn von Pflanzen, in dessen Mittelpunkt *Boquila* stehen soll. In Bonn beginnen Baluška und seine Kollegen, *Boquila*-Pflanzen in einem Gewächshaus zu ziehen, um ihre Hypothese zum Gesichtssinn dieser Pflanze zu überprüfen. Wenn es Baluškas Team gelingt, *Boquila* zu bewegen, in einer kontrollierten Umgebung eine Plastikblume zu imitieren, dürfte ihre Hypothese zweifellos an Plausibilität gewinnen, zumal es ausgeschlossen sein dürfte, dass hier von einer Plastikblume ausgehende mikrobielle Informationen übersprängen.

Bislang jedoch bleibt das Rätsel bestehen. Wie auch immer die Ergebnisse ausfallen mögen, sie werden wahrscheinlich ein gänzlich neues Verständnis der Pflanzen zur Folge haben. Irgendetwas anderes muss da in ihnen – oder zwischen ihnen – vorgehen, das den Pflanzen auch nur annähernd die Möglichkeit zu einer Mimikry dieser Art eröffnet. Bislang sitzt dieses Unbekannte wie ein unsichtbares Objekt mitten im Raum – dieses Etwas, von dem jeder weiß und das dennoch niemand zu sehen vermag, zumindest noch nicht. Was auch immer es sein mag, es wird unsere Vorstellungen über die Pflanzen und ihre Funktionsweise ganz grundlegend verändern. »Wenn wir den Code der *Boquila* knacken, werden wir auch den allgemeinen Code der Pflanzen knacken können«, sagt Gianoli. »Das geht Hand in Hand miteinander. Wenn wir Boquila verstehen, werden wir die Pflanzen verstehen. Das ist mein Gefühl.«

Baluškas Theorie eröffnet eindeutiger die Vision einer pflanzlichen Intelligenz, die mich ursprünglich faszinierte. Ich möchte gerne glauben, dass Pflanzen sehen können, und vielleicht können sie es ja auch. Der Gedanke scheint nicht völlig abwegig zu sein, schließlich besitzen sie all diese Fotorezeptoren. Doch Gianolis Theorie ist die Vision einer Organisation und eines Einflusses, die von Bakterien ausgehen, und lässt eine umfangreichere Verbundenheit erkennen, die mich auch fasziniert. Sie stellt die kompositorische Natur der Pflanzen in den Mittelpunkt, ihre Stellung als Holobionten, unlösbar verbunden mit dem Mikrokosmos, der sie umgibt und den sie umgeben.

In jedem Fall scheint es an der Zeit zu sein, von der Vorstellung abzurücken, dass Pflanzen individuelle Entitäten mit klaren Grenzen seien. Wo eine Pflanze anfängt und endet, ist nicht klar. Vielleicht ist schon die Frage unsinnig. Wenn wir die vielfältigen Wege außer Acht lassen, auf denen Pflanzen und ihre »Mitarbeitenden« miteinander interagieren (und damit letztlich die Pflanze konstituieren), begnügen wir uns mit einer sehr partiellen Sicht auf die Wirklichkeit. Pflanzen sind aus unterschiedlichen, einander durchdringenden Lebensformen zusammengesetzt und entziehen sich dadurch jeder einfachen Klassifikation. Vielleicht sind sie uns darin sehr ähnlich. »Das vollkommen autonome ›Individuum‹ ist ein Mythos, der durch eine flexiblere Beschreibung ersetzt werden muss«, schreiben Margulis und Sagan. »Jeder von uns ist eine Art lockeres Komitee.«[33]

KAPITEL 9

Das soziale Leben der Pflanzen

Irgendwann entwickelten manche Insekten ein soziales Leben ganz eigener Art – in dem jedes einzelne Tier sein Leben ganz in den Dienst der größeren Gruppe stellt, in der es lebt. Ihre Identität bestand nun vollständig in der Unterstützung des Kollektivs. Das sind die kolonien- oder staatenbildenden Insekten. Jeder in solch einer Kolonie hat seine Rolle, und um dieser Rolle zu genügen, verzichten manche sogar auf die Aktivität, die meist als Kennzeichen biologischen Erfolges gilt: die Fortpflanzung. Stattdessen verbringen diese Insekten ihr ganzes Leben mit der Beschaffung von Nahrung für ihre Nestgenossinnen, deren Aufgabe es ist, Kinder zu bekommen. Dadurch wird die Idee des *survival of the fittest* auf den Kopf gestellt. In einer Insektenkolonie wie dieser tritt das Eigeninteresse zugunsten des Gruppeninteresses in den Hintergrund. Es ist nicht wichtig, ob *du* dich fortpflanzt; wichtig ist nur, dass die Kolonie dies tut.

Ein Entomologe prägte für diese Lebensweise in den 1960er Jahren den Ausdruck »eusozial« und wandte ihn zuallererst auf Bienen an, die mit mehreren Generationen in einem Bienenstock leben. Die Bienen kümmern sich gemeinsam um die Jungen und übernehmen dabei unterschiedliche Rollen. Nur wenige von ihnen pflanzen sich fort.[1] *Eusozial* bedeutet wörtlich »wahrhaft sozial«.[2] Es handelt sich um eine hochkomplexe soziale Lebensweise, bei der die wechselseitigen Beziehungen und die Zusammenarbeit durch zahlreiche Regeln bestimmt werden. Inzwischen hat man herausgefunden, dass viele Insekten Staaten oder Kolonien bilden, nicht nur Bienen. Termiten sind eusozial, ebenso Ameisen, Eichenholzbohrer und mindestens eine Art von Blattläusen. Eine auf Korallenriffen lebende Krabbe kann eusozial sein und erweitert damit diesen Ausdruck auf den Bereich der Krustentiere. Und den Nacktmullen fällt die Ehre zu, die einzigen eusozialen Lebewesen unter den Säugetieren zu sein.

Insekten, Krustentiere, Säugetiere: Die eusoziale Lebensweise muss sich mehrere Male unabhängig voneinander entwickelt haben.[3] Zweifellos ist sie eine erfolgreiche Evolutionsstrategie, sonst hätte sie sich nicht spontan in mehreren Zweigen des Lebens herausgebildet und gehalten. Wenn ich etwas gelernt habe, dann, dass die Biologie dazu neigt, etwas gut Funktionierendes im gesamten Spektrum des Lebens zu reproduzieren. Eine gute Idee taucht immer und immer wieder auf. Wenn ich erfahre, dass ein Merkmal sich mehrere Male unabhängig voneinander entwickelt hat, muss ich mich deshalb fragen, ob sich dafür auch im Pflanzenreich eine Entsprechung findet. Bis vor ganz kurzer Zeit hatte man Eusozialität noch nie bei einer Pflanze entdeckt, aber vielleicht haben wir nur nicht richtig hingesehen.

Hier kommt der Geweihfarn ins Spiel. Kevin Burns, ein Biologe von der Victoria University of Wellington in Neuseeland, wanderte 2021 durch den tropischen Trockenwald auf der zu Australien gehörenden Lord-Howe-Insel. Die meisten Bäume dort sind verkrüppelt. Die Geweihfarne, die sonst eigentlich hoch oben an den Baumstämmen wachsen, befinden sich hier bequem in Augenhöhe. Als Burns diese dicken Farnbüschel betrachtete, kam ihm ein Gedanke. Was, wenn es sich in Wirklichkeit um Kolonien nach Art der Insektenkolonien handelte? Geweihfarne sind insofern einzigartig, als sie in runden, korbförmigen Agglomerationen wachsen, die zahlreiche Geweihfarnindividuen umfassen. Manche davon haben die Form schwammartiger Scheiben, die unmittelbar an ihrem Wohnbaum wie auch aneinander haften, während andere wie lange, grüne, schlaffe Geweihe aussehen. Diese langen Wedel sind mit einer Wachsschicht überzogen. Dadurch sind sie bestens geeignet, das Regenwasser an ihre Basis zu lenken, wo die scheibenförmigen Wedel die Feuchtigkeit bereitwillig aufsaugen. Was, wenn einige Wedel Entsprechungen der unfruchtbaren Arbeiterinnen in einem Bienenstock wären, dachte Burns, und ihr Leben der Ernährung ihrer fruchtbaren Verwandten widmeten? Tatsächlich fand er heraus, dass die scheibenförmigen Wedel sich niemals fortpflanzten und nur einige der langen Wedel dies taten. Die übrigen sorgten dafür, dass Wasser an die Wurzeln der gesamten Kolonie gelangte. Ob wohl auch Pflanzen eusozial sein konnten?[4]

Komplexe Sozialität ist meines Erachtens eine eigene Form von Intelligenz, und zwar eine Art kollektiver Intelligenz. Sie übersteigt die Neigungen eines Einzelnen und ist darauf ausgerichtet, gute Entscheidungen für eine Gruppe zu treffen. Intelligenz, das heißt die Fähigkeit, aus der Umwelt zu lernen und Entscheidungen zu treffen, die dem eigenen Leben möglichst dienlich sind, entsteht immer in einem Kontext. Sie entsteht durch natürliche Selektion aus einem Bedürfnis heraus. In diesem Fall besteht das Bedürfnis in einer Zusammenarbeit – nämlich Wasser zu sammeln, und das in der herausfordernden Umgebung der senkrechten Flächen eines Baumstammes, ohne jede Verbindung zum Erdboden. Erforderlich ist hier Beziehungsfähigkeit. Die Bereitschaft, sich selbst für das Gedeihen des Ganzen hintanzustellen. Das ist natürlich die Basis für das Konzept der Gemeinschaft: Die oberste Priorität genießt hier die Kooperation.

Kollektive Intelligenz bildet die Grundlage für einige der komplexesten Tiergesellschaften. Alle Tiere, die sich in Gruppen entwickeln, bilden spezifische Verhaltensweisen für das Zusammenleben in dieser Gruppe aus. Fische, Ameisen, Bienen, Affen, Menschen – wir alle koordinieren unser Verhalten in unterschiedlicher Weise. Das bezeichnen wir als sozial. Was aber, wenn diese Koordination zwischen den Individuen bis in unsere neuronalen Systeme hineinreichte? Die soziale Intelligenz bei Tieren ist ein noch neues Forschungsfeld, doch erste Befunde zeigen, dass die elektrische Aktivität im menschlichen Gehirn bei diversen sozialen Interaktionen eine Synchronisierung zwischen den Menschen herbeizuführen vermag, etwa bei der Kommunikation, beim Lernen oder bei der Zusammenarbeit an einer gemeinsamen Aufgabe.[5] Die Hirnwellen oder Schwingungen zwischen den Höchst- und den Tiefstwerten in der neuronalen Aktivität scheinen sich einander anzugleichen. Eine derartige Synchronisation der Hirnwellen hat man auch bei Fledermäusen und Primaten entdeckt, woraus sich schließen lässt, dass es sie wahrscheinlich bei zahlreichen Tierarten gibt.[6] Natürlich ist das ein sehr nützliches Phänomen. Forschungen haben ergeben, dass Teams bessere Leistungen erbringen, wenn die Hirnwellen synchronisiert sind[7]; dass Gehirne von Pilot und Kopilot bei Start und Landung, bei denen die Zusammenarbeit besonders wichtig ist, meist synchron sind[8]; und dass kognitiv synchronisierte Menschen von einem stärkeren Gefühl der Kooperationsbereitschaft und wechselseitigen Verbundenheit berichten.[9] Paare mit höherer Synchronität der Gehirne äußern größere Zufriedenheit mit ihrer Beziehung.[10] Und die Gehirne beider Elternteile synchronisieren sich offenbar, wenn der jeweils andere zugegen ist.[11] Unsere Gehirne haben sich in einem hochgradig sozialen Kontext entwickelt, und wir sehen erst heute, wie tief diese Sozialität reichen kann. Vielleicht verdient die soziale kognitive Intelligenz eine ganz besondere Aufmerksamkeit, denn ohne sie dürften wir einen wichtigen Teil der Geschichte unserer eigenen Existenz verfehlen.

Auch Pflanzen haben sich in Gruppen entwickelt: Felder, Wälder, Kolonien, Staaten, Klumpen. Pflanzen waren immer schon Teil komplexer sozialer Arrangements, in denen die Interaktion mit den Nachbarn zum alltäglichen Leben gehört. Wie gut dieser Austausch gelingt, ist oft von lebenswichtiger Bedeutung. Überleben und Fortpflanzung sind grundsätzlich soziale Fragen. Pflanzen sind unbestreitbar soziale Lebewesen und decken die gesamte Bandbreite sozialer Beziehungen ab. Manche leben in hochgradig auf Zusammenarbeit basierenden Gemeinschaften wie der Geweihfarn, in denen der Erfolg der Gruppe den Vorrang vor dem Erfolg der einzelnen Mitglieder besitzt. Andere bevorzugen offenbar ein eher solitäres Leben. Wieder andere scheinen in einem positiven Sinne konfliktscheu zu sein und beweisen eine bemerkenswerte Fähigkeit, mit anderen zu teilen. Viele behandeln Fremde sogleich als Feinde, legen jedoch großes Gewicht auf Familienbande. In einer Welt veränderlicher Ressourcen ist es das Beste, man weiß, auf wen man sich verlassen kann, und die Familie ist da oft eine gute Wahl.

Bei alledem geht es um die Frage, wie man gut unter seinesgleichen leben kann, und als soziale Wesen sind wir damit bestens vertraut. Pflanzen tun dies natürlich auf ihre eigene Art und Weise. Wir brauchen unsere Vorstellungen nur leicht an diese pflanzlichen Versionen anzupassen, um den Reichtum ihres sozialen Lebens zu erkennen. Botaniker und Botanikerinnen beginnen gerade erst, genau das zu tun. Und langsam enthüllt sich uns eine ganze Welt sozialer Möglichkeiten.

Die Dünen an den Ufern des Lake Michigan sind erstaunlich. Die gewellten Sandberge laufen in weite Ebenen aus, steigen und fallen wie die Wogen eines erstarrten Ozeans. Ein paar Kilometer weiter landeinwärts befindet man sich mitten in den Feldern des Mittleren Westens. Doch hier, an den Stränden eines Mega-Sees, hat Susan Dudley entdeckt, dass Pflanzen genau wissen, wer ihre Geschwister sind.[12]

Dudley, botanische Evolutionsökologin an der McMaster University in Kanada, wurde im Sommer 2006 bei der Beobachtung ihres Studienobjekts immer wieder von Kriebelmücken gestochen. Der Nordamerikanische Meersenf ist eine recht flach wachsende Strandpflanze, die jedoch sogleich eindrucksvoller erscheint, wenn man bedenkt, dass sie unter den unwirtlichsten Bedingungen lebt. Eine majestätische Größe zu erreichen, kommt für Strandpflanzen nicht in Frage. Das Leben auf einer Sanddüne ist nicht leicht. Der Wind weht unablässig, Wasser ist knapp, und die Tiere sind hungrig. Jede auf einer Sanddüne wachsende Pflanze hat solche Mühen auf sich genommen, dass schon ihre bloße Existenz eindrucksvoll ist.

In den späten 1990er und frühen 2000er Jahren begannen sich Hinweise zu häufen, dass Pflanzen »sich selbst« von »anderen« zu unterscheiden vermögen, dass sie wissen, ob ein Zweig oder eine Wurzel in ihrer Nähe zu ihnen gehört oder zu einer anderen Pflanze. Wenig später fragte Dudley sich, ob die Individuierung der Pflanzen nicht noch weitergeht. Wenn sie sich selbst zu erkennen vermögen, können sie dann vielleicht auch Verwandte erkennen? Dudley wollte herausfinden, ob Pflanzen mehr über ihre Nachbarn wissen als bloß, dass sie da sind. In der Zoologie ist bekannt, dass die Fähigkeit, Verwandte zu erkennen, für Tiere einen gewaltigen evolutionären Vorteil darstellt. Bei zahlreichen Tieren hat man nachgewiesen, dass sie dies können. Dudley fragte sich, warum man das nicht auch bei Pflanzen prüfen sollte.

Während des Promotionsstudiums fand Dudley heraus, dass es ihr keinen sonderlichen Spaß machte, lebende Tiere zu zerschneiden. Das Sezieren lebender Wirbelloser gehörte damals zu den Standardverfahren in der biologischen Forschung. Deshalb wechselte sie in ihrem Promotionsstudium an der University of Chicago zur Botanik. »Niemanden stört es, wenn du Pflanzen zerhackst«, sagte sie. »Das nennt man Essen machen.«

Sie begann, im Projekt ihres Promotionsberaters zu arbeiten, und prüfte, inwiefern Pflanzen ihre Wuchshöhe als Reaktion auf Nachbarpflanzen veränderten. »Pflanzen sehen einander dank der Farbe des Lichts«, erläuterte Dudley. Beim Durchgang durch eine Pflanze ändert das Licht seine Farbe. Bei unterschiedlichen Pflanzen fällt diese Farbveränderung unterschiedlich aus, allerdings zuweilen so geringfügig, dass wir es nicht bemerken. Pflanzen können diese Unterschiede jedoch erkennen. Sie nehmen Notiz von dem auf sie fallenden Licht und erkennen, ob das Licht vorher durch andere Pflanzen gedrungen ist, was auf höhere Nachbarn hindeutet. Entsprechend passen sie ihr Höhenwachstum an, wachsen höher, falls es viele Nachbarn gibt, und bleiben niedriger, falls das nicht der Fall ist. Das ist in adaptiver Hinsicht absolut sinnvoll. Falls die Gefahr besteht, überwuchert zu werden, wächst die Pflanze höher hinauf, um ihren Platz an der Sonne zu behalten.

»Fotochrom vermitteltes Streckungswachstum«, so lautet

die offizielle Bezeichnung für dieses Verhalten. Etwa um dieselbe Zeit, als Dudley sich damit befasste, entdeckten Forscher anderswo, dass Pflanzen ein ähnliches Verhalten auch unter der Erde zeigen. Sie wissen, welche Wurzeln zu ihnen selbst und welche zu anderen Pflanzen gehören, und passen ihr Wurzelwachstum entsprechend an. Es hat keinen Sinn, mit sich selbst zu konkurrieren. Damit wurde für das Verhalten benachbarter Pflanzen eine Formel sichtbar: »Wenn sie wussten, dass sie über der Erde Nachbarn hatten, wuchsen sie höher; wenn sie wussten, dass sie unter der Erde Nachbarn hatten, produzierten sie mehr Wurzeln«, erläuterte Dudley.

Mit diesem Wissen im Hinterkopf begann sie ihre Forschungen am Nordamerikanischen Meersenf auf den Stranddünen Indianas. Es war das Land, in dem Aldo Leopold einst seinen Klassiker der ökologischen Literatur *Ein Jahr im Sand County* geschrieben hatte.[13] Die Gegend war wunderschön, nur die Mücken waren ein Problem – und natürlich auch der Sand. Feldforschung am Strand ist ein ständiger Kampf. »Am Strand zu arbeiten macht erstaunlicherweise keinen Spaß, wenn dir Sand in die Ausrüstung gerät.«

Doch dann hatte Dudley eine Idee. Der Meersenf war möglicherweise eine ideale Pflanze für die Klärung der Frage, ob Pflanzen sich anders verhalten, wenn sie von Familienmitgliedern umgeben sind. Meersenf verbreitet sich auf zweierlei Art: Manche seiner Samen werden vom Wind oder vom Wasser in weite Ferne transportiert, und manche bleiben an der Mutterpflanze haften und gelangen in den Boden, wenn sie sich schließlich unausweichlich zersetzt. »Wenn die Mutter gestorben ist, sprießen all diese Sämlinge aus dem Boden.« Es war leicht, Geschwister zu finden, die zusammen wuchsen.

Dudley hatte recht mit ihrer Vermutung. Wenn der Meersenf von nichtverwandten Pflanzen umgeben war, trieb er seine Wurzeln aggressiv in den Sand der Umgebung, um möglichst viele Nährstoffe zu monopolisieren. Wenn er jedoch von Verwandten umgeben war, schränkte er sein Wurzelwachstum höflich ein und ließ seinen Geschwistern Raum zum Leben.

Dudley führt diese Entdeckung auf ihre Entscheidung zurück, die übliche Frage nach dem Nutzen für die Pflanze zeitweilig zurückzustellen. Stattdessen beobachtete sie lediglich, was die Pflanze tatsächlich tat. »Meine neue Herangehensweise bestand darin, dass ich fragte, wie Pflanzen sich verhalten«, sagte sie. Sich das Verhalten anzusehen, sei etwas anderes als die Suche nach dem Nutzen. Manchmal lasse sich ohnehin nur schwer erkennen, worin dieser bestehen könnte. Wir Menschen wüssten oft nicht genug, um das zu beurteilen. Wir könnten jedoch hinsehen und beobachten, was da tatsächlich vor unseren Augen geschieht.

Bislang hatte noch niemand gezeigt, dass Pflanzen ihre Verwandten erkennen können, geschweige denn, dass sie ihnen eine Vorzugsbehandlung zukommen lassen. Dudley war zunächst verblüfft. »Wir sind immer überrascht, wenn wir tatsächlich finden, was wir vorhergesagt haben. Die Natur ist so kompliziert.« Doch rasch verwandelte sich die Überraschung in Freude. »Es war befriedigend und in gewisser Weise auch beängstigend. Es ist ein umstrittenes Ergebnis.« In der Wissenschaft werden umstrittene Ergebnisse immer einer besonders intensiven Prüfung unterzogen. Und andere Wissenschaftler sind äußerst vorsichtig mit der Übernahme solcher Ergebnisse, solange sie nicht Eingang in den Mainstream gefunden haben. Ohne Verbündete ist es schwierig, sonderlich viel zu bewegen. Dudley veröffentlichte ihre Forschungsergebnisse 2007, wusste aber, dass es noch eine Weile dauern würde, bis jemand ihr glaubte.

Etwa um dieselbe Zeit forschte eine ihrer Studentinnen an Populationen von Springkraut, einer in Rhode Island heimischen und verbreiteten Gartenpflanze. Auch das Springkraut schien seine Verwandten zu erkennen und besser zu behandeln als fremde Exemplare. Die Vorzugsbehandlung zeigte sich in ihrem Verhalten über der Erde. Wenn Springkraut zusammen mit fremden Pflanzen wuchs, trieb es möglichst viele Blätter und machte sich extrem breit, um möglichst viel vom Sonnenlicht zu ergattern. Wuchs es jedoch neben Verwandten, arrangierte es seine Blätter freundlicherweise so, dass sie seine Geschwister nicht beschatteten.[14]

Die eigenen Verwandten erkennen zu können, ist in evolutionärer Hinsicht äußerst sinnvoll. Erstens und vor allem hilft es bei der Vermeidung von Inzucht. Doch mehr noch als das ist es Teil der natürlichen Selektion. Darwins *survival of the fittest* betrifft nicht nur das Überleben der fittesten Individuen, sondern auch das der fittesten Gene. Wenn Individuen auf Kosten naher Verwandter überleben, schadet das dem genetischen Erfolg. In der Wissenschaft tierischen Verhaltens hat dieser Zusammenhang seit den 1960er Jahren einen Namen: »Hamiltons Regel« besagt, dass man die Mitglieder der eigenen Familie so lange bevorzugt, wie die Kosten für das eigene Wohlergehen nicht den Nutzen für die gemeinsame Abstammungslinie übersteigen – dass Risiken sich aus darwinistischer Perspektive lohnen, falls die Zahl enger Familienmitglieder, die dadurch gerettet werden, die Risiken für das eigene Leben übertrifft.[15] Das bedeutet auch, dass die Bereitschaft, Familienmitgliedern zu helfen, je nach Verwandtschaftsgrad variiert. Oder wie der britische Biologe J. B. S. Haldane einmal gesagt haben soll: »Ich würde mein Leben für zwei Brüder oder acht Cousins hergeben.«[16]

Hamiltons Regel hängt außerdem von der Fähigkeit eines

Lebewesens ab, mit Verwandten zu kooperieren und sich ihnen gegenüber altruistisch zu verhalten. Dazu muss dieses Lebewesen erkennen können, wer seine Verwandten sind. Wir wissen bereits, dass Orcas in komplexen Familienverbänden leben, in denen sie regelmäßig ihre Nahrung teilen und mit den anderen in einem eigenen Familiendialekt kommunizieren.[17] Und wir wissen, dass Pavianweibchen ihr gesamtes Leben in unmittelbarer Nähe ihrer Mütter, Tanten und Schwestern verbringen, gemeinsam Fellpflege betreiben und beieinander schlafen.[18] Selbst in Schwämmen lebende Garnelen arbeiten mit ihren Familienmitgliedern zusammen und verteidigen gemeinsam ihre Nester in den Schwämmen.[19] Diese Befunde auch auf Pflanzen auszudehnen, wie Dudley dies tut, gleicht jedoch einem Gezeitenwechsel. Kolleginnen und Kollegen veröffentlichten in Reaktion auf Dudleys Arbeit Artikel, in denen sie ihr ein schlechtes Forschungsdesign vorwarfen. Wie fast immer stießen radikale neue Ideen auf besonders große Zweifel. Der Konservatismus in der Wissenschaft ist eine Absicherung gegen falsche Ideen, aber auch ein Stachel im Fleisch wissenschaftlicher Durchbrüche. Das kann für die betroffenen Wissenschaftlerinnen und Wissenschaftler schmerzhaft sein. »Es ist schon seltsam und manchmal verstörend«, eine umstrittene Arbeit zu publizieren, sagt Dudley, aber sie verstehe die Reaktionen. Als sie erstmals davon hörte, dass Wurzeln zwischen sich selbst und fremden Wurzeln unterscheiden können, ging es ihr genauso. Aber am Ende stellte sie ihre Bedenken zurück. Sie wusste, dass ihre Versuchsanordnungen gut waren. Und sie sah, was sie sah. Sie sagte sich, dass sie nur warten musste, bis ihre Kritiker verstummten.

Innerhalb eines Jahrzehnts stellten sich immer mehr Befunde ein, die für Dudleys Arbeit sprachen. In Argentinien fand ein Forscher 2017 heraus, dass man beim Sonnenblumenanbau bis zu 47 Prozent mehr Öl gewinnen konnte, wenn man die Sonnenblumen in dichten Reihen verwandter Pflanzen anbaute.[20] Ein derart enger Abstand war im Sonnenblumenanbau bis dahin beispiellos gewesen, doch statt einander im Boden anzugreifen, wie man es von allzu eng gesetzten Pflanzen erwartete, geschah das Gegenteil. Über der Erde richteten die Sonnenblumen ihre Stiele in unterschiedlichen Winkeln aus, so dass sie möglichst wenig Schatten auf ihre verwandten Nachbarpflanzen warfen. Es gab auch keine Anzeichen dafür, dass sie einander Nährstoffe raubten. Wenn man zuließ, dass sie auch in ungewohnten Winkeln wuchsen, statt sie zu zwingen, genau senkrecht zu stehen, erhielt jede Pflanze mehr Licht, und die Ölproduktion schoss in die Höhe.

Seit Dudleys erstem Artikel haben Forscher wie Rick Karban auch bei ihren Studienobjekten beobachtet, dass Pflanzen Verwandte erkennen können. Diese Fähigkeit spielte eindeutig eine Rolle beim Wüstenbeifuß in Kalifornien, der bei seiner Verteidigung gegen Insektenangriffe engere Verwandte als Erste warnt.[21] Auch die Schotenkresse arrangiert ihre Blätter so, dass sie möglichst wenig Schatten auf ihre Geschwister wirft.[22] Forscher in Buenos Aires haben die Bewegung eines einzelnen Blattes verfolgt und dabei festgestellt, dass es seine Position innerhalb von zwei Tagen verändert, falls es bemerkt, dass sich unter ihm Blätter von Geschwistern befinden.

Pflanzen sind ganz eindeutig in der Lage, Verwandte zu erkennen. Doch wie, das heißt über welche Sinneskanäle sie das bewerkstelligen, muss noch weiter erforscht werden, und zwar zum Teil deshalb, weil sie offenbar unterschiedliche Mittel einsetzen. In manchen Fällen werden die Geschwister an chemischen Stoffen erkannt, die von den Wurzeln im Boden freigesetzt werden. Ob unter ihr eine Verwandte wächst, erkennt die Schotenkresse an der Beschaffenheit des Lichts, das von dessen Blättern reflektiert wird. Anders gesagt, das Sonnenlicht dringt durch ihr eigenes Blatt hindurch, trifft auf das darunter befindliche Blatt einer verwandten Pflanze, wird dort reflektiert und trifft erneut die Unterseite des eigenen Blattes. Irgendwie enthält die in dieser Reflexion enthaltene Information alles, was die Fotorezeptoren der Pflanze benötigen, um die genetische Verwandtschaft der anderen Pflanze zu entziffern.

Es scheint, als besäßen alle von Botanikern geprüften Pflanzen eine Form von Verwandtenerkennung und passten ihr Verhalten entsprechend an. »Beispiel für Beispiel bauen wir ein Korpus aus einschlägiger Literatur auf«, sagt Dudley. Sie erwartet nicht, dass die Forschung bei allen Pflanzen eine derartige Fähigkeit finden wird. Aber bei vielen der bislang untersuchten Pflanzen taucht sie auf.

Aus der Fähigkeit, Verwandte zu erkennen, ergibt sich, dass die Pflanzen über ein soziales Leben verfügen. Sie wissen, in wessen Gesellschaft sie sich befinden, und entscheiden entsprechend, wie sie sich diesen anderen Pflanzen gegenüber verhalten. Ihre soziale Dynamik reicht jedoch weit über die Verwandtenerkennung hinaus. So hat man kürzlich herausgefunden, dass fleischfressende Pflanzen gewissermaßen im Rudel jagen. Die Zusammenarbeit beim Fangen von Insekten ermöglicht ihnen gemeinsam größere Beute.[23]

Chui-Hua Kongs Forschungsteam an der China Agricultural University konnte 2017 die Hypothese der »zwei Brüder oder acht Cousins« beweisen, indem es zeigte, dass die Vorzugsbehandlung von Verwandten tatsächlich vom Verwandtschaftsgrad abhängt. Das Team baute über ein Dutzend verschiedener Reis-Linien an, und zwar alle in einem Boden, der aus einem Reisfeld am Südufer des Yangtze stammte.[24] Die Zuchtlinien waren Varietäten zweier eng verwandter Sorten, also selektiv gezüchtete Varietäten einer einzigen Spezies: die Hälfte inzüchtiger Indica-Reis, die andere Hälfte hybrider Indica-Reis. Beide Gruppen von Linien waren die Nachkommen von fünf Kreuzungskombinationen sechs verschiedener Eltern. Anders gesagt, jede der inzüchtigen Indica-Linien hatte ein gemeinsames Elternteil, so dass sie sämtlich Halbgeschwister waren, und dasselbe galt entsprechend für die Indica-Hybriden. Das heißt, alle waren miteinander verwandt, allerdings in unterschiedlichen Graden. Das Team pflanzte sie in einer Reihe verschiedener Kulturen oder Arrangements unterschiedlicher Linien, um zu beobachten, wie sie sich verhielten. Wenn Kultur die idiosynkratische Art ist, in der Mitglieder einer Gruppe miteinander umgehen, dann handelte es sich hier zweifellos jeweils um eine Pflanzenkultur.

Obwohl die einzelnen Kulturen sich in ihrem Verhalten leicht voneinander unterschieden, zeigte sich doch deutlich, dass die am engsten verwandten Sorten es vermieden, im Boden miteinander zu konkurrieren. Die Forscher fanden keinen erkennbaren Unterschied in der Länge der Wurzeln. In den Experimenten mit Kulturen weiter voneinander entfernter Zuchtlinien beobachteten sie dagegen, dass eine gewisse Gegnerschaft sich in die unterirdischen Beziehungen einzuschleichen begann. Die Länge der Wurzeln »nahm beständig zu«, je ferner die benachbarten Pflanzen miteinander verwandt waren. Die Pflanzen vermochten die Verwandtschaft ganz eindeutig zu erkennen. Als das Team den Fluss chemischer Signale stoppte, indem es Plastikfolien zwischen den Wurzeln einzog, hörte die Verwandtschaftserkennung auf.

Damit war der chemische Charakter des Austauschs bestätigt. Die Pflanzenwurzeln setzen chemische Stoffe frei, die durch den Boden wandern und anderen Pflanzen Auskunft über die Identität der Ausgangspflanze geben.

Der Japonica-Reis, der seine Nachbarn als ähnlich fremd erkannte, verhielt sich ebenso. Die Folge waren weitaus mehr Wurzeln und etwas weniger Reiskörner. Das heißt, die Pflanzen, die zusammen mit weit entfernt verwandten Sorten angebaut wurden, hatten unter der Erde so viel mit aggressiver Wurzelbildung zu tun, dass sie weniger Energie auf die Bildung der oberirdischen Pflanzenteile verwendeten. Ganz ähnlich wie die Sonnenblumenernte sich verbesserte, wenn man verwandte Pflanzen zusammen anbaute, so verwendeten auch Reiskulturen einen größeren Anteil der verfügbaren Energie auf die Bildung von Reiskörnern, wenn sie aus nahen Verwandten bestanden. Letztlich fand das Team heraus, dass die Erträge stiegen, wenn man den Reis in gemischten Kulturen nahe verwandter Sorten anbaute. Eine diversifizierte Mischung aus Halbgeschwistern erbrachte offenbar höhere Erträge als eine aus identischen Pflanzen bestehende Monokultur. Die Gründe sind unklar. Doch die Erträge sanken ganz eindeutig in einer gemischten Kultur aus nur entfernt verwandten Reissorten.

Bei Tieren ist die Paarung ein elaborierter Tanz aus sozialen Wahlentscheidungen, die häufig mit familiären Verpflichtungen verbunden sind. Bei den Pflanzen könnte es ähnlich sein. Rubén Torices, ein Forscher an der Universidad Rey Juan Carlos in Spanien, hat sich auf die sexuellen Strategien von Pflanzen spezialisiert. In seinen Augen fallen Interaktionen dieser Art eindeutig in den Bereich des sozialen Verhaltens. »Das Leben der Pflanzen innerhalb ihrer näheren Umgebung ist eine soziale Frage«, sagt er. »Und deshalb sollten wir sie auch aus einer sozialwissenschaftlichen Perspektive betrachten.« Diese Ansicht bereitet ihm allerdings Probleme – soziale Probleme – mit seinen Kollegen in der Pflanzenwissenschaft. »Es ist fast schon ein Tabu«, Konzepte aus den Sozialwissenschaften auf Pflanzen zu übertragen.

Er tut es dennoch. So fanden er und sein Team 2018 heraus, dass Blütenpflanzen mehr in das Anlocken von Bestäubern investieren, wenn sie unter Verwandten wachsen – eine perfekte Schnittmenge zwischen Fortpflanzungsstrategie und Familienbanden.[25] Bestäuber lassen sich eher von großen Blütenteppichen anlocken. Man spricht hier von einem »Magneteffekt«. Für ein Insekt auf Pollensuche gleicht ein Cluster besonders farbenprächtiger großer Blüten einer Werbetafel. Die Herstellung der Pigmente und des Materials für die Blüten kostet die Pflanze jedoch sehr viel Energie, die sie dann nicht mehr für andere Dinge einsetzen kann, zum Beispiel die Herstellung von Samen in einer späteren Phase ihres Lebenszyklus. Hier besteht hinsichtlich der Fortpflanzung ein Zielkonflikt. Größere Blüten mit kräftigeren Farben mögen mehr Bestäuber anlocken, könnten aber auch die Zahl der Nachkommen einschränken, die letztlich aus den befruchteten Eizellen entstehen. Torices und sein Team fanden heraus, dass sich die einzelnen Pflanzen der spanischen *Moricandia moricandioides* zusammentaten, wenn sie in Gemeinschaft mit Verwandten gezogen wurden, um mit ihren vielen violetten Blüten ein prachtvolles Bild darzubieten. Wurden sie dagegen mit nichtverwandten *Moricandia*-Pflanzen gezogen, trieben sie nicht so viele Blüten. Nachdem sie mehrere Verwandtschaftsarrangements zwischen 770 Setzlingen ausprobiert hatten, zeigte sich, dass die Arrangements mit der größten Verwandtschaftsnähe zuverlässig auch die spektakulärste Blütenpracht entfalteten. Die Befunde waren zunächst einmal bedeutsam, weil sie zeigten, dass das Blühverhalten einen sozialen Kontext aufweist. Aber zugleich verwiesen sie auch auf die Möglichkeit, dass *Moricandia* freiwillig auf einen Teil ihrer Reproduktionschancen verzichtet, um Bestäuber für die gesamte Gruppe anzulocken, sofern diese Gruppe zu ihrer Familie gehört. Anderenfalls tendiert sie zu einem egoistischen Verhalten, das ihr die Chance bietet, möglichst viele Samen zu produzieren. Torices sagt, hier bedürfe es noch weiterer Forschung, um sicher zu sein, dass diese Zielkonflikte tatsächlich bedeutsam genug sind, um solch eine These aufstellen zu können, aber falls das zutreffe, könne man es als Beweis für eine Art von innerfamiliärem Altruismus werten.

Auch Susan Dudley, die Torices als »unsere Anführerin« auf diesem Forschungsgebiet bezeichnet, interessiert sich für den Altruismus, der im Tierreich ein bekanntes Phänomen darstellt. Nur weil eine Art dafür bekannt ist, Verwandten eine Vorzugsbehandlung zukommen zu lassen, heißt das noch nicht, dass jedes Individuum dies tut. Möglicherweise neigen manche stärker zum Altruismus als andere. Dudley äußerte 2017 den Verdacht, dass es in der Arbeit der Pflanzenzüchter vielleicht einen blinden Fleck gebe.[26] Ihre Selektion richte sich wahrscheinlich *gegen* altruistische Pflanzen, und das zu ihrem eigenen Schaden. Ein Feld ohne altruistische Pflanzen sei ein Feld, auf dem Krieg herrsche. Wie jede im Krieg befindliche Population gehe auch sie sparsam mit ihrer Energie um und erlaube sich gewiss keinen Luxus wie die Produktion von Früchten.

Kulturpflanzen werden in aller Regel in Gestalt von Sorten oder Varietäten ein und derselben Spezies angebaut, die im Blick auf bestimmte Merkmale gezüchtet wurden. Innerhalb einer Sorte sind die Pflanzen einander genetisch meist ähnlich, wenn auch nicht identisch. Individuelle altruistische Tendenzen sind bei ihnen jedoch möglicherweise deutlicher erkennbar. Bei der Entwicklung einer Sorte wählen Züchter die Pflanzen für die Weiterzucht aus, die besonders »kräftig« erscheinen. Aber das sind in der Regel die konkurrenzfähigsten Exemplare. Die Pflanzen mit einem stärker ausgeprägten Altruismus sind eher zurückhaltend und wachsen nicht aggressiv in den Raum der Nachbarpflanzen hinein, so dass sie ihnen das Licht wegnähmen. Wie es scheint, so schreibt Dudley, hat die Geschichte der Pflanzenzucht eher zu einer Verringerung des Altruismus beigetragen und damit dem eigentlichen Zuchterfolg geschadet.

Wählten Züchter dagegen schon früh im Zuchtprozess altruistische Pflanzen für die weitere Zucht aus, könnte das dazu führen, dass die Pflanze weniger Energie auf die Konkurrenz um den begrenzten Raum und dafür mehr in die Fortpflanzung investiert – das heißt in die Entwicklung der Frucht, um derentwillen die Pflanze eigentlich angebaut wird. Andererseits sind aggressive Pflanzen durchaus nützlich, wenn diese Aggressivität sich gegen sortenfremde, also nichtverwandte Pflanzen und insbesondere gegen Unkraut richtet. Die Auswahl von Pflanzen, die ihren Nachbarn helfen, aber Eindringlinge abwehren, könnte letztlich zu hochgradig resilienten Sorten führen. Auf die sozialen Eigenschaften individueller Pflanzen – oder dürfen wir sagen: deren Persönlichkeit – zu achten, könnte reale Vorteile beim Anbau unserer Nahrungsmittel haben.

Ein Samen wird durch die Luft davongetragen und landet auf einem lehmigen Boden. Es ist feucht, es ist warm, die Bedingungen sind gut. Deshalb ist er auch nicht der erste, der sich dort niederlässt. Der Samen besitzt bereits einen feinen

Sinn für chemische Hinweise, die ihm sagen, wo er ist und wer sich in der Nähe befindet. Er muss diesen Sinn besitzen, denn für eine Pflanze ist räumliches Bewusstsein alles. Er prüft die im feuchten Boden gelösten chemischen Stoffe und den Duft der in der Nähe wachsenden Pflanzen. Einige von ihnen, so stellt er fest, sind seine Geschwister – Samen, die von derselben Mutterpflanze stammen wie er. Andere gehören völlig anderen Arten an. Die Pflanze ist noch ein Embryo, doch schon jetzt muss sie eine Entscheidung treffen.

Pflanzensamen spielen das Spiel ihres Lebens, wenn sie beschließen zu keimen. Oft können sie Monate oder Jahre auf die richtigen Bedingungen warten. Zu diesen Bedingungen gehören nicht nur Feuchtigkeit und Wärme. Auch ihre Nachbarn sind Variablen, die Einfluss darauf haben, ob ein Samenkorn überlebt und zu einer erwachsenen Pflanze heranwächst. Und offenbar wissen Samenkörner das.

Der in Japan lebende Pflanzenökologe Akira Yamawo untersuchte diese Fähigkeit am Asiatischen Breitwegerich, einer kaum 10 Zentimeter hoch wachsenden Pflanze mit hauchdünnen, wie Hasenohren geformten Blättern.[27] Er säte den Breitwegerich erst zusammen mit Geschwistern aus und fand keinen auffälligen Unterschied hinsichtlich des Zeitpunkts ihres Keimens. Dann säte er sie nochmals aus, diesmal gemeinsam mit dem Samen einer anderen Pflanzenart (Weißklee), und bemerkte immer noch keinen signifikanten Unterschied. Als er den Breitwegerich jedoch zusammen mit Geschwistern und Weißklee aussäte, beobachtete er eine bemerkenswerte Veränderung. Die miteinander verwandten Samen synchronisierten ihr Keimen und beschleunigten es, so dass sie früher wuchsen, als sie es allein getan hätten. Wenn einer der Breitwegerich-Sämlinge den anderen voraus war, beschleunigten die anderen ihr Wachstum, um zu ihm aufzuschließen. Mit anderen Worten, in Anwesenheit einer vollkommen fremden Spezies beeilen sich die eng miteinander verwandten Samen und koordinieren ihre Keimung, um gemeinsam aufzuwachsen. Darin liegt ein deutlicher Wettbewerbsvorteil, denn wenn sie gemeinsam als Gruppe aufwachsen, vermag der Weißklee sie nicht zu verdrängen.

Das lenkte meine Gedanken in eine andere Richtung. Die Synchronität machte deutlich, dass die eng miteinander verwandten Samen des Breitwegerichs das Entwicklungsstadium benachbarter Verwandter spüren konnten und ihre Entwicklungsgeschwindigkeit entsprechend anpassten. Yamawo bezeichnete das als »embryonale Kommunikation«. Die Synchronität machte außerdem deutlich, dass die Teile, aus denen eine voll entwickelte Pflanze besteht, zum Beispiel Wurzeln, Triebe und Stiele, für die zeitliche Einordnung des Wachstums benachbarter Pflanzen nicht erforderlich waren. Die nötigen Mechanismen sind bereits im Embryo enthalten. Ein Samen trägt alles in sich, was er für die komplexe Fähigkeit benötigt, Verwandte zu erkennen.

Mit Yamawos Experiment treten wir in jenen Bereich ein, der als Rhizosphäre bezeichnet wird – die Welt des Bodens und der vielfältigen Organismen, die dort in und zwischen den Pflanzenwurzeln leben. Unser Wissen über den Boden und das pulsierende Leben darin ist immer noch recht beschränkt. In einem Teelöffel Boden findet man 1 Milliarde Mikroben. Pilze weben ihr Netz aus haarfeinen Fäden in nahezu jedem seiner Quadratzentimeter. Und Pflanzenwurzeln, die auf der Suche nach Nährstoffen in alle Richtungen wachsen, interagieren mit alledem wie auch untereinander.

Es ist an der Zeit, ernsthaft über Wurzeln nachzudenken,

damit wir nicht vergessen, dass die Hälfte des Lebens einer Pflanze in der Rhizosphäre stattfindet. Wurzeln kann man sich als eine Masse aus vielen tausend Mündern vorstellen, jeder davon autonom, wenn auch in enger Koordination mit den übrigen, auf der Suche nach Nahrung. Pflanzen entwickeln äußerst komplexe Wurzelsysteme. Sie treiben Wurzeln jeglicher Größe, von dicken Pfahlwurzeln bis hin zu verschwindend kleinen Wurzelhärchen, um Bodenbereiche zu besetzen, die oft weitaus größer sind als der Raum, den die oberirdischen Teile der Pflanze einnehmen. Ein Wissenschaftler, der die Wurzeln einer einzigen Winterroggenpflanze zählte, fand heraus, dass sie 13 815 672 einzelne Wurzeln besaß, im Boden ausgebreitet über eine Fläche, die 130 Mal so groß war wie die Fläche, die diese Pflanze über der Erde einnahm.[28] Was wir von einer Pflanze über der Erde sehen, ist oft weit weniger als die halbe Geschichte.

Eine große Rolle im Leben dieser Wurzeln spielen zahllose Beziehungen zu Mikroben und Pilzen, deren Rahmenbedingungen und Folgen wir erst in Ansätzen zu verstehen beginnen. Pilzfäden verbinden sich mit den Wurzeln nahezu aller wildwachsenden Pflanzen und sind möglicherweise von entscheidender Bedeutung für die unterirdische Kommunikation zwischen den Pflanzen. Die Aminosäuren Glutamat und Glyzin, wichtige Neurotransmitter in unserem Gehirn und unserem Rückenmark, von denen man seit kurzem weiß, dass sie auch bei der Signalweitergabe in Pflanzen bedeutsam sind, werden an den Stellen, an denen Pilze und Pflanzen miteinander verbunden sind, zwischen ihnen ausgetauscht.[29]

In *Das verwobene Leben* beschreibt der Mykologe Merlin Sheldrake, der Sohn von Rupert Sheldrake, dass diese Verbindungen auch wichtige Aspekte der Identität einer Pflanze zu bestimmen vermögen.[30] In einem Experiment transplantierten Forscher eine Pilzart, die normalerweise in den Wurzeln eines salzliebenden Strandgrases lebt, in ein Festlandgras, das kein Salzwasser verträgt. Die Fähigkeit, in Salzwasser überleben zu können, gehört zu den wesentlichen Merkmalen einer Spezies. Doch plötzlich fühlte sich das Festlandgras in Salzwasser pudelwohl.[31] Man hat gezeigt, dass die Süße von Tomaten[32], das Aroma von Basilikum[33] und die Eigenschaften des essenziellen Öls der Minze sämtlich von der Pilzart abhängen, die in den Wurzeln der betreffenden Pflanze lebt. Und man hat herausgefunden, dass die Konzentration der medizinisch wirksamen Verbindungen im Sonnenhut[34], die Stärke des Aromas von Indischem Patschuli[35] und die Kraft der Antioxidantien in Artischockenköpfen bei Anwesenheit bestimmter Pilze zunehmen.[36] Die Liste ließe sich noch beträchtlich verlängern. Tatsächlich wäre es nicht einmal übertrieben, wenn man fragte, ob eine Pflanze ohne Pilze überhaupt sie selbst wäre.

Einiges weist darauf hin, dass Pflanzen – die in der Evolution ursprünglich in Gestalt amorpher grünlicher Algenklümpchen auf der Bildfläche erschienen – ihre ersten länglichen Formen entwickelten, um nützliche Pilze beherbergen zu können. Sheldrake schreibt: »Was wir ›Pflanzen‹ nennen, sind in Wirklichkeit Pilze, die sich so entwickelt haben, dass sie sich Algen halten können, und Algen, die sich so entwickelt haben, dass sie sich Pilze halten können.«[37] Als die ersten Pflanzenwurzeln erschienen, bestanden schon seit 50 Millionen Jahren Verbindungen zwischen Pflanzen und Pilzen. Nach Darstellung einiger Wissenschaftler gehen die Wurzeln ganz buchstäblich auf den Einfluss der Pilze zurück und sind dazu da, eine Verbindung zwischen Pflanzen und Pilzen herzustellen.

Und mehr noch, diese Verbindungen können für Pflanzen und Pilze von beiderseitigem Nutzen sein. Pilze, die in der Dunkelheit des Erdbodens leben, können keine Fotosynthese betreiben. So erhalten sie den lebenswichtigen Kohlenstoff von ihren pflanzlichen Verbündeten, die den ganzen Tag damit verbringen, aus Sonnenlicht und Luft kohlenstoffreiche Zucker und Fette herzustellen. Im Gegenzug versorgen die Pilze die Pflanzen mit im Boden enthaltenen Mineralien wie Phosphor, Kupfer und Zink, die sie aus Gestein und in Zersetzung befindlichem Material herauslösen – Mineralien, die die Pflanzen benötigen, aber nicht immer selbst beschaffen können.

Diese Beziehungen sind symbiotisch, doch das heißt nicht, dass alle Beteiligten im gleichen Maße davon profitierten. Es ist möglich, dass viele verschiedene Pilzarten mit vielen verschiedenen Pflanzenarten zu einem System verbunden sind, in dem alle ihren je eigenen Beitrag leisten. Man hat herausgefunden, dass Pilze einer Pflanze mehr Kohlenstoff im Austausch gegen eine kleinere Menge an Phosphor »in Rechnung stellen«, wenn dieses Mineral knapp ist[38], und genau das Gegenteil tun, wenn es im Überfluss vorkommt.* Man weiß noch nicht, wie die Pilze diese Interaktionen managen,

---

* Toby Kiers, Professor an der Vrije Universiteit Amsterdam, und seine Kollegen haben herausgefunden, dass die Pilze innerhalb einer großen, mit zahlreichen Pflanzen verbundenen Myzelmatte eine Strategie des »niedrig kaufen, hoch verkaufen« einsetzen können, indem sie Phosphor von einem Ort, an dem er im Überfluss vorkommt, an einen Ort, an dem er knapp ist, transportieren, wo er einen höheren Preis erzielen kann. Siehe Matthew D. Whiteside u.a., »Mycorrhizal Fungi Respond to Resource Inequality by Moving Phosphorus from Rich to Poor Patches across Networks«, *Current Biology* 29, Sr. 12 (Juni 2019), S. R570–572.

und erst recht nicht, wie sie diese »Geschäftsbeziehungen« in ihren ausgedehnten Myzelmatten koordinieren.*

Pflanzen haben jedoch ihre eigenen Strategien, um möglichst viel aus ihrer Verbindung zu den Pilzen herauszuholen. So haben Forscher herausgefunden, dass Pflanzen Kohlenstoff manchmal bevorzugt an Pilzstämme liefern, die geneigt sind, sie mit größeren Mengen an Phosphor zu versorgen. Das legt den Gedanken nahe, dass weder die Pflanzen noch die Pilze in ihren wechselseitigen Geschäften die Oberhand haben. Es gibt zahlreiche Zielkonflikte und Kompromisse, und so setzt sich die lange evolutionäre Beziehung zwischen den beiden Reichen fort.

Es gibt noch viel über die Beziehungen zwischen Pilzen und Pflanzen zu lernen. Das betrifft auch die Frage, welche soziale Dynamik sich entfalten mag, wenn Wurzeln verschiedener Pflanzen sich in der Rhizosphäre begegnen. Wenn eine einzelne oder mehrere Wurzeln im Boden eine Stelle mit Nährstoffen entdecken, ändern andere innerhalb von Stunden oder Tagen ihre Richtung, um auch dorthin zu gelangen. Wenn die Nährstoffquellen an einer Stelle versiegen, können die dort aktiven Wurzeln zurückgeschnitten werden, und wenn neue Bedürfnisse auftreten, können die Pflanzen neue Wurzeln treiben. Die Schwarmfähigkeiten der

---

* Es gibt zahlreiche Debatten über solche »Marktkräfte«, die möglicherweise den Handel zwischen Pflanzen und Pilzen beeinflussen. Dabei scheint nicht immer das Prinzip der Gegenseitigkeit zu herrschen. Die Komplexität der realen Verbindungen zwischen allen Beteiligten erschwert hier allgemeine Aussagen. Manche Pflanzenarten scheinen sich ganz und gar nicht auf ein ausgeglichenes Geben und Nehmen einzulassen und liefern ihren assoziierten Pilzen gar keinen Kohlenstoff. Siehe F. Walder und M. van der Heijden, »Regulation of Resource Exchange in the Arbuscular Mycorrhizal Symbiosis«, *Nature Plants* 1, Nr. 11 (November 2015), S. 15159.

Wurzeln – jede einzelne autonom, aber in Koordination mit dem Ganzen – veranlasst manche Wissenschaftler zu einem Vergleich mit tierischen Kolonien oder Staaten wie Ameisenkolonien, Bienenvölkern oder Schulen von Fischen, die jeweils selbstorganisierende Netzwerke aus Individuen darstellen.[39] Jede Ameise existiert für sich allein und sucht nach Nahrung für sich selbst, aber sie lebt zugleich auch ständig im Dienst der größeren Ameisengemeinschaft. Wenn eine Ameise eine besonders gute Nahrungsquelle findet, orientieren andere Ameisen sich um und schließen sich ihr an. Die Kolonie ist in ständigem Fluss und passt ihr Verhalten an, sobald sich in ihrer Umgebung neue Bedingungen einstellen. Zu dieser »Schwarmintelligenz« gehört auch die Koordinierung zahlreicher Individuen, die zwar alle über ein eigenes Gehirn verfügen, aber gemeinsam ein so eng verflochtenes Netzwerk bilden, dass sie als eine Art Kollektivorganismus funktionieren, als eine einzige Entität, die aus vielen bewussten Einheiten besteht. Wurzeln lassen sich in vielerlei Hinsicht ganz ähnlich beschreiben. Jede Wurzelspitze agiert wie ein Sammler und ein Sensor, die Informationen über die Rhizosphäre in das gesamte Wurzelsystem einspeisen und dadurch bewirken, dass die gesamte Architektur des Wurzelsystems ihre Gestalt verändert, ganz wie ein Schwarm Stare oder eine Schule Elritzen.[40]

JC Cahill von der University of Alberta ist vor allem bekannt für seine Arbeit über die Vorstellung, dass Wurzeln aktiv nach Nahrung suchen.[41] »Futtersuche« – ein Ausdruck, den er ganz bewusst wählte – impliziert intentionales, zielgerichtetes Verhalten. Und »Verhalten« ist denn auch ein Ausdruck, den er mit Vorliebe verwendet, wann immer es möglich ist, denn wie er selbst sagt, sei er beruflich hinreichend »arriviert«, um ihn benutzen zu können, ohne Angst um seinen Job oder seinen Ruf haben zu müssen.[42] »Tierverhaltensforscher haben wirklich eine gute Theorie«, sagte er, und die Botaniker sollten versuchen, mit ihrer Hilfe Fragen zum Leben der Pflanzen zu beantworten. Schließlich fänden sich bei Pflanzen zahlreiche Verhaltensweisen, die an das Verhalten von Tieren erinnerten. So publizierte Cahill 2019 gemeinsam mit Yamawo einen Artikel, in dem sie berichteten, dass Pflanzen, die man durch eine Verletzung der Blattadern unter Stress setzt, schlechte Entscheidungen hinsichtlich der Futtersuche treffen.[43] Statt an nährstoffreichen Stellen mehr Wurzeln zu treiben, verteilen sie die Wurzelbildung gleichmäßig auf nährstoffreiche und nährstoffarme Bodenbereiche. Das ist ineffizient und untypisch. Wenn die Verletzungen nach einer Weile zu heilen beginnen, scheinen die Sinne der Pflanze sich zu erholen, und sie trifft hinsichtlich der Verteilung der Wurzeln wieder vorteilhafte Entscheidungen.* »Das hat Ähnlichkeit mit der menschlichen Psychologie«, sagt Cahill. Es gebe zahlreiche Belege dafür, dass Menschen unter Stress – zum Beispiel wenn sie hungrig oder müde sind – schlechtere Entscheidungen treffen.[44]

Hier sei angemerkt, dass Cahill mit einer Tierverhaltensforscherin verheiratet ist. Colleen Cassady St. Clair ist eine Biologieprofessorin, die sich mit Pumas, Kojoten und Bären beschäftigt. Beide haben gemeinsam mehrere Artikel veröffentlicht, und man kann sich leicht vorstellen, dass es an ihrem Esstisch zu einer Art Kreuzbestäubung zwischen ihren Ideen kommt. »Ich bin heute der Meinung, wir sollten uns

---

* Die Studie zeigte auch, dass Stress eine Gefahr für die gesamte Pflanze darstellt und dass die von der Verletzung ausgehenden Signale durch den gesamten Körper der Pflanze wandern. Was einer Pflanze über der Erde geschieht, beeinflusst auch ihre Fähigkeit, unter der Erde optimal zu funktionieren.

von der Vorstellung verabschieden, dass Pflanzen, Menschen und nichtmenschliche Tiere unterschiedliche evolutionäre Motive hätten. Wir haben dieselben«, sagt Cahill. »Nicht dass ich Pflanzen und Menschen für analog hielte, aber sie sind Ergebnisse derselben Sache. Der natürlichen Selektion ist es egal, welchem Taxon du angehörst.«

Cahill erforscht die Schnittfläche zwischen Pflanzenverhalten und Gemeinschaftsökologie: wer wo ist, wie viele von ihnen dort sind und warum. Er untersucht, wie Pflanzen sich untereinander verhalten, soziale Kulturen bilden und den Charakter der Gemeinschaft beeinflussen. Die Art, wie Wurzeln nach Nahrung suchen, hat etwas mit ihrem sozialen Umfeld zu tun. Im Boden nähern Wurzeln sich einander an, ziehen sich voneinander zurück, meiden sich gegenseitig, berühren einander. Wahrscheinlich hat man das nirgendwo so umfassend erforscht wie bei Sonnenblumen. Wir wissen bereits, dass Sonnenblumen sich über der Erde der Anwesenheit anderer Sonnenblumen äußerst bewusst sind und den Winkel, in dem ihre Stiele in die Höhe wachsen, so ausrichten, dass sie keinen Schatten auf ihre Geschwister werfen. Unter der Erde steuern sie ihre Bewegungen sogar noch präziser. Cahill und die Forscherin Megan Ljubotina fanden 2019 heraus, dass Sonnenblumen ihre soziale Umgebung berücksichtigen, wenn sie entscheiden, in welche Richtung ihre Wurzeln wachsen sollen.[45] Sonnenblumen besitzen eine Pfahlwurzel, von der zahlreiche Nebenwurzeln abgehen. Wenn Cahill und Ljubotina Sonnenblumen jeweils einzeln zogen, zeigte sich, dass die Pflanzen rasch nährstoffreiche Stellen aufspürten und die meisten ihrer Wurzeln dorthin lenkten. Fügten die beiden jedoch weitere Sonnenblumen hinzu, ergab sich ein deutliches Muster sozialer Etikette. Lag eine nährstoffreiche Stelle genau auf halbem Wege zwischen einer Sonnenblume und ihrer Nachbarin, lenkte diese Sonnenblume ihre Wurzeln in eine andere Richtung und oft tiefer hinunter in den Boden, um eine Konkurrenzsituation zu vermeiden. Stand die Sonnenblume der betreffenden Stelle auch nur wenig näher als ihre Nachbarin, zögerte sie nicht, an dieser Stelle zahlreiche Wurzeln auszubilden.

Es kam vor, dass zwei Pflanzen sich solch eine Stelle teilten, aber ihr Umgang blieb stets höflich, vor allem wenn sich in der Nähe weitere nährstoffreiche Stellen befanden. Wenn zwei Pflanzen sich eine nährstoffreiche Stelle teilten, aber andere vielversprechende Stellen in Reichweite lagen, trieben beide Parteien Wurzeln in das gemeinsam genutzte Stück Boden, blieben dabei jedoch innerhalb ihres je eigenen Bereichs. Keine versuchte, ein Monopol zu erlangen. Statt der langen Wurzeln, die die beiden Forscher beobachteten, wenn eine einzelne Sonnenblume seine private Nährstoffquelle für sich monopolisierte, trieben die Nutzer der betreffenden nährstoffreichen Stellen nur kurze Wurzeln. Die Sonnenblumen legten kein – wie man dies nennen könnte – habgieriges Verhalten an den Tag, auch wenn sie technisch dazu in der Lage gewesen wären. Koexistenz schien für die Sonnenblumen ein stärkerer Drang zu sein als Konkurrenz.

Die Sonnenblumen besaßen offenbar eine beträchtliche Sensibilität für ihre soziale Umgebung. Wenn reichlich Ressourcen zur Verfügung standen, bemühten sie sich sehr, nicht in Konkurrenz zu anderen Sonnenblumen zu treten. Wenn die Ressourcen knapp sind, sieht die Sache allerdings ganz anders aus. Die Sonnenblumen gehören zu den allelopathischen Pflanzen, das heißt, bei Ressourcenknappheit geben sie chemische Stoffe in den Boden ab, die Samen anderer Pflanzen am Keimen hindern. Insofern sind Sonnenblumen im Garten oft ein guter Schutz vor eindringenden Unkräutern. Wie die Sonnenblumen es anstellen, kleinste Unterschiede in den Abständen zwischen ihnen und anderen Sonnenblumen festzustellen und diese noch mit dem Abstand zu nährstoffreichen Stellen im Boden abzugleichen, weiß Cahill allerdings nicht.»Diese räumliche Angelegenheit ist mir ein Rätsel«, sagt er. »Ich weiß nicht, wie sie das machen.«

Cahill weiß, dass es auf den Grasfluren Kanadas, die er jahrzehntelang studiert hat, Arten gibt, die mit Vorliebe zusammen wachsen. Sie bilden aus vielen Arten bestehende »Nachbarschaften«, wie der Fachausdruck dafür lautet. Es scheint sich hier nicht um bloße Toleranz zu handeln, vielmehr suchen diese Pflanzen aktiv nacheinander. Sie koexistieren, sagt Cahill. Koexistenz ist ein starkes Konzept, das im Darwin'schen Schema eines rücksichtslosen Wettbewerbs, der alle Veränderungen des Lebens hervorbringen soll, keinen rechten Platz hat. »Ökologen haben beschlossen, dass Nachbarn Gegner sein müssen«, sagt Cahill. Aber das vermag er in den Daten nicht zu erkennen.

Seit mindestens 20 Jahren manipuliert er gemeinsam mit einer sich ständige verändernden Gruppe Studierender auf stets denselben 200 Hektar Grasland im ländlichen Osten der kanadischen Provinz Alberta systematisch eine Reihe von 17 Variablen. Mit Planen simulieren sie unterschiedliche Licht- und Schattenverhältnisse, sie vergrößern und verringern die Düngung, sie sorgen für zu viel oder zu wenig Wasser, sie entfernen bestimmte Pflanzenarten und fügen neue hinzu.

Jede einzelne Veränderung in diesen Variablen scheint zu einer Veränderung in der Beschaffenheit dieser Nachbarschaften zu führen. Eine Art, die bislang eine Minderheit darstellte, erlangt eine dominierende Stellung, eine dominierende Art wird plötzlich selten. Keine einzige Art hält sich sehr lange an der Spitze und niemals lange genug, um ihre Nachbarn an den Rand zu drängen oder zu eliminieren. Das veranlasste Cahill zu einer gänzlich anderen Schlussfolgerung als der üblichen Vorstellung, dass manche Arten andere aus dem Feld schlagen, um ein Stück Land für sich zu gewinnen. »Wenn Sie in einem System eine natürliche Variation haben, sollte das die Biodiversität erhalten und eine Vorherrschaft verhindern«, sagt Cahill. »Natürliche Systeme sind wirklich komplex.« Doch seit den Anfängen der theoretischen Gemeinschaftsökologie in den 1960er Jahren benutzen Ökologinnen und Ökologen zur Vorhersage des Geschehens in einem Ökosystem vereinfachte Modelle, die auf zwei oder drei Typen von Lebensweisen basieren, die bei einer Pflanzen anzutreffen sind. In Cahills Augen führt das zu einer überzogenen Vereinfachung des Modells, die es für die reale Welt unbrauchbar macht, da es nicht die Vielzahl der Variablen zu erfassen vermag, die tatsächlich im Spiel sind. »Nichts deutet darauf hin, dass es nur drei Lebensweisen gäbe. Es gibt Unmengen davon.«

Die weitestreichende Erkenntnis, die ihm dieses Langzeitexperiment vermittelt hat, lautet indessen, dass der Wettbewerb keine derart große Bedeutung besitzt. Er ist gewiss eine der Triebkräfte des Wandels, aber auch nur eine von sehr vielen. Pflanzliche Kulturen sind ebenso multifaktoriell wie menschliche. Ressourcen wie Nährstoffe, Wasser und Licht spielen eine Rolle, aber nicht als bloßer Anreiz für egoistisches Verhalten. Alle Veränderungen, die Cahill in seinem Feldversuch vornahm, führten zu Veränderungen in der Graslandgemeinschaft. Wenn er eine Spezies herausnimmt, vergrößern die verbliebenen Arten nicht unbedingt die von ihnen besetzte Fläche oder den Umfang des von ihnen monopolisierten Sonnenlichts. Wenn Pflanzen tatsächlich in einem ständigen Wettbewerb stünden, sollte man erwarten, dass die verbliebenen Pflanzen die frei gewordenen Flächen sogleich besetzten und sich vollfräßen, wenn ihr Konkurrent plötzlich nicht mehr da ist. Das tun sie jedoch nicht.

Die Beschaffenheit von Nachbarschaften verändert sich oft in völlig unvorhersehbarer Weise und folgt dabei nie den ökologischen Modellen, die ihr Verhalten abbilden sollen. »Man braucht den Wettbewerb nicht, um das zu erklären«, sagt er. »Das heißt nicht, dass es keinen Wettbewerb gäbe, aber wir können alle gefundenen Muster erklären, ohne auch nur einmal von Wettbewerb zu sprechen.« Warum geben wir dem Wettbewerb in der Gemeinschaftsökologie eine derart herausragende Bedeutung? »Wenn die Menschen das vor 50 Jahren sagten, heißt das noch lange nicht, dass es wahr ist.«

Das ist eine ganz andere Weise, auf die Evolutionsgeschichte zu blicken. Kein *survival of the fittest* im traditionellen Sinne. Oder vielmehr, es ist *survival of the fittest*, aber *»fittest«* bedeutet hier etwas anderes, als wir bisher dachten. Es geht nicht um die Frage, wem es gelingt, den Nachbarn zu schaden. Es geht eher darum, für eine Weile zu überleben, bis sich etwas verändert. In gewisser Weise bietet uns das die Möglichkeit zu einem Perspektivenwechsel. Während Veränderung auf der Ebene der einzelnen Pflanzenarten ein komplexes Drama aus Niedergang und Fülle auslöst, überlebt doch letztlich das Biom, die gesamte Lebensgemeinschaft, nur in unterschiedlicher Zusammensetzung. Das lässt mich an die »Zufallsvariation« denken, die treibende Kraft der Darwin'schen Evolution. In Darwins Vorstellung von der Evolution der Arten spielt der Zufall eine entscheidende Rolle. Eine Art macht eine Reihe zufälliger Mutationen durch, bis solch eine Mutation den Individuen einen

Vorteil bietet. Dann bleibt diese Mutation hängen und wird zu einem Merkmal der Art. Das ist ein kontinuierlicher Vorgang. Ständig werden Mutationen erprobt und beibehalten oder aus der Abstammungslinie einer Spezies ausgeschieden. Der Wettbewerb steht hier nicht im Mittelpunkt, auch wenn er gelegentlich der Faktor ist, der das Festhalten an einem neuen Merkmal wertvoll macht. Dennoch ist der Wandel beständig, zufällig und ununterdrückbar, und er ist die treibende Kraft hinter der Evolution der Arten.

Der Wandel ist für eine Spezies oder ein Feld niemals beendet. Letztlich dürfte es hier um Komplexität gehen – eine Verbindung aus der extremen Idiosynkrasie der Arten und den ständigen Fluktuationen zahlloser Variablen in deren Umwelt. Nur sehr wenig scheint hier vollständig vorhersagbar zu sein. Selbst das Erkennen von Verwandten ist ein recht unscharfes Konzept. Ja, Pflanzen helfen recht oft ihren Verwandten. Aber manchmal tun sie es nicht. Cahill selbst hat Versuche von Studierenden beaufsichtigt, in denen sich keine Bevorzugung von Verwandten zeigte. Und manche Pflanzen verhalten sich gegenüber ihren Verwandten feindseliger als gegenüber Fremden. Wenn eine Regel erkennbar zu sein scheint, erweist sich oft, dass sie nicht so leicht als gesicherte Tatsache gelten kann. Natürliche Systeme sind wirklich komplex, und unsere Theorien sind es nicht. Das ist das Problem. Die Antwort lautet hier möglicherweise gleichfalls: Komplexität.

Ich gestehe Cahill, dass ich mich zuweilen bei dem Versuch, das zu verstehen, überwältigt fühle. Der Wandel selbst als treibende Kraft hinter dem Wandel der Ökosysteme? Das ist ein schwieriges Konzept, weil es rekursiv ist und auf sich selbst zurückführt. Was es konkret bedeutet, lässt sich nur schwer nachvollziehen. »Geistig hat man zu kämpfen, wenn man das verstehen möchte«, sagt er. »Aber zugleich denke ich, dass wir uns in der Ökologie, nicht nur der Ökologie der Pflanzen, sondern in der Synökologie, der Gemeinschaftsökologie, ganz allgemein schaden, wenn wir weiterhin an allzu vereinfachten Modellen festhalten, die anfangs einmal sehr gut funktioniert haben, als man sie in den 1950er und 1960er Jahren entwickelte, um die Ideen eines neuen Fachgebiets formulieren zu können. Die Menschen verwenden sie aber heute noch und meinen, sie könnten damit abbilden, was in der Realität vor sich geht.« Pflanzen befänden sich durchaus nicht immer im Krieg miteinander, und sie reagierten auf Schwierigkeiten nicht immer in derselben Weise.

Kolleginnen und Kollegen in den Pflanzenwissenschaften zeigen unterdessen immer häufiger, wie komplex Pflanzen in Wirklichkeit sind. Die erstaunlich anpassungsfähigen Mechanismen ihres Körpers, ihre Fähigkeit, sehr präzise auf ihre Umgebung zu reagieren, und ihr Vermögen, spontan Entscheidungen zu treffen, lassen erkennen, dass wir die alte Vorstellung, Pflanzen seien einfache und voraussagbare Organismen, über Bord werfen müssen. Dasselbe gilt auch für die Vorstellung, sie seien einfache und voraussagbare Mitglieder eines Ökosystems. »Ich denke, entscheidend ist die Komplexität«, sagt Cahill. »In der Synökologie ist das heute nicht das Dogma, aber ich denke, in weiteren zehn Jahren wird es das sein. Es ist schwer, sich das alles vorzustellen, und es ist schön, Ideen zu vereinfachen. Aber die Natur ist nun einmal nicht einfach.«

KAPITEL 10

Vererbung

Im Atlantischen Regenwald des brasilianischen Bundesstaats Bahia, auf dem sandigen, moosbewachsenen Boden unweit des abgelegenen Hauses eines alleinlebenden Amateurbotanikers, wächst eine nur wenige Zentimeter große Pflanze mit rötlichen Stängeln und winzigen, spitz zulaufenden Blüten. Die Blüten sind weiß, mit einer hell rosafarbenen Spitze, wie ein in rote Tinte getauchter Füllfederhalter. Die ganze Pflanze erscheint erst in der Regenzeit; sie sprießt im März innerhalb weniger Wochen aus dem ständig nassen Boden und stirbt gegen Ende der Regenzeit im November ab. Innerhalb eines Monats öffnen sich die kleinen Blüten, werden bestäubt und verschwinden wieder, sobald sie ihren Zweck erfüllt haben. An ihrer Stelle erscheinen Fruchtkapseln mit den Samen für die nächste Generation. Das entspricht dem üblichen Gang der Dinge. Doch dann geschieht etwas Ungewöhnliches. Die Stängel der Fruchtstände beginnen sich in Richtung des Bodens zu biegen, als machten sie eine tiefe, unterwürfige Verbeugung. Die Fruchtstände berühren den Boden. Die Stängel beugen sich noch tiefer hinab, bis die Fruchtkapseln im weichen Moos begraben sind. Die Pflanze, *Spigelia genuflexa*, hat ihre Samen selbst ausgesät.[1]

Der Handwerker und Pflanzensammler José Carlos Mendes Santos, besser bekannt als Louro, entdeckte die Pflanze 2009 als eine neue Art, während er hinter einem Busch hockte, um ein »dringliches menschliches Geschäft« zu erledigen. Er befand sich in der Nähe des besagten entlegenen Hauses von Alex Popovkin, einem Amateurbotaniker, für den Louro häufig arbeitete. Die beiden fanden ganz in der Nähe noch ein paar weitere Exemplare und beobachteten deren Lebenszyklus über zwei Jahre hinweg. Nachdem Forscher in den USA bestätigt hatten, dass es sich um eine neue Spezies handelte, veröffentlichten die beiden ihre Entdeckung gemeinsam in einer Zeitschrift mit Peer-Review. Sie schrieben, die Pflanze erscheine alljährlich im März genau an der Stelle, an der ihre Eltern sie gepflanzt hatten. Während Vögel ihre Jungen in Nestern aufziehen und kleine Säuger einen Bau dafür graben, pflanzt *Spigelia genuflexa* ihre Kinder in ein Bett aus Moos, dem besten und sichersten Ort, um eine monatelange Dürreperiode zu überstehen.

In der Botanik ist schon seit langem bekannt, dass Pflanzen sich größte Mühe geben, ihren Nachkommen einen besseren Start ins Leben zu ermöglichen. In diesem Fall sichert die brasilianische Pflanze den Erfolg ihres Kindes, indem sie genau bestimmt, an welchem Ort der Samen keimen soll. Und in einer harten, veränderlichen Landschaft ist der Ort am besten, der sich bereits als fruchtbar erwiesen hat, schließlich war es schon der Elternpflanze gelungen, dort zu wachsen. Selbst Botaniker, die sich bei der Verwendung anderer umgangssprachlicher Ausdrücke für Pflanzenverhalten (einschließlich des Wortes »Verhalten«) sehr schwertun, würden das, was diese brasilianische Pflanze da zeigt, wohl als »mütterliche Fürsorge« bezeichnen. Mir kommt das eher wie ein lustiges Beispiel poetischer Freiheit vor. Sofern man nicht auf einer kleinen Insel oder in einem Ginkgo-Hain lebt, sind die meisten Pflanzen, denen man begegnet, zweigeschlechtig, das heißt, sie besitzen sowohl männliche als auch weibliche Teile und sind in der Lage, die pflanzlichen

Entsprechungen für Eizellen wie auch für Spermien zu erzeugen. Tatsächlich ist die brasilianische Pflanze zur »Selbstung« oder Selbstbefruchtung fähig, das heißt, wie viele andere Pflanzen verbindet sie gelegentlich die eigenen Pollen mit den eigenen Eizellen, um Nachkommen hervorzubringen. Statt von »mütterlicher Fürsorge« spräche man wohl besser von »elterlicher Fürsorge« oder einfach »Brutpflege«, sofern man nicht bereit ist, den fließenden Charakter pflanzlicher Sexualität noch nuancierter zu betrachten. Tatsächlich könnte man sagen, wenn eine Pflanze es mit den eigenen befruchteten Eizellen zu tun hat, befasse sie sich mit dem mütterlichen Teil ihrer Lebensphase. Ich stelle mir bisexuelle Pflanzen gerne so ähnlich vor wie die androgynen Wesen aus Ursula K. Le Guins Roman *Die linke Hand der Dunkelheit*, die in der Lage sind, abwechselnd Kinder zu zeugen und auszutragen, also manchmal Mutter und manchmal Vater zu sein. Sie bemitleiden den menschlichen Besucher sehr, der nur eines davon kann.

»Brutpflege« – um hier den üblicherweise benutzten Ausdruck zu verwenden – ist weit verbreitet, auch wenn die Art und Weise, wie *Spigelia* sich hinunterbeugt, um die eigenen Samen zu pflanzen, eher selten vorkommt (allerdings findet sie sich auch bei der Gemeinen Erdnuss).[2] Pflanzen kümmern sich noch in vielfältiger anderer Weise um ihre Nachkommen. Während kleine Säugetiere dafür sorgen, dass ihre Jungen sich an sie kuscheln, und Eidechsen oder Schlangen in der Sonne baden, um sich dann um ihre Eier zu legen und die Wärme ihres Körpers auf sie zu übertragen, regulieren auch Pflanzen die Temperatur ihrer in Entwicklung befindlichen Embryos. Der Spitzwegerich, eine in Parks, auf Rasenflächen und in Ritzen auf Gehwegen äußerst verbreitete essbare Pflanze, lässt seine Samen auf einem langen, exponierten Schaft wachsen. Bei hohen Lufttemperaturen wird die Farbe des Schafts heller, bei niedrigen dunkler, damit die Sonnenstrahlen jeweils so stark reflektiert oder absorbiert werden, dass die ideale Temperatur für die Entwicklung der Samen beibehalten werden kann.[3] Viele Pflanzen verändern die Dicke der Fruchthülle oder der die Samen umgebenden Schutzschicht – beides mütterliches Gewebe – und nehmen damit Einfluss auf den Zeitpunkt, an dem der Samen keimen wird. Wenn eine Elternpflanze sich an einem trockeneren Standort befindet, produziert sie möglicherweise Samen mit einer größeren Oberfläche, damit mehr Wasser durch die poröse Hülle dringen und den Embryo darin feucht genug halten kann.[4] Auf hochalpinen Bergzügen in Colorado legen manche Pflanzen den Samen in unmittelbarer Nähe ihres Stiels ab, ganz wie die im Moos wachsende brasilianische Pflanze.[5] So kann die Jungpflanze ihr Leben im Schatten der Elternpflanze beginnen – in einer ansonsten exponierten und von der Sonne verdorrten Landschaft, in der Jungpflanzen innerhalb weniger Tage zu botanischen Entsprechungen der Bonitoflocken vertrocknen müssten. Wenn die Elternpflanze stirbt, dient dann auch die Feuchtigkeit in ihrem verwesenden Körper dem Kind.

Elternpflanzen sichern noch in anderer Weise den Erfolg ihrer Kinder. Sie vermitteln ihnen die Weisheit ihrer Erfahrungen. Neue Forschungen haben einen alten Gedanken wiederbelebt: dass die Umwelt, in der eine Pflanze lebt, untrennbar mit ihr verbunden ist. Die Umwelt sagt, welche Art Pflanze das Kind werden wird – ein Kind, das in einer schwierigen Umgebung wachsen und gedeihen oder scheitern wird. Die Umwelt verändert den Bauplan und steuert möglicherweise die Entwicklung der Pflanze. Und diese Veränderungen können an die Nachkommen weitergegeben werden, deren Körper sich dann von Anfang an anders entwickeln und besser in der Lage sein wird, mit den schwierigen Bedingungen umzugehen, die ihre Eltern erlebt haben.

Mit anderen Worten, Elternpflanzen können Fähigkeiten weitergeben, die das Überleben in einer harten Welt ermöglichen. Manchmal gehören dazu auch vollkommen neue Körperteile und Waffen. Wenn zum Beispiel Gelbe Gauklerblumen Fressfeinden ausgesetzt waren, bringen sie Nachkommen mit zahlreichen Stacheln an ihren Blättern hervor.[6] Wilder Rettich, der eine heftige Raupenplage überstanden hat, produziert Nachkommen mit besonders borstigen Blättern und stattet sie vorsorglich mit chemischen Abwehrstoffen aus, die ihnen die Verteidigung erleichtern.[7] Wenn diese Pflanzenkinder dann mit ähnlichen Herausforderungen konfrontiert werden wie ihre Eltern, sind sie weitaus besser gerüstet, um damit fertigzuwerden.

Diese Veränderungen können dramatisch sein und Dinge betreffen, die nach Ansicht der Wissenschaft in den Bereich festverdrahteter Genetik fallen und daher selbst Resultate der Evolution darstellen. Dazu erfolgen diese Veränderungen jedoch viel zu schnell. Keine Pflanze erfährt solche evolutionären Veränderungen in nur einer Generation. Offenbar erzählen Gene nicht die ganze Geschichte. Und vielleicht nicht einmal die halbe.

In einem früheren Kapitel haben wir vom pflanzlichen Gedächtnis gehört, von der Art und Weise, wie Pflanzen ihre Erfahrungen im Gedächtnis behalten, um informierte Entscheidungen zu treffen und ihren weiteren Weg zu bestimmen. Aber wie steht es um das Generationengedächtnis, also das Gedächtnis, das wir erben? Nun, da Forscher beginnen, danach zu suchen, drohen diese generationenübergreifenden Effekte das gesamte Gebiet der Pflanzengenetik, also die evolutionäre Entwicklungsbiologie, umzukrempeln. Im Gegenzug entsteht ein neues Fachgebiet, die ökologische Entwicklungsbiologie, die den massiven Einfluss der Umwelt untersucht. Gegenwärtig gelten die Gene als die zentralen Elemente im Code des Lebens. Und natürlich sind die Gene für das Leben vieler Pflanzen bedeutsam. Zunehmend scheint es jedoch, dass sie weniger einem Code ähneln, den der Organismus liest, als einem flexiblen Repertoire, einem Roman mit wahlweise unterschiedlichem Ende, das jeweils von zahllosen subtilen Veränderungen innerhalb des Handlungsstrangs beeinflusst wird.

Wenn Gene nicht vollständig erklären, was aus einer Pflanze wird, muss eine neue Theorie des Lebens diese Lücke schließen. Pflanzen besitzen eine beträchtliche Flexibilität, um sich in das zu verwandeln, was die Umwelt von ihnen verlangt. Jeder Aspekt der von der Pflanze – und von ihren Eltern – erlebten Umwelt kann das Sein der Pflanze in stärkerem Maße prägen, als man bisher gedacht hat. Oder anders gesagt: Pflanzen gestalten selbst ihre Zukunft. Sie verändern ihren Körper, damit er besser zu ihrer veränderten Umwelt passt. Die Umwelt wirkt auf sie ein, und sie wirken ihrerseits selbst auf sich ein, um zu einer neuartigen Pflanze zu werden.* Nach Sonia Sultan, Professorin für Evolutions-

---

* Das beobachtet man auch bei Tieren. Wenn die Kaulquappen des Grasfroschs in Anwesenheit eines räuberischen Salamanders leben, entwickeln sie einen stark gewölbten Körper, der zu groß ist, als dass der Salamander ihn fressen könnte. Der Knuttstrandläufer, ein Wattvogel, kann bei Anwesenheit eines Raubvogels innerhalb von wenigen Tagen stärkere Brustmuskeln entwickeln, die ihm eine raschere Flucht ermöglichen. Diese Beispiele stammen aus der Vorlesung »Nature AND Nurture: An Interactive View of Genes and Environ-

ökologie an der Wesleyan University in Connecticut, heißt das, Pflanzen verfügen über ein Handlungsvermögen. Indem Pflanzen Anpassungen an ihre Nachkommen weitergeben, bestimmen sie den Entwicklungsweg ihrer Spezies. Möglicherweise sind sie doch in höherem Maße für sich selbst verantwortlich, als irgendjemand dachte.

Als ich Sultan im Hochsommer in ihrem Büro an der Wesleyan University treffe, kommen wir auf ihre Kindheit zu sprechen. Sie wurde in Massachusetts von einem aus New York stammenden Elternpaar großgezogen. Ihr Vater war Professor für Anglistik, ihre Mutter Psychologin. Ihr erstes Wort war »Blume«, zumindest erzählen das ihre Eltern. Es war das Erste, was in ihren Augen einen Namen benötigte. Sie verbrachte ihre frühe Kindheit im Universitätsgewächshaus, wo sie an den Pflanzenreihen vorbeiwanderte und in den Winkeln des klimatisierten Gebäudes spielte. Dort entwickelte sie ihre Affinität zur Gemeinschaft der Pflanzen. Sie gewann den Eindruck, dass Pflanzen über stille Fähigkeiten verfügten und taten, was getan werden musste, und das gut, ohne groß Aufhebens davon zu machen, und all das aus dem beschränkten Raum ihrer kleinen Blumentöpfe heraus. Sie vermittelten ihr das Gefühl, dass sie alles gut im Griff hatten. Daran hat sich für Sultan bis heute nichts geändert. »Ich bin gerne in ihrer Gesellschaft«, sagt sie. »Sie verfügen über diese gelassene Kompetenz.«

Sultans Mutter, die Psychologin, verstand nicht, warum ihre Tochter sich dafür entschied, Pflanzen und nicht Menschen zu studieren. »Sie empfand das als eine persönliche Beleidigung«, meint Sultan. Durch ihren Ansatz in der Er-

---

ment«, den Sonia Sultan 2013 am Wissenschaftskolleg zu Berlin hielt; siehe https://vimeo.com/67641223 (zuletzt besucht im April 2014).

forschung von Pflanzen könnte Sultan jedoch durchaus einen Wandel im wissenschaftlichen Denken über den Weg allen Lebens herbeiführen – einschließlich der Menschen.* Ihre Erkenntnisse gelten möglicherweise ebenso für eine Hyazinthe wie für den *Homo sapiens*. Unsere Umwelt, so schreibt sie immer wieder in ihren zahlreichen wissenschaftlichen Veröffentlichungen, lässt sich gar nicht davon trennen, wohin wir uns entwickeln und wohin unsere Kinder sich entwickeln werden. Und diese Tatsache beweist möglicherweise, dass Pflanzen – und alles andere Lebendige – über Handlungsvermögen verfügen. Sie erfassen die herrschenden Bedingungen und formen danach ihre eigene Struktur und Funktion. Natürlich auf einer tiefen biologischen Ebene. Niemand behauptet, dass Pflanzen sich durch puren Willen einen neuen Satz Stacheln an den Blättern zulegen.

Aufgrund ihrer beruflichen Stellung hatte Sultan ein wenig Angst, missverstanden zu werden. Anfangs wollte sie nicht mit mir sprechen. Sie wollte gar nicht in diesem Buch erscheinen, falls ich sie mit den »Pflanzenintelligenz-Leuten« zusammenwarf. Der Journalismus zu pflanzenwissenschaftlichen Vorstellungen dieser Art hatte sich bisher kaum durch eine nuancierte Darstellung oder die Vermeidung vermenschlichender Bilder hervorgetan, und für sie war das eine Frage akademischen Überlebens. Wie viele Forscherinnen und Forscher, mit denen ich bislang gesprochen hatte, war es ihr in den 20 Jahren ihrer Berufstätigkeit nie in den Sinn gekommen, eine Förderung durch die National Science Foundation (NSF) zu beantragen, aber sie musste sich immer noch mit den Gutachtern der Fachzeitschriften herum-

* Pflanzen eignen sich lediglich besser für diese Art Forschung, weil sie sich leichter klonen lassen.

schlagen. Der Konflikt in ihrem Fachgebiet war dabei, »sich aufzuheizen«, erzählte sie mir. Sie hatte ein wenig das Gefühl, unter Belagerung zu stehen. Ich versprach ihr, dass auch ich an einer nuancierten Darstellung interessiert sei und verstünde, dass sie nicht behauptete, die Pflanzen besäßen ein Gehirn oder wären in der Lage, so zu denken wie wir. Mit Handlungsvermögen sei hier etwas anderes gemeint, etwas für jegliches Leben Elementares. Und das empfände ich als ebenso faszinierend.

Sultan hat kurzes dunkles Haar und kalzitblaue Augen. Beim Sprechen macht sie Pausen, um nach dem besten Wort zu suchen. Sie ist auf stille Art ernst, aber auch auf verschmitzte Weise lustig. Ihrer Ansicht nach liege das Hauptproblem der Menschheit in der Tatsache, dass wir eher mit den Schimpansen als den Bonobos verwandt seien.* Die Tür ihres Büros im Biologiegebäude ist bedeckt mit frechen Laborwitzen und Gelegenheitszeichnungen, die zum Teil eindeutig von Studierenden stammen. Auf einem dieser Bilder sieht man einen ratlos dreinblickenden Sämling mit einer Sprechblase, in der die Worte »Jetzt geht's in Dunkle« stehen. Bei einem Großteil ihrer Arbeit im Gewächshaus ging es um die Frage, ob Pflanzen, die im Schatten aufwachsen, Nachkommen hervorbringen, die besser dafür ausgerüstet sind, im Schatten zu wachsen. Dabei wurden unter ihrer Aufsicht Tausende von Pflanzen unterschiedlichen Lichtverhältnissen ausgesetzt. Ich sehe einen gedruckten Auszug aus dem Roman *Ein gutes Omen* von Neil Gaiman und Terry Pratchett, in dem es um einen Mann geht, der beschließt, seine Zimmerpflanzen zu beschimpfen, damit sie besser wachsen. Er trägt die Aufschrift »Neues Sultan-Gewächshausprotokoll«. Ich

---

* Die Bonobos leben in matriarchalen Gesellschaften.

sehe auch einen Keramikbecher, der die hellenistischen Einwegkaffeebecher imitiert, die man in New Yorker Schnellrestaurants und Straßenständen bekommt und auf denen steht: »Wir freuen uns, Sie bewirten zu dürfen.« Sultan bemerkt meinen Blick und erklärt lachend, dass die Leute ihr sagen, sie sähe aus, als käme sie aus New York. Manchmal können wir wohl nicht anders, als die Kennzeichen der Heimat unserer Eltern aufzugreifen, denke ich mir.

Auf der Highschool belegte Sultan einen Forstkurs, der ihr Bewusstsein für Pflanzen als individuelle Arten, mit eigenem Namen und Eigenarten schärfte. Sie verließ die Highschool schon früh, um ein Praktikum im Arnold Arboretum der Harvard University zu machen. Es gefiel ihr, von Pflanzenleuten umgeben zu sein. Sie gehörten zu der seltenen Art von Menschen, die alles über das Behagen wussten, das die Beschäftigung mit den Fähigkeiten der Pflanzen mit sich brachte, und das sie in so jungen Jahren in sich aufgesogen hatte. Sie studierte zunächst in Princeton Geschichte und Philosophie der Wissenschaften, wodurch sich ihr Bewusstsein dafür festigte, dass Wissenschaft nicht objektiv ist und dass wissenschaftliche Paradigmen kommen und gehen, ein jedes mit seinen eigenen blinden Flecken und Einseitigkeiten. »Wissenschaft ist keine objektive Ansammlung von Tatsachen«, sagt sie. »Die Denkweisen der Wissenschaftler sind etwas, das Wissenschaftler erfinden.«

Wenn ein altes Paradigma zugunsten eines neuen Paradigmas verworfen wird, täten alle so, als hätten sie gewusst, dass dieses neue Paradigma immer schon das wahre gewesen sei. Solche Veränderungen hätten dann größere Auswirkungen auf nahezu alle Fachgebiete, sagt Sultan mir schon kurz nach meiner Ankunft. So habe die Entdeckung des Kopernikus, dass die Erde und die Planeten sich um die Sonne drehen,

William Harvey zur Entdeckung des Blutkreislaufs angeregt. »Er sah das Herz wie die Sonne im Zentrum des Körpers.« Was wäre ohne diese Entdeckungen geschehen? Wir erben unser Wissen von früheren Generationen. Eine Wissenschaft, die auf falschen Prämissen basiert, kann zu einer Reihe falscher Annahmen führen; wissenschaftliche Entdeckung baut auf sich selbst auf. Wenn es da auch nur einen feinen Riss im Fundament gibt, wird er sich durch alles hindurchziehen, was auf diesem Fundament aufbaut. Das Gebäude wird nicht halten.

Und hier kommt die genetische Revolution in den Blick. Sultan sieht darin sowohl ein Fundament als auch den ominösen Riss darin. Nicht dass die Entdeckung der Genomsequenzierung irgendwie falsch sei – sie bedeute für die Wissenschaft einen gewaltigen Sprung nach vorn und habe zu unglaublichen Entdeckungen geführt, die das menschliche Wissen über die Funktionsweise des Lebens beträchtlich erweitert hätten. Besorgt ist Sultan eher über den schraubstockartigen Druck, den die genetische Revolution heute auf die wissenschaftliche Herangehensweise an Fragen ausübt, die weiterhin unbeantwortet seien und von denen es so viele gebe. Und auf die Vergabepraxis in der Wissenschaftsförderung.

Die Beobachtung, dass Pflanzen sich in verschiedenen Umwelten ganz unterschiedlich entwickeln, machen unvermeidlich alle, die sich mit Pflanzenforschung befassen. »Das quälte die Wissenschaftler des 20. Jahrhunderts«, sagt Sultan. Wenn sie dieser Beobachtung allzu große Beachtung schenkten, hätte das die Ergebnisse unzähliger Experimente ruiniert. Stattdessen galt jede Abweichung als eine individuelle Marotte, als Ausreißer in den Daten. Es gab zahllose Ausreißer. Aber der Gedanke, Pflanzen könnten von mehr als nur den Genen gesteuert sein, hätte dem Glanz der Errungenschaften geschadet, zu dem in der Mitte des Jahrhunderts die Entdeckungen der Genetik geführt hatte. Die Wissenschaft hatte die Grundlagen des Lebens gefunden. In dem Alles-oder-nichts-Denken, dem die westliche Wissenschaft sich hinzugeben neigt, wurde das neue Paradigma uneingeschränkt übernommen, so dass kein Platz für Ambivalenzen dieser Art blieb. Also wurden sie größtenteils ignoriert.

Die Gene waren die Puzzlesteine, die alles Lebendige ausmachten, und wenn wir herausfänden, was jeder einzelne Stein bewirkte, wüssten wir alles über jeden Organismus. Sie würden dann vollkommen voraussagbar. Dieser Glaube reichte natürlich weit über die Pflanzen hinaus. Die Humangenetik erlangte eine gottähnliche Allmacht. Die Gene für Intelligenz, die Gene für Homosexualität, Gene für Krankheiten und psychologische Merkmale, sie alle warteten darauf, gefunden zu werden. So verschlang etwa der Wettlauf um die Entdeckung des für Schizophrenie verantwortlichen Gens Millionen von Dollars und die gesamte berufliche Laufbahn zahlreicher Forscherinnen und Forscher in den frühen Jahren der Genomforschung. Schizophrenie schien erblich zu sein, aber nicht immer, und die Vererbung folgte nicht den Wegen, die ihr die überkommene Mendel'sche Vererbungslehre zuwies. Das Schizophrenie-Gen wurde nie gefunden, doch die Suche danach wird hier und da bis heute fortgesetzt.*

---

* Natürlich meine ich »Abfolge genetischer Marker« und nicht ein einzelnes Gen. Man hat genetische Marker gefunden, die das Risiko einer Person zu erhöhen scheinen, eine Schizophrenie zu entwickeln, doch bislang liefert noch keine genetische Antwort den Schlüssel für die Frage, wer tatsächlich schizophren wird. Mehr über das Rätsel der Schizophrenie findet sich in dem meisterhaften Buch von Robert

»Die DNA-Sequenz … enthält die genauen Anweisungen, die erforderlich sind, um einen bestimmten Organismus mit seinen einzigartigen Merkmalen hervorzubringen«, heißt es auf einer staatlichen US-amerikanischen Website für Genomforschung.[8] In Sultans Augen zeigt sich hier das Problem in geballter Form. Gene sind keine genauen Anweisungen. Sie ähneln eher den Stichworten bei einer improvisierten Show, in deren Verlauf auch viele andere Dinge geschehen können.

Darin liegt die Ironie: Die Mendel'sche Vererbungslehre war niemals universell. In Wirklichkeit zeigt sie allenfalls in einer Auswahl, wie Gene kombiniert und durch die Generationen weitergegeben werden. »Das große A und das kleine a, das Gen im Großen und das Gen im Kleinen. Das ist wirklich nicht die Art, wie die große Mehrzahl der Gene funktioniert«, erklärte Sultan einmal.[9] Tatsächlich vermag die genetische Vererbung offenbar nur 36 Prozent der Erblichkeit bei der Körpergröße eines Menschen zu erklären – und die Größe ist eines der körperlichen Merkmale, die noch am engsten mit denen der Eltern zusammenhängen.[10] In der Wissenschaft bezeichnet man dieses verblüffende Phänomen als »ungeklärte Erblichkeit«. Niemand weiß, was die Lücke füllt. »Wann werden Leute wie ich aufhören, die Mendel'sche Vererbung als unser Modell der Genetik zu lehren?«, fragte Sultan.

Das alles erinnert mich ein wenig an Descartes und seine Ansicht, dass Tiere Maschinen sind, die wir zerlegen und wieder zusammensetzen können, sofern wir nur alle Teile kennen. Auch die Idee der Gene lässt an kleine Bauteile innerhalb einer Maschine denken: an Proteine und Rezepto-

---

Kolker, *Hidden Valley Road. Im Kopf einer amerikanischen Familie*, München 2021.

ren, die spezifische Ergebnisse kodieren. Das ist eine mechanistische Sicht des Lebens.

Das war das wissenschaftliche Umfeld, in dem Sultan ihre wissenschaftliche Laufbahn begann. Es war aufregend. Neue Entdeckungen schienen innerhalb des Genoms für jeden zum Greifen nah zu sein, der eine gute Frage stellen konnte. Die Genetik lieferte den lange gesuchten Schlüssel zum Leben. Und nun erwartete man von jedem, der in ihrem Beruf arbeitet, diesen Schlüssel an möglichst vielen Schlössern auszuprobieren. Als Sultan in den 1980er Jahren in Harvard in dem damals noch ganz neuen Fachgebiet der Populationsbiologie promovierte, versuchte sie zu zeigen, dass Pflanzen in einer sonnigen Umwelt Sonnenpflanzen-Gene und Pflanzen in einer schattigen Umwelt Schatten-Gene besaßen, das heißt, dass sie genetisch prädisponiert für die jeweilige Umwelt waren. Alles, was sie gelernt hatte, sorgte dafür, dass sie die Welt in dieser Weise sah. Aber jeden Morgen betrachtete sie auf ihrem Fußweg zu den Biolaboren die Pflanzen, die in den gepflegten Beeten auf dem Campus wuchsen. Sie schienen ihrer Laborarbeit zu widersprechen. In der realen Welt sahen die Exemplare ein und derselben Spezies ganz anders aus, wenn sie an einer sonnigen oder einer schattigen Stelle, in einem Riss auf dem Gehweg oder auf einem unverbauten Stück Boden wuchsen. Form und Größe ihrer Blätter, ihr stämmiger oder schlanker Wuchs, ihre gesamte Erscheinung waren angeblich genetisch vorbestimmt. Aber wie konnte diese Variation innerhalb derselben Spezies Teil ihres genetischen Codes sein? Die Gene vermochten nicht zu steuern, wo der Samen landete, und die Evolution war nicht derart schnell. Irgendetwas an der Umwelt schien die Gestalt dieser Pflanzen zu verändern.

Sie fragte sich: Wenn das zutrifft, ist die Entwicklung vielleicht sehr viel komplizierter – und interessanter –, als wir meinen. Die angeblich gesicherten Prinzipien, die man sie gelehrt hatte, waren in Wirklichkeit offene Fragen. Genau das hat sie in den letzten 35 Jahren untersucht. In einem Experiment fand sie heraus, dass die Größe einer Pflanze sich verdoppeln oder verdreifachen kann, wenn man sie in geringem Licht zog – mehr Oberfläche für das Einfangen von Photonen.[11] Pflanzen, die in einem allzu nassen Boden gezogen werden, verändern ihren Körper, um nicht zu ertrinken, und treiben unmittelbar über dem Boden haarähnliche Wurzeln, um auch dann noch Zugang zu Sauerstoff zu haben, wenn der Boden mit Wasser gesättigt ist. Ich dachte an einen Goldfisch, wie Kinder ihn auf dem Jahrmarkt kaufen können und der seine Kiemen nach einigen Tagen in sauerstoffarmem Wasser vollständig umbaut, um die der Atmung dienende Fläche zu vergrößern.[12] Größere Kiemen bedeuten eine größere Chance, Sauerstoff aufzunehmen. Sultan hatte den Goldfisch der Pflanzenwelt gefunden.

Versorgt man Pflanzen dagegen mit zu wenig Wasser, bilden sie insgesamt weniger Gewebe aus. Das ist einigermaßen logisch. Wenn Menschen zu wenig zu essen haben, bilden sie gleichfalls weniger Körpermasse. Hungern sie allzu sehr, behindert das ihr Wachstum vollends. Unter Wassermangel leidende Pflanzen verwenden dagegen in der Hoffnung auf eine Verbesserung ihres Loses jede noch so geringe Menge Körpermasse, die sie auftreiben können, für eine Vergrößerung der Oberfläche ihrer Wurzeln. Sie stecken mehr von ihrem begrenzten Gewebe in die unterirdischen Körperteile und lassen ihre Wurzeln möglichst lang, aber äußerst dünn wachsen, um möglichst viel Boden nach Nahrung absuchen zu können.[13]

Die Wurzeln sind bekanntlich Organe zur Nahrungssuche. In einigen ihrer Experimente gab Sultan Wasser nacheinander an unterschiedliche Stellen im Boden und konnte beobachteten, dass die Wurzeln der Pflanzen dem Wasser folgten wie Hunde einer Duftspur. In ihren jüngeren Arbeiten untersucht sie indessen, ob Pflanzen unter Dürrestress andere Nachkommen produzieren als Pflanzen, die unter keinerlei Wassermangel zu leiden haben. Sie fand heraus, dass die Nachkommen einer Pflanze, die in trockenem Boden wächst, einen Körper entwickeln, der – falls sie denn gleichfalls in einem trockenen Boden aufwachsen – bestens an Dürrebedingungen angepasst ist. Sie zögern keinen Augenblick. Die Pflanzen dieser zweiten Generation verwandeln sich in tief wurzelnde, mit langen Wurzeln ausgestattete Pflänzchen. Dasselbe gilt für die dritte Generation.

In einem leeren Seminarraum neben ihrem Büro zeichnete Sultan für mich ein Diagramm an die Tafel. Es stammte aus einer im Jahr 2000 durchgeführten Studie über Rauchen, Gene, Brokkoli und Lungenkrebs.[14] Menschen mit dem »Lungenkrebsgen« haben ein deutlich erhöhtes Risiko, an Lungenkrebs zu erkranken, vor allem wenn sie selbst auch tatsächlich rauchen. Aufgrund genetischer Mutationen fehlt ihnen ein bestimmtes Enzym, das die meisten Menschen besitzen und das normalerweise die Lungen vor krebserregenden Stoffen etwa im Tabakrauch schützt. Dieser Zusammenhang fand seinen Ausdruck in einer der Kurven, die in steilem Winkel aufwärts führte. Das heißt, je mehr diese mit dem »Lungenkrebsgen« ausgestatteten Personen rauchten, desto größer war die Wahrscheinlichkeit, dass sie an Lungenkrebs erkrankten. Doch dann zeichnete sie eine zweite Kurve in das Diagramm, die sie die »Brokkoli-Kurve« nannte. Personen mit dem Lungenkrebsgen, die eine beträchtliche Menge an Kreuzblütlergemüse einschließlich Brokkoli aßen, hatten offenbar ein geringeres Risiko, an Lungenkrebs zu erkranken, und zwar proportional zur verzehrten Brokkoli-Menge. Bei einem hohen Verzehr glich der Brokkoli die Wirkung der Genmutation nahezu aus. (In einer anderen Studie schien der Brokkoli sogar Menschen ohne diese Genanomalie zu helfen, vom Rauchen herstammende karzinogene Stoffe auszuscheiden.[15] Der Grund liegt wahrscheinlich darin, dass Kreuzblütlergemüse wie Brokkoli Verbindungen enthält, die in unserem Körper in jene Enzyme umgewandelt werden, welche die krebserregenden Stoffe unschädlich machen. Anders gesagt, dieses Gemüse macht im Körper genau das, wozu den Personen ohne »Lungenkrebsgen« die genetische Fähigkeit fehlt. Hier waren die Gene nicht alles. Auch die Umwelt, in der ein Mensch lebt – in diesem Fall, was er isst –, spielt eine Rolle in dieser Geschichte. Und möglicherweise sogar eine größere als die Gene.

»Und da fragt man sich, warum nicht alle medizinischen Forscher dieser Sache nachgehen«, statt endlos nach genetischen Ursachen zu suchen, meint Sultan. Manche tun das natürlich. Aber nicht so viele, wie es ihres Erachtens sein sollten.

Gleich neben das Brokkoli-Diagramm zeichnete sie ein weiteres Diagramm, das die Blattgröße von Pflanzen in Abhängigkeit von den Lichtmengen zeigte. Daraus ergab sich, je weniger Sonnenlicht eine Pflanze erhielt, desto größer wurden ihre Blätter, da sie versuchte, möglichst viel Sonnenlicht einzufangen. Also auch hier genau dasselbe, sagte sie. Die Umwelt führt bei Lebewesen zu dramatischen Veränderungen, ob nun bei Menschen oder bei Pflanzen. »Biologie ist Biologie.«

Das heißt, alles, was eine Pflanze erlebt, verändert sie. Keine Umwelt ist neutral. Selbst die angebliche »Standardform« einer Pflanze ist wahrscheinlich das Ergebnis ihrer Umwelt. Das bringt natürlich eine Menge Laborarbeit durcheinander.* Sultan sagt, sie liebe diese Augenblicke, wenn auf den Gesichtern ihrer Studierenden irgendwann im Verlaufe ihrer gemeinsamen Arbeit unausweichlich die Erkenntnis aufblitzt: *Aber das heißt ja, es gibt keine Kontrollumwelt.***

Die Umwelt scheint durch die Individuen hindurchzufließen und sie auf tiefster Ebene zu verändern. In einem Buch schrieb Sultan 2015, deshalb sei es schwierig, sich beides als zwei vollkommen getrennte Entitäten vorzustellen. »Bei genauerem Hinsehen reicht jedoch die Umwelt in das Individuum und das Individuum in die Umwelt hinein, so dass die Grenzen zwischen ihnen verschwimmen.«[16] Einflüsse strömen in beide Richtungen, schrieb sie – der Organismus formt seine Umwelt, und die Umwelt formt den Organismus. Die vorgestellte Membran, die den Organismus vom Rest der Welt trennt, weist nicht nur hier und da ein Leck auf, sie lässt den Regen vielmehr ungehindert ein.

---

* Als Biologen die Entwicklung von Pflanzen zu erforschen begannen, war ihnen klar, dass man dies nur im Kontext ihrer jeweiligen Umwelt tun konnte. Erst Mitte des 20. Jahrhunderts begannen Wissenschaftler, Organismen aus ihrer natürlichen Umwelt herauszunehmen und im künstlichen »neutralen« Kontext des Labors zu untersuchen.

** Deshalb bemüht Sultan sich, die Bedingungen in ihrem Gewächshaus möglichst denen in der Außenwelt anzugleichen. Sie führt nur im Sommer und bei echtem Sonnenlicht Experimente durch und verwendet eine Bodenmischung mit einer »naturalistischeren« Zusammensetzung, weil sie möchte, »dass die Wurzeln so wachsen, wie sie es auch sonst täten«. Das Gewächshaus gleicht einem Zwischenbereich zwischen einem vollkommen künstlichen Labor und der realen Welt. »Ich bin wahrscheinlich die Einzige, die in ihrem Gewächshaus Tontöpfe verwendet«, sagt sie. »Nicht aus romantischen Gründen, sondern weil Ton atmet. Deshalb ist er naturalistischer als Plastik.«

Man denke etwa an die Meeresschnecke *Elysia chlorotica*.[17] Als ich das erste Mal von ihr las, konnte ich gar nicht aufhören, jedem, der mich fragte, was ich in letzter Zeit so getan hatte, ausführlich von ihr zu erzählen. *Elysia chlorotica*, dieses skurrile Geschöpf, das jegliche Grenze zwischen Tieren und Pflanzen zu ignorieren schien, ging mir einfach nicht aus dem Kopf. Ich musste ständig an sie denken.

Die Schnecke, die im Meer lebt und an der Ostküste der USA überall zu finden ist, hat in der Anfangszeit ihres Lebens eine bräunliche Farbe mit einigen roten Punkten. In dieser frühen Phase kennt sie nur ein Ziel: die haarähnlichen Stränge der Grünalge *Vaucheria litorea* aufzuspüren. Wenn sie die Alge gefunden hat, durchdringt sie deren Wände und saugt wie mit einem Strohhalm alle Zellen aus, bis nur noch die leere durchsichtige Hülle der Alge übrig ist. Die Algenzellen sind hellgrün, und zwar wegen der mit Chlorophyll angefüllten Chloroplasten, die sich in ihnen befinden. Unter dem Mikroskop sieht der ganze Vorgang so aus, als tränke die Schnecke Bubble Tea, wobei ein Kügelchen nach dem anderen in ihrem Mund verschwindet. Die Schnecke verdaut die Zellen, lässt aber das Chlorophyll unangetastet und verteilt es in ihrem verzweigten Darmsystem. Nun hat sich die Farbe der ganzen Schnecke von Braun in ein helles Grün verwandelt. Nach ein paar Algen-Bubble-Teas braucht die Schnecke nie mehr etwas zu fressen. Sie beginnt mit der Fotosynthese und erhält nun die gesamte benötigte Energie von der Sonne, nachdem sie irgendwie die genetische Fähigkeit erworben hat, die Chloroplasten zu benutzen und ganz wie eine Pflanze Licht zu essen. Wie das möglich ist, weiß bislang niemand. Erstaunlicherweise sieht die nun smaragdgrüne Schnecke genauso aus wie ein Blatt, wenn man einmal von dem schneckenartigen Kopf absieht. Ihr Körper ist flach und breit, wie ein Herz geformt und läuft an einem Ende wie ein Pflanzenblatt spitz zu. Ihre Oberfläche ist von einer Äderung durchzogen, die gleichfalls an ein Blatt erinnert. Die Schnecke richtet ihren Körper genauso aus, wie ein Blatt dies tut, und zwar so, dass möglichst viel Licht auf die gesamte Fläche fällt.[18]

Elysia chlorotica verwischt die Grenzen zwischen Tier und Pflanze. Sie bietet jedoch auch ein erstaunliches Beispiel dafür, wie leicht die Grenze zwischen Organismus und Umwelt überschritten werden kann. Das Wesen dieser Schnecke verdankt sich einer Interaktion mit der Umwelt. Die Alge gehört zur Umwelt der Schnecke, und die Schnecke erfährt ganz buchstäblich eine Umwandlung, wenn sie die Alge in sich aufnimmt. Man könnte sich kein Geschöpf vorstellen, das undichter wäre. Natürlich ist das ein extremes Beispiel, doch etwas Ähnliches geschieht auch uns und unserem Körper. Wir nehmen ständig etwas aus unserer Umwelt in uns auf, und sie verändert uns unablässig. Ohne das wären wir gar nicht wir.

Auf diese Weise gelangen wir in größere Nähe zu den Pflanzen. Wir sind ganz massiv mit unserer Umwelt verschlungen. Unsere Nahrung, die Luft, die wir atmen, und die vielfältigen Substanzen, denen wir ausgesetzt sind, haben sämtlich die Macht, unser Leben und unseren Körper nachhaltig zu verändern. Wir meinen, unsere eigene Entwicklung wäre von den Genen vorgezeichnet, die wir von unseren Eltern geerbt haben. Doch unser eingeborenes Selbst umfasst auch diese umweltbezogene Botschaft aus der Umwelt unserer Eltern, sagt Sultan, und vielfach aus noch ferneren Umwelten innerhalb der Abstammungslinie unserer Familie.

Alle Biologie, so begann ich zu verstehen, ist in Wirklichkeit Ökologie. Die von den Ökologen erforschte Dynamik der Ökosysteme lässt sich ebenso leicht auf die einzelne Pflanze anwenden. In Ökosystemen schwankt die Versorgung mit Ressourcen wie Nahrung und Wasser, was wiederum einzelne Individuen veranlasst, ihren Aufenthalt zu verschiedenen Zeiten in verschiedenen Gruppierungen zu nehmen. Die Merkmale der Gemeinschaft verändern sich aufgrund der veränderten Umwelt. Das gilt jedoch auch, wenn man eine einzelne Pflanze genauer in den Blick nimmt. Die Umwelt beeinflusst auch das Individuum. Die verschiedenen Merkmale, die ein Individuum haben könnte, befinden sich aufgrund der Umweltveränderungen ständig im Fluss, wie ja auch die verschiedenen Akteure in einem Ökosystem wechseln, sobald sich in ihrer Umwelt irgendetwas verändert.

Der italienische Professor Emanuele Coccia schrieb einmal, die Pflanzen lebten in einem Zustand »restlosen Eintauchens«. Das Eintauchen sei ein Akt »der wechselseitigen Durchdringung« – ein Wort, das eine durchgängige wechselseitige Verschmelzung meint. Mir erschien es wie die perfekte Bezeichnung für alles, was ich bislang erfahren hatte, und es kam mir oft in den Sinn, während ich immer mehr über die Welt der Pflanzen und ihre Entwicklung lernte. »In jedem Raum des Eintauchens verschmelzen formal *Tun* und *Erfahren*, Handeln und Erdulden«, schrieb Coccia. »Das Milieu beginnt nicht jenseits der Haut eines Lebewesens, denn die Welt ist schon in ihm.« Für Pflanzen bedeute Existieren, wechselseitig die Welt zu konstruieren. Die Welt sei in ihnen. Anders sei es gar nicht möglich.[19]

Pflanzen sind zum Teil deshalb besonders beispielhaft für diese Art von Immersion, weil sie nicht aufstehen und sich wegbewegen können, um sich an Veränderungen in ihrer Umwelt anzupassen. Sie können nun einmal nicht weglaufen. So besitzen sie denn eine extreme, übertriebene Porosität. Wir können vor Bedrohungen fliehen. Wir können unseren Körper physisch an Orte mit besseren Bedingungen bewegen. Doch auch unsere Immersion in die Umwelt ist total, wenngleich in subtilerer Weise. Die Pflanzen illustrieren am besten, dass niemand von uns wirklich vor den Auswirkungen unserer Umwelt wie auch der Umwelt unserer Eltern weglaufen kann. Denn sie ist längst in uns. Plötzlich sah ich eine Welt fluktuierender, einander durchdringender Elemente – und unser Körper offen für sie alle. Allein schon in der Welt zu leben, setzt uns so vielem aus. Und das alles zusammen macht uns aus. Der Gedanke, dass alles mit allem zusammenhängt, drang wie ein mächtiger Glockenschlag durch. Alles ist ganz buchstäblich mit allem verbunden. Der Beweis sind wir selbst.

Klare Beispiele dafür fand ich in meinem Leben als Umweltjournalistin. Vor einigen Jahren hatte ich in Detroit Menschen in einem Stadtviertel interviewt, das von Ölraffinerien, Kohlekraftwerken und Müllverbrennungsanlagen umgeben war.[20] Asthma und andere Atemwegserkrankungen kamen dort sehr häufig vor – verständlicherweise, denn die Luft war extrem gesundheitsschädlich. Ich erfuhr, dass in dieser Region immer wieder Säuglinge mit Asthma geboren wurden und Ärzte den Eltern zuweilen Nebulisatoren für die Säuglinge mit nach Hause gaben. Ich erfuhr, dass die von Schwangeren eingeatmeten Schadstoffe den Weg in die Blutbahn finden und dort in die Blutzellen eindringen können, die dann möglicherweise auch zum Fötus gelangen und die Entwicklung der Lungen verzögern oder schädigen. Die Säuglinge werden dann mit einer Vorschädigung geboren. Dann erfuhr ich jedoch etwas noch Alarmierenderes: Ich führte ein Telefongespräch mit Kari Nadeau, einer Ärztin und Forscherin an der Stanford University, die untersuchte, wie Luftverschmutzung bei den Menschen, die ihr ausgesetzt sind, über Generationen fortwirken kann. Sie erzählte mir, dass solche Schadmoleküle, die durch die Plazenta hindurchzugelangen vermögen, auch Nichtschwangere schädigen können. Sie gelangen möglicherweise in das Blut, das durch die Eierstöcke oder die Hoden strömt, und verändern die Genexpression. Von dieser Veränderung sind dann auch die Nachkommen betroffen, die aus den in diesen Organen produzierten Eizellen oder Spermien hervorgehen. Tatsächlich konnte Nadeau zeigen, dass die Gene ihrer Patienten – sie lebten in Fresno im Central Valley Kaliforniens, der aufgrund einer Kombination aus Dieselabgasen und in der Landwirtschaft eingesetzten Pestiziden am stärksten verschmutzten Stadt des Bundesstaats – erhebliche Veränderungen aufwiesen, die dafür sorgten, dass sie mit einer erhöhten Wahrscheinlichkeit Asthma und Allergien entwickeln würden. Und diese genetischen Veränderungen konnten an ihre Kinder und Enkel weitergegeben werden, selbst wenn diese späteren Generationen dort wegzogen und nicht mehr einer derartigen Luftverschmutzung ausgesetzt waren.

Das ist ein sehr düsteres Beispiel für menschliche Epigenetik – für die Tatsache, dass unsere spezifische Umwelt die Funktionsweise unserer Gene verändern kann, wobei diese Veränderungen möglicherweise auch an unsere Nachkommen und deren Nachkommen weitergegeben werden. Es gibt wahrscheinlich noch zahllose weitere Beispiele, mit denen sich die Lücken in unserem Verständnis des Lebens füllen ließen. Vielleicht werden wir ja eines Tages die Frage beantworten, warum zum Beispiel Kinder etwa dieselbe Körpergröße erreichen wie ihre Eltern. Unterdessen fallen Dutzende von Krankheiten, die ganz offenbar in der Familie weitergegeben werden, in den Bereich der ungeklärten Erblichkeit, zum Beispiel Typ-2-Diabetes (nur 6 Prozent scheinen durch ererbte Gene erklärbar), frühe Herzinfarkte (weniger als 3 Prozent), Lupus (15 Prozent) und Morbus Crohn (20 Prozent).[21] Vielleicht hat das alles ja etwas mit der Umwelt und der Umwelt der Eltern und so weiter zu tun.

Ich dachte auch über Ernesto Gianolis Theorie einer Infektion durch Mikroben nach, die erklären soll, warum die Kletterpflanze *Boquila* in Chile all diese Pflanzenarten nachahmen kann. Er glaubt, eine Veränderung ihrer mikrobiellen Welten führe zu einer Veränderung in ihrer Gestalt, also in einem derart fundamentalen Merkmal, dass wir darin sogar das Wesen einer Art erblicken. Vielleicht ist unser »Wesen« ja flexibler, als wir dachten. Vielleicht ist es ja eng mit unserer Umwelt verbunden und gar nicht von ihr getrennt. Gianolis Theorie, ob sie sich nun als zutreffend erweisen wird oder nicht, stützt sich letztlich auf eine weitaus elaboriertere, aber immer noch recht neue Entdeckung: Jedes Lebewesen, ob Pflanze oder Fisch oder Mensch, ist durch und durch infiltriert von unzähligen Mikroben. In diesen Mikroben leben oft weitere, noch kleine Mikroben, und jede von ihnen ist ihrerseits Umweltveränderungen ausgesetzt. Bilden sie nicht eine Art Gemeinschaft? Und stellt der Körper, in dem sie leben, nicht ein Ökosystem dar? Deshalb wäre es durchaus sinnvoll, wenn wir bei der Betrachtung einer ganzen Pflanze oder eines Menschen deren grundlegenden Aufbau nicht aus dem Blick verlieren. Dieser Aufbau basiert auf einer Gemeinschaft von Lebewesen, die sämtlich auf Veränderungen in ihrer Umwelt reagieren. Dementsprechend ist alles auf allen Ebenen des Lebens, von der Mikrobe bis hin zum Regenwald, ein Ökosystem. Wir sind eher ein System als eine einzelne Einheit. Alle Biologie ist Ökologie.

Die Pflanzen erinnern uns daran, dass wir eng mit unserer Umwelt verbunden sind, dass wir von jeder ihrer Fluktuationen beeinflusst werden und diese Einflüsse ein Echo in unserer gesamten Abstammungslinie finden. Unsere Umwelt prägt unser Leben und das Leben unserer Nachkommen. Wir erben die Umwelt unserer Vorfahren gleichsam in körperlicher Form. Man könnte auch sagen, wir erben die Erde.

Natürlich hat die Plastizität eines Lebewesens auch ihre Grenzen. Nicht alle Veränderungen lassen sich überwinden. Man denke etwa an einen Waldbrand. Keine bislang evolutionär noch nicht an Feuer angepasste Pflanze wird plötzlich feuerresistent werden. Außerdem variiert die Plastizität wahrscheinlich ganz beträchtlich zwischen den Arten. Manchmal hängt sie von dem Ort ab, an dem die Evolution der betreffenden Spezies erfolgte. Manche wie die »naiven« einheimischen Pflanzen auf Hawaii haben nur eine geringe Fähigkeit, sich an Veränderungen anzupassen, da sie sich an einem Ort mit nur wenigen Räubern entwickelt haben und leicht von invasiven Arten überflügelt werden. Sie sind einfach nicht so plastisch.

Andere Pflanzen besitzen dagegen eine phantastische Plastizität, die keine Grenzen zu kennen scheint. Neue Umwelten veranlassen sie, eine neue Gestalt anzunehmen. Hier kommen die invasiven Arten ins Spiel, die Stars pflanzlichen Handlungsvermögens.

Sie sind superplastisch und besitzen eine extreme Fähigkeit, diese Plastizität an ihre Nachkommen weiterzugeben. »Biologisch betrachtet, bewundere ich ihre Fähigkeiten«, sagt Sultan. In der Biologie gibt es eine Annahme, wonach die natürliche Selektion im Allgemeinen Arten hervorbringt, die hoch spezialisiert sind. Sie sind sehr gut in dem, was sie tun – zum Beispiel in einem bestimmten Habitat zu leben –, aber ziemlich schlecht in anderen Dingen. Andere Arten sind dagegen Generalisten. Sie können an mehr Orten überleben, sind jedoch in nichts besonders gut – sie überleben, aber florieren nicht wirklich. »Der Alleskönner muss nirgendwo ein Spitzenkönner sein«, erläutert Sultan. Im Leben müsse man Kompromisse machen, sage die Volksweisheit. Doch manche invasiven Arten kümmerten sich nicht um diese Weisheit. »Sie sind in allem gut«, sagt sie. Alleskönner und zugleich Meister in allem. »Das sollte eigentlich nicht möglich sein.«

Sultan erforscht *Polygonum cespitosum*, eine Knöterichart, deren volkstümlicher englischer Name – kaum zu glauben (jedenfalls ging es mir so) – *smartweed* (»kluges Kraut«) lautet. Sultan erzählt mir, dieser Name habe seinen Ursprung eigentlich in der Tatsache, dass die Pflanze eine Säure produziert, die in den Augen brennt *(smarts)*, wenn sie dort hineingelangt. Trotzdem ein phantastischer Name, denke ich.

Polygonum cespitosum wurde erstmals aus Asien importiert und hat sich im Nordosten Nordamerikas inzwischen zu einer erschreckend invasiven Art entwickelt. Die Pflanze wirkt wie ein Paradebeispiel für ein Unkraut. Sie ist nicht sonderlich attraktiv und hat überhaupt nichts Besonderes an sich. Sultan schätzt an ihr, dass sie eine äußerst gewöhnliche Pflanze ist. Außerdem lässt sie sich leicht klonen. Das erleichtert die Arbeit, falls man sehen möchte, was geschieht, wenn man alles andere außer der Genetik ändert.

Auf Sultans Labor-Website heißt es, das Team untersuche pflanzliche »Monster«.[22] Wie mir bald klar wird, handelt es sich um Monster, die sich selbst erschaffen haben. »Diese Kennzeichnung ist Ausdruck von Bewunderung«, sagt Sultan. *Polygonum cespitosum* ist es gelungen, sich sehr schnell an seine neue Umwelt anzupassen. Die Pflanze hat die Fähigkeit erworben, in ihrer neuen, nordamerikanischen Heimat alle erdenklichen Habitate zu besiedeln. Sie hat einen raschen Lebenszyklus entwickelt, in dem sie sich erfolgreich wie wild vermehrt. Die Exemplare, die darin am besten sind, werden mit Sicherheit die Zukunft ihrer Art sein und Generationen hervorbringen, die in ihrer Fortpflanzung noch schneller und erfolgreicher sein dürften. Die Folge? *Polygonum cespitosum* entwickelt sich rasch zu einer immer invasiveren Art.

Nur etwa eine von 100 in ein neues Gebiet eingeführten Pflanzen wird invasiv. Als invasiv bezeichnet man eine nicht einheimische Art, die sich rasch ausbreitet und das Potenzial besitzt, ökologischen oder ökonomischen Schaden anzurichten. Ständig werden Pflanzen und Tiere an neuen Orten eingeführt. Die meisten verschwinden einfach wieder, weil sie an diesem Ort etwas unbedingt Benötigtes nicht finden, zum Beispiel einen bestimmten Bestäuber oder einen bestimmten Temperaturbereich. Sie können sich einfach nicht festsetzen. Doch einem Teil dieser Arten gelingt es. Vielleicht ähneln die Temperaturen an dem neuen Ort den Temperaturen, unter denen sie sich in ihrer Heimat entwickelten. Vielleicht sind sie nicht allzu wählerisch hinsichtlich der Lebewesen, von denen sie bestäubt werden können. Sie halten jedenfalls durch.

Von den Arten, die in ihrer neuen Heimat durchhalten, schafft es eine sehr kleine Zahl, noch besser abzuschneiden als die einheimischen Arten. Sie verdrängen die früheren Bewohner und breiten sich aus. Meist vergeht eine lange Zeit, nämlich 50 bis 100 Jahre, zwischen ihrer Ankunft und dem Augenblick, da sie richtig in Fahrt kommen. Dann sieht man sie plötzlich überall. So wurde *Polygonum cespitosum* Anfang der 2000er Jahre zu einer invasiven Art erklärt. Eingeführt wurde die Pflanze wahrscheinlich schon im frühen 20. Jahrhundert. Warum diese Verzögerung? Sultan sieht darin einen Hinweis darauf, dass die Pflanze bei ihrer Ankunft die erforderlichen Fähigkeiten möglicherweise noch gar nicht besaß. Sie trat nicht sogleich deutlich in Erscheinung. Was geschah während dieser Jahrzehnte? Vielleicht entwickelte sie sich sehr schnell – dank der außergewöhnlichen Plastizität einiger Exemplare, die besonders gut darin waren, wichtige, inzwischen erworbene umweltbezogene Fähigkeiten an ihre Nachkommen weiterzugeben und ihren Körper entsprechend zu verändern. Das ist eine andere Betrachtungsweise der Biologie invasiver Arten. Die Art brauchte dabei gar nicht als ganze derart invasiv zu sein. Nur einige Individuen waren so flexibel, ihren Körper sehr fein an die Bedingungen in der neuen Heimat anzupassen, und zugleich gut darin, diese Flexibilität an ihre Nachkommen weiterzugeben, so dass sich die gesamte Art in die für die Nutzung der neuen Bedingungen perfekte Pflanze verwandelte. Es braucht, biologisch gesprochen, Zeit, einen neuen Ort kennenzulernen.

Natürlich sind nicht alle Exemplare Stars in dieser Show. Durch sorgfältige Gewächshausstudien fand Sultan heraus, dass die einzelnen Individuen, wie zu erwarten, unterschiedlich auf Veränderungen in ihrer Umwelt reagieren. Manche sind jedoch Virtuosen der Anpassung, Spitzensportler in Plastizität. Sie mögen eine feuchte Umgebung bevorzugen, kommen aber auch gut mit Trockenheit zurecht und schalten rasch um von der Ausbildung üppigen Blattwerks auf die Ausbildung längerer, dünnerer Wurzeln, die jede kleinste feuchte Stelle im Boden aufspüren. Sie mögen volle Sonne lieben, begnügen sich aber auch mit schattigen Standorten und vergrößern dazu ihre Blätter. Besonders bemerkenswert ist indessen, dass sie diese Anpassungsleistungen an ihre

Nachkommen weitergeben. Die Nachkommen dieser anpassungsfähigen, in sehr trockenen Böden gezogenen Pflanzen passen sich sogar noch schneller als ihre Eltern an, wenn sie selbst in trockenen Böden gezogen werden, und bilden sehr rasch längere, dünnere Wurzeln aus. Sie wissen bereits, was zu tun ist. Zugleich fand Sultan heraus, dass Pflanzen, deren Eltern mit benachbarten Pflanzen um Licht konkurrieren mussten, größere Blätter ausbilden und den Wettbewerb mit benachbarten Pflanzen um einen Platz an der Sonne aufnehmen.[23] Und wenn *Polygonum cespitosum* im Schatten aufwächst, entwickeln die Nachkommen rasch einen Körper, der mit dem schattigen Standort gut zurechtkommt. Sie werden größer als ihre Eltern und treiben größere Blätter, um an mehr Licht zu gelangen. Auch blühen sie früher, was für eine bessere Fortpflanzungsfähigkeit spricht. Vergleicht man dann die Nachkommen von im Schatten aufgewachsenen Eltern mit Nachbarn, deren Eltern in der Sonne standen, und sorgt dafür, dass sie alle nun im Schatten wachsen, überflügeln die Nachkommen der im Schatten aufgewachsenen Eltern die anderen problemlos bei ihrem Kampf um Raum. Diese Sämlinge besitzen ein Art von Reichtum, der über die Generationen an sie weitergegeben wurde. Sie haben eine nützliche Fähigkeit geerbt und sind gegenüber ihren anders ausgestatteten Nachbarn im Vorteil, wenn sie denselben Entbehrungen ausgesetzt sind wie ihre Eltern.[24]

Diese Individuen sind die Zukunft ihrer Spezies. Sie werden besser überleben und sich stärker vermehren. Auch ihre Nachkommen werden besser als die anderen und wahrscheinlich sogar noch besser als ihre Eltern überleben, denn sie haben diese Plastizität geerbt, wie eine Superkraft, die es ihnen ermöglicht, auch in harten Zeiten gut zu gedeihen. Invasive Arten werden oft als aggressiv und rücksichtslos beschrieben. Wenn man einmal genauer darüber nachdenkt, sind das seltsam moralisierende Begriffe für die Charakterisierung von Pflanzen. Die Ausdrücke, mit denen wir invasive Arten belegen, sind oft eindeutig fremdenfeindlich und stammen aus dem Wortschatz der Nativisten. Wir bezeichnen diese Arten als »Fremde« und behaupten, ihre Fähigkeiten seien unnatürlich und sie wären von Natur aus aggressiv, wie Landplagen. Aber was, wenn sie lediglich erfinderischer, plastischer und besser darin wären, mit Veränderungen umzugehen und ihre Weisheit an die Nachkommen weiterzugeben? Zweifellos stören sie in unseren Landschaften und verdrängen Arten, die uns in der kurzen Zeit unserer Evolution auf diesem Planeten lieb geworden sind. Aber wir sind die jüngsten Brüder in dieser unserer Familie. Wir sind noch gar nicht lange hier. Veränderungen kommen vor, und Pflanzengemeinschaften fluktuieren. Natürlich gibt es da eine entscheidende Wende. Unsere Zeit ist insofern einzigartig, als *wir* diejenigen sind, die Pflanzen quer über den Erdball transportieren. Wir waren (und sind immer noch) bei den meisten dieser invasiven Arten dafür verantwortlich, dass sie an bislang ungewohnten Orten auftauchten – samt ihrer Fähigkeit, sich an neue Szenarien und Standorte anzupassen. Wir haben sie ganz buchstäblich dorthin gebracht. Da ist es noch seltsamer, ihnen ihre Erfolge vorzuwerfen.

Nehmen wir zum Beispiel den Japanischen Staudenknöterich. Vielleicht gibt es in der ganzen Welt keine Pflanze, die derart erfolgreich oder verhasst ist. Er ist ein naher Verwandter des *Polygonum cespitosum*, den Sultan erforscht. Der Japanische Staudenknöterich wurde in den 1860er Jahren erstmals nach Nordamerika eingeführt, und zwar von Pflanzensammlern, die ihren privaten Sammlungen eine attraktive exotische Art hinzufügen wollten.[25] Nach Europa war die Pflanze bereits einige Jahre früher importiert worden. Sie wurde beliebt wegen ihrer weißen Blüten und ihres dichten Blattwerks. Als Hecke wuchs sie außergewöhnlich schnell und dicht, bestens geeignet als Sichtschutz an Straßen und Wegen. Anscheinend pflanzen in den USA immer noch einige Leute die Staude absichtlich in ihren Gärten. Sie haben offensichtlich keine Ahnung, was sie erwartet. Falls Sie einmal einem Japanischen Staudenknöterich begegnen, werden Sie mehr als deutlich erkennen, was es heißt, dass eine Pflanze ihre Gestalt verändern kann. Ihr Handlungsvermögen ist mit Händen zu greifen. Jegliche Illusion, dass der Mensch sie unter Kontrolle halten könnte, löst sich schon bald in nichts auf. Ich sah die Staude zum ersten Mal an einem Tag Ende April.

Nach einem kräftigen Regenguss trat ich auf meine Veranda hinaus und bemerkte eine Reihe fleischiger, rötlicher und grüner Triebe, die unmittelbar an einem Holzzaun aus dem Boden sprossen. Ein Freund hatte uns gerade seine Wohnung untervermietet, und ich freute mich maßlos über die Möglichkeit, eine Wachstumsperiode lang einen Garten hinter dem Haus zu haben – in New York ein unvorstellbarer Luxus. Drinnen auf dem Fensterbrett zogen wir in flachen Pappschalen Sämlinge von Peperoni, Radieschen und Sareptasenf und warteten darauf, dass die Eiseskälte draußen nachließ und es warm genug wurde, um die Pflänzchen dort in ein Hochbeet umzusetzen. Wir bewässerten sie täglich ganz vorsichtig mit Hilfe einer Plastikflasche, deren Deckel perforiert war. Die Sämlinge wirkten sehr zerbrechlich. Die rötlichen Sprossen draußen dagegen ganz und gar nicht. Sie waren robust, gebieterisch und offensichtlich unbeeindruckt von der Kälte und dem strömenden Regen oder auch der schwarzen Folie, die man eigentlich genau deshalb dort ausgelegt hatte, um ihr Wachstum zu verhindern. Das macht mir gar nichts, hörte ich im Geiste den Knöterich zu der Plane sagen.

Ich begann, die Sämlinge herauszuziehen. Die hohlen Stiele rissen mit einem saftigen Plop an der Basis ab. Ich hatte gelesen, dass die Schössling zu dieser Jahreszeit essbar und nahrhaft seien und wie eine Kreuzung aus Rhabarber und Sauerampfer schmeckten, doch ich warf einen Blick auf den Haufen Bauschutt auf dem Nachbarhof – von Knöterich-Schösslingen übersät, die noch größer waren als meine – und gelangte zu dem Entschluss, dass hier allzu viele unbekannte Chemikalien verstreut liegen mochten, als dass ich das Risiko hätte eingehen wollen, die Schösslinge zu essen.

Zwei Tage später kam ich zurück und stellte fest, dass genau dort, wo ich 48 Stunden zuvor die Schösslinge herausgezogen hatte, neue nachgewachsen waren. Vor zwei Tagen war von ihnen noch nichts zu sehen gewesen. Während meine Pflänzchen auf dem Fensterbrett kaum vorankamen und langsamer wuchsen, als ich es angesichts all meiner Pflege erwartet hätte, wuchs der Knöterich mit der Geschwindigkeit eines aufblasbaren Swimmingpools.

Ich las, dass der Staudenknöterich aus einem Rhizom herauswächst, das er unterirdisch ständig vergrößert. Ist er erst einmal da, bildet er unter der Erde Rhizome aus, ein Untergrundsystem aus Wurzeltrieben und Ausläufern, ein durchgängiges Netzwerk, das kein klares Zentrum besitzt. Es ist nahezu unmöglich, dieses riesige Netzwerk aus Rhizomen auszugraben und zu entfernen, und anders lässt sich die Pflanze an ihrem Standort nicht ausrotten. Bleibt nur ein Wurzelstück von der Größe eines Fingernagels zurück, kann sie sich daraus vollständig regenerieren. Man hat herausgefunden, dass der gesamte Bewuchs auf einer knöterichbefallenen Fläche von der Größe eines halben Fußballfeldes aus einem einzigen Individuum bestehen kann, einem gigantischen Rhizom-Monster. Meine Jätbemühungen waren nutzlos. Ich schaute über den Zaun. Unsere Schösslinge waren wahrscheinlich Ausläufer der dortigen Pflanze, die ihre Wurzeln unter den zerfallenden Steinplatten auf der anderen Seite und der schwarzen Folie auf unserer Seite vorantrieb, um aus jedem kleinsten Ritz oder Riss hervorzusprießen oder vielleicht auch selbst solche Durchbrüche zu schaffen – das wusste ich nicht.

Im Mai hatte der Knöterich mein Hochbeet infiltriert und war an dem gut 1,80 Meter hohen Holzzaun bis zur halben Höhe hinaufgewachsen. Auf dem Baugrundstück jenseits des Zauns hatte er vollständig die Herrschaft übernommen. Im Juni war das Nachbargrundstück ein einziger Knöterichwald. Die dichten Büsche, so groß wie ich selbst, bewegten sich in dem leichten Wind, der über unseren gemeinsamen Zaun wehte. Wenn ich in meinem Garten saß, hatte ich das Gefühl, ich befände mich auf einer Lichtung in einem Dschungel. Ich musste zugeben, dass der Knöterich sehr schön war. Seine hellgrünen Blätter waren rund und so groß wie meine Handfläche. Seine dicken, saftigen, rotgesprenkelten Stiele erweckten den Eindruck bester Gesundheit. Wenn ich in diesem Monat durch mein Wohnviertel ging, sah ich, dass leere Flächen zwischen Gebäuden sich allenthalben von Maschendrahtzaun zu Maschendrahtzaun in ein Knöterich-Utopia verwandelt hatten. Ich machte mir mit einer gewissen Beunruhigung klar, dass ich hier allenfalls die Hälfte sah. Welch eine Pflanzenwelt mochte sich da unterirdisch ausbreiten? Wie lange würde es dauern, bis es den Rhizomen in ihrem gemütlichen Stück Boden zu eng wurde und sie begannen, in die Fundamente der anliegenden Häuser einzudringen?

Der Knöterich ist zweifellos in der Lage, durch gepflasterte oder asphaltierte Gehwege hindurchzubrechen. Er sucht nach Ritzen und Spalten, dringt dort ein und erweitert sie ganz nach seinen Bedürfnissen. Falls keine Nische zu finden ist, schafft er sich selbst eine. Diese Nische ist gerade jener Bereich, in den nach unserem Willen nichts eindringen sollte – die Nische, die wir für uns gebaut haben.

Schon ein einzelner Trieb aus grünem Fleisch, der Beton aufzubrechen vermag, lässt auch unser Verständnis der Pflanzen ins Wanken geraten, die doch sesshaft, zerquetschbar und träge sein sollten. Etwas Weiches ohne Augen oder Mund, das beständigen Druck auf unsere harten Grenzen auszuüben vermag, das Einzige, was zwischen uns und dem Schmutz steht – und dieses weiche Etwas gewinnt den Kampf? Das ist verstörend für ein Selbstverständnis, das auf die Überlegenheit menschlicher Erfindungsgabe setzt. Der Gedanke, dass möglicherweise nicht wir das Sagen haben, flackert kurz auf. Macht ist eine Frage der Perspektive.

Es ist noch umstritten, wie groß der Schaden sein kann, den der Staudenknöterich an Häusern anzurichten vermag, aber man hat bereits beobachtet, dass seine Triebe durch Außenwände drangen und im Inneren des Hauses auftauchten. In Großbritannien sorgt die bloße Anwesenheit von Japanischem Staudenknöterich auf einem Grundstück dafür, dass man darauf keine Hypothek mehr bekommen kann. Verkäufe dieser Pflanze sind dort meldepflichtig, und die Banken gewähren keine Hypothek auf ein Grundstück, wenn dort oder auf angrenzenden Grundstücken im Abstand von drei Metern solcher Staudenknöterich wächst, sofern die Besitzer keinen Bekämpfungsplan vorlegen, der angesichts der Menge an Erdreich, das zur Beseitigung der Knöterichrhizome abgetragen werden müsste, für die meisten unerschwinglich wäre.[26]

In den USA beobachten Beschäftigte des National Park Service voll Sorge, dass der Knöterich in einem einzigen Jahr drei Meter wachsen kann und so schnell in die Höhe schießt, dass Pflanzenfresser wie Rotwild keine Chance haben, die Schösslinge so vollständig abzuknabbern oder zu zertrampeln, dass sie nicht zu reifen Pflanzen heranwachsen, wie das Wild es bei einer Vielzahl einheimischer Arten tut.[27] Im Acadia National Park in Maine durchkämmen ganze Heere ehrenamtlicher Helfer den Wald, schneiden die Schösslinge ab und bestreichen den Stumpf mit einem Herbizid, in der Hoffnung, die Pflanze werde das Gift in ihr Rhizom einsaugen und sich selbst damit systematisch vergiften.

Der Japanische Staudenknöterich gehört heute zu den invasivsten Arten der Welt – oder zu den erfolgreichsten, wenn man die Sache aus seiner Perspektive betrachtet. Er gedeiht praktisch auf allen Kontinenten mit Ausnahme der Antarktis. Nach einem Bericht der *New York Times* wächst er inzwischen Kilometer um Kilometer an den Ufern des Bronx River und des Hudson River und in allen fünf Bezirken der Stadt.[28] Er ist eindeutig dort, um zu bleiben. Seine Zukunft ist gesichert, dank seiner unglaublichen Plastizität und des Handlungsvermögens, das er mit jedem neuen Trieb beweist. Wir haben ihn hierhergeholt. Er macht dort, wo wir ihn angesiedelt haben, nur einen tollen Job als Pflanze.

Sultans Forschung könnte in mehrfacher Weise von Nutzen für die Welt sein. Wenn wir verstehen, wie Arten invasiv werden, können wir mit Hilfe einer Analyse ihrer potenziellen Plastizität vielleicht besser vorhersagen, welche von ihnen abheben wird. Wie wir wissen, verändern wir unseren Planeten derart schnell, dass viele Pflanzen nicht Schritt halten können. Wenn wir jedoch verstehen, was manchen Pflanzen größere Plastizität verleiht als anderen, können wir einigen Lebewesen möglicherweise helfen, den Klimawandel zu überstehen – »und all den anderen Scheiß, mit dem wir sie bewerfen«, sagt Sultan. Wir wissen schon heute viel über die kommenden Veränderungen: wo es heißer und trockener oder wo es heißer und feuchter werden wird. Wir könnten uns auch eine Zukunft vorstellen, in der wir den jeweils plastischsten Genotyp jeder einzelnen Pflanzenart für die unterschiedlichen Bedingungen bestimmten und sie anpflanzten, um einer gefährdeten Population einen Schub zu verleihen.

Die Vorstellung, dass Pflanzen über ein Handlungsvermögen verfügen, wird in der Literatur heftig diskutiert, wobei Sultan eine führende Stellung einnimmt (neben Simon Gilroy und Tony Trewavas).[29] *Handlungsvermögen* ist ein emotional aufgeladener Begriff. Sultan riskiert einiges, wenn sie ihn benutzt. Er lässt sofort an Geist oder Verstand, an Intention und Begehren denken. Ihrer Meinung nach müssen wir das jedoch hinter uns lassen. »Es ist nicht intentional und nicht intelligent in dem Sinne, in dem die meisten diese Ausdrücke verwenden. Aber es ist Handlungsvermögen«, sagt sie und versucht dabei eindeutig, auf möglichst große Distanz zu jenen zu gehen, die Pflanzen als kleine Menschen darstellen. Handlungsvermögen ist die Fähigkeit eines Organismus, die vorgefundenen Bedingungen zu prüfen und sich entsprechend anzupassen. Ja, das tun wir ständig. Und Pflanzen tun es auch.

Mechanistische Vorstellungen, wonach wir von unseren vorprogrammierten Genen gesteuert würden, entsprechen nicht unserem angeborenen Verständnis unserer selbst als Wesen, die vor nicht reduzierbarer Komplexität und Subtilität sprudeln. Auch wir sind wie Pflanzen und nehmen Informationen von jenseits unserer Haut auf, jener Membran, die uns notdürftig von der Welt da draußen trennt. Unter der Oberfläche jedes Organismus findet sich ein Vibrieren, das wir noch nicht vollständig zergliedern oder replizieren können. Die Komplexität wächst, statt abzunehmen. Und das ist in Ordnung. Es ist wahrscheinlich die Richtung, die der Wahrheit eher nahekommt. Vielleicht bringt sie uns neue Erkenntnisse, die für jegliches Leben gelten.

Das Gespräch wendet sich Sultans eigenem Garten an ihrem in der Nähe gelegenen Haus zu. Sie zieht dort Knoblauch und Kräuter und etwas Gemüse, allerdings ziemlich erfolglos, weil sie keine Herbizide einsetzen, aber auch nicht viel Unkraut zupfen mag. »Mein Garten ist voller Unkraut, weil ich das Gefühl habe, was auch immer dort wächst, hat das Recht dazu«, sagt sie. »Diese Pflanzen wollen dort wachsen. Das ist, was sie tun. Wer bin ich, dass ich ständig auf ihnen herumtrampelte, auf sie einschlüge, sie aus dem Boden zöge? Sie sollen ein wenig Raum haben.« Deshalb wachsen in ihrem Garten auch einige Wildblumen, die man heute in Connecticut nicht mehr oft findet. »Wenn Sie den Boden umgraben und sich später ansehen, was da herauskommt, sehen Sie Dinge, die früher einmal häufiger waren.«

Ich frage sie, ob sich unter dem Unkraut in ihrem Garten auch invasive Arten befinden. »Ja, ich habe da einen Flecken mit *Polygonum cespitosum*. Wahrscheinlich habe ich es dort eingeschleppt, möglicherweise an meiner Kleidung. Deshalb finde ich, es wäre nicht fair, wenn ich die Pflanzen ausrisse«, sagt sie. »Aber ich lasse nicht zu, dass sie sich ausbreiten, wie dies ohne mein Einschreiten geschähe. Es stimmt, ich sorge für ein künstliches Gleichgewicht. Das ist doch der menschliche Ansatz, oder? Wir können einfach nichts sich selbst überlassen.«

KAPITEL 11

Die Zukunft der Pflanzen

Die Sprache kommt an ihre Grenzen,
Wenn man sagen will, was der Baum tat.
ROBERT HASS, The Problem of Describing Trees, 2015

Aus evolutionsbiologischer Sicht ist die Annahme vernünftig, daß die empfindlichen körperlichen Tätigkeiten der Pflanzen und Bakterien zum gleichen zusammenhängenden Spektrum von Wahrnehmung und Handeln gehören, welches seinen Höhepunkt in unseren eigenen hochgepriesenen geistigen Eigenschaften findet. »Geist« ist wahrscheinlich das Ergebnis interagierender Zellen. [...] Geist und Körper, Wahrnehmung und Leben sind gleichermaßen selbstbezogene, reflexive Vorgänge, die bereits bei den ersten Bakterien vorhanden waren.
LYNN MARGULIS und DORION SAGAN, Was ist Leben?, Berlin 1997

Tony Trewavas ist fast am Ende seiner beruflichen Laufbahn angelangt, und die Zukunft sieht seines Erachtens nicht rosig aus. In bin in sein Anfang des 19. Jahrhunderts erbautes Farmhaus außerhalb von Edinburgh gekommen, weil ich von dem Wissenschaftler, der sich länger als irgendjemand sonst über das Wesen der Pflanzen Gedanken gemacht hat, erfahren möchte, wer mir wohl eine Antwort auf meine hartnäckige Frage geben könnte, was ich über sie denken sollte. Es ist Ende September, und die Taxifahrt aus der Stadt führt auf gewundenen Straßen an verdorrten Hügeln vorbei, auf denen nichts außer blassgrünem Gras blüht, weshalb die Landschaft so aussieht, als hätte man ihr einen Bürstenhaarschnitt verpasst. Die Auffahrt zum Haus ist im Vergleich dazu eine Oase, mit dichten, trotz der ersten Herbstfröste immer noch blühenden Büschen, die fast bis zum schiefergedeckten Dach des niedrigen Gebäudes hinaufreichen. Zumindest eines der Fenster wird dadurch vollständig von den Büschen verdeckt.

Inzwischen habe ich zahlreiche Forscherinnen und Forscher getroffen, die einzelne Teile von Pflanzen oder spezielle Dinge untersuchen, die Pflanzen tun können. Sie boten mir jeweils kleine, aber überaus wichtige Einblicke in das Pflanzenleben. Nach allem, was ich gelesen habe, bevorzugt Trewavas einen weiteren Blick. Er denkt meist über die gesamte Pflanze als ein Lebewesen nach, das mehr als seine Teile ist. Vielleicht, so dachte ich mir, hat er ja schon herausgefunden, welchen Platz Pflanzen in unserem Denken einnehmen sollten und in welcher Weise das unser Verständnis unseres eigenen Lebens verändern könnte. Trewavas ist 83 Jahre alt und hat 64 Jahre seines Lebens als Pflanzenbiologe gearbeitet – mit Sicherheit so lange wie nur wenige noch lebende Botaniker. Er ging vor 20 Jahren in den Ruhestand, veröffentlicht aber immer noch eine Vielzahl von Büchern und Artikeln. Er hat wichtige Beiträge auf dem Gebiet der pflanzlichen Hormone sowie der Erzeugung und Verarbeitung von Signalen durch Pflanzen geleistet und gehört heute zu den führenden Verfechtern eines entschlossenen Umgangs mit dem Konzept der pflanzlichen Intelligenz.

Doch schon zu Beginn unseres Gesprächs wird mir klar, dass er zu einem entschiedenen Pessimisten im Blick auf die Menschen geworden ist. Trewavas hat sich bereits bei seinem erwachsenen Sohn für die Welt entschuldigt, die seine eigene und vorangegangene Generationen ihm hinterlassen. Als evolutionäres Projekt sei die Menschheit gescheitert und habe einen Weg hin zu allgemeiner Zerstörung eingeschlagen. Pflanzen seien intelligent, hat er immer wieder in Büchern und Artikeln geschrieben. Aber wir hätten das zu spät bemerkt. Wahrscheinlich sei es zu spät, als dass dieses Wissen noch irgendetwas an unserer Kultur ändern könnte.

Das in seinem Wohnzimmer an einem tristen Septembertag zu hören, lässt in mir den Wunsch aufkommen, das Gespräch zu beenden und zu gehen. Ich weigere mich zu glauben, dass es für irgendetwas zu spät sei, am allerwenigsten dafür, dass die Welt aufwacht und die Wunder der Pflanzen erkennt. Ich bin erwacht, und das hat nicht einmal sonderlich lange gedauert. Ich bin jedoch gerade erst angekommen und gehe deshalb nicht. Ich bleibe und trinke den Kaffee, den seine Frau Valerie uns auf einem Tablett voller Plätzchen und Süßigkeiten serviert. Trewavas und Valerie sind beide in Blau gekleidet. Sie sprechen über den blauen Mohn, den Trewavas so liebt und jedes Jahr entlang der Auffahrt aussät. Sie haben ein ganz unglaubliches Blau, sagt Valerie. »Wie ein Stück Himmel.« Ich beginne zu erkennen, dass Trewavas doch kein kompletter Pessimist ist, zumindest nicht hinsichtlich aller Taxa. Für Pflanzen und ihre Schönheit vermag er sich offenbar weiterhin zu begeistern. Er spricht immer noch voll Ehrfurcht über eine Reise nach Kalifornien, wo er Mammutbäume sah. »Ehrfurcht, Staunen, unglaublicher Respekt. Du stehst nur da und schaust, unfähig, das in dich aufzunehmen«, sagte er. »Wie viele empfand ich es als außergewöhnliche Erfahrung, sie zu berühren.«

Trewavas wurde Botaniker, weil er es nicht ertragen konnte, Ratten zu töten, um biochemische Forschung an ihnen zu betreiben. Als er damals begann, erwartete man von den Wissenschaftlern, dass sie ihre Versuchstiere selbst töteten, oft durch rohe Gewalt mit einem Metalllineal. Bei solch einer Gelegenheit begegneten Valerie und er einander. Sie war seine Studentin, und er bot ihr an, ihre Ratte zu töten, nachdem das vorige Tier sie in die Hand gebissen hatte. »Mein Ritter in glänzender Rüstung«, sagt Valerie. Aber er selbst hasste das immer. »Manchen Menschen macht es nichts aus, aber das kann ich nicht verstehen. Deshalb erforsche ich Pflanzen«, sagt Trewavas. Das habe ich nun von zahllosen Botanikerinnen und Botanikern gehört. Sie erforschen Pflanzen, weil sie die finstere Seite der Arbeit an Tieren nicht ertragen konnten. Denn meistens müssen die Versuchstiere getötet werden.

Aber natürlich treibt ihn inzwischen ein anderes Motiv: der Respekt vor Pflanzen. Seit Jahrzehnten setzt er sich in seinen Veröffentlichungen für den Gedanken der pflanzlichen Intelligenz ein, trotz vielfältiger Kritik vonseiten konservativerer Kollegen. Doch nachdem er jahrzehntelang Pflanzen mit höchster Genauigkeit untersucht hatte – Pflanzenhormone sind unglaublich komplex –, gelangte er zu der Überzeugung, dass kein noch so genauer Blick auf einzelne Aspekte der pflanzlichen Physiologie vollständig zu sagen vermag, was eine Pflanze ist. In den 1970er Jahren stieß er auf Ludwig von Bertalanffys schmalen Band mit dem Titel *General System Theory*, in dem der Gedanke skizziert wurde, dass Biologie in Wirklichkeit eine Agglomeration von Systemen oder Netzwerken darstelle, die sämtlich untereinander verbunden seien. Er zeigt mir sein abgewetztes Exemplar, das immer noch neben seinem Schreibtisch im Regal steht. Das war der Anfang der Netzwerktheorie. Die Eigenschaften der Organismen und Populationen gingen aus diesen Verbindungen hervor, schrieb Bertalanffy – aus zahlreichen

Teilen, die als eine Art Ganzes miteinander interagierten. Eine Pflanze sei ein emergentes System dieser Art, beschloss Trewavas damals. Sie seien Netzwerke. Das war häretisch, denn zu dieser Zeit konzentrierten Biologen sich ganz auf mechanistische Entdeckungen an isolierten Pflanzenteilen. Die Pflanzen als ganze Organismen zu denken, veranlasste ihn zu der Ansicht, dass Pflanzen wahrscheinlich intelligent seien und Intelligenz wahrscheinlich eine Eigenschaft alles Lebendigen sei.* Schließlich stellt ein Gehirn nur eine der Möglichkeiten dar, ein Netzwerk zu bilden.

Ich frage ihn nach seiner früheren Bemerkung, dass es zu spät sei, den von der Menschheit eingeschlagenen Kurs zu korrigieren, und dass dazu unter anderem auch ein grundlegender Wandel in der Sicht der Menschen auf die Pflanzen erforderlich sei, der ganz unmöglich erscheine. Ich fühle mich zu der Frage gedrängt: Aber was, wenn es doch möglich wäre? Was würde sich dann ändern? »Ich weiß nicht,

---

* Tony: »Alles ist intelligent. Wenn die Leute sagen, sie könnten das nicht sehen, reden sie von der akademischen Intelligenz. Sie glauben, was sie in der Schule über den IQ und die Intelligenz gehört haben, wäre das, was sie ist. Daran sind sie schon lange gewöhnt. Bei der akademischen Intelligenz geht es nicht ums Überleben. Ich rede aber nicht von der akademischen Intelligenz. Ich rede von der biologischen Intelligenz. Das geht den Leuten nicht in den Kopf, sooft ich es auch sage. Das ist dumm, denn es ist keine Besonderheit der Pflanzen. Jedes Lebewesen auf der Erde agiert intelligent. Wenn ein Zebra vor einem Löwen wegläuft, ist das dann intelligentes Verhalten? Natürlich ist es das, es geht ums Überleben. Und die Leute haben keine Schwierigkeiten, das zu erkennen. Aber wenn ein Insekt in ein Blatt beißt und die Pflanze ein natürliches Pestizid produziert, um es abzuwehren, ist das dann Intelligenz? Da gibt es gar keinen Unterschied. Sie läuft vor Bedrohungen nicht weg, sondern findet andere Wege, ihr Überleben zu sichern. Die Leute verbinden die beiden Dinge nicht miteinander.«

was geschähe, wenn es uns gelänge, die Sicht der Menschen auf die Pflanzen zu verändern«, sagt er mit einem nachdenklichen Blick. Ich bin überrascht, dass er nach all diesen Jahren offenbar noch nicht über die ethischen Implikationen dieses Wandels nachgedacht hat. Ich nehme an, das gehört zum Wesen des Pessimismus. Er verschließt sich vor hoffnungsvollen Möglichkeiten.

»Ich würde hoffen, es könnte zumindest der Zerstörung des Regenwaldes ein Ende setzen. Das ist kurzsichtig«, sagt Valerie.

»Ja, die Lungen der Erde werden sie genannt«, sagt Trewavas und klingt dabei angeschlagen. »Ich weiß nicht, warum die Menschen so sind. Es hat mit Respekt zu tun. Wenn wir größeren Respekt vor den Pflanzen hätten…« Tony verstummt. »Es fällt uns nicht leicht, das System zu fühlen, in dem wir gerade leben«, sagt er schließlich.

Wir können es ein wenig fühlen, denke ich, auch wenn wir es vielleicht nicht aussprechen. Es kann so einfach sein wie das Gefühl, dass es etwas Frevlerisches hat, einen 400 Jahre alten Baum zu fällen, um daraus Dielenbretter herzustellen – oder auch schon einen 30 Jahre alten Baum für die Produktion von Toilettenpapier. Was hat der Baum nicht alles tun müssen, um diese Zeit zu überstehen? Er hat jedes Frühjahr Tausende von Blättern getrieben, Zucker für den Winter eingelagert, Licht und Wasser in eine Holzschicht nach der anderen umgewandelt. Das Drama, das es bedeutet, ein Baum oder eine andere Pflanze zu sein, lässt sich kaum übertreiben. Jede einzelne Pflanze ist das Produkt unvorstellbaren Glücks und unglaublichen Einfallsreichtums. Haben Sie das einmal verstanden, können Sie dieses Wissen nicht mehr rückgängig machen. In Ihrem Denken hat sich ein neues moralisches Feld eröffnet.

Wir kommen auf die Gründe zu sprechen, warum der Gedanke einer pflanzlichen Intelligenz bei manchen Wissenschaftlerinnen und Wissenschaftlern auf so entschiedenen Widerstand stößt. Es ist Dummheit, meint Tony. »In Wirklichkeit wissen wir in der Wissenschaft nicht genug über Pflanzen, um irgendwelche dogmatischen Thesen über sie aufzustellen.« Wir meinen, sie alle betrieben Fotosynthese, aber dann stoßen wir auf parasitäre Pflanzen, die sich eher wie Pilze verhalten und gar keine Fotosynthese betreiben. Selbst bei den elementarsten Aussagen kann sich herausstellen, dass sie auf Sand gebaut sind. Da gibt es nichts, was von vorneherein feststünde. Außer vielleicht, dass die Evolution einen Weg finden wird, alles zu missachten, was wir zu wissen glaubten.

Dennoch bin ich überrascht, dass Trewavas, der doch so viel über das Thema der pflanzlichen Intelligenz weiß und publiziert, nicht sonderlich über die Frage nachgedacht hat, was denn in der weiteren Gesellschaft geschähe, wenn man das akzeptierte. Mir kam der Gedanke, dass Pflanzenwissenschaftler vielleicht nicht die richtigen Ansprechpartner für eine Pflanzenethik sind. Dazu sind Philosophie und Naturwissenschaft schon allzu lange getrennt.

Ob Pflanzen nun intelligent sind oder nicht, ist letztlich keine wissenschaftliche, sondern eine soziale Frage. Die Wissenschaft wird weiterhin herausfinden, dass Pflanzen zu mehr in der Lage sind, als wir uns vorgestellt hatten. Wir anderen werden uns jedoch die Daten ansehen und unsere eigenen Schlussfolgerungen daraus ziehen müssen. Wie wollen wir dieses neue Wissen interpretieren? Wie wollen wir es in unsere Vorstellungen über das Leben auf der Erde einpassen? Das ist das eigentlich Aufregende. Vielleicht werden wir zu der Auffassung gelangen, dass es angesichts der neuen Informationen über die Pflanzenwelt keinen Sinn mehr hat, derart unverrückbar an unseren alten Vorstellungen über das Wesen der Pflanzen festzuhalten. Vielleicht werden wir sie als die belebten Wesen erkennen, die sie tatsächlich sind.

Aber was geschieht dann? Unter alledem liegt die tiefere Frage, auf die es eigentlich ankommt: Was werden wir mit diesem neuen Verständnis anfangen? Da gibt es zwei Möglichkeiten: Entweder wir tun gar nichts und machen so weiter wie bisher, oder wir ändern unser Verhältnis zu den Pflanzen. Ab wann treten Pflanzen in den Bereich ein, in dem sie unsere Beachtung und ethische Berücksichtigung verdienen? Wenn sie Sprache haben? Wenn sie Familienstrukturen besitzen? Wenn sie Verbündete suchen und sich Feinde machen, Vorlieben haben und vorausplanen? Wenn wir herausfinden, dass sie ein Gedächtnis besitzen? Sie scheinen in der Tat über all diese Merkmale zu verfügen. Wir stehen jetzt vor der Wahl, ob wir dieser Realität Einlass gewähren wollen. Ob wir die Pflanzen zu uns einlassen wollen.

Nachdem ich viele Jahre Pflanzenwissenschaftlerinnen und Pflanzenwissenschaftler besucht und viel über Botanik gelesen habe, sind all meine schönsten Gedanken grüner Natur. Die Pflanzen sind eindeutig zu mir durchgedrungen – aber in Wirklichkeit hatten sie mich immer schon. Schließlich haben die Pflanzen mich gemacht. Jede Muskelfaser in meinem Körper wurde aus den Zuckern geschaffen, die Pflanzen aus Wasser und Luft hergestellt hatten. Auch die verästelten Strukturen meiner Lungen sind davon durchdrungen. Denn was ich da mit jedem Atemzug in mich aufnehme, wurde einmal von Pflanzen ausgeatmet. In diesem materiellen Sinne und im Hinblick auf ihren Beitrag zu meinem physischen Sein sind sie ebenso meine Verwandten wie die mir bekannten Mitglieder meiner Familie.

Wenn ich heute einen Pflanzentrieb sehe, der aus einem Riss auf dem Gehweg hervorkommt, bewundere ich ihn für seine Findigkeit. Ich habe das Gefühl, ich weiß ein wenig, was es die Pflanze gekostet hat, das zu schaffen – das kleine Wunder ihrer Keimung, die Streckung ihres Längenwachstums, die Verbindung zu Hunderten oder vielleicht sogar Tausenden feiner Wurzelhärchen, die jetzt gerade den Untergrund nach Nahrung absuchen. Ich denke an die Stammzellen in jeder der Keimspitzen, die dazu bestimmt und bereit sind, zu jeglicher Art Fleisch zu werden, das die Pflanze jeweils benötigt. Das Ganze ein sensitives, Entscheidungen treffendes Netzwerk, das sich über Hunderte von Gliedern und Tausende von Wurzeln ausbreitet. Ein in Bewegung befindlicher Körper, der sich in Echtzeit an jede feinste Veränderung anpasst, der wie Wasser durch seine Umgebung strömt und die Gestalt, den Geruch und die Textur all der Dinge zur Kenntnis nimmt, auf die er dort trifft.

Meine Anerkennung ist nur eine kleine Geste, aber ich sehe sie als Zeichen, dass sich in meinem Leben etwas verändert hat. Ich sehe Pflanzen nun als Geschöpfe. Ich habe sie in meinem Denken in den Bereich des Belebten aufgenommen.

In einem ganz praktischen Sinne ist es nicht schwer, den Primat der Pflanzen zu erkennen. Schwerer ist es da schon, ihn auch zu fühlen. Es bedarf einiger geistiger Mühe, die Pflanzen in unsere Sicht der sich bewegenden und lebenden Welt aufzunehmen und sie als lebendige Individuen eigenen Rechts zu sehen. Wir spüren es vielleicht, aber vielen von uns ist weder die Fähigkeit gegeben, das zu sehen, noch auch die Möglichkeit, dieses Gefühl in Worte zu fassen.

In der Philosophie gibt es eine Richtung, die der Auffassung ist, wir sollten Pflanzen und andere Organismen als bewusste Wesen verstehen, und unsere Unfähigkeit, das zu tun, sei ein mutwilliger Mangel an Phantasie. Wie wäre es, so fragen sie, wenn alle Organismen einen Platz in unserer Gesellschaft hätten? Der Philosoph Bruno Latour schrieb einmal: »Um Tiere, Pflanzen, Proteine für das entstehende Kollektiv zu rekrutieren, muß man sie zunächst mit den für die Integration erforderlichen sozialen Eigenschaften versehen.«[1] Aber vielleicht braucht man sie gar nicht mit solchen »sozialen Eigenschaften« zu versehen. Pflanzen kennen ihre Verwandten, sie kooperieren und kämpfen, sie vermitteln Beziehungen untereinander und zu anderen Geschöpfen in ihrer Umgebung. Vielleicht ist das keine bloße philosophische Übung. Vielleicht sind die sozialen Eigenschaften ja längst da. Ich habe inzwischen den Eindruck, dass sie da sind.

Andere haben sich das Terrain vorgestellt, das jenseits dieser mentalen Einfriedung liegen könnte. Ursula K. Le Guins 1974 erschienene Erzählung »Die Verfasserin der Akaziensamen« dürfte im Jahr 2200 oder vielleicht auch 2300 spielen. Das menschliche Wissen hat einen riesigen Sprung gemacht, und man hat inzwischen herausgefunden, dass diverse Tiere über Sprache verfügen – und nicht nur über Sprache, sondern auch über Literatur und Kunst. Man hat ein ganz neues sprachwissenschaftliches Fachgebiet geschaffen, um diese Sprachen zu übersetzen. Durch sorgfältige Studien haben Therolinguisten die Tunnelsagas der Regenwürmer, die Wieselkrimis oder die »gruppenkinetischen Texte« entdeckt, die Walschulen in ihrer Unterwasserchoreographie komponieren. Manche Dialekte wie die auf der Anordnung von Samenkörnern basierende Ameisensprache lassen sich direkt in menschliche Texte übersetzen. Die Aufführung eines Balletts scheint die beste Möglichkeit zu sein, um die unaussprechliche Bedeutung der Ausdrucksformen von Adéliepinguinen zu übertragen. Tausende von Fischliteraturen sind der Menschheit inzwischen bekannt, und Frösche schreiben offenbar besonders gerne erotische Literatur. Diese Sprachen hat es natürlich immer schon gegeben, doch irgendwann kam es zu einer entscheidenden Wende: Die Menschen lernten, sie zu sehen.

Die Präsidentin der Gesellschaft für Therolinguistik möchte unterdessen die Aufmerksamkeit auf eine gravierende Unterlassung lenken. Warum hat noch kein Therolinguist versucht, Pflanzen zu übersetzen? Was mögen wohl Mammutbäume oder Zucchini sagen? Man werde neue Instrumente benötigen, da Pflanzen wahrscheinlich ein ganz anderes Verhältnis zur Welt besäßen. »Aber wir sollten nicht verzweifeln«, schrcibt dic Präsidentin in einem Geleitwort. »Denken Sie daran, dass noch zur Mitte des zwanzigsten Jahrhunderts die meisten Wissenschaftler und viele Künstler nicht glaubten, dass Delphine jemals für Menschenhirne zu verstehen sein würden – oder es wert wären, verstanden zu werden!« Die Präsidentin stellt sich vor, dass zukünftige Linguisten wahrscheinlich ebenso über das gegenwärtige Desinteresse an der Sprache der Auberginen lachen werden, »während sie nach ihren Rucksäcken greifen und weiter bergan wandern, um die frisch entzifferten Verse der Flechten an der Nordwand von Pike's Peak zu lesen.«[2]

Ich finde es faszinierend, dass Le Guins Erzählung knapp ein Jahrzehnt vor David Rhodes' Entdeckung der chemischen Gespräche zwischen Roterlen und Sitka-Weiden in Washington erschien.* Heute wissen wir, dass Pflanzen spre-

---

* Ein halbes Jahrhundert nach der Entstehung dieser Erzählung von Le Guin gilt es weithin als ausgemacht, dass man schon bald die Sprache der Wale wird übersetzen können. Science-Fiction wie die von Le Guin war immer schon ein Mittel, um Andersheit zu erkunden, bestehende Machthierarchien umzukehren und unser Wissen in Frage zu stellen. Pflanzen sind die ultimativen Anderen. Als solche nehmen

chen – mit Hilfe chemischer Stoffe. Ihr Gesundheitszustand, ihre Echtzeit-Einschätzung von Gefahren und selbst die Beschaffenheit ihres Nektars können wir heute entschlüsseln, indem wir die flüchtigen chemischen Stoffe prüfen, die sie verströmen. Sie kommunizieren miteinander und mit Angehörigen anderer Arten, falls die Situation es erfordert. An welchem Punkt entscheiden wir, dass solche Pflanzenkommunikation eine Sprache ist? Und was bedeutete es für unseren eigenen Geist, wenn wir zu dem Schluss gelangten, dass es sich tatsächlich um Sprache handelt?

Vielleicht sprechen Pflanzen ja auch in ihrer Bewegung, in ihrer Elektrizität oder sogar im Strömen der Flüssigkeiten durch ihren Körper, das hörbare Knackgeräusche erzeugt, auch wenn wir all das erst noch verstehen lernen müssen. Ich denke an Lilach Hadany, die ihre Mikrophone an Weinranken und Weizenpflanzen hält. Wir wissen, dass Tiere durch die Veränderung von Hautmustern, das Wedeln mit Körperteilen, das Aufstellen ihres Haars und durch Gesten kommunizieren können. Sobald wir uns von den menschlichen Ausdrucksformen abwenden, öffnen wir uns für anderen Welten des Seins. Wir lernen jedes Jahr mehr. Möglicherweise verfügen Pflanzen längst über Sprache, und wir vermögen sie nur nicht zu hören.

Vielleicht gelangt die Wissenschaft niemals zu dem Schluss, dass Pflanzen intelligent sind, zumindest nicht auf die Art, wie das Wort es zumeist suggeriert. Angesichts all dessen, was wir heute schon wissen, beginne ich mich zu fragen, an welchem Punkt das aufhört, eine Rolle zu spielen. *Intelligenz*

---

sie in der Science-Fiction schon lange eine Sonderstellung ein. Zur weiteren Lektüre siehe *Plants in Science Fiction: Speculative Vegetation*, hg. von Katherine E. Bishop, David Higgins und Jerry Määttä, Cardiff 2020.

ist ein bedeutungsgeladenes Wort, das vielleicht allzu eng mit unseren Vorstellungen von akademischer Leistung verbunden ist. Seit Jahrtausenden wird es als Waffe gegen Mitmenschen eingesetzt, um die Menschen in Wert- und Machthierarchien aufzuspalten. Ich würde dieses Schema nicht auf eine ganze weitere Kategorie der Lebensformen anwenden wollen. Dennoch enthält das Wort definitionsgemäß den Kern dessen, was wir mit *aufmerksam, wach für die Welt, spontan, reaktions-* und *entscheidungsfähig* meinen. Vom lateinischen *intellegere*: erkennen, unterscheiden, wählen.

So wird denn die Wissenschaft sich vielleicht niemals dazu herabablassen, das Wort auch auf Pflanzen anzuwenden, und zwar wegen genau dieser sozialen Implikationen. Die Menschen haben das Wort mit ihrem Menschsein kontaminiert. Wörter sind jedoch nur Symbole. Sie ziehen einen Kreis um ein Gefühl, für das es keine Sprache gibt. In diesem Sinne mag *intelligent* der engste Wortumkreis sein, den wir haben, um zu beschreiben, was Pflanzen nach unserer Wahrnehmung tun. Wir können auf seine universellere, aus dem Lateinischen übernommene Bedeutung zurückverweisen. Doch wenn der Verzicht auf das Wort eine soziale Entscheidung darstellt, die hauptsächlich von ängstlichen Wissenschaftlern in der Absicht getroffen wird, keinen Schaden anzurichten, können wir auch das Gegenteil tun. Wir können das Risiko eingehen und hoffen, das Verständnis werde dem schließlich folgen. Wir können unser Bestes versuchen, seine Bedeutung zu klären und sie nicht allzu stark mit menschlichen Kategorien zu vermengen. Der pflanzlichen Intelligenz einen allzu menschlichen Anschein zu geben, zeugt letztlich von mangelnder Phantasie. Pflanzen sind auf überschießende, unergründliche, intelligente Weise sie selbst.

Die Frage, welches Wort hier verwendet werden sollte,

wird so oft aufgeworfen, dass ich ihrer fast schon überdrüssig bin.* Im Zentrum der Debatte steht die Frage des Anthropomorphismus also der Verwendung menschlicher Ausdrücke für die Beschreibung pflanzlichen Lebens. Manche, so etwa der Ökologe Carl Safina, meinen, das sei unsere »beste erste Vermutung« für das, was nichtmenschliche Lebewesen erlebten. Es lenke den Sinn in Richtung der Einnahme anderer Perspektiven – eine Art Brücke zum Verständnis nichtmenschlichen Lebens.[3] Genau das meinte der griechische

* Das Bewusstsein ist eine weitere damit verbundene Sache. Bewusstsein lässt sich nicht im Labor beschreiben oder beobachten. Hier hängt alles von den Definitionen ab, für die wir uns entscheiden, und sie alle sind sprachliche Erfindungen, die zwar bewundernswert sind, aber dennoch nicht all das zu umfassen vermögen, was es heißt, das wache, subjektive Wesen zu sein, als das wir uns kennen. Wenn Bewusstsein das Bewusstsein seiner selbst ist, dann besitzen Pflanzen es. Desgleichen die einzelnen Zellen. Wenn Bewusstsein die Fähigkeit ist, in Ohnmacht zu fallen, dann sieht es von außen so aus, als besäßen auch die Pflanzen es. Gibt es Intelligenz überhaupt ohne irgendeine Form von Bewusstsein? Mein Instinkt sagt nein. Vielleicht können wir das Bewusstsein in Teile und in Grade zerlegen, so dass manche Lebewesen mehr oder weniger davon haben als andere. Ein Spektrum des Bewusstseins. Damit wird der Ausdruck jedoch unbefriedigend und ruft nach anderen Worten. Letztlich vermögen Worte die biologische Kreativität nicht zu erfassen.
Wir leben zu einem seltsamen Zeitpunkt in der Geschichte des Verständnisses des Bewusstseins. Chatbots beginnen recht menschlich zu klingen. Wir bauen intelligente Maschinen, mit denen wir interagieren können, als besäßen sie ein Bewusstsein. Die Frage nach dem Bewusstsein dieser unbelebten Programme ist ständig in den Nachrichten. Wenn wir zu dem Schluss gelangen, dass die KI in gewisser Weise bewusst sei, werden wir etwas Unbelebtes zu etwas Belebtem gemacht haben. Das spräche dann für einen Geist, der sich programmieren lässt. Das alles ist ziemlich ernüchternd. Es spräche für eine prädeterminierte, nicht durch Willen bestimmte Welt des Geistes und lieferte keinerlei Erklärung für die Subjektivität, die wir in uns selbst fühlen, ob wir sie nun messen und erklären können oder nicht.

Philosoph Theophrast, der das Kernholz eines Baums als dessen »Herz« oder »Mark« beschrieb, wenn er sich dafür einsetzte, bei der Beschreibung unbekannter Dinge auf Bekanntes zurückzugreifen.[4]

Hier anders vorzugehen kann rasch lächerlich wirken. Die Anthropologin Natasha Myers schrieb 2015 in einem Artikel, die Botaniker seien derart ängstlich darauf bedacht, jeden Anschein einer anthropomorphen Sprache zu vermeiden, dass sie bei der Beschreibung pflanzlichen Lebens zu lächerlichen Formulierungen griffen. Statt zu sagen, die Pflanze »speichert« Stärke, die sie dann nachts »zu Zucker abbaut«, schrieben sie, »die Tageszeit des Zuckerzerfalls wird verändert«.[5] Die grammatikalische Todsünde, alle Verben ins Passiv zu setzen, finde sich in botanischen Texten allenthalben. Und das klinge absolut fürchterlich. Solche Prozesse darzustellen, ohne einem Subjekt aktives Handlungsvermögen zuzuschreiben, sei schwierig und ungenau und wirke ungeschickt.* Als sie eine Forscherin fragte, ob sie glaube, dass pflanzliche Strukturen als Analoga zum menschlichen Nervensystem gelten könnten, antwortete sie mit nein. Sie war der Ansicht, die Anwendung menschlicher Begriffe auf Pflanzen »würdigt die Pflanzen herab«, weil damit »unterstellt wird, dass wir das höchste Wesen sind«. Dabei seien die Pflanzen uns

---

* Das ist auch mir aufgefallen. Diese Artikel benutzen immer wieder das Passiv, wenn sie beschreiben, was Pflanzen tun. Wenn ich dagegen Wissenschaftlerinnen und Wissenschaftler im Labor oder bei der Feldforschung besuchte, benutzten sie spielerisch eine anthropomorphe Sprache und sprachen untereinander davon, dass eine Pflanze sie »hasste« oder eine bestimmte Behandlung sie »glücklich« mache. Gerade sie wussten noch am besten, dass Pflanzen etwas ganz Eigenes sind. Sie hatten lediglich die Diskrepanzen in ihrem Denken bereits aufgelöst und die Sprache in der Weise erweitert, dass sie zu einer anderen Klassen von Lebewesen passte.

in vielerlei Hinsicht voraus. Man denke etwa an die bemerkenswerte Tatsache, dass sie chemische Stoffe wie Koffein herstellen können. »Das sind Fähigkeiten, die wir nicht besitzen«, meinte die Forscherin. Wenn man die Pflanzen mit Menschen vergleiche, übergehe man diese Fähigkeiten.

Ich frage mich, ob wir nicht unsere Sprache vegetalisieren könnten, statt die Pflanzen zu vermenschlichen. Wir könnten von einem Pflanzengedächtnis, einer Pflanzensprache, Pflanzengfühlen sprechen. Dann würde die pflanzenspezifische Essenz eines Wortes wie ein Geist hinter ihm stehen. Wenn Pflanzen eine eigene Art von Intelligenz, eine Intelligenz vegetativen Charakters besitzen, könnten wir das vielleicht als pflanzliche Intelligenz bezeichnen. Der Ausdruck geht auch leicht von der Zunge.

Mir ist vollkommen klar, dass es nur eine soziale Entscheidung sein kann, die Pflanzen in den Bereich unserer ethischen Erwägungen einzubeziehen – zumal wenn ich daran denke, dass chirurgische Demonstrationen an lebenden, nichtnarkotisierten Hunden vor nicht allzu langer Zeit noch die Regel waren. Ärzte und Wissenschaftler rechtfertigten dieses Vorgehen mit der Behauptung, dass Tiere keinen Schmerz empfänden. Heute klingt das für uns vollkommen lächerlich und fürchterlich grausam, aber damals sah die Wissenschaft das anders. Zur Abkehr von der Vivisektion kam es letztlich nicht deshalb, weil die Chirurgen ihre Meinung änderten, sondern weil die Gezeiten in der Gesellschaft – angeführt von den ersten Tierschutzvereinen – wechselten und sich gegen diese Praxis wandten.*

* Hauptsächlich von Frauen getragene Organisationen gründeten die ersten Tierschutzvereine und setzten sich für die Rechte der Tiere ein. Diese Frauen appellierten an Herz und Verstand ausreichend vieler Menschen, so dass die Vivisektion schließlich als sozial inakzeptabel

Manche halten es für eine widersinnige Ablenkung, wenn man zu ethischen Erwägungen bezüglich der Pflanzen springt, bevor kaum die Rechte der Tiere gesichert sind. Nachdem Jeffrey T. Nealon von Freunden und Kollegen innerhalb der Tierforschung persönlich für den Gedanken gescholten worden war, dass man auch Pflanzen in die ethischen Überlegungen einbeziehen müsse, fragte er sich, ob das nicht »nach dem Vorbild einer alten Praxis funktioniert: Man versuchte, die Stalltür zu den ethischen Erwägungen zu schließen, nachdem man die von einem selbst geschätzte Gruppe aus der Kälte historischer Vernachlässigung geholt hatte«.[6] Diese Geschichte wiederholt sich immer wieder. Aber moralische Aufmerksamkeit ist keine endliche Ressource.

Trennungslinien zu ziehen und zu sagen, was unsere moralische Achtung und Aufmerksamkeit verdient und was nicht, kann sich absurd anfühlen. Bei mir führt das inzwischen zu einem beträchtlichen Maß an kognitiver Dissonanz. Ich frage mich, was wohl wäre, wenn Pflanzen einen Platz in unserer Gesellschaft hätten. Wie könnte eine Ethik aussehen, die auch die Pflanzen einschlösse?

Beginnen könnte man mit solchen Überlegungen auf dem Gebiet des Rechts. Der Sierra Club versuchte 1969, die Walt Disney Company gerichtlich zur Aufgabe von Plänen zu

---

galt. Viele von ihnen wurden Frauenrechtlerinnen und setzen sich für das Wahlrecht der Frauen ein, eine weitere Idee, die von den Institutionen als lächerlich empfunden wurde, bis die Frauenrechtlerinnen einen gesellschaftlichen Wandel in der Frage herbeiführten, was als akzeptabel galt. Tatsächlich besteht ein Zusammenhang zwischen dem Ende der Vivisektion und dem Beginn des Frauenwahlrechts: Wenn der Kreis der Rechte sich erweitert, fällt es schwer, einzusehen, warum er nicht noch weiter gezogen werden sollte.

zwingen, die den Bau eines Ski-Resorts in einem subalpinen Gletschertal gleich neben dem Sequoia National Park vorsahen. Das Resort sollte doppelt so viel kosten wie einst die Errichtung von Disneyland und hätte den Bau einer mehr als 30 Kilometer langen Autobahn erfordert, auf der täglich 14000 Besucher in das Tal gelangen sollten. Die Klage schaffte es bis zum Obersten Gerichtshof, wurde dort jedoch 1972 abgewiesen, weil der Sierra Club in diesem Fall keine Klageberechtigung habe, da er persönlich durch den Bau in keiner Weise beeinträchtigt werde.[7] In seiner denkwürdigen abweichenden Meinung schrieb der Jurist und Richter William O. Douglas, Pflanzen und ökologische Entitäten sollten in Fragen ihres Schutzes ein eigenes Klagerecht besitzen:

> Unbelebte Objekte sind gelegentlich Parteien in Rechtsstreitigkeiten. Ein Schiff besitzt eine rechtliche Persönlichkeit, eine für Zwecke der Seefahrt nützliche Fiktion (…). Dasselbe sollte auch für Täler, alpine Wiesen, Flüsse, Seen, Mündungsgebiete, Strände, Bergzüge, Wälder, Sumpfland oder sogar die Luft gelten, wenn sie unter den zerstörerischen Druck der modernen Technologie und des modernen Lebens geraten. […] Die Stimme des unbelebten Objekts sollte daher nicht zum Schweigen gebracht werden.[8]

Im selben Jahr sinnierte der Rechtswissenschaftler Christopher Stone in einem Artikel mit dem Titel »Should Trees Have Standing?« (»Sollten Bäume ein Klagerecht haben?«) über die Vorstellung, dass gesetzliche Rechte für Pflanzen gegenwärtig »undenkbar« erschienen. Doch die Menschen hatten, so schreibt er, gesetzliche Rechte immer schon auf neue Gruppen ausgeweitet. Oft geschah das nach einer langen Zeit, in der man diese Entitäten mit dem Argument von den Rechten ausgeschlossen hatte, dass dieser Ausschluss nur »natürlich« sei. In den USA galten gesetzliche Rechte für People of Color, Chinesen, Juden und Frauen zu der Zeit, als der Staat ihnen diese Rechte gewährte, als »undenkbar«. Nichtmenschliche Entitäten wie Wirtschaftsunternehmen, Trusts, Nationalstaaten und sogar Schiffe – die »in der bei Gericht verwendeten Sprache immer noch als weiblich behandelt werden« – besitzen einen rechtlichen Status, und das oft schon länger als einige der genannten Gruppen. Doch Juristen, die sahen, dass man Wirtschaftsunternehmen vor Gericht einen rechtlichen Status gewährte, argumentierten, dass auch dies »undenkbar« sei. Und wenn Unternehmen solch eine Rechtsstellung erhalten könnten, so argumentiert Stone, dann könne man sie auch Bäumen gewähren. Undenkbarkeit taugt daher kaum als Entschuldigung.

»Ich schlage ganz ernsthaft vor, Wäldern, Ozeanen, Flüssen und anderen sogenannten ›natürlichen Objekten‹ in der Umwelt – ja der natürlichen Umwelt insgesamt – gesetzliche Rechte zu gewähren«, schreibt Stone. Zu unterschiedlichen Zeiten in der Geschichte veränderten sich unsere sozialen »Tatsachen«, auf denen das Recht oft basiert. Wir erschaffen einen kollektiven Mythos über uns selbst und die Welt, schreibt er, in dem sich unsere aktuellen Normen widerspiegeln und der in unser Recht Eingang findet. Aber wir vergessen gern, dass die Normen Erfindungen sind. »Wir unterstellen gern, die Rechtlosigkeit rechtloser Dinge sei ein Diktat der Natur und keine rechtliche Konvention, die einen Status quo stützt«, formuliert Stone. Unser Wissen über »Geophysik, Biologie und den Kosmos« wachse, und mit ihm sollten auch unser kollektiver »Mythos« und unsere Gesetze wachsen. Der Status quo als solcher sei veraltet. Es sei Zeit für etwas Neues. Ich frage mich, was Stone wohl über die jüngsten Fortschritte in der Botanik dächte, die bei den Pflanzen so vieles entdeckt haben, was vor nicht einmal zwei Jahrzehnten undenkbar war. Ich bin mir sicher, er wäre nur umso entschiedener der Ansicht, dass Pflanzen eine rechtliche Persönlichkeit verdienen. Tatsächlich ist das überfällig.

Mit solchen Gedanken im Sinn beobachtete ich aus der Ferne, wie wilder Reis den Bundesstaat Minnesota verklagte.[9] Die Klage wurde 2021 von einem Anwalt für die White Earth Band of Ojibwe stellvertretend für den wilden Reis eingereicht, der an den Rändern der Sumpfgebiete im Norden Minnesotas wächst und durch eine Pipeline bedroht wurde, die mitten durch ihr Habitat führen sollte. Der Bundesstaat hatte der kanadischen Firma Enbridge die Genehmigung zum Bau der Pipeline erteilt, ohne die White Earth Nation zu konsultieren, die über das Recht verfügt, den wilden Reis in diesem Gebiet zu ernten. Dieser Reis ist von zentraler Bedeutung für das Leben der Ojibwe, und jedes Jahr im September fahren Angehörige dieser Nation mit Kanus über die seichten Gewässer, um den Reis zu ernten.

Wildreis benötigt zum Wachsen große Mengen sauberen Wassers. Mit der Pipeline wollte man Teersand-Rohöl aus Kanada durch das Wildreis-Habitat leiten, womit auch die Gefahr von Lecks gegeben war. Deshalb verlieh die White Earth Band of Ojibwe dem Reis eine Rechtsstellung und erkannte dessen »angeborenes Recht« an, »zu existieren, zu gedeihen, sich zu erneuern und sich zu entwickeln«.[10] Das Recht auf Entwicklung. Eine derart weitreichende biologische Sprache hatte ich in einem Rechtsstreit noch nie gehört. Es sah wie ein historischer Augenblick für Pflanzen als Rechtspersonen aus. Doch das eigene Gericht der Ojibwe wies die Klage 2022 wegen mangelnder Präzedenzfälle ab.

Die Anerkennung der Pflanzen als Rechtspersonen liegt vielleicht noch in weiter Ferne.[11] Der Gedanke einer pflanzlichen Persönlichkeit ist jedoch so alt wie die menschliche Kultur. Wie wir bereits gesehen haben, werden die Pflanzen in vielen indigenen Philosophien auf der ganzen Erde als Verwandte oder Vorfahren oder als andere Personen eigenen Rechts verstanden. Es geht dabei nicht darum, dass Pflanzen Menschen wären, sondern dass die Menschen lediglich eine andere Art von Personen sind, genauso wie die Tiere. Eine Person sein heißt, Handlungsvermögen und einen Willen sowie das Recht zu besitzen, um seiner selbst willen zu existieren. Einer tierischen (oder pflanzlichen) Person Schaden zuzufügen, kann von entscheidender Bedeutung für das eigene Überleben sein, aber wir dürfen das nicht ignorieren. Wir müssen etwas zu essen haben. Wir müssen Kleider herstellen und Häuser bauen. Dazu müssen wir Pflanzenpersonen und Tierpersonen töten. Das ist eine Tatsache des Lebens. Doch das kann keine Entschuldigung für wahlloses Töten und gedankenlose Zerstörung sein.

In der indigenen Philosophie und Kosmologie sind die Pflanzen oft buchstäblich Verwandte oder Vorfahren. Indigene Mayavölker im heutigen Mexiko glauben, die ersten Menschen seien aus dem Mais entstanden. In nahezu allen Kosmologien haben Pflanzen und Menschen eine im weiteren Sinne gemeinsame ökologische Herkunft. Heute gilt das natürlich als evolutionäre Tatsache. Wir haben zweifellos einen gemeinsamen Vorfahren mit den Pflanzen, auch wenn das schon weit zurückliegt. Wie würde es sich anfühlen, wenn diese Tatsache nicht so lang her und in unserem Leben präsenter wäre? Es bände alle in ein gewisses Beziehungsgeflecht und eine erweiterte Verwandtschaft ein. Wenn eine Pflanze eine Person ist, hat sie ein Recht auf Autonomie. Eine

Begegnung mit einer Pflanze ist dann eine Begegnung zwischen zwei Wesen. Deborah Bird Rose spricht hier von einer »intersubjektiven Begegnung«.[12] Wenn wir eine Pflanze in dieser Weise denken, erfüllt plötzlich eine tiefgreifende moralische Kraft den Raum zwischen uns und klebt wie Spinnweben an allem. Wir können es nicht ignorieren, wir können es nicht einfach abstreifen. Man könnte es Respekt nennen.

Respekt geht einher mit einer gewissen Verantwortung zur Sorge und zur Aufrechterhaltung einer guten Beziehung. Vielleicht ist das Person-Sein der Pflanzen etwas, das wir uns beizubringen haben, und vielleicht müssen wir uns anfangs anstrengen, um das zu sehen. Wenn wir es jedoch erst einmal sehen, stellt sich der Gedanke der Sorge, der zu diesem Gewahrwerden gehört, ganz von selbst ein. Wir stellen möglicherweise fest, dass wir die Autonomie der Pflanzen nicht deshalb respektieren, weil wir wissen, dass wir es »sollen«, sondern weil wir wissen, dass wir es müssen. Weil wir andernfalls unser eigenes moralisches Person-Sein missachteten. Es ist eine Brücke, über die wir gehen müssen, eine Brücke, die von der gleichgültigen Nichtbeachtung zur respektvollen Beachtung der Pflanzen führt. Der Unterschied zwischen beidem ist die Hinwendung unseres Herzens zu dem Subjekt.

Natürlich sind wir diesen langen Weg gegangen, um letztlich an einen Punkt zu gelangen, an dem viele Menschen sich längst befinden. Doch neue Erkenntnisse in der Botanik eröffnen die Chance zu einem neuen Verständnis der nichtmenschlichen Welt und unserer Stellung darin. Ich hatte manchmal den Eindruck, dieses ganze Händeringen bei Wissenschaftlern über die Frage, wie man Pflanzen behandeln sollte, ist Ausdruck eines mangelnden Vertrauens in das Vorstellungsvermögen des Publikums. Ausdruck der Angst, das Publikum könnte zu weit gehen und nur eine allzu einfache Botschaft aufnehmen und die Pflanzen wie Zeichentrickfiguren oder wie kleine allmächtige Halbgötter sehen. Diese Befürchtung ist nicht vollkommen unbegründet. Ich weiß sehr wohl, dass zuweilen nur die denkbar einfachste Botschaft durchdringt. Doch als Journalistin bin ich mir auch der Gefahren eines Verhaltens nur allzu bewusst, das Nuancen und Komplexität aus der Angst heraus eliminiert, die Botschaft könnte sonst unverdaulich sein.

Dieser Mangel an Vertrauen in das Publikum führt stets zu einer Erosion des öffentlichen Diskurses. Solches Misstrauen gegenüber dem Publikum ist eine selbsterfüllende Prophezeiung. Wenn Komplexität ausgeblendet wird, nimmt die Fähigkeit zur Verarbeitung von Komplexität noch weiter ab. Ich bin der Meinung, dass wir den Menschen zutrauen dürfen, mit einer komplexen Wahrheit umgehen zu können. Pflanzen sind keine allmächtigen jenseitigen Geschöpfe. Sie sind auch nicht einfach nur wie wir. Zugleich sind sie aber auch nicht keins von beidem. In beiden Bildern steckt etwas Wahres und etwas Falsches. Das ist schwer zu ertragen. Wir müssen Uneindeutigkeit zu schätzen lernen und das Fehlen leicht eingängiger Bilder begrüßen. Schließlich ist Komplexität in der Natur die Regel. Das zu durchdenken, erfordert einen mentalen Raum des Dazwischenseins, der in unserer heutigen Welt nur selten toleriert wird, da sie sich in erster Linie mit linearen Erzählungen und bekannten Entitäten befasst.

Der Yoruba-Dichter und Philosoph Báyò Akómoláfé schrieb einmal über dieses Dazwischensein und dachte darüber nach, dass alle Kreaturen tatsächlich zusammengesetzte Organismen sind.[13] Der Zustand der Natur ist von einer wechselseitigen Durchdringung und Vermischung geprägt, die sich jeder Kategorisierung entzieht. Er nimmt eine Mittelstellung ein, sowohl in der materiellen Realität der Welt als auch in unserem Verständnis davon. »Die Mitte, von der ich spreche, befindet sich nicht auf halbem Wege zwischen zwei Polen. Es handelt sich um eine Porosität, die sich schon der bloßen Idee einer Trennung widersetzt«, schreibt er. Akómoláfé umreißt unsere kollektive biologische Realität als einen Zustand »brillanten Dazwischenseins«, der »sich allem entzieht, jegliche Grenze korrodieren lässt, jedes markierte Territorium überschreitet und jede selbstsichere Linie durchkreuzt«. Das erinnert mich an Trewavas, der mir in seinem Wohnzimmer bei Edinburgh erzählte, Wissenschaftler wüssten nicht genug über Pflanzen, um irgendwelche dogmatischen Thesen über sie aufstellen zu können. Wissenschaftler wissen eine ganze Menge über Pflanzen. Und dennoch wissen sie möglicherweise noch nicht, was eine Pflanze überhaupt ist.

Akómoláfés Beschreibung des brillanten Dazwischenseins passt zu allem, was ich bislang über Pflanzen und uns selbst zu verstehen gelernt habe. Unsere Vorstellung von ihnen kann nur an dem schimmernden, porösen Ort in unserem Geist existieren. Zu diesem Ort findet man nur schwer Zugang. Vielleicht haben Sie Ihren seit der Kindheit nicht mehr benutzt. Es ist schwierig, an diesem mittleren Ort zu sein. Aber es ist nicht unmöglich. Ich bin durch dieses Tor gegangen. Ich bin zuversichtlich, dass auch andere das können.

Manche werden das für eine Frage der Philosophie und des Glaubens halten, oder vielleicht der Ansicht sein, dass dies eine Abkehr von der Wissenschaft bedeute. Aber die Wissenschaft entfernt sich keineswegs immer weiter von sich selbst. Vielmehr wird der Raum zwischen Wissenschaft und ethischer Bedeutung gleichsam von einem Gewebe zusammengehalten. Dünne Ranken vereinigen sich zu einer zerbrechlichen Brücke.

Das Wunderbare daran ist, dass die ganze Welt anders sein könnte. Wenn wir Pflanzen für wert halten, Rechte zu besitzen, eröffnet sich möglicherweise ein ganz anderes Zusammenleben mit Pflanzen. Es könnte unser Moralsystem, unser Rechtssystem und unser Zusammenleben auf dieser Erde revolutionieren.

Eine Weile nach meinem Besuch in Schottland befand ich mich tief in einer Höhle in Puerto Rico. Das Innere der Insel ist bergig und mit einem derart dichten Dschungel überzogen, dass nur grünes Licht auf den Waldboden gelangt. Falls man weiß, wo man nachschauen muss, entdeckt man in diesem Dschungel jedoch viele Münder ähnlich den Stomata auf der Unterseite eines Blattes. Die felsigen Münder führen in die Dunkelheit: Eingänge in ein riesiges Höhlensystem, das sich wie ein Gefäßsystem mit unterirdischen Flüssen und Kammern durch den Untergrund der Insel zieht.

Zum Glück wussten Freunde hier, wo sie suchen mussten. Ramón und Omar fanden den gewünschten Mund. Wir begannen mit dem Abstieg in die kalte Finsternis und ließen die mittägliche Wärme hinter uns. Wir kamen an alten, in Stalaktiten geritzten Taino-Felszeichnungen vorbei – zahlreiche runde Gesichter, Salamander und Spiralen –, zu denen noch der letzte Schimmer grünen Lichts drang. Und dann herrschte plötzlich vollkommene Dunkelheit. Wir schalteten unsere Stirnlampen ein. Wurzeln von oben folgten uns auf unserem Weg hinunter. In einer großen Kammer hatten sich Pfahlwurzeln von Bäumen an der Oberfläche, so dick wie mein Unterarm, durch den meterdicken Fels über unseren Köpfen gebohrt, um in diese dunkle Kathedrale vorzudringen, sich weitere zehn oder zwölf Meter durch die Luft zu schlängeln und ihr Ziel zu erreichen: den sanft dahinfließenden unterirdischen Fluss, an dessen Ufer wir standen. So unglaubliche Mühen für einen Schluck Wasser. Das schien übertrieben. Aber ich vertraute darauf, dass hinter diesem mühevollen Eindringen ein Grund steckte, den mein menschliches Auge nur nicht zu sehen vermochte.

Wir ließen den Fluss hinter uns und wanderten weitere drei oder vier Stunden durch die Höhlengänge, wobei wir manchmal auf dem Bauch kriechen mussten, um uns durch allenfalls hüftbreite Öffnungen im Fels zu zwängen. Die vollkommene Dunkelheit führte zu einer Dehnung des Zeitempfindens, so dass ich das Gefühl hatte, ich wäre schon eine Ewigkeit hier und fände vielleicht nie mehr ans Tageslicht zurück. Das war kein Lebensraum für Menschen, auch wenn ich wusste, dass sie schon seit Jahrtausenden zeitweilig dort Gast gewesen waren – der moderne Abschnitt dieses Zeitraums zeigte sich in Graffiti an den Felswänden mit Unterschriften aus den Jahren 1914 und 1939 und 1974. Auch seltsame Insekten hingen an den Wänden, darunter eines mit großen schwarzen Krallen. Wie Ramón mir sagte, trägt es seine Eier in kleinen Taschen auf dem Rücken. Wenn die Larven schlüpfen, dringen sie in den Körper der Mutter ein und fressen sie auf. Einmal tauchte im Schein meiner Stirnlampe ein Skorpion auf. Ich beschloss, lieber nicht darüber nachzudenken.

Wir krochen in die nächste Kammer und standen auf. Sogleich versanken meine Turnschuhe in einer lehmigen Masse. Die Luft roch muffig und leicht süßlich. Irgendetwas piepste. Ich schaute nach oben. Hunderte von Flughunden hingen mit dem Kopf nach unten an der Decke, drängten sich unruhig aneinander wie die Stacheln an einem aufgestöberten Igel, aber rundlich und flauschig und sehr niedlich.

Einer breitete die Flügel aus und zog sie wieder ein. Die Flughaut war so dünn, dass etwas von dem Licht aus meiner Stirnlampe hindurchdrang. Nun verstand ich auch, worum es sich bei der lehmigen Masse handelte. Wir standen in Fledermaus-Guano.

Ich betrachtete die Schicht aus Fledermaus-Exkrementen. Hunderte weiße Stäbchen schienen daraus hervorzuwachsen, genau in der Mitte der Kammer, direkt unter der dichtesten Ansammlung von Flughunden an der Decke. Die schlanken Stängel, gut 30 Zentimeter hoch und reinweiß, hatten jeweils ein einzelnes weißes Blatt oder zuweilen auch zwei solcher Blättchen an ihrer Spitze, wie ein Fähnchen an einem Spielzeugschiffchen. Mir wurde klar, dass dies das Werk der Flughunde war. Nachdem diese Fruchtfresser nach einem nächtlichen Festessen im Dschungel in ihre Höhle zurückgekehrt waren, hatten sie die Samen, wahrscheinlich zu Tausenden, mit ihrem Kot ausgeschieden. Die Flughunde gehören in diesem Ökosystem zu den wichtigsten Samenverbreitern. Doch das funktioniert nur dann so, wie die Pflanzen es beabsichtigen, wenn die Flughunde ihren Kot oben über der Erde ausscheiden. Hier unten waren die Pflanzen zum Tode verurteilt. Es gab kein Licht und daher auch keine Fotosynthese. Keine Aussicht auf lebensspendendes Grün, sondern nur die faszinierende Fruchtbarkeit des stärksten Düngers der Welt – ein knöcheltiefes Bett aus Fledermaus-Guano.

Es war ein Geisterwald, der angesichts seiner unausweichlichen Vergeblichkeit wie ein Spuk wirkte. Sobald den Samen der Treibstoff ausging, würden sie sterben. Ich fragte mich, warum sie sich überhaupt die Mühe machten, zu keimen. Nach allem, was ich inzwischen über die extrem ausgebildete praktische Vernunft der Pflanzen wusste, hatte ich das

Gefühl, ein Beispiel für pflanzliche Dummheit vor mir zu haben.

Andererseits war es auch irgendwie nachvollziehbar. Ich sah nochmals hin. Es war klar, dass sie versucht hatten, ihr Bestes zu geben. Sie waren so hoch und so dünn gewachsen, wie es von ihrem Bau her nur möglich war, und hatten all ihre begrenzte Energie darauf verwandt, nach einem bisschen Licht zu suchen. Sie hatten nur ein oder zwei Blätter getrieben – Wimpel der Hoffnung, dass letztlich doch ein paar Photonen darauf fallen würden. Ihre Strategie war bemerkenswert sensibel. Ich wusste nicht, ob all diese Samen dort von derselben Pflanzenart stammten. Flughunde fressen in großen Mengen diverse Früchte, und so war das eher unwahrscheinlich. Aber all diese weißen Sämlinge sahen gleich aus. Vielleicht hatten sie alle dieselbe Form angenommen, weil sie die beste für das Überleben war. Sie passten sich so gut an ihre Situation an, wie sie nur konnten, und investierten alles, was sie besaßen, in die denkbar klügste Form.

Diese Mühen reichten nicht aus, doch das war nicht der Punkt. Vielleicht bemisst Intelligenz jeglicher Art sich nicht am Erfolg, sondern am Vorgehen. Hätte irgendjemand von uns in einer vergleichbaren Lage anders gehandelt? Sie versuchten, in einer unwirtlichen Landschaft auf die beste ihnen bekannte Weise zu überleben. Ich war bewegt. Selbst unter unmöglichen Bedingungen strebten sie nach Leben.

Unser Menschsein findet sich ebenso in den Leistungen, die wir in einer harten und komplexen Welt vollbringen, wie in unserer Beschränktheit, unseren Schwächen, unseren Fehlern. Wir sind wegen dieser Schwächen nicht weniger menschlich. Vielleicht hat diese amorphe Eigenschaft der »pflanzlichen Intelligenz«, die ich zu verstehen versuche – diese bei den Pflanzen eindeutig zu beobachtende Lebendigkeit und ihr Wille, zu sein –, auch mit den Dingen zu tun, die Pflanzen versuchen, die sie ausprobieren und an denen sie unter Umständen scheitern. Schließlich zeigt sich, wer wir sind, nicht allein im Ergebnis unseres Strebens, sondern auch an den Wegen, die wir einschlagen, um zu unseren Zielen zu gelangen. Das Streben sagt mehr über uns aus als der Erfolg.

Nochmals, es gibt keine endgültigen Ergebnisse. Wenn wir etwas gelernt haben, dann, dass die biotische Kreativität zu unserem Erbe gehört. Statt uns auf dem Weg in den Untergang zu sehen, wie ich damals als unzufriedene Redakteurin in einer Nachrichtenredaktion, sehe ich heute ein endloses Meer des Wandels. Das Leben findet einen Weg, wenn es die Chance dazu erhält.

Doch was, wenn wir es sind, die diese Chance geben oder vereiteln? Das Wohlergehen der Pflanzengemeinschaften auf der ganzen Erde hängt heute von der Einstellung der Menschen gegenüber den Pflanzen ab. Da wir Pflanzen nun als Individuen betrachten können, haben wir auch gelernt, sie um ihrer selbst willen zu betrachten. Vielleicht können wir diese spezielle Bewunderung auf das größere Ganze zurückbeziehen. Biologisch liegt ihr Wert in ihrer Funktion als Mitglieder untereinander verbundener Gemeinschaften, der vielfältigen artenübergreifenden Interaktionen, die jene Welt tragen, von der wir alle ein Teil sind.

Eine einzelne Pflanze ist ein Wunder. Eine Pflanzengemeinschaft ist Leben schlechthin. Sie ist die evolutionäre Vergangenheit und Zukunft, verwickelt in eine chaotische Gegenwart, in die auch wir verwickelt sind. Das erweitert den Geist. Pflanzen geben uns die Chance, das System zu sehen, in dem wir leben.

Dank

An einem Winternachmittag des Jahres 2018 saß ich gemeinsam mit meiner ältesten Freundin Sarah Grose in der Ecke eines Pubs an der irischen Westküste. Es war halb fünf und draußen schon dunkel. Ich hatte das Gefühl, an der Schwelle zu etwas Neuem zu stehen. Ich sagte ihr, ich wolle ein Buch schreiben. Etwas über Pflanzen. Es war das erste Mal, dass ich das laut aussprach. Sarah sagte mir, ich solle diesen Plan gleich jetzt, dort in diesem Pub, aufschreiben, denn ich würde das wirklich tun. Danke dafür, dass du mich immer schon kennst, bevor ich selbst mich kenne.

In den folgenden Jahren traten so viele Menschen in mein Leben, um diesem Buch Gestalt zu verleihen. Ein Buch ist nur in einem mechanischen Sinne das Werk einsamen Strebens. Viele Dutzend Wissenschaftlerinnen und Wissenschaftler schenkten mir Stunden ihrer Zeit, manche über Jahre, und manche empfingen mich in ihrem Labor oder bei ihrer Feldforschung. Bei diesen Gesprächen war ich mir stets der Demut lehrenden Tatsache bewusst, dass all ihr Wissen das Produkt unzähliger Stunden im Labor und jahrzehntelanger Bemühungen innerhalb der akademischen Welt darstellt. Und die in diesem Buch Genannten taten all das im Namen der Pflanzen. Mein tiefster Dank gilt ihnen allen für ihre Großzügigkeit. Mein besonderer Dank geht an Rick Karban, Liz Van Volkenburgh, Ernesto Gianoli und JC Cahill. Unsere lange Korrespondenz war für mich von unschätzbarem Wert.

Mein Dank geht an Adam Eaglin, meinen Agenten, der dieses Buch von Anfang an begleitete und überhaupt erst ermöglichte. Als Debutautorin konnte ich mir gar nicht vorstellen, welch ein Maß an professioneller Unterstützung möglich ist und dass man dies mit solcher Eleganz zu leisten vermag, wie Sie es getan haben. Für Autorinnen und Autoren sind Sie ein Held. Ich und all Ihre Klienten sind so glücklich, Sie zu haben. Dank auch an das gesamte Team der Cheney Agency einschließlich der großartigen Elyse Cheney für solch eine umfassende und standhafte Unterstützung.

Zutiefst dankbar bin ich Sarah Haugen, meiner Lektorin bei Harper, deren Fragen und Kritik für dieses Buch von unermesslichem Nutzen waren. Ihre ermutigenden Anmerkungen gaben mir während des gesamten Redaktionsprozesses Auftrieb. Danke dafür, dass Sie es wirklich verstanden haben. Ich danke auch Gail Winston, die als Erste an dieses Projekt glaubte. Ihr kluger Rat und tiefer Sinn für das Handwerk gaben mir das Gefühl, in den besten Händen zu sein. Danke auch dafür, dass ich mich zum ersten Mal als Autorin empfand. Mein Dank geht auch an Milan Bozic für die Gestaltung des absolut außerirdischen Covers, an Maya Brown für ihr Talent auf dem Gebiet der Werbung und an das gesamte übrige Team bei Harper, das vom ersten Tag an so unglaublich gute Arbeit geleistet hat. An Emily Krieger, meine ausgezeichnete Fakten-Checkerin. Ich bin so froh, dass eine Pflanzenliebhaberin diese Aufgabe übernahm.

Ewig dankbar bin ich für die Künstlerresidenzen, die mir die Möglichkeit gaben, an großartigen Orten zu schreiben, und von denen einige auch Eingang in dieses Buch gefunden haben. Sie alle lehrten mich, genauer in die Landschaft und mich selbst hineinzuhören und ernst zu nehmen, was sich dort zeigte. Mein Dank geht auch an The Mesa Refuge in Point Reyes, California, an das Bloedel Reserve auf Bainbridge Island in Washington, an The Strange Foundation in West Shokan, New York, The Marble House Project in Dorset, Vermont, The Folly Tree Arboretum in Easthampton, New York, die Oak Spring Garden Foundation in Virginia und die National Parks Arts Foundation für einen einmonatigen Aufenthalt im Hawaii Volcanoes National Park auf Big Island. Mein besonderer Dank geht an die Botanikerinnen und Botaniker wie auch die Ökologen und Ökologinnen des Park Service, mit denen ich dort zusammenkam. Dank auch dem National Tropical Botanical Garden auf Kauai, durch dessen Umweltjournalismus-Stipendium ich Steve Perlman kennenlernte und letztlich einen neuen Weg einschlug. Und ich danke Lincoln, Cody, Laura und Farmer Bill Hill. Die Monate auf Eurer Farm gehörten zu den glücklichsten in meinem ganzen Leben.

Ich danke Lucy McKeon, Julia Simpson, Nadja Spiegelman und Carina del Valle Schorske. Ihr seid so brillant in eurer Kreativität und Freundschaft, deren Nutznießerin und Empfängerin zu sein, ich das Glück habe. Danke für eure genaue Lektüre, eure schriftstellerischen Ratschläge, eure scharfe Kritik und alles, was ich in eurer Gesellschaft lerne.

Ich danke meinen Freundinnen und Freunden Lily Consuelo Saporta Tagiuri, Jaffer Kolb, Ryan Moritz, Nikhil Sonnad, Althea SullyCole, Suzanne Pierre, Zoe Mendelson, Rose Eveleth, Olivia Gerber, Annabelle Maroney, Joseph Chugg, Olaya Barr sowie vielen anderen alten und neuen Freundinnen und Freunden für die Gespräche, die mein Denken in all den Jahren dieses Projekts und auch lange davor schon befruchteten. Ich bin ein Produkt der mit euch allen verbrachten Zeit.

Ich danke meiner Mutter D, meiner größten Unterstützerin. Du weißt den Zauber in allem zu finden, was die Welt zu bieten hat. All meine weltoffene Neugier kommt von dir. Ich danke meinem Vater Rafe. Danke dafür, dass du mir schon in meiner Kindheit gezeigt hast, dass Physik und Biologie staunenerregend sein können. Dein ehrfürchtiges Staunen über die Mechanik der Welt hat einen bleibenden Eindruck in mir hinterlassen. Ich danke meinem Bruder Mikolo. Deine einfühlsame Offenheit und deine Erfindungsgabe inspirieren mich. Ich liebe euch.

Ich danke Marlene DeGrande, meiner Grundschullehrerin, von der ich etwas über Poesie und Beharrlichkeit und die Umsetzung von Denken in Handeln lernte. Sie sagten mir einmal, ich sollte Künstlerin werden. Ich hoffe, das hier zählt.

Ich danke Anne Humanfield und Jeff Schlanger, denen ich dieses Buch widme. Danke für ein lebenslanges Lernen, wie wir die Welt durch eine ehrfürchtige Wertschätzung ihrer Schönheit am besten lieben können. Eure Sicht der Dinge hat zutiefst auch meine Sicht geprägt.

Vor allem aber danke ich Sarah Sax. Alle Autorinnen und Autoren kennen die raue Topographie eines Buchprojekts. Ich glaube beharrlich, niemand hatte solches Glück wie ich, auf Sarahs heilsamen Optimismus und ihre umfassende Fürsorge zurückgreifen zu können. Sie durchlebte das gesamte Projekt gemeinsam mit mir und befruchtete es mit ihrer eigenen Neugier und ihrem eigenen Intellekt. Unser gemeinsames Interesse an der natürlichen Welt ist immer wieder eine Freude, ein von einer Quelle gespeister Brunnen. So viele der hier vorgetragenen Ideen entstanden ursprünglich im Gespräch mit ihr. Viele der von ihr vorgeschlagenen Lektüren erweiterten mein Denken und fanden letztlich ihren Weg in dieses Buch. Sarah, du bist meine erste Leserin und meine Lieblingslektorin. Unser gemeinsames Leben ist das interessanteste lange Gespräch, das ich jemals zu führen das Privileg hatte. Gemeinsam mit dir scheint alles möglich zu sein, und ständig wartet etwas Neues auf uns.

Anmerkungen

KAPITEL 1: DIE FRAGE DES PFLANZENBEWUSSTSEINS

1 Lena van Giesen u. a., »Molecular Basis of Chemotactile Sensation in Octopus«, *Cell* 183, Nr. 3 (2020), S. 594–604.

2 Jennifer Mather, »Cephalopod Tool Use«, in *Encyclopedia of Evolutionary Psychological Science,* hg. von Todd Shackelford und Vivian Weekes-Shackelford, New York 2021, S. 948–951.

3 Roland C. Anderson u. a., »Octopuses (Enteroctopus dofleini) Recognize Individual Humans«, *Journal of Applied Animal Welfare Science* 13, Nr. 3 (2010), S. 261–272.

4 Fay-Wei Li u. a., »Fern Genomes Elucidate Land Plant Evolution and Cyanobacterial Symbioses«, *Nature Plants* 4, Nr. 7 (2018), S. 460–472.

5 D. Blaine Marchant u. a., »Dynamic Genome Evolution in a Model Fern«, *Nature Plants* 8, Nr. 9 (2022), S. 1038–1051.

6 Thomas A. Lumpkin und Donald L. Plucknett, »Azolla: Botany, Physiology, and Use as a Green Manure«, *Economic Botany* 34 (1980), S. 111–153.

7 Andrea Wulf, *The Invention of Nature*, London 2015; dt.: *Alexander von Humboldt und die Erfindung der Natur*, München 2016, S. 81, 309.

8 Arthur W. Galston und Clifford L. Slayman, »The Not-So-Secret Life of Plants: In Which the Historical and Experimental Myths about Emotional Communication between Animal and Vegetable Are Put to Rest«, *American Scientist* 67, Nr. 3 (1979), S. 337–344.

9 María A. Crepy und Jorge J. Casal, »Photoreceptor Mediated Kin Recognition in Plants«, *New Phytologist* 205, Nr. 1 (2015), S. 329–338.

10 Monica Gagliano u. a., »Tuned in: Plant Roots Use Sound to Locate Water«, *Oecologia* 184, Nr. 1 (2017), S. 151–160.

11 Junji Takabayashi, Marcel Dicke und Maarten A. Posthumus, »Induction of Indirect Defence against Spider-Mites in Uninfested Lima Bean Leaves«, *Phytochemistry* 30, Nr. 5 (1991), S. 1459–1462.

12 Silke Allmann und Ian T. Baldwin, »Insects Betray Themselves in Nature to Predators by Rapid Isomerization of Green Leaf Volatiles«, *Science* 329, Nr. 5995 (2010), S. 1075–1078.

13 John Orrock, Brian Connolly und Anthony Kitchen, »Induced Defences in Plants Reduce Herbivory by Increasing Cannibalism«, *Nature Ecology and Evolution* 1, Nr. 8 (2017), S. 1205–1207.

14 Bernard Berenson, *Sketch for a Self-Portrait,* New York 1949; dt.: *Entwurf zu einem Selbstbildnis*, Wiesbaden 1953, S. 21–22.

15 Lincoln Taiz u. a., »Plants Neither Possess nor Require Consciousness«, *Trends in Plant Science* 24, Nr. 8 (2019), S. 677–687.

16 Paco Calvo und Anthony Trewavas, »Physiology and the (Neuro) Biology of Plant Behavior: A Farewell to Arms«, *Trends in Plant Science* 25, Nr. 3 (2020), S. 214–216.

17 »Letter to Benjamin Franklin from Joseph Priestley, 1 July 1772«, Founders Online, National Archives, https://founders.archives.gov/documents/Franklin/01–19–02–0136 (zuletzt besucht im April 2024).

KAPITEL 2: WIE WISSENSCHAFTEN IHRE MEINUNG ÄNDERN

1 Haraway, Donna J., »In the Beginning Was the Word: The Genesis of Biological Theory«, Signs 6, Nr. 3 (1981), S. 469–481; http://www.jstor.org/stable/3173758 (zuletzt besucht im April 2024).

2 Emanuele Coccia, *La vie des plantes,* Paris 2016; dt.: *Die Wurzeln der Welt: Eine Philosophie der Pflanzen*, München 2018, S. 35.

3 G. M. Cooper, *The Cell: A Molecular Approach*, 2. Ausg., Sunderland, MA, 2000. Chloroplasts and Other Plastids.

4 Yinon M. Bar-On, Rob Phillips und Ron Milo, »The Biomass Distribution on Earth«, *Proceedings of the National Academy of Sciences* 115, Nr. 25 (2018), S. 6506–6511.

5 Timothy M. Lenton u. a., »Earliest Land Plants Created Mo-

dern Levels of Atmospheric Oxygen«, *Proceedings of the National Academy of Sciences* 113, Nr. 35 (2016), S. 9704–9709.

6 Coccia, *Die Wurzeln der Welt*, S. 36.

7 Theresa L. Miller, *Plant Kin: A Multispecies Ethnography in Indigenous Brazil*, Austin 2019.

8 Mary Siisip Geniusz, *Plants Have So Much to Give Us, All We Have to Do Is Ask: Anishinaabe Botanical Teachings*, Minneapolis 2015, S. 21.

9 Michael Marder, *Plant-Thinking, A Philosophy of Vegetal Life*, New York 2013.

10 Jane Bennett, *Vibrant Matter: A Political Ecology of Things*, Durham, NC, 2010; dt.: *Lebhafte Materie, Eine politische Ökologie der Dinge*, Berlin 2020, S. 9.

11 Amber D. Carpenter, »Embodied Intelligent (?) Souls: Plants in Plato's Timaeus«, *Phronesis* 55, Nr. 4 (2010), S. 281–303.

12 Nach dieser Vorstellung hatten Frauen, Kinder und Sklaven keine vernünftigen, sondern begehrende Seelen, wie die Feministin Val Plumwood herausgearbeitet hat. Val Plumwood, *Feminism and the Mastery of Nature,* New York 1993, S. 84–85, zit. in Matthew Hall, *Plants as Persons: A Philosophical Botany,* Albany 2011.

13 Matthew Hall, »The Roots of Disregard: Exclusion and Inclusion in Classical Greek Philosophy«, in Hall, *Plants as Persons*, S. 17–36.

14 Theophrastus (um 350 – um 287 v. Chr.), *Historia plantarum*; dt.: *Naturgeschichte der Gewächse*, 5 Bde., Altona 1822.

15 *Theophrastus, De causis plantarum 1. 16. 12.*

16 Theophrastus, *Historia plantarum* 1.2.7–1.2.8; *Naturgeschichte der Gewächse*, Bd. 1, S. 11–12.

17 Theophrastus, *Historia plantarum* 1.2.5; dt.: *Naturgeschichte der Gewächse*, S. 11.

18 Gary Hatfield, Stichwort »Animal« in *The Cambridge Descartes Lexicon*, hg. von Lawrence Nolan, Cambridge 2015, S. 19–26, https://www.cambridge.org/core/books/abs/cambridge-descartes-lexicon/animal/AC7F3D25FD97D9354DFC2C9CFAF767D4(zuletzt besucht im April 2024).

19 Thomas Huxley, »On the Hypothesis that Animals are Automata, and Its History«, *Nature* 10 (1874), S. 362–366.

20 Mohd Akmal, M. Zulkifle und A. H. Ansari, »Ibn Nafis – A

Forgotten Genius in the Discovery of Pulmonary Blood Circulation«, *Heart Views: The Official Journal of the Gulf Heart Association* 11, Nr. 1 (2010), S. 26.

21 Carol Kaesuk Yoon, »Donald R. Griffin, 88, Dies; Argued Animals Can Think«, *New York Times*, 14. November 2003.

22 Kristyn R. Vitale, Alexandra C. Behnke und Monique A. R. Udell, »Attachment Bonds between Domestic Cats and Humans«, *Current Biology* 29, Nr. 18 (2019), R864–R865.

23 Philip Low u. a., »The Cambridge Declaration on Consciousness«, Paper für die Francis Crick Memorial Conference, Cambridge, England, 2012, S. 1–2.

24 Lara D. LaDage u. a., »Spatial Memory: Are Lizards Really Deficient?«, *Biology Letters* 8, Nr. 6 (2012), S. 939–941.

25 Wen Wu u. a., »Honeybees Can Discriminate between Monet and Picasso Paintings«, *Journal of Comparative Physiology A* 199 (2013), S. 45–55.

26 Shihao Dong u. a., »Social Signal Learning of the Waggle Dance in Honey Bees«, *Science* 379 (März 2023), S. 101–1018.

27 James Gorman, »Do Honeybees Feel? Scientists Are Entertaining the Idea«, *New York Times*, 18. April 2016.

28 Charles Darwin, *The Power of Movement in Plants,* London 1880, dt.: *Das Bewegungsvermögen der Pflanzen*, Stuttgart 1881, S. 492.

29 Thomas S. Kuhn, *The Structure of Scientific Discovery*, Chicago 1962; dt.: *Die Struktur wissenschaftlicher Revolutionen*, 2. erw. Ausg., Frankfurt am Main 1976, S. 38.

30 Bernard Barber, »Resistance by Scientists to Scientific Discovery«, *American Journal of Clinical Hypnosis* 5, Nr. 4 (1963), S. 326–335.

31 Kuhn, *Die Struktur wissenschaftlicher Revolutionen*, S. 92.

32 Kuhn, *Die Struktur wissenschaftlicher Revolutionen*, S. 169–170; das Zitat in der nachfolgenden Fußnote ebd., S. 99.

33 Eric D. Brenner u. a., »Plant Neurobiology: An Integrated View of Plant Signaling«, *Trends in Plant Science* 11, Nr. 8 (2006), S. 413–419.

34 František Baluška und Stefano Mancuso, »Plants and Animals: Convergent Evolution in Action?«, in *Plant-Environment Interactions: From Sensory Plant Biology to Active Plant Behavior*, hg. von František Baluška, Berlin 2009, S. 285–301.

35 Lincoln Taiz u. a., »Plants Neither Possess nor Require Consciousness«, *Trends in Plant Science* 24, Nr. 8 (2019), S. 677–687.
36 Michael Pollan, »The Intelligent Plant«, *New Yorker*, 15. Dezember 2013.

KAPITEL 3: DIE KOMMUNIZIERENDE PFLANZE

1 David F. Rhoades, »Responses of Alder and Willow to Attack by Tent Caterpillars and Webworms: Evidence for Pheromonal Sensitivity of Willows«, in *Plant Resistance to Insects*, hg. von Paul A. Hedin, Washington, DC, 1983, S. 55–68.
2 Ebd., S. 63.
3 Anthony Trewavas, *Plant Behaviour and Intelligence*, Oxford, 2014, S. 48.
4 Zellen zeigen ein derart »verwirrendes« Spektrum an Reaktionen auf eine derart »erstaunliche« Vielfalt an Inputs, dass kürzlich die Ansicht geäußert wurde, auch ihnen müsse man Lernfähigkeit zuschreiben. Siehe Sindy K. Y. Tang und Wallace F. Marshall, »Cell Learning«, *Current Biology* 28, Nr. 20 (2018), R1180–R1184.
5 Aus McClintocks Rede anlässlich der Verleihung des Nobelpreises: »Für die Zukunft könnte es ein Ziel sein, herauszufinden, in welchem Ausmaß die Zelle ein Wissen um sich selbst besitzt und ob sie es bei Herausforderungen ›mit Bedacht‹ benutzt.« Barbara McClintock, »The Significance of Responses of the Genome to Challenge«, *Cell Science* 226, Nr. 4676 (1984), S. 792–801.
6 Alexander T. Topham u. a., »Temperature Variability Is Integrated by a Spatially Embedded Decision-Making Center to Break Dormancy in *Arabidopsis* Seeds«, *Proceedings of the National Academy of Sciences* 114, Nr. 25 (2017), S. 6629–6634.
7 Richard Karban, *Plant Sensing and Communication,* Chicago 2015.
8 Simon V. Fowler und John H. Lawton, Rapidly Induced Defenses and Talking Trees: The Devil's Advocate Position«, *American Naturalist* 126, Nr. 2 (1985), S. 181–195.
9 J. White, »Flagging: Hosts Defences versus Oviposition Strategies in Periodical Cicadas (Magicicada spp., Cicadidae, Homoptera)«, *Canadian Entomologist* 113, Nr. 8 (1981), S. 727–738.

10 Ian T. Baldwin und Jack C. Schultz, »Rapid Changes in Tree Leaf Chemistry Induced by Damage: Evidence for Communication between Plants«, *Science* 221, Nr. 4607 (1983), S. 277–279.

11 Peter Frick-Wright, »Early Bloom«, Interview mit Jack Schultz, Podcast, Public Radio Exchange, 8. August 2014.

12 Gian A. Nogler, »The Lesser-Known Mendel: His Experiments on *Hieracium*«, *Genetics* 172, Nr. 1 (2006), S. 1–6.

13 Aino Kalske u. a., »Insect Herbivory Selects for Volatile-Mediated Plant-Plant Communication«, *Current Biology* 29, Nr. 18 (2019), S. 3128–3133.

14 Patrick Grof-Tisza u. a., »Risk of Herbivory Negatively Correlates with the Diversity of Volatile Emissions Involved in Plant Communication«, *Proceedings of the Royal Society* B 288, Nr. 1961 (2021), S. 20211790.

15 Pamela M. Fallow und Robert D. Magrath, »Eavesdropping on Other Species: Mutual Interspecific Understanding of Urgency Information in Avian Alarm Calls«, *Animal Behaviour* 79, Nr. 2 (2010), S. 411–417. Mylène Dutour, Jean-Paul Léna und Thierry Lengagne, »Mobbing Calls: A Signal Transcending Species Boundaries«, *Animal Behaviour* 131 (2017), S 3–11.

16 Jonas Stiegler u. a., »Personality Drives Activity and Space Use in a Mammalian Herbivore«, *Movement Ecology* 10, Nr. 1 (2022), S. 1–12.

17 Xoaquín Moreira u. a., »Specificity of Plant–Plant Communication for *Baccharis salicifolia* Sexes but Not Genotypes«, *Ecology* 99, Nr. 12 (2018), S. 2731–2739.

18 Justus von Liebig, *Die organische Chemie in ihrer Anwendung auf Agricultur und Physiologie*, Braunschweig 1840.

19 Greta Marchesi, »Justus von Liebig Makes the World: Soil Properties and Social Change in the Nineteenth Century«, *Environmental Humanities* 12, Nr. 1 (2020), S. 205–226.

KAPITEL 4: ZUM FÜHLEN ERWACHT

1 André M. Bastos u. a., »Neural effects of Propofol-Induced Unconsciousness and Its Reversal Using Thalamic Stimulation«, *Elife* 10 (2021), S. e60824.

2 A. Taylor und G. McLeod, »Basic Pharmacology of Local Anaesthetics«, *BJA Education* 20, Nr. 2 (2020), S. 34.

3 Ken Yokawa u. a., »Anaesthetics Stop Diverse Plant Organ Movements, Affect Endocytic Vesicle Recycling and ROS Homeostasis, and Block Action Potentials in Venus Flytraps«, *Annals of Botany* 122, Nr. 5 (2018), S. 747–756.

4 Thiago Paes de Barros De Luccia, »*Mimosa pudica, Dionaea muscipula* and anesthetics«, *Plant Signaling and Behavior* 7, Nr. 9 (2012), S. 1163–1167.

5 S. Hagihira, »Changes in the Electroencephalogram during Anaesthesia and Their Physiological Basis«, *British Journal of Anaesthesia* 115, Suppl. 1 (2015), S. i27–i31.

6 Giulio Tononi, »An Information Integration Theory of Consciousness«, *BMC Neuroscience* 5 (2004), S. 1–22.

7 Carl Zimmer, »Sizing Up Consciousness by Its Bits«, *New York Times*, 20. September 2010.

8 Gabriela Quirós, »This Pulsating Slime Mold Comes in Peace«, *KQED*, 19. April 2016.

9 Elizabeth Gamillo, »Mushrooms May Communicate with Each Other Using Electrical Impulses«, *Smithsonian Magazine*, April 2022.

10 Mirna Kramar und Karen Alim, »Encoding Memory in Tube Diameter Hierarchy of Living Flow Network«, *Proceedings of the National Academy of Sciences* 118, Nr. 10 (2021), S. e2007815118.

11 Mordecai J. Jaffe, »Thigmomorphogenesis: The Response of Plant Growth and Development to Mechanical Stimulation: With Special Reference to *Bryonia dioica*«, *Planta* 114 (1973), S. 143–157.

12 Mordecai J. Jaffe, Frank W. Telewski und Paul W. Cooke, »Thigmomorphogenesis: On the Mechanical Properties of Mechanically Perturbed Bean Plants«, *Physiologia Plantarum* 62, Nr. 1 (1984), S. 73–78.

13 Frank W. Telewski und Mordecai J. Jaffe, »Thigmomorphogenesis: Field and Laboratory Studies of *Abies fraseri* in Response to Wind or Mechanical Perturbation«, *Physiologia Plantarum* 66, Nr. 2 (1986), S. 211–218.

14 Frank W. Telewski und Mordecai J. Jaffe, »Thigmomorphogenesis: Anatomical, Morphological and Mechanical Analysis of

Genetically Different Sibs of *Pinus taeda* in Response to Mechanical Perturbation«, *Physiologia Plantarum* 66, Nr. 2 (1986), S. 219–226.

15 Yue Xu u. a., »Mitochondrial Function Modulates Touch Signalling in *Arabidopsis thaliana*«, *Plant Journal* 97, Nr. 4 (2019), S. 623–645.

16 Lehcen Benikhlef u. a., »Perception of Soft Mechanical Stress in *Arabidopsis* Leaves Activates Disease Resistance«, *BMC Plant Biology* 13, Nr. 1 (2013), S. 1–12.

17 Sir Patrick Geddes, *The Life and Work of Sir Jagadis C. Bose*, London 1920; dt.: *Leben und Werk von Sir Jagadis C. Bose*, Erlenbach-Zürich 1930, S. 155.

18 John Scott Burdon-Sanderson und F. J. M. Page, »I. On the Mechanical Effects and on the Electrical Disturbance Consequent on Excitation of the Leaf of *Dionaea muscipula*«, *Proceedings of the Royal Society of London* 25, Nrn. 171–178 (1877), S. 411–434.

19 Bose, *The Nervous Mechanisms of Plants*, S. 184.

20 Prakash Narain Tandon, »Jagdish Chandra Bose and Plant Neurobiology«, *The Indian Journal of Medical Research* 149, Nr. 5 (2019), S. 593–5

21 Jagadis Chunder Bose und Guru Prasanna Das, »Physiological and Anatomical Investigations on *Mimosa pudica*«, *Proceedings of the Royal Society of London B* 98, Nr. 690 (1925), S. 290–312.

22 Bose, *The Nervous Mechanism of Plants*, S. ix.

23 Peter V. Minorsky, »American Racism and the Lost Legacy of Sir Jagadis Chandra Bose, the Father of Plant Neurobiology«, *Plant Signaling and Behavior* 16, Nr. 1 (2021), S. 1818030.

24 D. C. Wildon u. a., »Electrical Signalling and Systemic Proteinase Inhibitor Induction in the Wounded Plant«, *Nature* 360, Nr. 6399 (1992), S. 62–65.

25 Jiu Ping Ding und Barbara G. Pickard, »Mechanosensory Calcium Selective Cation Channels in Epidermal Cells«, *Plant Journal* 3, Nr. 1 (1993), S. 83–110.

26 Bill Clinton, »Remarks by the President in State of the Union Address«, Washington, DC, 1995.

27 Jennifer Böhm u. a., »The Venus Flytrap *Dionaea muscipula* Counts Prey-Induced Action Potentials to Induce Sodium Uptake«, *Current Biology* 26, Nr. 3 (2016), S. 286–295.

28 Masatsugu Toyota u.a., »Glutamate triggers Long-Distance, Calcium-Based Plant Defense Signaling«, *Science* 361, Nr. 6407 (2018), S. 1112–1115.
29 Seyed A.R. Mousavi u.a., »Glutamate Receptor-Like Genes Mediate Leaf-to-Leaf Wound Signalling«, *Nature* 500, Nr. 7463 (2013), S. 422–426.
30 »Simon Says: Captivate the Public with Snazzy Videos of Plant Defense, Send Plants to Space, and Embrace Curiosity-Driven Science«, in *Taproot*, Podcast, Season 3, Episode 5, 19. März 2019.
31 Gloria K. Muday und Heather Brown-Harding, »Nervous System-Like Signaling in Plant Defense«, *Science* 361, Nr. 6407 (2018), S. 1068–1069.
32 Sergio Miguel-Tomé und Rodolfo R. Llinás, »Broadening the Definition of a Nervous System to Better Understand the Evolution of Plants and Animals«, *Plant Signaling and Behavior* 16, Nr. 10 (2021), S. 1927562.
33 Amber Dance, »The Quest to Decipher How the Body's Cells Sense Touch«, *Nature* 577, Nr. 7789 (2020), S. 158–161.

KAPITEL 5: MIT DEM OHR AM BODEN

1 Ralph Simon u.a., »Floral Acoustics: Conspicuous Echoes of a Dish-Shaped Leaf Attract Bat Pollinators«, *Science* 333, Nr. 6042 (2011), S. 631–633.
2 Dagmar von Helversen und Otto von Helversen, »Acoustic Guide in Bat-Pollinated Flower«, *Nature* 398, Nr. 6730 (1999), S. 759–760.
3 Heidi M. Appel und Reginald B. Cocroft, »Plants Respond to Leaf Vibrations Caused by Insect Herbivore Chewing«, *Oecologia* 175, Nr. 4 (2014), S. 1257–1266.
4 Bosung Choi u.a., »Positive Regulatory Role of Sound Vibration Treatment in *Arabidopsis thaliana* against *Botrytis cinerea* Infection«, *Scientific Reports* 7, Nr. 1 (2017), S. 1–14.
5 Mi-Jeong Jeong u.a., »Sound Frequencies Induce Drought Tolerance in Rice Plant«, *Pakistan Journal of Botany* 46 (2014), S. 2015–2020.
6 Joo Yeol Kim u.a., »Sound Waves Increases the ascorbic Acid Content of Alfalfa Sprouts by Affecting the Expression of As-

corbic Acid Biosynthesis-Related Genes«, *Plant Biotechnology Reports* 11 (2017), S. 355–364.

7 Joo Yeol Kim u. a., »Sound Waves Affect the Total Flavonoid Contents in *Medicago sativa*, *Brassica oleracea* and *Raphanus sativus* Sprouts«, *Journal of the Science of Food and Agriculture* 100, Nr. 1 (2020), S. 431–440.

8 Shaobao Liu u. a., »Arabidopsis Leaf Trichomes as Acoustic Antennae«, *Biophysical Journal* 113, Nr. 9 (2017), S. 2068–2076.

9 Michelle Peiffer u. a., »Plants on Early Alert: Glandular Trichomes as Sensors for Insect Herbivores«, *New Phytologist* 184, Nr. 3 (2009), S. 644–656.

10 Marine Veits u. a., »Flowers Respond to Pollinator Sound within Minutes by Increasing Nectar Sugar Concentration«, *Ecology Letters* 22, Nr. 9 (2019), S. 1483–1492.

11 Monica Gagliano u. a., »Tuned In: Plant Roots Use Sound to Locate Water«, *Oecologia* 184, Nr. 1 (2017), S. 151–160.

12 C. Bennerscheidt u. a., »Unterirdische Infrastruktur – Bauteile, Bauverfahren and Schäden durch Wurzeln«, in *Deutsche Baumpflegetage*, hg. von D. Dujesiefken, Augsburg 2009, S. 23–32.

13 Thomas B. Randrup, E. Gregory McPherson und Laurence R. Costello, »Tree Root Intrusion in Sewer Systems: Review of Extent and Costs«, *Journal of Infrastructure Systems* 7, Nr. 1 (2001), S. 26–31.

14 Monica Gagliano, »Green Symphonies: A Call for Studies on Acoustic Communication in Plants«, *Behavioral Ecology* 24, Nr. 4 (2013), S. 789–796.

15 Melvin T. Tyree und John S. Sperry, »Vulnerability of Xylem to Cavitation and Embolism«, *Annual Review of Plant Biology* 40, Nr. 1 (1989), S. 19–36.

16 Itzhak Khait u. a., »Sounds Emitted by Plants under Stress Are Airborne and Informative«, *Cell* 186, Nr. 7 (2023), S. 1328–1336.

17 Monica Gagliano, »Green Symphonies: A Call for Studies on Acoustic Communication in Plants«, *Behavioral Ecology* 24, Nr. 4 (2013), S. 789–796.

18 Michael Pollan, »The Intelligent Plant«, *New Yorker*, 15. Dezember 2013. Siehe auch: Monica Gagliano, Michael Renton,

Nili Duvdevani, Matthew Timmins und Stefano Mancuso, »Acoustic and magnetic communication in plants: is it possible?«, *Plant Signaling & Behavior* 7, Nr. 10 (2012), S. 1346–1348.

19 Leo Banks, »Scientist Has Gone to the Prairie Dogs, Finds They Talk«, *Los Angeles Times*, 5. Juni 1997.

20 Toshitaka N. Suzuki, David Wheatcroft und Michael Griesser, »Experimental Evidence for Compositional Syntax in Bird Calls«, *Nature Communications* 7, Nr. 1 (2016), S. 10986.

21 Monica Gagliano u. a., »Learning by Association in Plants«, *Scientific Reports* 6, Nr. 1 (2016), S. 38427.

22 Kasey Markel, »Lack of Evidence for Associative Learning in Pea Plants«, *Elife* 9 (2020), S. e57614.

23 Kristi Onzik und Monica Gagliano, »Feeling Around for the Apparatus: A Radicley Empirical Plant Science«, *Catalyst: Feminism, Theory, Technoscience* 8, Nr. 1 (2022), https://doi.org/10.28968/cftt.v8i1.34774 (zuletzt besucht im April 2024).

KAPITEL 6: DER (PFLANZEN-)KÖRPER ZÄHLT MIT

1 Hans-Jürgen Ensikat, Thorsten Geisler und Maximilian Weigend, »A First Report of Hydroxylated Apatite as Structural Biomineral in Loasaceae – Plants' Teeth against Herbivores«, *Scientific Reports* 6, Nr. 1 (2016), S. 26073.

2 Adeel Mustafa, Hans-Jürgen Ensikat und Maximilian Weigend, »Stinging Hair Morphology and Wall Biomineralization across Five Plant Families: Conserved Morphology versus Divergent Cell Wall Composition«, *American Journal of Botany* 105, Nr. 7 (2018), S. 1109–1122.

3 »Eine Blume verhält sich wie ein Tier«, Freie Universität Berlin, Pressemitteilung, 12. August 2012, https://www.fu-berlin.de/presse/informationen/fup/2012/fup_12_227/index.html (zuletzt besucht im April 2024).

4 Tilo Henning und Maximilian Weigend, »Total Control – Pollen Presentation and Floral Longevity in Loasaceae (Blazing Star Family) Are Modulated by Light, Temperature and Pollinator Visitation Rates«, *PLoS ONE* 7, Nr. 8 (August 2012), S. e41121.

5 Moritz Mittelbach u. a., »Flowers Anticipate Revisits of Polli-

nators by Learning from Previously Experienced Visitation Intervals«, *Plant Signaling and Behavior* 14, Nr. 6 (2019), S. 1595320.

6 Joachim Keppler, »The Common Basis of Memory and Consciousness: Understanding the Brain as a Write-Read Head Interacting with an Omnipresent Background Field«, *Frontiers in Psychology* 10 (2020), S. 2968.

7 Bessel van der Kolk, *The Body Keeps the Score: Brain, Mind, and Body in the Healing of Trauma,* New York 2014; dt.: *Verkörperter Schrecken. Traumaspuren in Gehirn, Geist und Körper und wie man sie heilen kann*, Lichtenau 2015.

8 Laura Ruggles, »The Minds of Plants«, *Aeon*, 12. Dezember 2017.

9 Michael P. M. Dicker u. a., »Biomimetic Photo-Actuation: Sensing, Control and Actuation in Sun-Tracking Plants«, *Bioinspiration and Biomimetics* 9, Nr. 3 (2014), S. 036015.

10 Yuya Fukano, »Vine Tendrils Use Contact Chemoreception to Avoid Conspecific Leaves«, *Proceedings of the Royal Society B* 284, Nr. 1850 (2017), S. 20162650.

11 Roger P. Hangarter, Plants-In-Motion Website, https://plantsinmotion.bio.indiana.edu/ (zuletzt besucht im April 2024).

12 Justin B. Runyon, Mark C. Mescher und Consuelo M. De Moraes, »Volatile Chemical Cues Guide Host Location and Host Selection by Parasitic Plants«, *Science* 313, Nr. 5795 (2006), S. 1964–1967.

13 Colleen K. Kelly, »Resource Choice in *Cuscuta europaea*«, *Proceedings of the National Academy of Sciences* 89, Nr. 24 (1992), S. 12194–12197.

14 Anthony Trewavas, »The Foundations of Plant Intelligence«, *Interface Focus* 7, Nr. 3 (2017), S. 20160098, Abschnitt 10.3.

15 Bettina Kaiser u. a., »Parasitic Plants of the Genus *Cuscuta* and Their Interaction with Susceptible and Resistant Host Plants«, *Frontiers in Plant Science* 6 (2015), D. 45.

16 Anthony Trewavas, »Intelligence, Cognition, and Language of Green Plants«, *Frontiers in Psychology* 7 (2016), S. 588.

17 Ebd.

18 Robin Wall Kimmerer, »White Pine«, in: *The Mind of Plants: Narratives of Vegetal Intelligence,* hg. von John C. Ryan u. a., Santa Fe, NM, 2021.

19 Peter Godfrey-Smith, *Metazoa: Animal Minds and the Birth of Consciousness*, London 2020; dt.: *Metazoa. Die Geburt des Geistes aus dem Leben der Tiere*, Berlin 2024, S. xyz.

KAPITEL 7: GESPRÄCHE MIT TIEREN

1 Donna Haraway, »Tentacular Thinking: Anthropocene, Capitalocene, Chthulucene«, in: dies., *Staying with the Trouble: Making Kin in the Chthulucene*, Durham, NC, 2016; dt.: »Tentakulär denken. Anthropozän, Kapitalozän, Chthuluzän«, in: dies., *Unruhig bleiben. Die Verwandtschaft der Arten im Chthuluzän*, Frankfurt am Main 2018, S. 47–84, Zitat S. 48.

2 Consuelo M. De Moraes u. a., »Herbivore-Infested Plants Selectively Attract Parasitoids«, *Nature* 393, Nr. 6685 (1998), S. 570–573.

3 Foteini G. Pashalidou u. a., »Bumble Bees Damage Plant Leaves and Accelerate Flower Production When Pollen Is Scarce«, *Science* 368, Nr. 6493 (2020), S. 881–884.

4 Ariela I. Haber u. a., »A Sensory Bias Overrides Learned Preferences of Bumblebees for Honest Signals in *Mimulus guttatus*«, *Proceedings of the Royal Society B* 288, Nr. 1948 (2021), S. 20210161.

5 Eric C. Yip u. a., »Sensory Co-Evolution: The Sex Attractant of a Gall-Making Fly Primes Plant Defences, but Female Flies Recognize Resulting Changes in Host-Plant Quality«, *Journal of Ecology* 109, Nr. 1 (2021), S. 99–108.

6 Tobias Lortzing u. a., »Extrafloral Nectar Secretion from Wounds of *Solanum dulcamara*«, *Nature Plants* 2, Nr. 5 (2016), S. 1–6.

7 Brigitte Fiala und Ulrich Maschwitz, »Studies on the South East Asian Ant-Plant Association *Crematogaster borneensis / Macaranga*: Adaptations of the Ant Partner«, *Insectes sociaux* 37, Nr. 3 (1990), S. 212–231.

8 E. Toby Kiers u. a., »Host Sanctions and the Legume-Rhizobium Mutualism«, *Nature* 425, Nr. 6953 (2003), S. 78–81.

9 Rod Peakall, »Annals of Botany Lecture«, Aufzeichnung des Vortrags vom 28. Juli 2020.

10 Rod Peakall, »Q&A: Rod Peakall«, *Current Biology Magazine* 32, Nr. 16 (2022), S. R861-R863, https://www.cell.com/current-

biology/pdf/S09609822(22)01129-0.pdf (zuletzt besucht im April 2024).

11 Haiyang Xu u. a., »Complex Sexual Deception in an Orchid Is Achieved by Co-opting Two Independent Biosynthetic Pathways for Pollinator Attraction«, *Current Biology* 27, Nr. 13 (2017), S. 1867–1877.

12 Carla Hustak und Natasha Myers, »Involutionary Momentum: Affective Ecologies and the Sciences of Plant/Insect Encounters«, *differences* 23, Nr. 3 (2012), S. 74–118.

13 Charles Darwin, *Über die Einrichtungen zur Befruchtung britischer und ausländischer Orchideen durch Insekten und über die günstigen Erfolge der Wechselbefruchtung*, Stuttgart 1862, S. 19: »Da in keiner andren Pflanze und kaum in irgend einem Thiere vollkommenere Anpassungen des einen Organs an das andre und des einen Organismus an einen ganz andren, auf der Stufenleiter der Natur so weit von ihm entfernten Organismus nachgewiesen werden können, als die bei unsren Orchideen sind, so verdienen sie wohl eine nochmalige kurze Zusammenfassung.«

14 Charles Darwin, *Über die Entstehung der Arten im Thier- und Pflanzenreich durch natürliche Züchtung*, Stuttgart 1860, S. 80, 437.

15 Nicolas J. Vereecken und Florian P. Schiestl, »The Evolution of Imperfect Floral Mimicry«, *Proceedings of the National Academy of Sciences* 105, Nr. 21 (2008), S. 7484–7488.

16 Robin Wall Kimmerer, *Braiding Sweetgrass: Indigenous Wisdom, Scientific Knowledge and the Teachings of Plants,* Minneapolis 2013; dt.: *Geflochtenes Süßgras. Die Weisheit der Pflanzen*, Berlin 2021; darin: »Astern und Goldrute«, S. 52–62, das nachfolgende Zitat S. 58.

17 Ferris Jabr, »How Beauty Is Making Scientists Rethink Evolution«, *New York Times Magazine*, 9. Januar 2019.

18 Toshiyuki Nagata u. a., »Sex Conversion in Ginkgo biloba (Ginkgoaceae)«, *Journal of Japanese Botany* 91 (2016), S. 120–127.

19 Jarmo K. Holopainen und James D. Blande, »Molecular Plant Volatile Communication«, in *Sensing in Nature*, hg. von Carlos López Larrea, New York 2012, S. 17–31.

20 Sari J. Himanen u. a., »Birch (*Betula* spp.) leaves Adsorb and

Re-release Volatiles Specific to Neighbouring Plants – A Mechanism for Associational Herbivore Resistance?«, *New Phytologist* 186, Nr. 3 (2010), S. 722–732.
21 Jarmo K. Holopainen, Anne-Marja Nerg und James D. Blande, »Multitrophic Signalling in Polluted Atmospheres«, in *Biology, Controls and Models of Tree Volatile Organic Compound Emissions*, hg. von Ülo Niinemets und Russell K. Monson, Dordrecht 2013, S. 285–314.
22 Gerard Farré-Armengol u. a., »Ozone Degrades Floral Scent and Reduces Pollinator Attraction to Flowers«, *New Phytologist* 209, Nr. 1 (2016), S. 152–160.
23 Amanuel Tamiru u. a., »Maize Landraces Recruit Egg and Larval Parasitoids in Response to Egg Deposition by a Herbivore«, *Ecology Letters* 14, Nr. 11 (2011), S. 1075–1083.
24 Kat McGowan, »Listen to the Plants«, *Slate*, 18. April 2014.
25 Anket Sharma u. a., »Worldwide Pesticide Usage and Its Impacts on Ecosystem«, *SN Applied Sciences* 1, Nr. 11 (2019), S. 1–16.
26 »Pesticides«, Pesticides-Website, U.S. Geological Survey, 2017, https://www.usgs.gov/centers/ohio-kentucky-indiana-water-science-center/science/pesticides?qt-science_center_objects=0#overview (zuletzt besucht im April 2024).
27 Wolfgang Boedeker u. a., »The global distribution of acute unintentional pesticide poisoning: estimations based on a systematic review«, BMC Public Health 20, Nr. 1 (2020), S. 1–19.

KAPITEL 8: DER WISSENSCHAFTLER UND DIE BOQUILA TRIFOLIOLATA

1 Zit. nach Karl Popper, *Ausgangspunkte*, Hamburg 1979, S. 2.
2 Charles Darwin, *The Movements and Habits of Climbing Plants*, 2. Ausg., London 1875; dt. in Auszügen: »Über die Bewegung der Schlingpflanzen«, in *Flora oder allgemeine botanische Zeitung*, Neue Reihe, Bd. 24 (1866), S. 241–252, S. 273–282, S. 321–325, S. 337–345, S. 375–378, S. 385–398.
3 Ken Yokawa, Tomoko Kagenishi und František Baluška, »Root Photomorphogenesis in Laboratory-Maintained Arabidopsis Seedlings«, *Trends in Plant Science* 18, Nr. 3 (2013), S. 117–119.

4 Ebd.

5 Christian Burbach u. a., »Photophobic Behavior of Maize Roots«, *Plant Signaling and Behavior* 7, Nr. 7 (2012), S. 874–878.

6 J. Scott McElroy, »Vavilovian Mimicry: Nikolai Vavilov and His Little-Known Impact on Weed Science«, *Weed Science* 62, Nr. 2 (2014), S. 207–216.

7 C. Y. Yeet u. a., »Genomic Evidence of Human Selection on Vavilovian Mimicry«, *Nature Ecology and Evolution* 3, Nr. 10 (2019), S. 1474–1482.

8 McElroy, »Vavilovian Mimicry«.

9 František Baluška und Stefano Mancuso, »Vision in Plants via Plant-Specific Ocelli?«, *Trends in Plant Science* 21, Nr. 9 (2016), S. 727–730.

10 Gottlieb Haberlandt, *Die Lichtsinnesorgane der Laubblätter,* Leipzig 1905.

11 Francis Darwin, »Lectures on the Physiology of Movement in Plants«, *New Phytologist* 5, Nr. 9 (November 1906), S. 74.

12 Nils Schuergers u. a., »Cyanobacteria Use Micro-Optics to Sense Light Direction«, *Elife* 5 (2016), S. e12620.

13 Jason D. Smith u. a., »A Plant Parasite Uses Light Cues to Detect Differences in Host-Plant Proximity and Architecture«, *Plant, Cell and Environment* 44, Nr. 4 (2021), S. 1142–1150.

14 Inyup Paik und Enamul Huq, »Plant Photoreceptors: Multi-Functional Sensory Proteins and Their Signaling Networks«, *Seminars in Cell and Developmental Biology* 92 (2019), S. 114–121.

15 María A. Crepy und Jorge J. Casal, »Photoreceptor-Mediated Kin Recognition in Plants«, *New Phytologist* 205, Nr. 1 (2015), S. 329–338.

16 Ernesto Gianoli und Fernando Carrasco-Urra, »Leaf Mimicry in a Climbing Plant Protects against Herbivory«, *Current Biology* 24, Nr. 9 (2014), S. 984–987.

17 Bryan Barlow, »Cryptic Mimicry of Their Hosts – Mistletoes«, Australian National Herbarium, 11. September 2012, https://www.anbg.gov.au/mistletoe/mimicry.html (zuletzt besucht im April 2024).

18 Olga Plotnikova, Ancha Baranova und Mikhail Skoblov, »Comprehensive Analysis of Human MicroRNA–mRNA Interactome«, *Frontiers in Genetics* 10 (2019), S. 933.

19 Scott M. Hammond, »An Overview of MicroRNAs«, *Advanced Drug Delivery Reviews* 87 (2015), S. 3–14.

20 Federico Betti u. a., »Exogenous miRNAs Induce Post-Transcriptional Gene Silencing in Plants«, *Nature Plants* 7, Nr. 10 (2021), S. 1379–1388.

21 Kazuki Izawa u. a., »Discovery of Ectosymbiotic Endomicrobium lineages Associated with Protists in the Gut of Stolotermitid Termites«, *Environmental Microbiology Reports* 9, Nr. 4 (2017), S. 411–418.

22 Ernesto Gianoli u. a., »Endophytic Bacterial Communities Are Associated with Leaf Mimicry in the Vine *Boquila trifoliolata*«, *Scientific Reports* 11, Nr. 1 (2021), S. 22673.

23 Rupert Sheldrake, »Morphic Resonance and Morphic Fields – An Introduction«, https://www.sheldrake.org/research/morphic-resonance/introduction (zuletzt besucht im April 2024).

24 Zoë Schlanger, »Your Microbiome Extends in a Microbial Cloud Around You, Like an Aura«, *Newsweek*, 2. September 2015.

25 Ron Sender, Shai Fuchs und Ron Milo, »Are We Really Vastly Outnumbered? Revisiting the Ratio of Bacterial to Host Cells in Humans«, *Cell* 164, Nr. 3 (2016), S. 337–340. Siehe auch James Gallagher, »More Than Half Your Body Is Not Human«, *BBC News* 251 (2018).

26 Ralph Waldo Emerson, »Erfahrung«, in ders., *Versuche*, Hannover 1858, S. 310.

27 Jean-Christophe Simon u. a., »Host-Microbiota Interactions: From Holobiont Theory to Analysis«, *Microbiome* 7, Nr. 1 (2019), S. 1–5.

28 Bruce Weber, »Lynn Margulis, Evolution Theorist, Dies at 73«, *New York Times*, 24. November 2011.

29 Michael W. Gray, Gertraud Burger und B. Franz Lang, »Mitochondrial Evolution«, *Science* 283, Nr. 5407 (1999), S. 1476–1481.

30 Thomas C. G. Bosch und Margaret McFall-Ngai, »Animal Development in the Microbial World: Re-Thinking the Conceptual Framework«, *Current Topics in Developmental Biology* 141 (2021), S. 399–427.

31 Margaret McFall-Ngai, »Care for the Community«, *Nature* 445, Nr. 7124 (2007), S. 153.

32 Lynn Margulis und Dorion Sagan, *Microcosmos: Four Billion Years of Microbial Evolution,* Berkeley 1997.
33 Lynn Margulis und Dorion Sagan, *Acquiring Genomes: A Theory of the Origin of Species,* New York 2008.

KAPITEL 9: DAS SOZIALE LEBEN DER PFLANZEN

1 Suzanne Batra, »Nests and Social Behavior of Halictine Bees of India (Hymenoptera: Halictidae)«, *Indian Journal of Entomology* 28 (1966), S. 375.
2 Suzanne Batra, »Beyond the Honeybee«, *American Scientist* 110, Nr. 2 (2022), S. 72–74.
3 Michael R. Warner u. a., »Convergent Eusocial Evolution Is Based on a Shared Reproductive Groundplan plus Lineage-Specific Plastic Genes«, *Nature Communications* 10, Nr. 1 (2019), S. 2651.
4 K. C. Burns, Ian Hutton und Lara Shepherd, »Primitive Eusociality in a Land Plant?«, *Ecology* 102, Nr. 9 (2021), S e03373.
5 Sivan Kinreich u. a., »Brain-to- Brain Synchrony during Naturalistic Social Interactions«, *Scientific Reports* 7, 17060 (Dezember 2017).
6 Julia Sliwa, »Toward Collective Animal Neuroscience«, *Science* 374, Nr. 6566 (Oktober 2021).
7 Caroline Szymanski u. a., »Teams on the Same Wavelength Perform Better: Inter-Brain Phase Synchronization Constitutes a Neural Substrate for Social Facilitation«, *Neuroimage* 152 (2017), S. 425–436.
8 Laura Astolfi u. a., »Cortical Activity and Functional Hyperconnectivity by Simultaneous EEG Recordings from Interacting Couples of Professional Pilots«, in *Proceedings of the Annual International Conference of the IEEE Engineering in Medicine and Biology Society,* New York 2012, S. 4752–4755.
9 Yi Hu u. a., »Brain-to-Brain Synchronization across Two Persons Predicts Mutual Prosociality«, *Social Cognitive and Affective Neuroscience* 12, Nr. 12 (2017), S. 1835–1844.
10 Lei Li u. a., »Neural Synchronization Predicts Marital Satisfaction«, *Proceedings of the National Academy of Sciences* 119, Nr. 34 (2022), S. e2202515119.

11 Atiqah Azhari u. a., »Physical Presence of Spouse Enhances Brain-to-Brain Synchrony in Co-parenting Couples«, *Scientific Reports* 10, Nr. 1 (2020), S. 1–11.

12 Susan A. Dudley und Amanda L. File, »Kin Recognition in an Annual Plant«, *Biology Letters* 3, Nr. 4 (2007), S. 435–438.

13 Aldo Leopold, *A Sand County Almanac*, New York 1949; dt.: *Ein Jahr im Sand County*, Berlin 2019.

14 Guillermo P. Murphy und Susan A. Dudley, »Kin Recognition: Competition and Cooperation in Impatiens (Balsaminaceae)«, *American Journal of Botany* 96, Nr. 11 (2009), S. 1990–1996.

15 Andy Gardner und Stuart A. West, »Inclusive Fitness: 50 Years On«, *Philosophical Transactions of the Royal Society B* 369, Nr. 1642 (2014), S. 20130356.

16 Ebd.

17 Lisa Stiffler, »Understanding Orca Culture«, *Smithsonian Magazine*, August 2011.

18 »Baboon Social Life«, Amboseli Baboon Research Project, Princeton University, https://www.princeton.edu/~baboon/social_life.html (zuletzt besucht im April 2024).

19 Emmett J. Duffy, Cheryl L. Morrison und Kenneth S. Macdonald, »Colony Defense and Behavioral Differentiation in the Eusocial Shrimp *Synalpheus regalis*«, *Behavioral Ecology and Sociobiology* 51 (2002), S. 488–495.

20 Mónica López Pereira u. a., »Light-MediatedSelf-Organization of Sunflower Stands Increases Oil Yield in the Field«, *Proceedings of the National Academy of Sciences* 114, Nr. 30 (2017), S. 7975–7980.

21 Richard Karban u. a., »Kin Recognition Affects Plant Communication and Defence«, *Proceedings of the Royal Society B* 280, Nr. 1756 (2013), S. 20123062.

22 María A. Crepy und Jorge J. Casal, »Photoreceptor Mediated Kin Recognition in Plants«, *New Phytologist* 205, Nr. 1 (2015), S. 329–338.

23 Kazuki Tagawa und Mikio Watanabe, »Group Foraging in Carnivorous Plants: Carnivorous Plant *Drosera makinoi* (Droseraceae) Is More Effective at Trapping Larger Prey in Large Groups«, *Plant Species Biology* 36, Nr. 1 (2021), S. 114–118.

24 Xue-Fang Yang u. a., »Kin Recognition in Rice *(Oryza sativa)* lines«, *New Phytologist* 220, Nr. 2 (2018), S. 567–578.

25 Rubén Torices, José M. Gómez und John R. Pannell, »Kin Discrimination Allows Plants to Modify Investment towards Pollinator Attraction«, *Nature Communications* 9, Nr. 1 (2018).

26 Guillermo P. Murphy u. a., »Kin Recognition, Multilevel Selection and Altruism in Crop Sustainability«, *Journal of Ecology* 105, Nr. 4 (2017), S. 930–934.

27 Akira Yamawo und Hiromi Mukai, »Seeds Integrate Biological Information about Conspecific and Allospecific Neighbours«, *Proceedings of the Royal Society B* 284, Nr. 1857 (2017), S. 20170800.

28 Howard J. Dittmer, »A Quantitative Study of the Roots and Root Hairs of a Winter Rye Plant *(Secale cereale)*«, *American Journal of Botany* (1937), S. 417–420.

29 Suzanne W. Simard, »Mycorrhizal Networks Facilitate Tree Communication, Learning, and Memory«, in *Memory and Learning in Plants*, hg. von F. Baluška, M. Gagliano und G. Witzany, New York 2018, S. 191–213.

30 Merlin Sheldrake, *Entangled Life,* New York 2021; dt.: *Verwobenes Leben. Wie Pilze unsere Welt formen und unsere Zukunft beeinflussen*, Berlin 2021.

31 Zoë Schlanger, »Our Silent Partners«, *New York Review of Books,* 7. Oktober 2021.

32 A. Copetta u. a., »Fruit Production and Quality of Tomato Plants (*Solanum lycopersicum* L.) Are Affected by Green Compost and Arbuscular Mycorrhizal Fungi«, *Plant Biosystems* 145, Nr. 1 (2011), S. 106–115.

33 A. Copetta, G. Lingua und G. Berta, »Effects of Three AM Fungi on Growth, Distribution of Glandular Hairs, and Essential Oil Production in *Ocimum basilicum* L. var. *Genovese*«, *Mycorrhiza* 16 (2006), S. 485–494.

34 Ghada Araim u. a., »Root Colonization by an Arbuscular Mycorrhizal (AM) Fungus Increases Growth and Secondary Metabolism of Purple Coneflower, *Echinacea purpurea* (L.) Moench«, *Journal of Agricultural and Food Chemistry* 57, Nr. 6 (2009), S. 2255–2258.

35 J. Arpana u. a., »Symbiotic Response of Patchouli [*Pogostemon cablin* (Blanco) Benth.] to Different Arbuscular Mycorrhizal Fungi«, *Advances in Environmental Biology* 2, Nr. 1 (2008), S. 20–24.

36 Nello Ceccarelli u. a., »Mycorrhizal Colonization Impacts on Phenolic Content and Antioxidant Properties of Artichoke Leaves and Flower Heads Two Years after Field Transplant«, *Plant and Soil* 335 (2010), S. 311–323.
37 Sheldrake, Verwobenes Leben, S. 194.
38 E. Toby Kiers u. a., »Reciprocal Rewards Stabilize Cooperation in the Mycorrhizal Symbiosis«, *Science* 333, Nr. 6044 (2011), S. 880–882.
39 Marzena Ciszak u. a., »Swarming Behavior in Plant Roots«, *PLoS One* 7, Nr. 1 (2012), S. e29759.
40 Suqin Fang u. a., »«Genotypic Recognition and Spatial Responses by Rice Roots«, *Proceedings of the National Academy of Sciences* 110, Nr. 7 (2013), S. 2670–2675.
41 James F. Cahill Jr. und Gordon G. McNickle, »The Behavioral Ecology of Nutrient Foraging by Plants«, *Annual Review of Ecology, Evolution, and Systematics* 42 (2011), S. 289–311.
42 James F. Cahill, »Introduction to the Special Issue: Beyond Traits: Integrating Behaviour into Plant Ecology and Biology«, *AoB Plants* 7 (2015). Siehe auch James F. Cahill Jr., »The Inevitability of Plant Behavior«, *American Journal of Botany* 106, Nr. 7 (2019), S. 903–905.
43 Akira Yamawo, Haruna Ohsaki und James F. Cahill Jr., »Damage to Leaf Veins Suppresses Root Foraging Precision«, *American Journal of Botany* 106, Nr. 8 (2019), S. 1126–1130.
44 Jordan Skrynka und Benjamin T. Vincent, »Hunger Increases Delay Discounting of Food and Non-Food Rewards«, *Psychonomic Bulletin and Review* 26, Nr. 5 (2019), S. 1729–1737.
45 Megan K. Ljubotina und James F. Cahill Jr., »Effects of Neighbour Location and Nutrient Distributions on Root Foraging Behaviour of the Common Sunflower«, *Proceedings of the Royal Society B* 286, Nr. 1911 (2019), S. 20190955.

KAPITEL 10: VERERBUNG

1 Alex V. Popovkin u. a., »*Spigelia genuflexa* (Loganiaceae), a New Geocarpic Species from the Atlantic Forest of Northeastern Bahia, Brazil«, *PhytoKeys* 6 (2011), S. 47.
2 »Amateur Botanists Discover a Genuflecting Plant in Brazil«, Rutgers University, 18. September 2011, https://www.rutgers.

edu/news/amateur-botanists-discover-genuflecting-plant-brazil (zuletzt besucht im April 2024).

3 Elizabeth P. Lacey und David Herr, »Phenotypic Plasticity, Parental Effects, and Parental Care in Plants? I. An Examination of Spike Reflectance in *Plantago lanceolata* (Plantaginaceae)«, *American Journal of Botany* 92, Nr. 6 (2005), S. 920–930.

4 Sonia E. Sultan, *Organism and Environment: Ecological Development, Niche Construction, and Adaptation*, New York 2015, S. 88, und die dortigen Verweise.

5 Anna Wied und Candace Galen, »Plant Parental Care: Conspecific Nurse Effects in *Frasera speciosa* and *Cirsium scopulorum*«, *Ecology* 79, Nr. 5 (1998), S. 1657–1668.

6 Alison G. Scoville u. a., »Differential Regulation of a MYB Transcription Factor Is Correlated with TransgenerationalEpigenetic Inheritance of Trichome Density in *Mimulus guttatus*«, *New Phytologist* 191, Nr. 1 (2011), S. 251–263.

7 Anurag A. Agrawal, Christian Laforsch und Ralph Tollrian, »Transgenerational Induction of Defences in Animals and Plants«, *Nature* 401, Nr. 6748 (1999), S. 60–63.

8 U.S. Department of Energy Genome Research Programs, http://www.ornl.gov/sci/techresources/Human_Genome/publicat/primer2001/primer11.pdf (zuletzt besucht im April 2024).

9 »Extending Evolution, an Interview with Prof. Sonia Sultan«, Episode 60 im Podcast *Naturally Speaking*, April 2018.

10 Sonia E. Sultan, Armin P. Moczek und Denis Walsh, »Bridging the Explanatory Gaps: What Can We Learn from a Biological Agency Perspective?«, *BioEssays* 44, Nr. 1 (2022), S. 2100185.

11 Sonia E. Sultan, »Plant Developmental Responses to the Environment: Eco-Devo Insights«, *Current Opinion in Plant Biology* 13, Nr. 1 (2010), S. 96–101.

12 Jorund Sollid und Göran E. Nilsson, »Plasticity of Respiratory Structures – Adaptive Remodeling of Fish Gills Induced by Ambient Oxygen and Temperature«, *Respiratory Physiology and Neurobiology* 154, Nr. 1–2 (2006), S. 241–251.

13 Jacob J. Herman u. a., »Adaptive Transgenerational Plasticity in an Annual Plant: Grandparental and Parental Drought Stress Enhance Performance of Seedlings in Dry Soil«, *Integrative and Comparative Biology* 52, Nr. 1 (Juli 2012), S. 77–88.

14 Margaret R. Spitz u. a., »Dietary Intake of Isothiocyanates: Evidence of a Joint Effect with Glutathione S-transferase Polymorphisms in Lung Cancer Risk«, *Cancer Epidemiology Biomarkers and Prevention* 9, Nr. 10 (2000), S. 1017–1020.

15 Julie E. Bauman u. a., »Randomized Crossover Trial Evaluating Detoxification of Tobacco Carcinogens by Broccoli Seed and Sprout Extract in Current Smokers«, *Cancers* 14, Nr. 9 (2022), S. 2129.

16 Sultan, *Organism and Environmnent*, S. 31.

17 Mary E. Rumpho u. a., »The Making of a Photosynthetic Animal«, *Journal of Experimental Biology* 214, Nr. 2 (2011), S. 303–311.

18 Sultan, *Organism and Environment*, S. 32.

19 Coccia, *Die Wurzeln der Welt*, S. 25, 56, 63.

20 Zoë Schlanger, »Choking to Death in Detroit: Flint Isn't Michigan's Only Disaster«, *Newsweek*, 30. März 2016.

21 Teri A. Manolio u. a., »Finding the Missing Heritability of Complex Diseases«, *Nature* 461, Nr. 7265 (2009), S. 747–753.

22 »Research: Current Projects«, Sultan Lab, Wesleyan University, https://sultanlab.research.wesleyan.edu/currentprojects/ (zuletzt besucht im April 2024).

23 Robin Waterman und Sonia E. Sultan, »Transgenerational Effects of Parent Plant Competition on Offspring Development in Contrasting Conditions«, *Ecology* 102, Nr. 12 (2021), S. e03531.

24 »Transgenerational Effects of Parental Light Environment on Progeny Competitive Performance and Lifetime Fitness«, *Philosophical Transactions of the Royal Society B* 374, Nr. 1768 (2019), S. 20180182.

25 Peter Del Tredici, »The Introduction of Japanese Knotweed, *Reynoutria japonica*, into North America«, *Journal of the Torrey Botanical Society* 144, Nr. 4 (2017), S. 406–416.

26 Philip Santo, »New Japanese Knotweed Standard Comes into Effect«, *Property Journal*, RICS, 21. März 2022.

27 Sophia Cameron, »Invasive Plant Profile: Japanese Knotweed«, Acadia National Park, National Park Service, https://www.nps.gov/articles/000/japanese-knotweed-acadia.htm (zuletzt besucht im April 2024).

28 David Taft, »Japanese Knotweed Is Here to Stay«, *New York Times*, 6. September 2018.

29 Sonia E. Sultan, Armin P. Moczek und Denis Walsh, »Bridging the Explanatory Gaps: What Can We Learn from a Biological Agency Perspective?«, *BioEssays* 44, Nr. 1 (2022), S. 2100185.

KAPITEL 11: DIE ZUKUNFT DER PFLANZEN

1 Bruno Latour, »Ein Kollektiv von Menschen und nichtmenschlichen Wesen«, in ders., *Die Hoffnung der Pandora. Untersuchungen zur Wirklichkeit der Wissenschaften*, Frankfurt am Main 2002, S. 255.
2 Ursula K. Le Guin, »The Author of the Acacia Seeds« (1974); dt.: »Die Verfasserin der Akaziensamen und weitere Auszüge aus der Zeitschrift der Gesellschaft für Therolinguistik«, in dies., *Vor der Revolution*, hg. von Hannes Riffel, Berlin 2023, S. 59–69, die Zitate S. 69.
3 C. A. Safina, »Why Anthropomorphism Helps Us Understand Animals' Behavior«, Medium.com, 9. September 2016.
4 Theophrastus, *Historia plantarum* 1.2.5; dt.: *Naturgeschichte der Gewächse*, S. 11.
5 Natasha Myers, »Conversations on Plant Sensing: Notes from the Field«, *NatureCulture* 3 (2015), S. 35–66.
6 Jeffrey T. Nealon, *Plant Theory: Biopower and Vegetable Life*, Stanford, CA, 2015.
7 Supreme Court of United States, *Sierra Club v. Morton*, 405 U.S. 727 (1972).
8 Christopher D. Stone, »Should Trees Have Standing? Toward Legal Rights for Natural Objects«, S. Cal. l. rev. 45 (1972), S. 450.
9 *Manoomin v. Minnesota Department of Natural Resources*, case no. GC21–0428, White Earth Band of Ojibwe Tribal Ct. (2021).
10 »Rights of Manoomin«, section 1, White Earth Reservation Business Committee, White Earth Band of Chippewa Indians, resolution no. 001–19–009, 31. Dezember 2018.
11 Die Kichwa aus Sarayeku, eine indigene Gruppe in Ecuador, setzten sich gegenwärtig bei den Vereinten Nationen dafür ein, dass ihr Waldgebiet im Amazonas-Regenwald als Träger universeller Rechte anerkannt wird.
12 Deborah Bird Rose, »Indigenous Ecologies and an Ethic of

Connection«, in *Global Ethics And Environment*, hg. von Nicholas Low, London 1999, S. 175.

13 Báyò Akómoláfé, »When You Meet the Monster, Anoint Its Feet«, *Emergence Magazine*, 16. Oktober 2018.

Register

Thomas Hertog

Der Ursprung der Zeit – Mein Weg mit Stephen Hawking zu einer neuen Theorie des Universums

Stephen Hawking und Thomas Hertog arbeiten zwanzig Jahre lang Seite an Seite an einer neuen Theorie des Kosmos. Gemeinsam entwickeln sie eine letzte große Theorie, deren Grundlage eine revolutionäre Idee ist: Die Gesetze der Physik sind nicht in Stein gemeißelt, sondern nehmen gemeinsam mit dem Universum Gestalt an. Nötig ist eine neue Philosophie der Physik. In »Der Ursprung der Zeit« erklärt Thomas Hertog Hawkings wissenschaftliches Vermächtnis und erzählt von der Arbeit und Freundschaft mit dem berühmten Physiker. Entstanden ist eine neue Theorie des Urknalls, der Zeit und der Entstehung unseres Universums.

Aus dem Englischen
von Monika Niehaus und Martina Wiese
416 Seiten, gebunden

Weitere Informationen finden Sie auf
www.fischerverlage.de

Sabine Hossenfelder
Das hässliche Universum
Warum unsere Suche nach Schönheit die Physik in die Sackgasse führt

Physiker glauben häufig, dass die besten Theorien schön, natürlich und elegant sind. Sabine Hossenfelder zeigt jedoch, dass die Physik sich damit verrannt hat: Durch das Festhalten am Primat der Schönheit stagniert die Grundlagenphysik. Schlimmer noch, der Glaube an Schönheit ist so dogmatisch geworden, dass er in Konflikt mit wissenschaftlicher Objektivität gerät: Beobachtungen können nicht mehr länger die kühnsten Theorien bestätigen. Um aus dieser Sackgasse herauszukommen, muss die Physik ihre Methoden überdenken.

Aus dem Englischen von Gabriele Gockel
und Sonja Schuhmacher
368 Seiten, broschiert
978-3-596-29746-7

Weitere Informationen finden Sie auf
www.fischerverlage.de